科学与工程计算技术丛书

MATLAB App Designer 设计入门及实践

微课视频版

汤全武　刘馨阳　汤哲君　李成博　编著

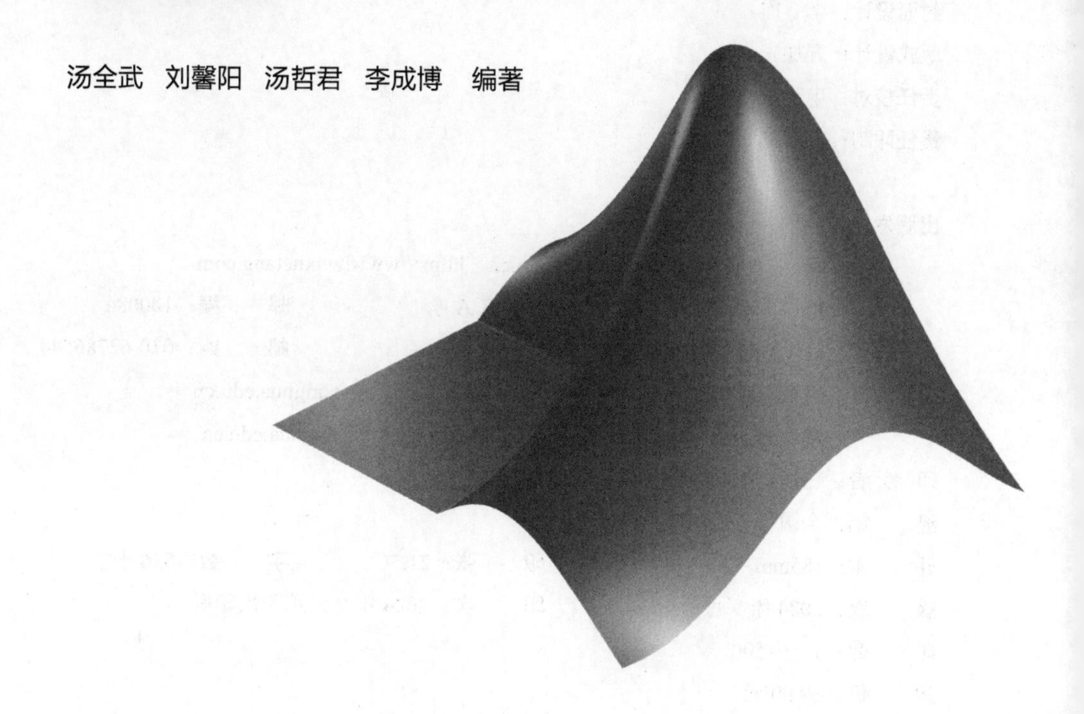

清華大學出版社
北京

内 容 简 介

本书以MATLAB中先进的GUI编程工具MATLAB App Designer为中心，系统介绍其基础知识、编程方法以及应用实例。全书共12章。为便于读者高效学习，快速掌握MATLAB App Designer设计与实践，编者为本书精心设计了丰富的学习资源，包括教学课件、程序代码、微课视频（424分钟，120集）等内容。

本书适合想快速入门MATLAB App Designer的读者，可作为高等院校相关课程的教材或教学辅导书，也可供生产管理和技术研发等人员参考。

图书在版编目（CIP）数据

MATLAB App Designer设计入门及实践：微课视频版 /
汤全武等编著. -- 北京 : 清华大学出版社, 2024. 9.
(科学与工程计算技术丛书). -- ISBN 978-7-302-67164-0
Ⅰ. TP317
中国国家版本馆CIP数据核字第2024235ZR5号

责任编辑：刘　星
封面设计：李召霞
版式设计：方加青
责任校对：申晓焕
责任印制：宋　林

出版发行：清华大学出版社
网　　址：https://www.tup.com.cn，https://www.wqxuetang.com
地　　址：北京清华大学学研大厦A座　　邮　　编：100084
社 总 机：010-83470000　　邮　　购：010-62786544
投稿与读者服务：010-62776969，c-service@tup.tsinghua.edu.cn
质 量 反 馈：010-62772015，zhiliang@tup.tsinghua.edu.cn
印 装 者：三河市铭诚印务有限公司
经　　销：全国新华书店
开　　本：185mm×260mm　　印　　张：21.5　　字　　数：526千字
版　　次：2024年9月第1版　　印　　次：2024年9月第1次印刷
印　　数：1～1500
定　　价：69.00元

产品编号：094248-01

前言 >
PREFACE

MATLAB 是一种基于数学计算和数据可视化的功能强大的工具软件。自 MATLAB R2016a 版本起，增加了 MATLAB App Designer 工具，允许用户以交互的方式创建专业、精美的应用程序。其主要功能有：交互式设计环境，可以通过拖放方式向应用添加各种交互式 UI 组件；自动调整布局选项，可以自适应地调整布局以响应屏幕大小的变化；两种分发 App 的方式，一种直接从 App 设计器工具栏将 App 打包为一个安装程序文件，另一种创建独立的桌面 App 或 Web App 来分发 App；全功能 MATLAB 编辑器，可以同时利用 MATLAB 编辑器的全部功能；面向对象的代码生成，使得编程更为高效和灵活。总之，MATLAB App Designer 对于创建、测试和分享应用程序来说，是一个全面的解决方案，无论是初学者还是经验丰富的开发者，它都是一个有用的工具。

● 本书特色

本书以 MATLAB R2023a 为蓝本，基于编者多年从事 MATLAB 语言课程教学改革和利用 MATLAB 进行科学研究的经验编著而成，对 MATLAB 的应用所涉及的基本内容及前沿技术采用由浅入深、由易到难的方法进行讲解。本书注重实践应用，以案例为驱动，激发学生学习热情，探索“新工科”建设的新理念、新模式、新方法，助力“新工科”建设。本书具有以下特色。

（1）由浅入深，循序渐进。每章均给出本章要点和学习目标，以先基础后应用、先理论后实践的原则进行编排，便于读者学习和掌握 MATLAB App Designer 的使用方法。

（2）内容丰富，例题新颖。本书结合编者多年的 MATLAB 语言课程教学和使用经验，详细介绍 MATLAB App Designer 的基本内容，配合丰富的例题和应用实例，便于读者更好地理解和掌握 MATLAB App Designer 编程方法。

（3）理论简洁，实例典型。本书介绍的 MATLAB App Designer 理论简洁，使用的分析方法和技巧详尽，实际工程应用案例严谨，从而可引导读者更好地用 MATLAB App Designer 解决专业领域的实际问题。

（4）图文并茂，便于查阅。本书将相关内容和函数命令通过表格的形式进行归纳总结，从而使读者在学习的同时，可翻阅查找相关的命令、函数。

（5）资源丰富，轻松易学。本书提供配套的微课视频、程序代码、教学大纲、教学课件、习题解答、电子教案等资料。

● 本书内容

本书以MATLAB中GUI编程工具MATLAB App Designer为中心进行介绍，包括12章内容。

第1章 MATLAB App Designer设计预备知识，主要介绍MATLAB软件、MATLAB工作环境、MATLAB中的函数类型和MATLAB程序设计结构。

第2章 MATLAB常用文件操作，主要介绍MAT常用文件操作、TXT文件的读取与写入、Excel文件的读取与写入和图像文件的读写。

第3章 二维绘图，主要介绍二维绘图函数、绘图工具及标注与注释和特殊二维图形绘图。

第4章 句柄图形系统，主要介绍句柄图形对象、句柄图形对象属性的基本操作、图形对象的基本属性和图形对象。

第5章 MATLAB App Designer设计基础及常用组件，主要介绍MATLAB App Designer界面及设计步骤、回调函数、基础设计工具和常用组件。

第6章 仪器、容器和图窗工具组件，主要介绍仪器组件、容器组件和图窗工具组件。

第7章 预定义对话框，主要介绍公共对话框和自定义对话框。

第8章 基于MATLAB App Designer的学生成绩管理，主要介绍MATLAB App Designer表组件与Excel文件数据交换、表组件与其他组件数据交换、多App界面间的交互和学生成绩管理的设计与实现。

第9章 MATLAB App Designer在中学教学中的应用举例，主要介绍中学教学系统总界面设计、中学数学实验室界面设计和中学物理实验室界面设计。

第10章 基于MATLAB App Designer的数字信号处理系统，主要介绍MATLAB中数字信号处理的基本应用、数字信号处理总界面的设计、信号发生器界面的设计、序列基本运算界面的设计、离散傅里叶变换界面的设计、IIR数字滤波器的界面设计与实现和FIR数字滤波器的界面设计与实现。

第11章 基于MATLAB App Designer的图像处理系统，主要介绍图像处理总界面设计、图像几何运算、图像形态学运算、数字图像增强和图像边缘检测。

第12章 基于MATLAB App Designer的通信原理系统，主要介绍MATLAB App Designer与Simulink的交互、通信原理系统总界面设计、模拟幅度调制与解调、模拟角度调制、数字基带信号和二进制数字调制。

本书由汤全武担任主编，刘馨阳、汤哲君、李成博担任副主编。第1章由汤全武（宁夏大学）编写并统稿，第2~4章由汤哲君（浙江大学伊利诺伊大学厄巴纳香槟校区联合学院）编写，第5~9章由刘馨阳（宁夏工商职业技术学院）编写，第10~12章由李成博（宁夏交通职业技术学院）编写。

在本书的编写过程中，参考和引用了许多经典的教材和著作，在此一并向相关作者表示诚挚的谢意。同时，非常感谢本书的责任编辑刘星以及清华大学出版社的同仁。

本书是宁夏高校专业类课程思政教材研究基地的研究成果之一；是宁夏高等教育教学改革研究与实践项目（BJG2023011）的研究成果之一；也是2020年第一批教育部产学合作育人项目的研究成果。

● 配套资源

程序代码等资源：扫描目录上方的“配套资源”二维码下载。

教学课件、教学大纲、电子教案等资源：扫描封底的“书圈”二维码在公众号下载，或者到清华大学出版社官方网站本书页面下载。

微课视频（424 分钟，120 集）：扫描书中相应章节中的二维码在线学习。

注 请先扫描封底刮刮卡中的文泉云盘防盗码进行绑定后再获取配套资源。

由于编者水平有限，书中难免存在不足之处，欢迎使用本书的教师、学生和科技人员批评指正，殷切希望得到广大读者的宝贵意见与建议，以便再版时改进和提高。

编者

2024 年 5 月

微课视频清单

视频名称	时长 /min	书中位置	视频名称	时长 /min	书中位置
第 1 章 例 1-4	1	例 1-4	第 5 章 例 5-16	4	例 5-16
第 1 章 例 1-5	2	例 1-5	第 5 章 例 5-19	3	例 5-19
第 1 章 例 1-8	2	例 1-8	第 5 章 例 5-20	3	例 5-20
第 1 章 例 1-9	2	例 1-9	第 5 章 例 5-23	4	例 5-23
第 1 章 例 1-10	3	例 1-10	第 5 章 例 5-25	6	例 5-25
第 2 章 例 2-1	1	例 2-1	第 5 章 例 5-27	3	例 5-27
第 2 章 例 2-3	2	例 2-3	第 5 章 例 5-28	3	例 5-28
第 2 章 例 2-4	3	例 2-4	第 5 章 例 5-29	4	例 5-29
第 2 章 例 2-5	3	例 2-5	第 5 章 例 5-30	3	例 5-30
第 2 章 例 2-7	2	例 2-7	第 5 章 例 5-31	3	例 5-31
第 2 章 例 2-8	1	例 2-8	第 5 章 例 5-32	2	例 5-32
第 3 章 例 3-8	2	例 3-8	第 5 章 例 5-33	3	例 5-33
第 3 章 例 3-10	2	例 3-10	第 6 章 例 6-2	2	例 6-2
第 3 章 例 3-13	1	例 3-13	第 6 章 例 6-4	3	例 6-4
第 3 章 例 3-15	1	例 3-15	第 6 章 例 6-6	4	例 6-6
第 3 章 例 3-16	2	例 3-16	第 6 章 例 6-7	3	例 6-7
第 3 章 例 3-18	2	例 3-18	第 6 章 例 6-8	3	例 6-8
第 3 章 例 3-19	2	例 3-19	第 6 章 例 6-9	3	例 6-9
第 3 章 例 3-21	2	例 3-21	第 6 章 例 6-10	2	例 6-10
第 3 章 例 3-23	1	例 3-23	第 6 章 例 6-11	4	例 6-11
第 3 章 例 3-25	1	例 3-25	第 6 章 例 6-14	4	例 6-14
第 3 章 例 3-29	2	例 3-29	第 6 章 例 6-15	4	例 6-15
第 3 章 例 3-31	2	例 3-31	第 7 章 例 7-2	2	例 7-2
第 3 章 例 3-33	1	例 3-33	第 7 章 例 7-5	4	例 7-5
第 3 章 例 3-34	1	例 3-34	第 7 章 例 7-7	3	例 7-7
第 3 章 例 3-35	1	例 3-35	第 7 章 例 7-8	2	例 7-8
第 4 章 例 4-15	2	例 4-15	第 7 章 例 7-11	3	例 7-11
第 4 章 例 4-23	1	例 4-23	第 7 章 例 7-12	3	例 7-12
第 4 章 例 4-26	2	例 4-26	第 7 章 例 7-14	2	例 7-14
第 4 章 例 4-31	2	例 4-31	第 7 章 例 7-15	3	例 7-15
第 4 章 例 4-32	2	例 4-32	第 7 章 例 7-17	4	例 7-17
第 4 章 例 4-34	3	例 4-34	第 7 章 例 7-19	6	例 7-19
第 4 章 例 4-41	2	例 4-41	第 8 章 例 8-1	7	例 8-1
第 4 章 例 4-44	1	例 4-44	第 8 章 例 8-2	8	例 8-2
第 5 章 例 5-3	3	例 5-3	第 8 章 例 8-3	4	例 8-3
第 5 章 例 5-6	2	例 5-6	第 8 章 例 8-4	7	例 8-4
第 5 章 例 5-7	8	例 5-7	第 8 章 例 8-5	4	例 8-5
第 5 章 例 5-11	4	例 5-11	第 8 章 例 8-6	5	例 8-6
第 5 章 例 5-13	6	例 5-13	第 8 章 例 8-7	9	例 8-7
第 5 章 例 5-14	3	例 5-14	第 8 章 例 8-8	6	例 8-8

续表

视频名称	时长 /min	书中位置	视频名称	时长 /min	书中位置
第 8 章 8.4 节	13	8.4 节节首	第 11 章 例 11-6	2	例 11-6
第 9 章 例 9-1	10	例 9-1	第 11 章 例 11-7	1	例 11-7
第 9 章 例 9-2	6	例 9-2	第 11 章 例 11-8	2	例 11-8
第 9 章 例 9-3	6	例 9-3	第 11 章 例 11-9	2	例 11-9
第 9 章 例 9-4	6	例 9-4	第 11 章 例 11-10	2	例 11-10
第 9 章 例 9-5	6	例 9-5	第 11 章 例 11-11	1	例 11-11
第 9 章 例 9-6	7	例 9-6	第 11 章 例 11-12	8	例 11-12
第 10 章 例 10-3	1	例 10-3	第 11 章 例 11-13	2	例 11-13
第 10 章 10.2 节	2	10.2 节节首	第 11 章 例 11-14	3	例 11-14
第 10 章 10.3 节	7	10.3 节节首	第 12 章 例 12-1	7	例 12-1
第 10 章 10.4 节	11	10.4 节节首	第 12 章 例 12-2	3	例 12-2
第 10 章 10.5 节	3	10.5 节节首	第 12 章 12.2 节	3	12.2 节节首
第 10 章 10.6 节	9	10.6 节节首	第 12 章 例 12-3	4	例 12-3
第 10 章 10.7 节	5	10.7 节节首	第 12 章 例 12-5	6	例 12-5
第 11 章 11.1 节	3	11.1 节节首	第 12 章 例 12-6	4	例 12-6
第 11 章 例 11-1	4	例 11-1	第 12 章 例 12-7	5	例 12-7
第 11 章 例 11-2	4	例 11-2	第 12 章 例 12-8	3	例 12-8
第 11 章 例 11-3	3	例 11-3	第 12 章 例 12-9	6	例 12-9
第 11 章 例 11-4	4	例 11-4	第 12 章 例 12-10	4	例 12-10
第 11 章 例 11-5	3	例 11-5	第 12 章 例 12-11	2	例 12-11

第1章 MATLAB App Designer设计预备知识 / 1

视频讲解（10分钟，5集）

1.1 MATLAB软件介绍 / 1

1.2 MATLAB工作环境 / 2

1.2.1 命令行窗口 / 2

1.2.2 图形窗口 / 3

1.2.3 工作空间窗口 / 3

1.2.4 M文件编辑窗口 / 3

1.2.5 帮助系统窗口 / 4

1.3 MATLAB中的函数类型 / 4

1.3.1 主函数 / 4

1.3.2 子函数 / 5

1.3.3 嵌套函数 / 5

1.3.4 私有函数 / 5

1.3.5 重载函数 / 5

1.4 MATLAB程序设计结构 / 5

1.4.1 顺序结构 / 5

1.4.2 选择结构 / 7

1.4.3 循环结构 / 10

- 本章小结 / 12
- 习题 / 13

第2章 MATLAB常用文件操作 / 14

视频讲解（12分钟，6集）

2.1 MAT常用文件操作 / 14

2.1.1 MAT文件的写入 / 14

2.1.2 MAT 文件的读取 / 16

2.2 TXT 文件的读取与写入 / 17

2.2.1 TXT 文件的打开 / 17

2.2.2 TXT 文件数据的导入 / 17

2.3 Excel 文件的读取与写入 / 21

2.3.1 Excel 数据的读取 / 22

2.3.2 Excel 数据的写入 / 25

2.4 图像文件的读写 / 27

2.4.1 图像文件的查询 / 28

2.4.2 图像文件的读取 / 28

2.4.3 图像文件的存储 / 30

● 本章小结 / 32

● 习题 / 32

第 3 章 二维绘图 / 33

视频讲解（23 分钟，15 集）

3.1 二维绘图函数 / 33

3.2 绘图工具及标注与注释 / 43

3.2.1 绘图工具 / 43

3.2.2 绘图标注与注释 / 47

3.3 特殊二维图形绘图 / 52

● 本章小结 / 58

● 习题 / 58

第 4 章 句柄图形系统 / 59

视频讲解（15 分钟，8 集）

4.1 句柄图形对象 / 59

4.1.1 面向对象的思维方式 / 59

4.1.2 图形对象及其句柄 / 59

4.2 句柄图形对象属性的基本操作 / 61

4.2.1 属性的获取与设置 / 61

4.2.2 查找对象属性 / 64

4.2.3 复制图形对象 / 66

4.2.4 删除图形对象 / 67

4.3 图形对象的基本属性 / 69

4.4 图形对象 / 74

4.4.1 根对象 / 74

4.4.2 图形窗口对象 / 76

4.4.3 坐标轴对象 / 84
4.4.4 图像对象 / 97
4.4.5 文本对象 / 100
4.4.6 光线对象 / 106
4.4.7 块对象 / 108
4.4.8 矩形对象 / 115
4.4.9 线条对象 / 118
4.4.10 曲面对象 / 123
- **本章小结 / 125**
- **习题 / 125**

第 5 章 MATLAB App Designer 设计基础及常用组件 / 126
视频讲解（67 分钟，18 集）

5.1 MATLAB App Designer 界面及设计步骤 / 126
5.1.1 界面介绍 / 126
5.1.2 设计步骤 / 128
5.2 回调函数 / 132
5.2.1 创建回调函数 / 132
5.2.2 搜索回调和删除回调 / 133
5.3 基础设计工具 / 134
5.3.1 对齐、排列和间距工具 / 134
5.3.2 组件检查器 / 134
5.3.3 组件浏览器 / 135
5.4 常用组件 / 136
5.4.1 按钮 / 136
5.4.2 标签 / 137
5.4.3 坐标区 / 139
5.4.4 编辑字段（数值、文本）/ 140
5.4.5 单选按钮组 / 143
5.4.6 切换按钮组 / 145
5.4.7 下拉框 / 147
5.4.8 列表框 / 148
5.4.9 复选框 / 150
5.4.10 树及树（复选框）/ 152
5.4.11 表 / 153
5.4.12 滑块 / 155
5.4.13 微调器 / 157
5.4.14 状态按钮 / 158

5.4.15 日期选择器 / 158
5.4.16 文本区域 / 159
5.4.17 图像 / 159
5.4.18 超链接 / 160
5.4.19 HTML / 161
● 本章小结 / 161
● 习题 / 161

第6章 仪器、容器和图窗工具组件 / 163
视频讲解（32分钟，10集）

6.1 仪器组件 / 163
6.1.1 信号灯 / 163
6.1.2 仪表、线性仪表、90°仪表和半圆形仪表 / 164
6.1.3 旋钮和分档旋钮 / 165
6.1.4 开关、拨动开关和跷板开关 / 167
6.2 容器组件 / 168
6.2.1 选项卡组 / 168
6.2.2 面板 / 169
6.2.3 网格布局 / 169
6.3 图窗工具组件 / 172
6.3.1 上下文菜单 / 172
6.3.2 菜单栏 / 174
6.3.3 工具栏 / 176
● 本章小结 / 177
● 习题 / 177

第7章 预定义对话框 / 179
视频讲解（32分钟，10集）

7.1 公共对话框 / 179
7.1.1 文件打开对话框（uigetfile）/ 179
7.1.2 文件保存对话框（uiputfile）/ 181
7.1.3 颜色设置对话框（uisetcolor）/ 182
7.1.4 字体设置对话框（uisetfont）/ 183
7.1.5 打印对话框、打印预览对话框和页面设置对话框 / 185
7.2 自定义对话框 / 185
7.2.1 进度条（waitbar）/ 185
7.2.2 帮助对话框（helpdlg）/ 187
7.2.3 警告对话框（warndlg）/ 188

7.2.4 错误对话框（errordlg）/ 190
7.2.5 信息对话框（msgbox）/ 191
7.2.6 提问对话框（questdlg）/ 192
7.2.7 菜单选择对话框（menu）/ 194
7.2.8 输入信息对话框（inputdlg）/ 195
7.2.9 列表选择对话框（listdlg）/ 197
7.2.10 目录选择对话框（uigetdir）/ 199
- 本章小结 / 200
- 习题 / 200

第 8 章 基于 MATLAB App Designer 的学生成绩管理 / 202
视频讲解（63 分钟，9 集）

8.1 MATLAB App Designer 表组件与 Excel 文件数据交换 / 202
8.2 MATLAB App Designer 表组件与其他组件数据交换 / 203
8.2.1 其他组件读取表组件数据 / 203
8.2.2 利用其他组件编辑表组件数据 / 206
8.3 MATLAB App Designer 多 App 界面间的交互 / 208
8.3.1 不改变主 App 的交互 / 208
8.3.2 对主 App 进行某种改变，无数据传递 / 210
8.3.3 对主 App 进行某种改变，有数据传递 / 215
8.4 基于 MATLAB App Designer 的学生成绩管理的设计与实现 / 217
8.4.1 学生成绩管理界面布局设计 / 217
8.4.2 学生成绩管理界面组件回调设计 / 217
8.4.3 运行结果显示 / 220
- 本章小结 / 222
- 习题 / 222

第 9 章 MATLAB App Designer 在中学教学中的应用举例 / 224
视频讲解（41 分钟，6 集）

9.1 中学教学系统总界面设计 / 224
9.2 中学数学实验室界面设计 / 225
9.2.1 一次函数、二次函数和基本初等函数 / 225
9.2.2 空间几何体图形三视图 / 227
9.2.3 二分法求方程近似解 / 231
9.3 中学物理实验室界面设计 / 233
9.3.1 力的合成 / 233
9.3.2 匀变速直线运动 / 234
9.3.3 抛体运动 / 237

● 本章小结 / 240
● 习题 / 240

第 10 章 基于 MATLAB App Designer 的数字信号处理系统 / 242
视频讲解（38 分钟，7 集）

10.1 MATLAB 中数字信号处理的基本应用 / 242
10.1.1 信号的产生 / 242
10.1.2 序列的基本运算 / 245
10.1.3 离散傅里叶变换 / 247
10.1.4 IIR 数字滤波器 / 249
10.1.5 FIR 数字滤波器 / 251
10.2 数字信号处理总界面的 MATLAB App Designer 设计 / 253
10.3 信号发生器界面的 MATLAB App Designer 设计 / 254
10.3.1 信号发生器的界面布局设计 / 254
10.3.2 信号发生器界面组件的回调设计 / 255
10.3.3 信号发生器界面运行结果显示 / 257
10.4 序列基本运算界面的 MATLAB App Designer 设计 / 258
10.4.1 序列基本运算的界面布局设计 / 258
10.4.2 序列基本运算界面组件的回调设计 / 258
10.4.3 运行结果显示 / 261
10.5 离散傅里叶变换界面的 MATLAB App Designer 设计 / 263
10.6 基于 MATLAB App Designer 的 IIR 数字滤波器的界面设计与实现 / 264
10.6.1 IIR 数字滤波器的界面设计 / 264
10.6.2 IIR 数字滤波器界面组件的回调设计 / 266
10.6.3 运行结果显示 / 271
10.7 基于 MATLAB App Designer 的 FIR 数字滤波器的界面设计与实现 / 274
10.7.1 FIR 数字滤波器的界面设计 / 274
10.7.2 FIR 数字滤波器界面组件的回调设计 / 274
10.7.3 运行结果显示 / 276
● 本章小结 / 277
● 习题 / 277

第 11 章 基于 MATLAB App Designer 的图像处理系统 / 278
视频讲解（44 分钟，15 集）

11.1 图像处理总界面设计 / 278
11.2 图像几何运算 / 279
11.2.1 菜单选项设计 / 279
11.2.2 图像缩放 / 280

11.2.3 图像旋转 / 282
11.2.4 图像剪裁 / 282
11.3 图像形态学运算 / 283
11.4 数字图像增强 / 284
11.4.1 图像直接灰度变换 / 284
11.4.2 图像直方图均衡 / 286
11.4.3 图像平滑 / 287
11.4.4 图像锐化 / 289
11.4.5 数字图像增强子界面 / 289
11.5 图像边缘检测 / 295
11.5.1 图像边缘检测函数 / 295
11.5.2 图像边缘检测界面 / 297
● 本章小结 / 300
● 习题 / 300

第 12 章 基于 MATLAB App Designer 的通信原理系统 / 301
视频讲解（47 分钟，11 集）

12.1 MATLAB App Designer 与 Simulink 的交互 / 301
12.2 基于 MATLAB App Designer 的通信原理系统总界面设计 / 305
12.3 模拟幅度调制与解调 / 306
12.3.1 调幅信号及其解调 / 306
12.3.2 双边带抑制载波信号的调制与解调 / 308
12.3.3 单边带信号的调制与解调 / 309
12.4 模拟角度调制 / 311
12.4.1 调频信号 / 311
12.4.2 调相信号 / 311
12.4.3 基于 MATLAB App Designer 的模拟角度调制 / 312
12.5 数字基带信号 / 313
12.5.1 基本码型 / 313
12.5.2 常用码型 / 315
12.6 二进制数字调制 / 319
12.6.1 二进制幅移键控（2ASK）/ 319
12.6.2 二进制频移键控（2FSK）/ 321
12.6.3 二进制相移键控（2PSK）/ 324
● 本章小结 / 326
● 习题 / 327

参考文献 / 328

第 1 章

MATLAB App Designer 设计预备知识

MATLAB 是矩阵实验室（Matrix Laboratory）的简称，它是一种高级编程语言，也是面向科学计算、可视化及交互式程序设计的高科技计算环境。它将数值分析、矩阵计算、科学数据可视化及非线性动态系统的建模和仿真等诸多强大功能集成在一个易于使用的视窗环境中，并在很大程度上摆脱了传统非交互式程序设计语言的编程模式。

本章要点

（1）MATLAB 软件介绍。

（2）MATLAB 工作环境。

（3）MATLAB 中的函数类型。

（4）MATLAB 程序设计结构。

学习目标

（1）了解 MATLAB 软件的组成及特点。

（2）熟悉 MATLAB 工作环境。

（3）掌握 MATLAB 中的几种函数类型的使用方法及特点。

（4）掌握 if、switch 语句实现选择结构的方法。

（5）掌握 for、while 语句实现循环结构的方法。

1.1 MATLAB 软件介绍

MATLAB 主要由核心部分和各种应用工具箱两部分组成。

MATLAB 核心部分由 MATLAB 开发环境、MATLAB 编程语言、MATLAB 数学函数库、MATLAB 图形处理系统和 MATLAB 应用程序接口 5 部分组成。① MATLAB 开发环境是一个集成的工作环境，包括 MATLAB 命令行窗口、文件编辑调试器、工作区、数组编辑器和在线帮助文档等；② MATLAB 编程语言是一种面向科学与工程计算的高级语言，允许按照数学习惯的方式编写程序；③ MATLAB 数学函数库包含了大量的计算算法，包括基本函数、矩阵运算和复杂算法等；④ MATLAB 图形处理系统能够将二维和三维数组的数据用图形表示出来，并可以实现图像处理、动画显示和表达式作图等功能；⑤ MATLAB 应用程序接口使 MATLAB 语言能与 C 或 FORTRAN 等其他编程语言进行交互。

MATLAB 工具箱包括功能性工具箱和科学性工具箱两类。①功能性工具箱主要用来扩充其符号计算功能、图示建模仿真功能、文字处理功能以及与硬件实时交互功能，适用于多种学科；②科学性工具箱专业性较强，如 control toolbox、communication toolbox 等，这些工具箱都是由该领域内学术水平很高的专家编写的，所以用户不用自己编写学科范围内的基础程序即可直接进行高、精、尖的研究。

1.2 MATLAB 工作环境

MATLAB 既是一种语言，又是一种编程环境。在这种环境中，系统提供了许多编写、调试和执行 MATLAB 程序的便利工具。下面主要介绍 MATLAB 中的命令行窗口、图形窗口、工作空间窗口、M 文件编辑窗口和帮助系统窗口。

1.2.1 命令行窗口

通过命令行窗口输入 MATLAB 的各种命令并读出相应的结果。但要注意，每一条命令或命令行输入后都要按 Enter 键，命令才会被执行，例如，输入如下程序：

```
a=ones(4,4)
```

然后按 Enter 键，即可创建一个 4×4 且元素值为 1 的矩阵，并显示如下运行结果：

```
a =
     1     1     1     1
     1     1     1     1
     1     1     1     1
     1     1     1     1
```

在 MATLAB 中，命令行窗口常用的命令及功能如表 1-1 所示。

表 1-1　命令行窗口常用的命令及功能

命　令	功　能
clc	清除命令行窗口中所有内容，光标回到屏幕左上角
clear	清除工作空间中所有的变量
clear all	从工作空间清除所有变量和函数
clear 变量名	清除指定的变量
clf	清除图形窗口内容
delete ＜文件名＞	从磁盘删除指定的文件
help ＜命令行＞	查询所示命令的帮助信息
which ＜文件名＞	查找指定文件路径
who	显示当前工作空间中的变量
whos	列出当前工作空间的变量及信息
what	列出当前目录下的 .m 文件和 .mat 文件
load name	加载 name 文件中的所有变量到工作空间
load name x，y	加载 name 文件中的变量 x，y 到工作空间
save name	保存工作空间变量到文件 name.mat 中
save name x，y	保存工作空间变量 x，y 到文件 name.mat 中
Home 或 Ctrl+A	光标移动到行首
End 或 Ctrl+E	光标移动到行尾
Esc 或 Ctrl+U	清除一行
Del 或 Ctrl+D	清除光标后的字符
Backspace 或 Ctrl+H	清除光标前的字符
Ctrl+K	清除光标至行尾字
Ctrl+C	中断程序运行

1.2.2 图形窗口

图形窗口用来显示MATLAB所绘制的图形，这些图形可以是二维图形，也可以是三维图形。只要执行了任意一种绘图命令，图形窗口就会自动产生，输入如下程序：

```
x=1:0.2:10;
y=sin(x);
plot(x,y)
```

运行结果如图1-1所示。

1.2.3 工作空间窗口

工作空间窗口用来显示当前计算机内存中MATLAB变量信息，包括变量的名称、数据结构、字节数及其类型等，如图1-2所示，所显示的变量信息可通过单击右上角“倒三角”图形，单击【选择列】按钮进行设置。同时，在MATLAB中可以对变量进行观察、编辑、保存和删除操作，若要查看变量的具体内容，可以双击该变量名称。

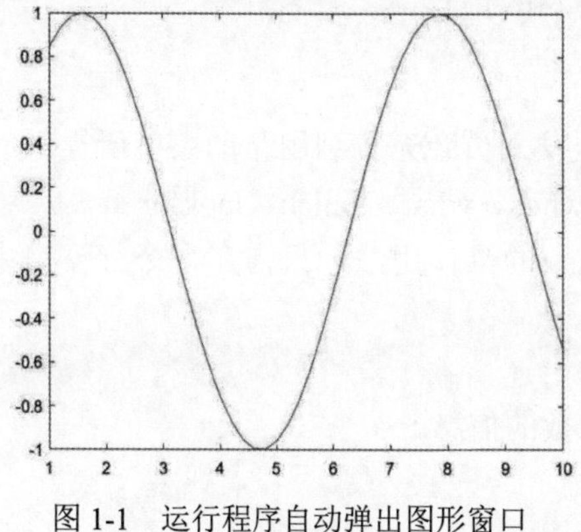

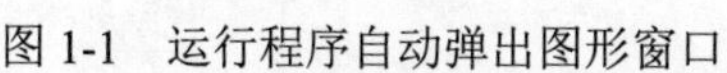
图1-1 运行程序自动弹出图形窗口

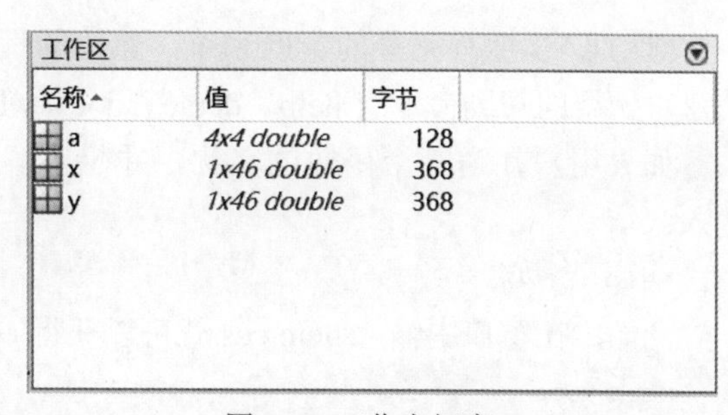

图1-2 工作空间窗口

1.2.4 M文件编辑窗口

MATLAB命令行窗口适用于编写短小的程序，对于大型、复杂程序的编写，应采用文件编辑方法，即编辑M文件。在MATLAB命令行窗口中输入edit，即可启动编辑器，并打开空白的M文件编辑窗口，如图1-3所示。

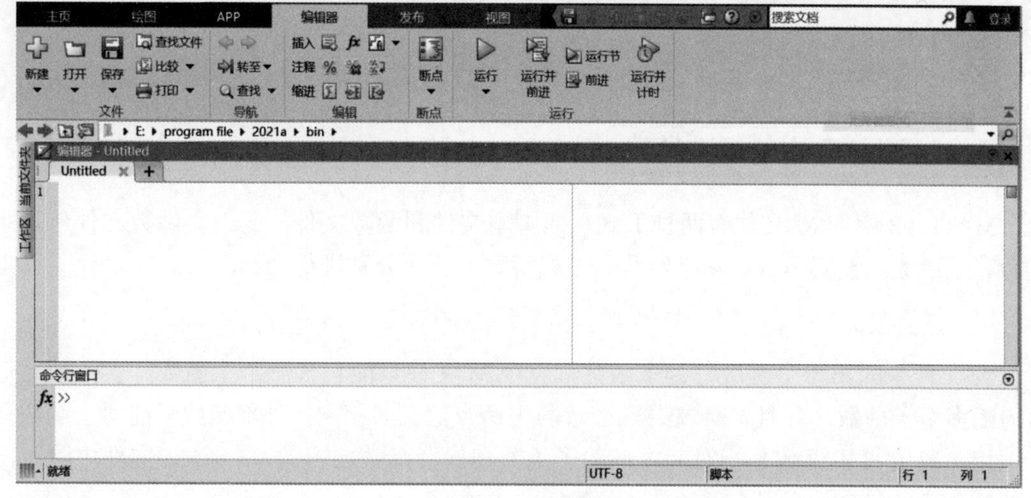

图1-3 编辑器

MATLAB 文件编辑器具有编辑 M 文件和调试 M 文件两大功能。其中，编辑功能的选择、复制与粘贴、查找与替换等方法与 Windows 编辑程序类似，此处不再赘述，只对下列几点进行特别说明。

（1）注释：Ctrl+R 快捷键增加注释，Ctrl+T 快捷键删除注释。

（2）缩进：调整缩进格式以增加 M 文件的可读性。增加缩进量用 Ctrl+］键，减少缩进量用 Ctrl+［键。当一段程序比较乱时，使用快捷键 Ctrl+I 进行自动整理，也是一种很好的选择。

M 程序调试器的热键设置和 VC 有些类似，下面列出来一些常用的调试方法。

（1）设置 / 清除断点：使用快捷键 F12。

（2）执行：使用快捷键 F5。

（3）单步执行：使用快捷键 F10。

（4）step in：遇到函数时，进入函数内部，使用快捷键 F11。

（5）step out：执行流程跳出函数，使用快捷键 Shift+F11。

1.2.5 帮助系统窗口

MATLAB 拥有完善的帮助系统，熟练的程序开发人员会充分利用帮助系统所提供的信息。常用的帮助命令有 help、demo、doc、who、whos、what、which、lookfor 等。

如果用户知道某个函数的名称，并想了解该函数的具体用法，只需在命令行窗口中输入：

```
help+ 函数名
```

例如：在窗口中输入 help cos 就可以获得 cos 函数的信息。

```
help cos
 cos    Cosine of argument in radians.
   cos(X) is the cosine of the elements of X.
   See also acos, cosd, cospi.
   cos 的文档
   名为 cos 的其他函数
```

如果用户不知道函数的确切名称，此时 help 命令就无能为力了，但可以使用 lookfor 命令，即在使用 lookfor 命令时，用户只需知道某个函数的部分关键字，在命令行窗口输入：

```
lookfor+ 关键字
```

1.3 MATLAB 中的函数类型

MATLAB 中的 M 文件有两种形式，即脚本文件和函数文件，其中，函数文件包括主函数、子函数、嵌套函数、私有函数和重载函数，下面分别进行介绍。

1.3.1 主函数

M 文件中的第一个函数称为主函数，一个 M 文件只能包含一个主函数，主函数之后可附随多个子函数。并且，M 文件名应该与主函数定义名相同，外部函数只能对主函数进行调用。M 文件主函数是相对其内部的子函数和嵌套函数而言的，一个 M 文件中除了主函数外，还可包含多个嵌套函数或子函数。

1.3.2 子函数

一个 M 文件中可能包含多个函数，主函数之外的函数都称为子函数，所有的子函数都有自己独立的声明、帮助和注释等结构，只需要在位置上注意位于主函数之后即可，而各个子函数则没有前后顺序，可以任意放置。

M 文件内部发生函数调用时，MATLAB 首先检查该文件中是否存在相应名称的子函数，然后检查这一 M 文件所在目录的子目录下是否存在同名的私有函数，然后按照 MATLAB 路径，检查是否存在同名的 M 文件或内部函数。

1.3.3 嵌套函数

任一 M 函数体内所定义的函数称为外部函数的嵌套函数，MATLAB 支持多重嵌套函数，即在嵌套函数内部继续定义下一层的嵌套函数，形如：

```
function x=A(p1,p2)
    function y=B(p3)
        ...
    end
...
end
```

MATLAB 函数体通常不需要 end 结束标记，但如包含嵌套函数，则该 M 文件内的所有函数（主函数和子函数）都需 end 标记。

嵌套函数的调用规则：①父级函数可调用下一层嵌套函数；②相同父级的同级嵌套函数可相互调用；③处于低层的嵌套函数可调用任意父级函数。

1.3.4 私有函数

私有函数是具有限制性访问权限的函数，是位于私有目录 private 下的函数文件，这些私有函数的构造与普通 M 函数完全相同，访问条件是：私有函数只能被存放于该 private 子目录上一层父目录中的函数文件调用。

1.3.5 重载函数

重载是计算机编程中非常重要的概念，它经常用于处理功能类似，但是参数类型或个数不同的函数编写中。例如实现两个相同的计算功能，输入变量数量相同，不同的是其中一个输入变量为双精度浮点类型，另一个输入变量为整型，这时用户就可以编写两个同名函数，一个用来处理双精度浮点类型的输入参数，另一个用来处理整型的输入参数。

MATLAB 的内置函数中有许多重载函数，放置在不同的文件路径下，文件夹名称以 @ 开头，然后跟一个代表 MATLAB 数据类型的字符。

1.4 MATLAB 程序设计结构

计算机编程语言程序设计结构主要有三大类：顺序结构、选择结构和循环结构。这一点 MATLAB 与其他编程语言完全一致。

1.4.1 顺序结构

顺序结构是按照语句出现顺序执行的一种设计结构，即按语句由上到下的书写顺序执行，只有一个入口和一个出口。在 MATLAB 的函数中，变量主要有输入变量、输出变量及函数内所使用的变量。

1. 数据输入

可使用 input 函数，实现从键盘输入数据。

1）输入数据

调用格式如下：

```
x=input('提示信息')
```

例如输入 x=input（'please input a number：'），运行结果如下：

```
>> x=input('please input a number:')
please input a number:8
x =
     8
```

2）输入字符串

调用格式如下：

```
x=input('提示信息','s')
```

例如输入 x=input（'please input a string：'，'s'），运行结果如下：

```
x=input('please input a string:','s')
please input a string:this is a string
x =
    'this is a string'
```

2. 数据输出

MATLAB 提供的命令行窗口输出函数主要有自由格式输出 disp 函数和格式化输出 fprintf 函数。

1）disp 函数

调用格式如下：

```
disp(输出项)
```

其中，输出项既可以是字符串，也可以是矩阵。

▶【例 1-1】disp 函数数据输出实例。

程序命令如下：

```
A=20+300-20*2;
B=[12 13 14;15 16 17;18 19 20];
C='this is a string';
disp(A);
disp(B);
disp(C);
```

运行结果如下：

```
 280


    12    13    14
    15    16    17
    18    19    20


this is a string
```

2）fprintf 函数

fprintf 函数可以将数据按指定格式输出到屏幕或指定文本文件中。

▶【例 1-2】fprintf 函数数据输出实例。

程序命令如下：

```
clc;
clear;
age=18;
name='洋洋';
fprintf('%s 的年龄是 %d\n',name,age)
```

运行结果如下：

```
洋洋的年龄是 18
```

注意 %d 表示输出整数；%e 表示输出实数，科学记数法形式；%f 表示输出实数，小数形式；%s 表示输出字符串。

3. 程序的暂停

可使用 pause 函数执行程序暂停，其调用格式如下：

```
pause(延迟秒数)
```

如果没有指定延迟时间，直接使用 pause 即可暂停程序，直到用户按任意键后程序继续执行。若要强行中止程序的运行可使用 Ctrl+C 快捷键。

1.4.2 选择结构

选择结构又称为分支结构，用于判断给定的条件是否成立，并根据判断的结果来控制程序执行的流程。MATLAB 语言中的条件判断语句主要是 if 语句、switch 语句和 try 语句。

1. if 语句

1）单分支 if 语句

语句格式如下：

```
if 条件
    语句组
end
```

当条件成立时，则执行语句组，执行完之后继续执行 if 语句的后续语句，若条件不成立，则直接执行 if 语句的后续语句。

2）双分支 if 语句

语句格式如下：

```
if 条件
      语句组 1
else
      语句组 2
end
```

当条件成立时，执行语句组 1；不成立时执行语句组 2。语句组 1 或语句组 2 执行后，再执行 if 语句的后续语句。

▶【例 1-3】计算分段函数的值，$y=\begin{cases}3x+6, x>0\\5x-2, x\leqslant 0\end{cases}$。

程序命令如下：

```
x=input('请输入 x 的值：');
if x>0
   y=3*x+6
else
   y=5*x-2
end
```

运行结果如下：

```
请输入 x 的值：8
y =
   30
```

3）多分支 if 语句

```
if 条件 1
     语句组 1
elseif 条件 2
     语句组 2
          ...
elseif 条件 m
     语句组 m
else
     语句组 n
end
```

视频讲解

▶【例 1-4】输入三角形的 3 条边，判断是否能够构成三角形，如果可以则判断三角形的形状。

程序命令如下：

```
L=input('请输入三角形的 3 条边：');
if L(1)<=0|L(2)<=0|L(3)<=0
     disp('三角形的边长不能为 0 或为负');
   elseif L(1)+L(2)<=L(3)|L(1)+L(3)<=L(2)|L(2)+L(3)<=L(1)
     disp('不能构成三角形');
   elseif L(1)==L(2)&L(2)==L(3)
     disp('构成等边三角形');
   elseif  L(1)==L(2)| L(1)==L(3)| L(2)==L(3)
     disp('构成等腰三角形');
   else
     disp('构成一般三角形');
end
```

运行结果如下：

```
请输入三角形的 3 条边：[1 1 2]
不能构成三角形

请输入三角形的 3 条边：[2 3 4]
构成一般三角形

请输入三角形的 3 条边：[3 3 3]
构成等边三角形
```

2. switch 语句

多分支 if 语句用于实现多分支选择结构。if-else-end 语句所对应的是多重判断选择，而有时也会遇到多分支判断选择的问题。MATLAB 语言为解决多分支判断的问题，提供了 switch 语句。switch 语句根据表达式的取值不同，有条件地执行一组语句，其语句格式如下：

```
switch 表达式
    case 表达式 1
        语句组 1
    case 表达式 2
        语句组 2
        ...
    case 表达式 m
        语句组 m
    otherwise
        语句组 n
end
```

与其他的程序设计语言的 switch 语句不同的是，在 MATLAB 语言中，当其中一个 case 语句后的条件为真时，switch 语句不对其后的其他 case 语句进行判断，也就是说在 MATLAB 语言中，即使有多条 case 判断语句为真，也只执行遇到的第一条为真的语句。这样就不必像 C 语言那样，在每条 case 语句后加上 break 语句以防止继续执行后面为真的 case 条件语句。

▶【例 1-5】利用 switch 语句实现简单计算器功能，即输入两个操作数和运算符号，即可进行加减乘除运算。

视频讲解

程序命令如下：

```
N=input('请输入操作数：');
S=input('请输入运算符号：','s');
switch S
    case'+'
        Y=N(1)+N(2)
    case'-'
        Y=N(1)-N(2)
    case'*'
        Y=N(1)*N(2)
    case'/'
        Y=N(1)/N(2)
    otherwise
        disp('error operator')
end
```

运行结果如下：

```
请输入操作数：[8 23]
请输入运算符号：-
Y =
   -15
```

3. try 语句

try 语句是错误检查语句，当程序运行在复杂的环境下时，一些语句可能会产生错误，导致程序停止执行，这时用户需要将这些语句放在 try...catch 结构中，其一般形式如下：

```
try
   程序段 A;
catch
   程序段 B;
end
```

逐行运行程序段 A，如果运行出错，就跳过程序段 A 后面的语句，改为执行程序段 B，此时命令行并不显示出错信息，若程序段 A 运行完没有出现错误，则跳过程序段 B，继续执行后面的程序。该语句结构也可以只包含 try 语句，不含 catch 语句，其一般形式如下：

```
try
   程序段 A;
end
```

逐行运行程序段 A，若运行出错，就跳过程序段 A 后面的语句，继续执行后面的程序。

▶【例 1-6】矩阵的乘法运算。

程序命令如下：

```
A=[1,2,3;4,5,6]; B=[7,8,9;10,11,12];
try
   C=A*B
catch
   C=A.*B
end
s=lasterror;
disp(s.message)          % 显示出错原因
```

运行结果如下：

```
C =
     7    16    27
    40    55    72
ans =
Error using ==> mtimes
Inner matrix dimensions must agree.
```

1.4.3 循环结构

程序中总会有对某些量的迭代运算，或对某个过程的重复处理，这就需要使用循环来简化程序。下面分别介绍 for 循环和 while 循环。

1. for 循环语句

for 循环语句用于重复次数确定的循环，调用格式如下：

```
for 循环变量 = 表达式 1: 表达式 2: 表达式 3
    循环体语句
end
```

其中，表达式 1 的值为循环变量的初值，表达式 2 的值为步长，表达式 3 的值为循环变量的终值。当步长为 1 时，表达式 2 可以省略。

▶【例 1-7】sum=1-2+3-4+5-6…+99-100，利用 for 循环语句求 sum 的值。

程序命令如下：

```
k=1;
sum=0;
for i=1:1:100
    sum=sum+k*i;
    k=-1*k;
end
fprintf('sum 的值为 %d\n',sum);
```

运行结果如下：

```
sum 的值为 -50
```

▶【例 1-8】输入 5 个整数，统计并输出其中正整数、负整数和零的个数。

视频讲解

程序命令如下：

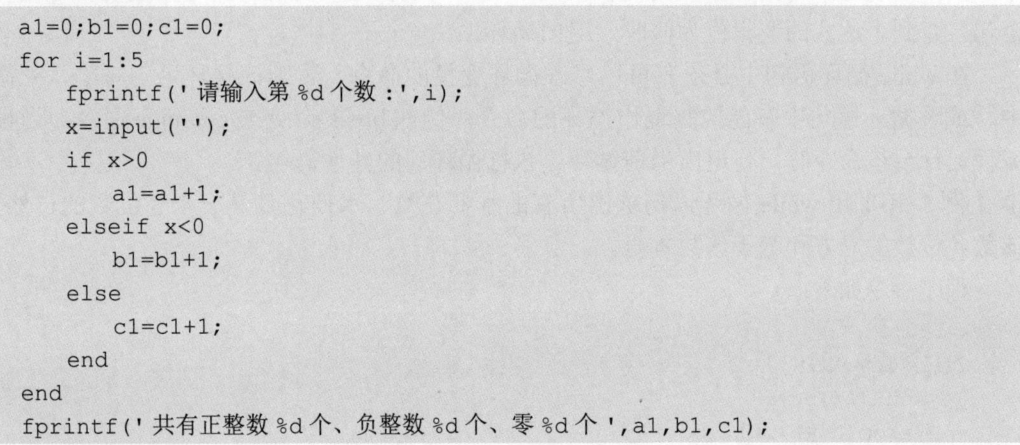

```
a1=0;b1=0;c1=0;
for i=1:5
    fprintf('请输入第 %d 个数 :',i);
    x=input('');
    if x>0
        a1=a1+1;
    elseif x<0
        b1=b1+1;
    else
        c1=c1+1;
    end
end
fprintf('共有正整数 %d 个、负整数 %d 个、零 %d 个',a1,b1,c1);
```

运行结果如下：

```
请输入第 1 个数 :1
请输入第 2 个数 :0
请输入第 3 个数 :0
请输入第 4 个数 :-1
请输入第 5 个数 :5
共有正整数 2 个、负整数 1 个、零 2 个
```

▶【例 1-9】利用嵌套的 for 循环语句实现输出 9×9 乘法表。

视频讲解

程序命令如下：

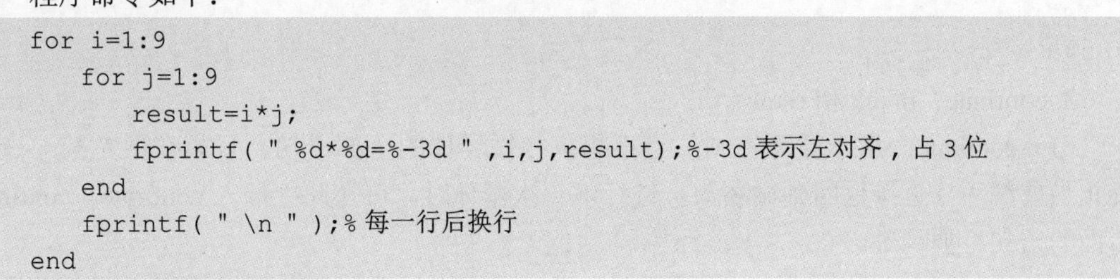

```
for i=1:9
    for j=1:9
        result=i*j;
        fprintf( " %d*%d=%-3d " ,i,j,result);%-3d 表示左对齐，占 3 位
    end
    fprintf( " \n " );% 每一行后换行
end
```

运行结果如图 1-4 所示。

2. while 循环语句

while 循环语句是依条件结束的语句。调用格式如下：

```
while( 表达式 )
    循环体语句
end
```

```
1*1=1  1*2=2  1*3=3  1*4=4  1*5=5  1*6=6  1*7=7  1*8=8  1*9=9
2*1=2  2*2=4  2*3=6  2*4=8  2*5=10 2*6=12 2*7=14 2*8=16 2*9=18
3*1=3  3*2=6  3*3=9  3*4=12 3*5=15 3*6=18 3*7=21 3*8=24 3*9=27
4*1=4  4*2=8  4*3=12 4*4=16 4*5=20 4*6=24 4*7=28 4*8=32 4*9=36
5*1=5  5*2=10 5*3=15 5*4=20 5*5=25 5*6=30 5*7=35 5*8=40 5*9=45
6*1=6  6*2=12 6*3=18 6*4=24 6*5=30 6*6=36 6*7=42 6*8=48 6*9=54
7*1=7  7*2=14 7*3=21 7*4=28 7*5=35 7*6=42 7*7=49 7*8=56 7*9=63
8*1=8  8*2=16 8*3=24 8*4=32 8*5=40 8*6=48 8*7=56 8*8=64 8*9=72
9*1=9  9*2=18 9*3=27 9*4=36 9*5=45 9*6=54 9*7=63 9*8=72 9*9=81
```

图 1-4　运行结果

其中，表达式为某种形式的逻辑判断语句，当该表达式的值为真时，反复执行循环体语句，直到表达式的逻辑值为假时，退出循环。

在 while 循环语句中必须有可以修改循环变量的命令，否则该循环语句将陷入死循环中。或者循环语句中有能控制退出循环的命令，例如 break 命令或 continue 命令。当程序流程运行至该命令时，将退出当前循环，执行循环后的其他语句。

视频讲解

▶【例 1-10】用 while 循环语句求出所有的水仙花数。水仙花数是一个 3 位数的自然数，该数各位数的立方和等于该数本身。

程序命令如下：

```
k=100;
while(k<=999)
   x=fix(k/100);
   y=rem(fix(k/10),10);
   z=rem(k,10);
   if k==x*x*x+y*y*y+z*z*z
      fprintf('%d\n',k);
   end
   k=k+1;
end
```

运行结果如下：

```
153
370
371
407
```

3. continue、break 和 return

（1）continue：用于循环控制。当不想执行循环体的全部语句，只想在做完某一步后终止当前循环，直接返回到循环头，进行下一次循环时，可在此处插入 continue。continue 后面的语句将被跳过。

（2）break：用在 for 或 while 循环中，立即结束本层循环，并继续执行循环之后的下一条语句。嵌套循环中，它只跳出所在层的循环。

（3）return：终止当前函数的继续执行，控制权交给调用函数或键盘。

本章小结

本章先介绍了 MATLAB 软件概述，进而介绍了 MATLAB 软件的工作环境和函数类型，最后介绍了三大程序设计结构。本章是全书的基础，重点做到熟悉 MATLAB 编程环境和基本操作，为后续核心技术与工程应用的学习打下良好的基础。

习　题

1-1　输入一个整数，若为奇数则输出其平方根，否则输出其立方根。

1-2　输入 5 个数，求其中最大数和最小数，分别用循环结构和调用 max 函数、min 函数来实现。

1-3　计算 1 到 999 之间的所有偶数之和。

1-4　计算分段函数 $y=\begin{cases}\cos(x+1)+\sqrt{x^2+1}, x=10 \\ x\sqrt{x+\sqrt{x}}, x\neq 10\end{cases}$

1-5　编写 M 文件，等待键盘输入，输入密码 20240101，密码正确，显示输入密码正确，程序结束；否则提示，重新输入。

1-6　有一群鸡和兔子，加在一起头的数量是 66，脚的数量是 220，编写 M 文件解答鸡和兔子数量各是多少？

1-7　编写函数文件，求 $y=\sum_{n=0}^{20} n!$，将 n 作为函数的输入参数，y 作为函数的输出参数。

1-8　编写程序，求 $S_n=a+aa+aaa+\cdots+\underbrace{aa\cdots a}_{n\text{个}}$ 的值，其中，数字 a 和表达式中位数最多项 a 的个数 n 由键盘输入。

第 2 章 MATLAB 常用文件操作

MATLAB 通常需要从外部文件中读取数据或将数据保存为外部文件。本章主要介绍 MATLAB 中常用文件的读写和数据的导入导出。常用文件包括 MAT 文件、TXT 文件、Excel 文件和图像文件。而数据导入是指从磁盘文件或剪贴板中获取数据，加载到 MATLAB 工作空间；数据导出是指将 MATLAB 工作空间的变量保存到文件中。通过这些功能的讲解，读者可以清晰地掌握各种常见文件的读写方法，并在后续章节 MATLAB App Designer 设计中，可以简便地通过 MATLAB App Designer 软件读写以上常用文件。

本章要点

（1）MAT 文件的操作。
（2）TXT 文件的读写。
（3）Excel 文件的读写。
（4）图像文件的读写。

学习目标

（1）熟悉 MAT 文件的写入与读取方法。
（2）掌握 TXT 文件的读取与写入方法。
（3）熟悉 xlsfinfo、xlswrite、xlsread 函数的调用方法。
（4）了解图像文件的基本分类。
（5）熟悉 imread、imwrite、imfinfo 函数的调用方法。

2.1 MAT 常用文件操作

MATLAB 通过 MAT 文件这种独有的文件格式保存工作空间中的变量。MAT 文件是一种双精度、二进制格式文件，扩展名为 .mat，因此对于 .mat 文件的操作是必须掌握的。

MAT 文件具有可移植性。一台机器上生成的 MAT 文件，在另一台装有 MATLAB 的机器上可以正确读取，而且保留不同格式所允许的最高精度和最大数值范围，它们也能被 MATLAB 之外的其他程序（如 C 或 FORTRAN 程序）读写。

2.1.1 MAT 文件的写入

MAT 文件分为两部分：文件头部和数据。文件头部主要包括一些描述性文字和相应的版本标识，数据依次按数据类型、数据长度和数据内容 3 部分保存。将数据导出到指定的 MAT 文件使用 save 函数，其调用格式如表 2-1 所示。

表 2-1 save 函数调用格式

函数调用格式	函数格式说明
save	将工作空间中所有变量保存到当前目录下的文件：MATLAB.mat

续表

函数调用格式	函数格式说明
save filename	将工作空间中所有变量保存到当前目录下的文件：filename.mat
save filename x1 x2…xn	将变量 x1，x2，…，xn 保存到当前目录下的文件：filename.mat
save（'filename'，'-struct'，'s'）	保存结构体 s 的所有字段为文件 filename.mat 里的独立变量
save（'filename','-struct','s','f1','f2',…）	保存结构体 s 的指定字段为文件 filename.mat 里的独立变量
save filename s*	将工作空间中 s 开头的变量全部保存到 filename.mat 中；* 为通配符
save（'filename'，…）	save 指令的函数格式用法
save（…，'format'）	按照不同的输出格式 format 来保存数据

MATLAB 有很多保存数据的方式，下面分别介绍。

（1）首先产生数据，如图 2-1（a）所示，程序命令如下：

```
>> clc,clear,close all
warning off
x=randn(100,1);
```

（2）进行数据保存，如图 2-1（b）所示，程序命令如下：

```
save x.mat x
```

（3）也可以将 x 这个数据保存到 y.mat 中，如图 2-1（c）所示，程序命令如下：

```
save y.mat x
```

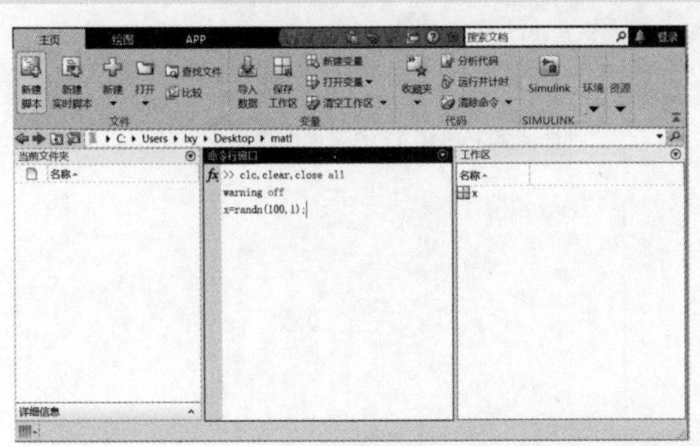

（a）产生数据

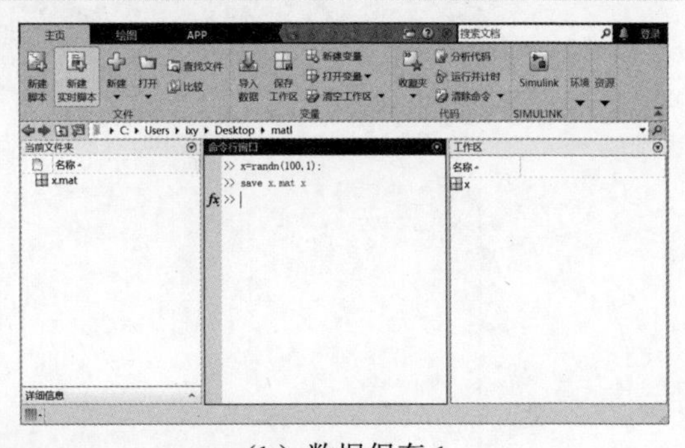

（b）数据保存 1

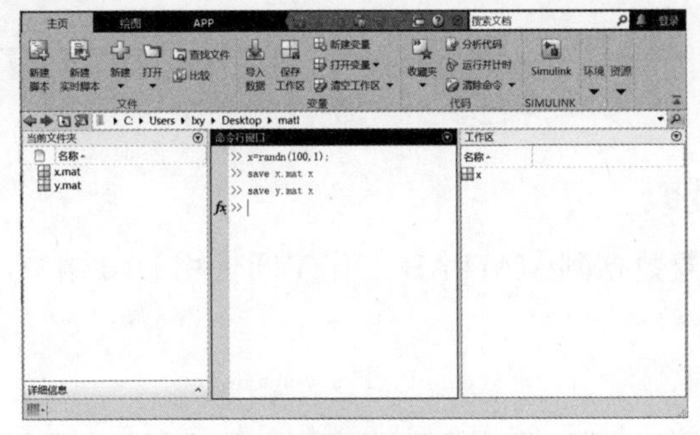

（c）数据保存 2

图 2-1 .mat 文件的保存

MATLAB 工作区存储着不同名称的数据包，用户可以右击，在弹出的快捷菜单中选择【另存为】选项保存，具体如图 2-2 所示。

MATLAB 默认的保存文件名为 MATLAB.m，用户可进行修改，例如将文件名修改为 lk，单击【保存】按钮，在当前文件夹路径下可得到 lk.mat 文件，如图 2-3 所示。

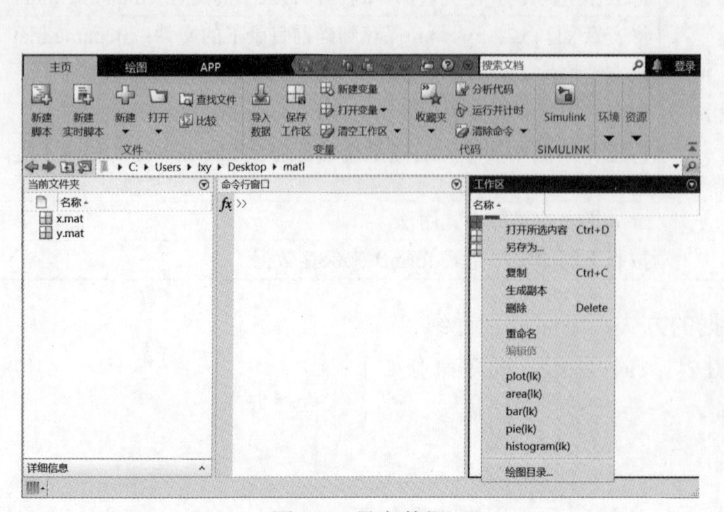

图 2-2　另存数据

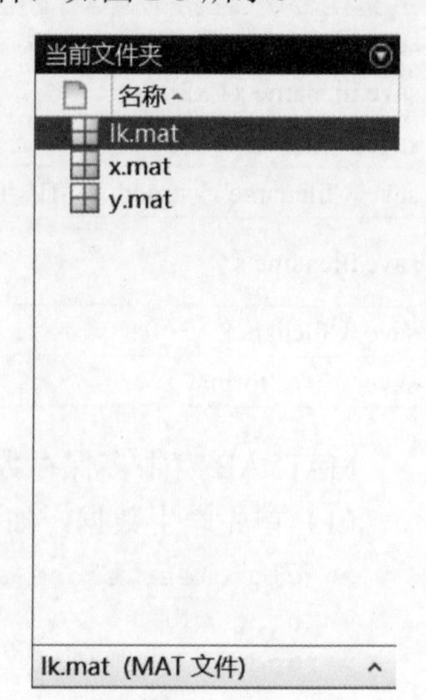

图 2-3　lk.mat 文件

对于工作区的数据，可以选择多个数据包，一起打包保存，如图 2-4 所示。

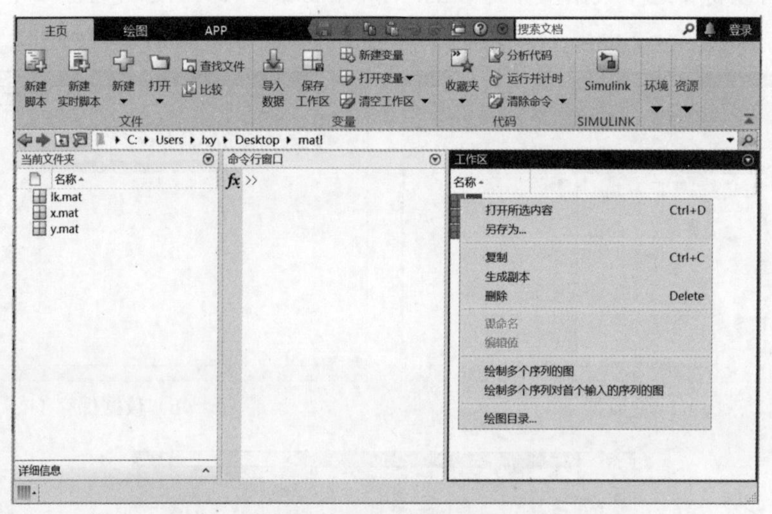

图 2-4　多个数据打包保存

2.1.2　MAT 文件的读取

从 MAT 文件中加载数据到 MATLAB 工作空间使用 load 函数，load 函数调用格式如表 2-2 所示。

表 2-2　load 函数调用格式

函数调用格式	函数格式说明
load	加载 MATLAB.mat 中所有变量，如果加载前已存在同名变量，则覆盖
load filename	加载 filename.mat 中所有变量，如果加载前已存在同名变量，则覆盖
load（'filename'，'X'，'Y'，'Z'）	加载 filename.mat 中变量 X、Y、Z，如果加载前已存在同名变量，则覆盖

续表

函数调用格式	函数格式说明
load filename s*	加载 filename.mat 中以 s 开头的变量，如果加载前已存在同名变量，则覆盖
load（'-mat'，'filename'）	将文件当作 MAT 文件加载；如果不是 MAT 文件，返回错误
load（'-ascii'，'filename'）	将文件当作 ASCII 文件加载；如果不是数字文件，返回错误
S=load（…）	load 指令的函数格式用法

注意 除非必须与非 MATLAB 程序进行数据交换，存储和加载文件时，都应该使用 MATLAB 文件格式。这种格式高效且移植性强，保存了所有 MATLAB 数据类型的细节。

下面介绍数据加载的过程。首先进行 MATLAB 工作空间和命令行窗口的清理工作。

```
clc,clear,close all
warning off
feature jit off
```

加载数据文件有以下 3 种方法。

（1）采用 load 函数进行加载：

```
load('x.mat')
```

（2）输入如下命令进行加载：

```
load x.mat
```

（3）双击选择的数据文件，由 MATLAB 命令窗口自动生成代码：

```
load('data.mat')
```

另外，利用 load 函数加载数据，速度较快，可以节约程序执行时间。load 函数有助于提高系统执行效率，节约 CPU 损耗时间，特别是在循环读取图像数据时，可以事先将许多图像数据保存在一个 cell 细胞体中。

2.2 TXT 文件的读取与写入

TXT 文件是一种常用的文本文件，它的优势是可以清楚字符串的格式，并且 TXT 文件保存数据和读取数据的快捷性受到业界的好评，本节着重讲解 TXT 文件的读取与写入操作方法。

2.2.1 TXT 文件的打开

MATLAB 对于 TXT 文件提供了读取功能。在当前文件夹右击，在弹出的快捷菜单中单击【打开】选项，如图 2-5 所示，即可弹出 MATLAB 脚本文件窗口，如图 2-6 所示，脚本文件内容不会出现乱码，MATLAB 软件完全兼容 TXT 文件。也可以右击当前文件夹，在弹出的快捷菜单中单击【在 MATLAB 外部打开】选项，采用文本文件查看模式打开，如图 2-7 所示。

2.2.2 TXT 文件数据的导入

采用 MATLAB 脚本文件方式打开 TXT 文件后，选择【导入数据】选项，如图 2-8 所示，即可生成如图 2-9 所示内容，可发现导入的数据自动以 VarName1、VarName2、VarName3 等命名。

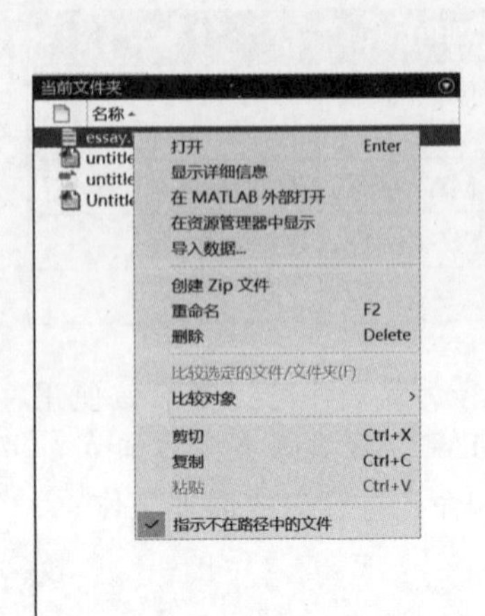

图 2-5　右击

图 2-6　MATLAB 显示 TXT 文件界面

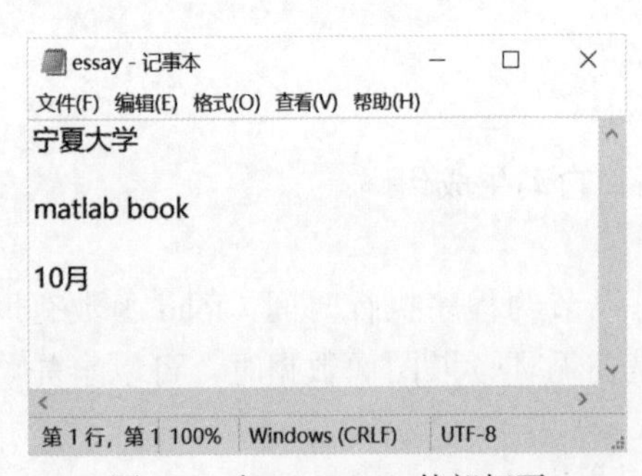

图 2-7　在 MATLAB 外部打开

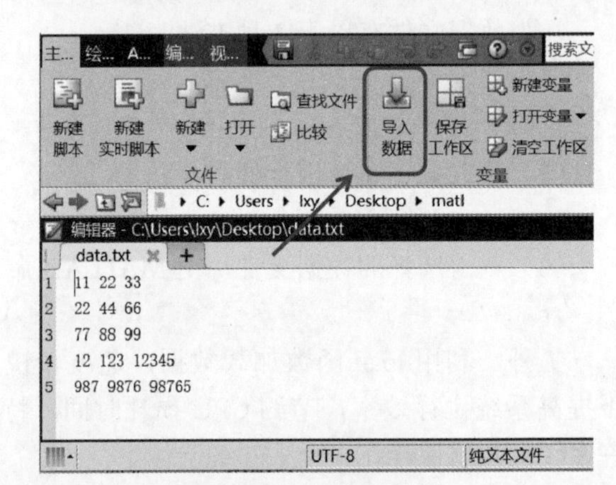

图 2-8　导入数据界面

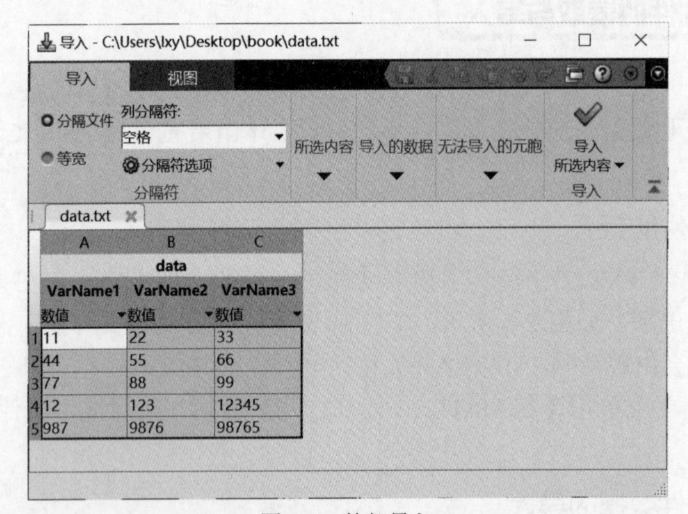

图 2-9　外部导入

在图 2-9 所示界面中选择【导入所选内容】，单击【生成脚本】命令，得到相应的脚本文件如图 2-10 所示。

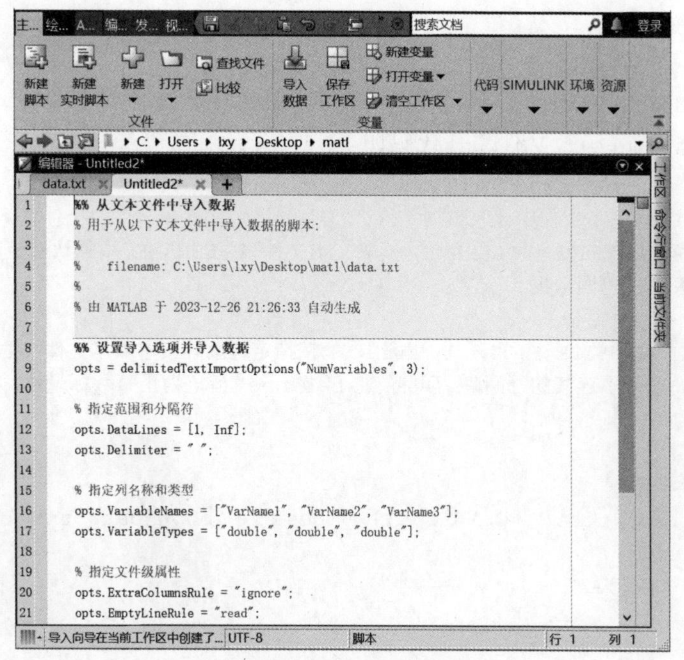

图 2-10　脚本文件

保存该文件为 Unititled4.m，其代码如下：

```
%% 从文本文件中导入数据
% 用于从以下文本文件中导入数据的脚本：
%
%    filename: C:\Users\lxy\Desktop\book\data.txt
%

%% 设置导入选项并导入数据
opts = delimitedTextImportOptions("NumVariables", 3);

% 指定范围和分隔符
opts.DataLines = [1, Inf];
opts.Delimiter = " ";

% 指定列名称和类型
opts.VariableNames = ["VarName1", "VarName2", "VarName3"];
opts.VariableTypes = ["double", "double", "double"];

% 指定文件级属性
opts.ExtraColumnsRule = "ignore";
opts.EmptyLineRule = "read";
opts.ConsecutiveDelimitersRule = "join";
opts.LeadingDelimitersRule = "ignore";

% 导入数据
data = readtable("C:\Users\lxy\Desktop\book\data.txt", opts);
```

```
%% 清除临时变量
clear opts
```

在图 2-9 所示界面中选择【导入所选内容】，单击【生成函数】命令，MATLAB 自动生成一个 importfile1.m 函数文件，其代码如下：

```
function data = importfile(filename, dataLines)
%IMPORTFILE 从文本文件中导入数据
%  DATA = IMPORTFILE(FILENAME) 读取文本文件 FILENAME 中默认选定范围的
%  数据。以表形式返回数据
%
%  DATA = IMPORTFILE(FILE, DATALINES) 按指定行间隔读取文本文件 FILENAME
%  中的数据。对于不连续的行间隔，可将 dataLines 指定为正整数标量或 N*2 正整数
%  标量数组
%
%  示例：
%  data = importfile( " C:\Users\lxy\Desktop\book\data.txt " , [1, Inf]);
%
%  另应参阅 READTABLE
%

%% 输入处理

% 如果不指定 dataLines，应定义默认范围
if nargin < 2
   dataLines = [1, Inf];
end

%% 设置导入选项并导入数据
opts = delimitedTextImportOptions(“NumVariables”, 3);

% 指定范围和分隔符
opts.DataLines = dataLines;
opts.Delimiter = "  ";

% 指定列名称和类型
opts.VariableNames = [ " VarName1 " ,  " VarName2 " ,  " VarName3 " ];
opts.VariableTypes = [ " double " ,  " double " ,  " double " ];

% 指定文件级属性
opts.ExtraColumnsRule =  " ignore " ;
opts.EmptyLineRule =  " read " ;
opts.ConsecutiveDelimitersRule =  " join " ;
opts.LeadingDelimitersRule =  " ignore " ;

% 导入数据
data = readtable(filename, opts);

end
```

在 MATLAB 命令行窗口输入如下代码：

```
data = importfile('data.txt', [1, Inf])    %调用函数
```

运行程序，输出结果如下：

```
data =
  5×3 table
```

VarName1 VarName2 VarName3

```
    _______   _______   _______

       11        22          33
       44        55          66
       77        88          99
       12       123       12345
      987      9876       98765
```

因此，用户借助该函数文件，可以实现其他文件的加载。而【生成脚本】功能只限于加载某一个指定的文本文件，【生成函数】功能可实现同类型文件的数据导入。MATLAB 这个自动生成代码的功能给用户提供了极大的便利。

▶【例 2-1】利用 load 和 save 函数，读写 TXT 文件中的数据。

文件 matrix.txt 中存储了一个如图 2-11 所示的矩阵，将该数据提取出来，存到变量 b 中：

```
b=load('matrix.txt')
b =
     1     0     0     0
     0     1     0     0
     0     0     1     0
     0     0     0     1
```

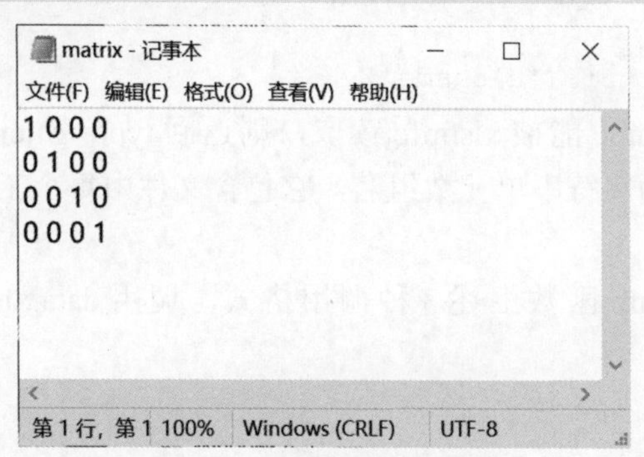

图 2-11　matrix 文本文件

将生成的变量 b 存入 b.txt 中：

```
save b.txt b -ascii
type b.txt
   1.0000000e+00   0.0000000e+00   0.0000000e+00   0.0000000e+00
   0.0000000e+00   1.0000000e+00   0.0000000e+00   0.0000000e+00
   0.0000000e+00   0.0000000e+00   1.0000000e+00   0.0000000e+00
   0.0000000e+00   0.0000000e+00   0.0000000e+00   1.0000000e+00
```

2.3 Excel 文件的读取与写入

Excel 是较为常见的存储和处理数据的软件，虽然其本身具有强大的数据处理能力，但是在大数据背景下，Excel 已经不能很好地胜任数据计算任务，这时就需要与 MATLAB 等软件相结合进行数据处理，并将处理结果写入 Excel 中。因此，Excel 文件与 MATLAB 软件之间数据的传递方法就显得尤为重要。本节讲解 Excel 文件的读取与写入操作方法。

Excel 文件和 TXT 文件一样，可以很好地保存数据并显示数据，实现 Excel 文件中数据的传输和 MATLAB 的对接，将会对数据处理提供便利。读写 Excel 文件的相关函数如表 2-3 所示。

表 2-3 读写 Excel 文件的相关函数

函　数	说　明
xlsfinfo	检查文件是否包含 Excel 表格
xlswrite	写 Excel 文件
xlsread	读 Excel 文件

2.3.1 Excel 数据的读取

MATLAB 数据导入功能是很强大的，它具有很强的兼容性，能够对几乎所有的数据类型进行导入操作。MATLAB 对 Excel 数据的读取主要通过 xlsfinfo 函数和 xlsread 函数实现。

1. xlsfinfo **函数**

xlsfinfo 函数调用格式如下：

```
type=xlsfinfo('filename') 或 xlsfinfo filename
```

如果指定文件 filename 能被 xlsfinfo 读取，则返回字符串 'Microsoft Excel Spreadsheet'；否则为空。

```
[type,sheets]=xlsfinfo('filename')
```

如果指定文件 filename 能被 xlsfinfo 读取，则返回 type='Microsoft Excel Spreadsheet'；否则返回为空。sheets 为字符串单元数组名，它包含文件中每个工作表的名称，如 sheet1、sheet2 等。

▶【例 2-2】利用 xlsfinfo 函数上述 3 种调用格式，调用 data.xlsx 文件和 no.docx 文件，并观察返回内容。

程序输入命令如下：

```
>> type=xlsfinfo('data.xlsx')

type =
    'Microsoft Excel Spreadsheet'

xlsfinfo 'data.xlsx'

ans =
    'Microsoft Excel Spreadsheet'

[type,sheets]=xlsfinfo('data.xlsx')

type =
```

```
    'Microsoft Excel Spreadsheet'
sheets =
  1×2 cell 数组
    {'Sheet1'}    {'Sheet2'}

type=xlsfinfo('no.docx')

type =
  空的 0×0 char 数组
```

2. xlsread 函数

xlsread 调用格式如下：

```
num=xlsread('filename')
```

从 Excel 文件 filename 的第 1 个工作表中读取所有的数值到 double 型数组 num 中。它忽略头行、头列、尾行和尾列中为文本的单元，其他单元中的文本全部读取为 NaN。

▶【例 2-3】利用 xlsread 函数读取 data.xlsx 文件。

视频讲解

data.xlsx 文件中的数据如图 2-12 所示。

	A	B	C	D	E	F	G
1	序号	销售团队	第一季度	第二季度	第三季度	第四季度	
2	1	猛虎队	34	88	4	5	
3	2	梦之队	4	81	6	12	
4	3	GOGOGO队	7	12	8	19	
5	4	Dream队	34	17	10	26	
6	5	多乐队	13	22	12	56	
7	6	野狼队	16	27	14	40	
8	7	铁娘子队	78	7	16	47	
9	8	牛气冲天队	22	37	18	66	
10	9	虎虎生威队	25	42	20	61	
11	10	猪猪侠队	28	47	22	68	
12	11	GPU队	31	52	24	75	
13	12	攀攀队	34	13	26	82	
14	13	摇摆队	37	62	28	89	
15	14	心理师队	40	67	30	23	
16	15	战神队	43	72	32	24	
17	16	Lucky队	90	77	34	110	
18							
19							

Sheet1　Sheet2　+

图 2-12　data.xlsx 文件中的数据

程序命令如下：

```
num=xlsread('data.xlsx')
```

运行结果如下：

```
num =
     1   NaN    34    88     4     5
     2   NaN     4    81     6    12
     3   NaN     7    12     8    19
     4   NaN    34    17    10    26
     5   NaN    13    22    12    56
     6   NaN    16    27    14    40
     7   NaN    78     7    16    47
     8   NaN    22    37    18    66
     9   NaN    25    42    20    61
    10   NaN    28    47    22    68
    11   NaN    31    52    24    75
```

```
    12  NaN    34    13    26    82
    13  NaN    37    62    28    89
    14  NaN    40    67    30    23
    15  NaN    43    72    32    24
    16  NaN    90    77    34   110
```

除上述调用方法外，xlsread 函数还有其他的几种常见调用方法：

（1）格式：num=xlsread（'filename'，-1）。

说明 手动框选要读取的数据块，返回到矩阵 num 中。

注意 当输入上述程序命令后，自动跳转到 Excel 表格中，然后手动框选数据后，单击【确定】按钮即可。

（2）格式：num=xlsread（'filename'，sheet）。

说明 读 filename 文件中指定页的数据到矩阵 num 中。

注意 sheet 指的是 Excel 中的工作表序号，写数字 1 或 2 或 3 等即可。

（3）格式：num=xlsread（'filename'，'range'）。

说明 读 filename 文件中指定页、指定区域的数据到矩阵 num 中。

注意 range 指 Excel 表格中的单元格范围，例如 A2：G2 或者 B2：G6。

（4）格式：[num，txt]=xlsread（'filename'）。

说明 读 filename 文件中的数据，返回数值数据到 double 型数组 num 中，文本数据到字符串单元数组 txt 中。txt 中对应数值数据的位置为空字符串。

例如：对于图 2-12 所示文件进行调用。程序命令如下：

```
[num,txt]=xlsread('data.xlsx')
```

运行结果如下：

```
num =
      1   NaN     34    88      4     5
      2   NaN      4    81      6    12
      3   NaN      7    12      8    19
  ......
    15   NaN    43    72    32    24
    16   NaN    90    77    34   110

txt =
  17×6 cell 数组

  列 1 至 6
{'序号'   } {'销售团队'   } {'第一季度'} {'第二季度'}  {'第三季度'}  {'第四季度'}
{0×0 char} {'猛虎队'  } {0×0 char }  {0×0 char } {0×0 char } {0×0 char }
{0×0 char} {'梦之队'  } {0×0 char }  {0×0 char } {0×0 char } {0×0 char}
{0×0 char} {'GOGOGO队' } {0×0 char } {0×0 char } {0×0 char } {0×0 char }
......
 {0×0 char} {'Lucky队'  } {0×0 char } {0×0 char } {0×0 char } {0×0 char}
```

（5）格式：[num，txt，raw]=xlsread（'filename'）。

说明 读 filename 文件中的数据，返回数值数据到 double 型数组 num 中，非数值的文本数据到字符串单元数组 txt 中，未处理的单元数据到字符串单元数组 raw 中。raw 中包含数值数据和文本数据。

例如对于图 2-12 所示文件进行调用。程序命令如下：

```
[num,txt,raw]=xlsread('data.xlsx')
```

运行结果如下：

```
raw =
  17×6 cell 数组
  {'序号'}  {'销售团队'   }  {'第一季度'}  {'第二季度'}  {'第三季度'}  {'第四季度'}
 {[  1]}  {'猛虎队'    }  {[    34]}  {[    88]}   {[    4]}   {[    5]}
 {[  2]}  {'梦之队'    }  {[     4]}  {[    81]}   {[    6]}   {[   12]}
 {[  3]}  {'GOGOGO 队' }  {[     7]}  {[    12]}  {[    8]}   {[   19]}
 {[  4]}  {'Dream 队'  }  {[    34]}   {[    17]}  {[   10]}   {[   26]}
 {[  5]}  {'多乐队'    }  {[    13]}   {[    22]}  {[   12]}  {[   56]}
 {[  6]}  {'野狼队'    }  {[    16]}   {[    27]}  {[   14]}  {[   40]}
 {[  7]}  {'铁娘子队'  }  {[    78]}   {[     7]}  {[   16]}  {[   47]}
 {[  8]}  {'牛气冲天队'}  {[    22]}   {[    37]}  {[   18]}  {[   66]}
 {[  9]}  {'虎虎生威队'}  {[    25]}   {[    42]}  {[   20]}  {[   61]}
 {[ 10]}  {'猪猪侠队'  }  {[    28]}   {[    47]}  {[   22]}  {[   68]}
 {[ 11]}  {'GPU 队'    }  {[    31]}   {[    52]}  {[   24]}  {[   75]}
 {[ 12]}  {'攀攀队'    }  {[    34]}   {[    13]}  {[   26]}  {[   82]}
 {[ 13]}  {'摇摆队'    }  {[    37]}   {[    62]}  {[   28]}  {[   89]}
 {[ 14]}  {'心理师队'  }  {[    40]}   {[    67]}  {[   30]}  {[   23]}
 {[ 15]}  {'战神队'    }  {[    43]}   {[    72]}  {[   32]}  {[   24]}
 {[ 16]}  {'Lucky 队'  }  {[    90]}   {[    77]}  {[   34]}  {[  110]}
```

2.3.2 Excel 数据的写入

MATLAB 提供了 Excel 数据读取功能，同样也有 Excel 数据写入能力。MATLAB 通过 xlswrite 函数实现用户调用，其调用格式如下：

```
xlswrite('filename',M)
```

将矩阵或字符串单元数组 M 写入 Excel 文件 filename 中。例如，输入程序命令如下：

```
xlswrite('number.xlsx',[1 2 3;4 5 6])
```

程序运行结果如图 2-13 所示，number.xlsx 文件写入了命令中的数据。

上述方法只能将数据写入 Excel 文件的默认位置，当用户想将数据写入指定的 sheet 中时，其调用格式如下：

```
xlswrite('filename',M,sheet)
```

其中，sheet 可以为一个 double 型的正整数，表示工作表序号；sheet 也可以为一个带引号的字符串，表示工作表的名称。

注意 若 sheet 表示的工作表不存在，将新建一个工作表。此时 MATLAB 将显示警告信息：

```
Warning:Added specified wordsheet.
```

▶【例 2-4】利用 xlswrite 函数，将数组 M=[1 2 3；4 5 6；7 8 9] 写入 example.xlsx 文件中名为“矩阵”的工作表中。

视频讲解

输入程序命令如下：

```
xlswrite('example.xlsx',[1 2 3;4 5 6;7 8 9],'矩阵')
```

example.xlsx 文件在程序运行前如图 2-14 所示，程序运行后如图 2-15 所示。

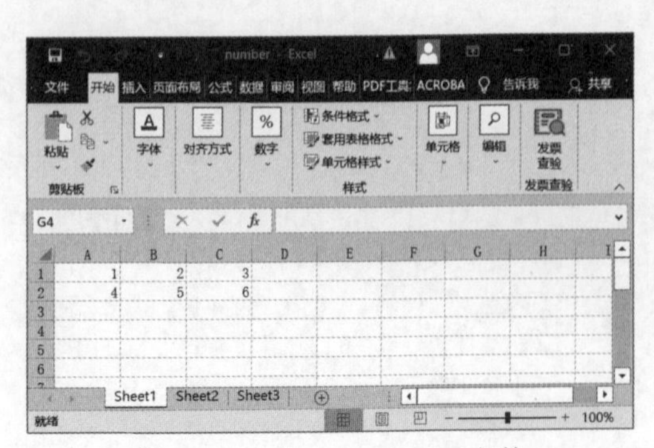

图 2-13　写入 number.xlsx 文件

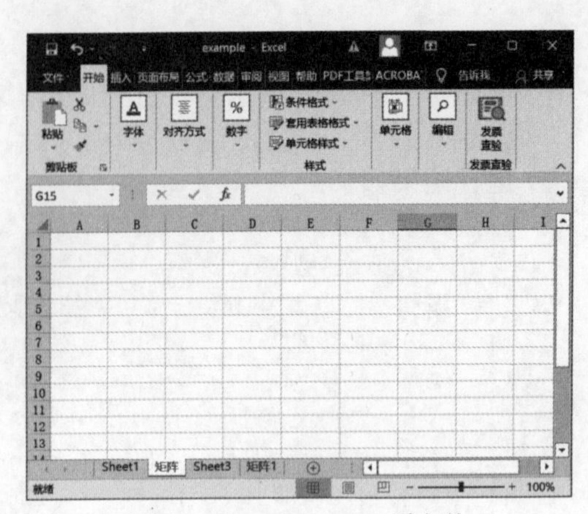

图 2-14　example.xlsx 原文件

如果在指定 sheet 工作表中的指定单元格写入内容，其调用格式如下：

```
xlswrite('filename',M,sheet,'range')
```

其中，sheet 表示工作表序号。range 指定单元格范围，即左上角单元格名称和右下角单元格名称，如 D2: F4。range 指定的矩形范围大小应该等于 M 的尺寸大小。例如：

```
xlswrite('apple.xlsx',[1 2 3;4 5 6;7 8 9],3,'D2:F4')
```

产生的数据如图 2-16 所示。

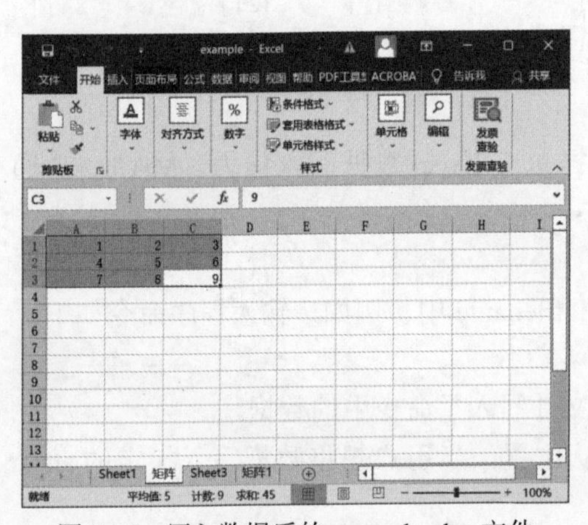

图 2-15　写入数据后的 example.xlsx 文件

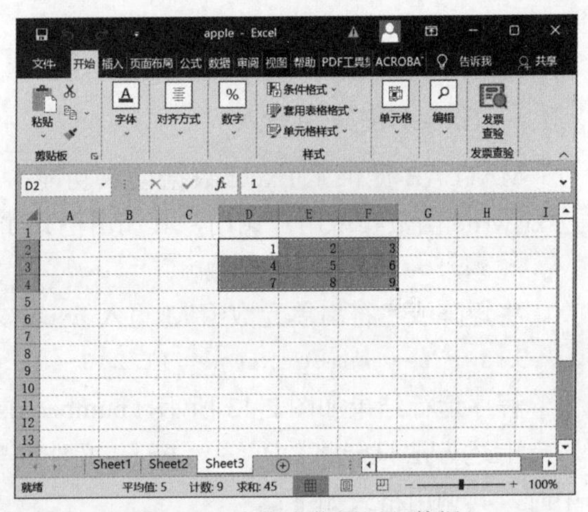

图 2-16　在指定位置写入数据

有时需要在完成写入操作后，返回完成状态。写入操作成功时 status=1，否则 status=0，其调用格式如下：

```
status=xlswrite('filename',…)
```

返回写入操作的完成状态和写入操作过程中产生的警告或错误信息。其调用格式如下：

```
[status,message]=xlswrite('filename',…)
```

视频讲解

▶【例 2-5】当前目录下有一个 Excel 文件 score.xlsx，如图 2-17 所示。

要求实现以下功能：

（1）利用 xlswrite 函数，添加李星星成绩。

姓名：李星星；序号：6；测试成绩：80；期中成绩：90；期末成绩：98。

（2）命令行输入学生序号或姓名，查询学生全部成绩，当输入 quit 时退出循环。

【解析】问题（1）可以直接采用 xlswrite 函数解决，程序命令如下：

```
s={'李星星','6','80','90','98'};
xlswrite('score.xlsx',s,1,'A7:E7')
```

运行结果如图 2-18 所示。

	A	B	C	D	E
1	姓名	学号	测试成绩	期中成绩	期末成绩
2	柴浩宇	12012401	60	78	89
3	李成林	12012403	90	87	88
4	刘星星	12012404	90	95	98
5	王虎	12012406	80	85	75
6	张斌	12012407	56	70	60

图 2-17　score.xlsx 的数据信息

	A	B	C	D	E
1	姓名	序号	测试成绩	期中成绩	期末成绩
2	柴浩宇	1	60	78	89
3	李成林	2	90	87	88
4	刘星星	3	90	95	98
5	王虎	4	80	85	75
6	张斌	5	56	70	60
7	李星星	6	80	90	98

图 2-18　写入数据到 score.xlsx

问题（2）采用 input 函数获取用户输入，用 xlsread 函数将相关学生信息读取出来。

```
while 1
    str=input('\n请输入学生序号或姓名:','s');
    if isequal(str,'quit')                          %如果输入quit时退出循环
        break
    end
    str2=str2num(str);                              %将输入关键字转化为数值
    [num txt]=xlsread('score.xlsx');                %读取Excel文件
    if isempty(str2)                                %如果输入的关键字是姓名
        n=find(strcmp(txt(2:end,1),{str}));         %找出学生序号
    else
        n=str2;                                     %若为序号,找出学生序号
    end
    fprintf(1,'姓名:%s  序号:%d  测试成绩:%d  期中成绩:%d  期末成绩:%d\n',
txt{n+1},num(n,:));
end
```

运行结果如下：

```
请输入学生序号或姓名:3
姓名:刘星星  序号:3  测试成绩:90  期中成绩:95  期末成绩:98

请输入学生序号或姓名:王虎
姓名:王虎  序号:4  测试成绩:80  期中成绩:85  期末成绩:75

请输入学生序号或姓名:quit
>>
```

2.4 图像文件的读写

MATLAB 具有强大的图像处理功能，并且 MATLAB 图像处理工具箱拥有很多图像处理的算法，为用户提供了便利。在 MATLAB 中，要想对一幅图像或者文件进行处理，首先对图像或者文件进行读取，然后进行处理，最后保存处理后的图像。其中，MATLAB 读写图像文件的函数如表 2-4 所示。

表 2-4　读写图像文件的函数

函数	调 用 格 式	函 数 说 明
imread	A=imread（filename，fmt） [X，map]=imread（filename，fmt） […]=imread（filename）	读图像文件 filename。如果文件不在当前目录，filename 中应包含文件路径。fmt 为图像文件格式，如果默认，MATLAB 会根据后缀名识别图像格式
imwrite	imwrite（A，filename，fmt） imwrite（X，map，filename，fmt） imwrite（…，filename）	以格式 fmt 将图像数据 A 写到图像文件 filename，A 可为 $m\times n$（灰度图像）或 $m\times n\times 3$（彩色图像）数组，fmt 默认，格式依据 filename 后缀名识别
imfinfo	info=imfinfo（filename，fmt） info=imfinfo（filename）	返回图像文件的信息

2.4.1　图像文件的查询

在用 MATLAB 查询图像信息之前，要对常见的图像文件格式有一定的了解，常见的图像文件格式如表 2-5 所示。

表 2-5　常见的图像文件格式

格　　式	格 式 说 明	格　　式	格 式 说 明
'bmp'	包括 1、8 和 24 位不压缩图像	'jpg'or'jpeg'	8、12 和 16 位基线的 JPEG 图像
'gif'	8 位图像		

利用 imfinfo 函数可以来获取图像的具体信息，具体调用方法如表 2-4 所示。其中，fmt 对应于图像处理工具箱所支持的所有图像文件格式。由此函数获取的图像信息主要有：filename（文件名）、fileModDate（最近修改时间）、fileSize（文件大小）、format（文件格式）、formatVersion（文件格式的版本号）、width（图像的宽度）、height（图像高度）、bitDepth（每个像素的位数）、colorType（颜色类型）等。

▶【例 2-6】利用 imfinfo 函数获取图像信息示例。

程序命令如下：

```
imfinfo('MATLAB.jpg')
ans =
    Filename: 'D:\book\MATLAB.jpg'
        FileModDate: '25-Jan-2022 12:38:10'
           FileSize: 10810
             Format: 'jpg'
      FormatVersion: ''
              Width: 373
             Height: 233
           BitDepth: 24
          ColorType: 'truecolor'
    FormatSignature: ''
    NumberOfSamples: 3
       CodingMethod: 'Huffman'
      CodingProcess: 'Sequential'
            Comment: {}
```

2.4.2　图像文件的读取

MATLAB 对图像文件读取的函数为 imread，其常见调用格式如表 2-4 所示。

imread 读取图像的 RGB 值并存储到一个 $M \times N \times 3$ 的整数矩阵中，元素值范围为 [0，255]。$M \times N \times 3$ 的整数矩阵可以想象成 3 个重叠在一起的颜色模板，每个模板上有 $M \times N$ 个点。图像的像素大小为 $M \times N$，每个像素点对应有 3 个在 [0，255] 范围内的值，分别表示该点的 R、G、B 值。

▶【例 2-7】利用 imread 函数读取图像示例。

视频讲解

程序命令如下：

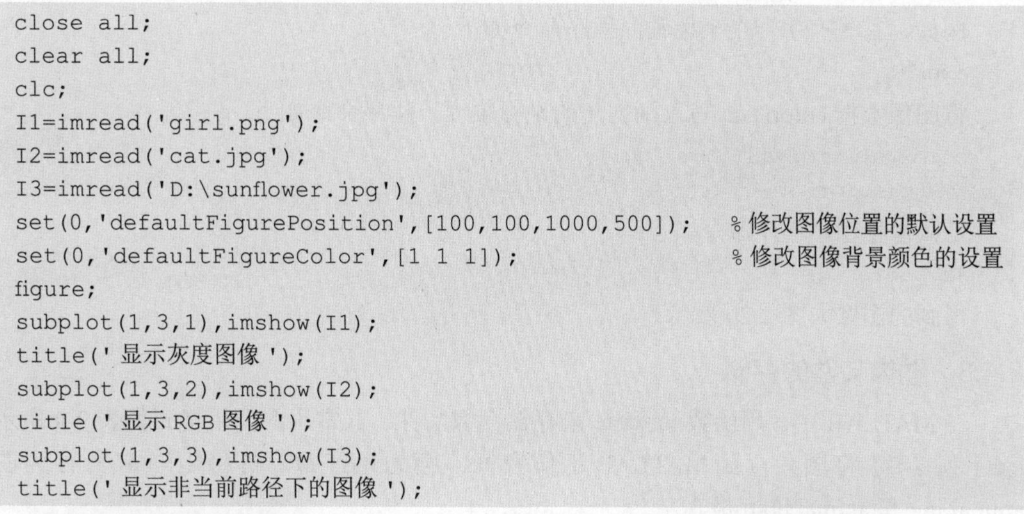

```
close all;
clear all;
clc;
I1=imread('girl.png');
I2=imread('cat.jpg');
I3=imread('D:\sunflower.jpg');
set(0,'defaultFigurePosition',[100,100,1000,500]);    %修改图像位置的默认设置
set(0,'defaultFigureColor',[1 1 1]);                  %修改图像背景颜色的设置
figure;
subplot(1,3,1),imshow(I1);
title('显示灰度图像');
subplot(1,3,2),imshow(I2);
title('显示 RGB 图像');
subplot(1,3,3),imshow(I3);
title('显示非当前路径下的图像');
```

运行结果如图 2-19 所示。

图 2-19　图像的读取

将图像写入坐标轴，可使用 imshow 或 image 函数。imshow 或 image 函数都会产生一个图像对象，它们的用法如下。

（1）imshow 的两种用法。

imshow（filename）：将指定的图像读入坐标轴内。

imshow（Data）：将颜色矩阵 Data 映射到坐标轴内。

若当前窗口存在坐标轴，imshow 会将图像显示在当前坐标轴内；若当前窗口不存在坐标轴，imshow 会产生一个隐藏的坐标轴，并将图像显示其中。

（2）image 函数用法，例如，输入程序命令如下：

```
colorData=imread(filename);      %获取图像数据
image(colorData);                %将图像数据铺满坐标轴
```

（3）imshow（filename）等同于：

```
colorData=imread(filename);      %获取图像数据
imshow(colorData);               %将图像数据等比例缩放，显示到坐标轴
```

（4）imshow 不会扩展图像数据，即不会拉伸图像使其铺满坐标轴，而是改变坐标轴宽高比使其适应图像数据；image 不会改变坐标轴的大小尺寸，而是扩展填充图像矩阵，使其铺满坐标轴区域。为避免图片失真，一般用 imshow 比较多。

如果要将图像数据写到坐标轴内，可使用 image 函数，调用格式如下：

```
image(colorData)
```

将图像数据 colorData 写到坐标轴内，作为坐标轴的背景图片。

例如，首先产生一个坐标轴，程序命令如下：

```
axes
```

将图像数据 colorData 写入刚创建的坐标轴内，程序命令如下：

```
colorData=imread('cat.jpg');
image(colorData)
```

隐藏坐标轴，程序命令如下：

```
axis off
```

得到的图像如图 2-20 所示。

2.4.3 图像文件的存储

在 MATLAB 中，用函数 imwrite 来存储图像文件，其常用的调用格式如表 2-4 所示。

视频讲解

▶【例 2-8】将图片读到 MATLAB 工作空间，存为矩阵 *M*，再将矩阵 *M* 另存为图片 animal.jpg 和 animal.bmp 格式。

程序命令如下：

```
M=imread('cat.jpg');
imwrite(M,'animal.jpg');
imwrite(M,'animal.bmp');
```

运行结果如图 2-21 所示。

图 2-20　读取图像坐标轴

animal.bmp
animal.jpg
apple.xlsx
b.txt

图 2-21　imwrite 函数示例

将图像数据写到图片中使用 imwrite 函数，而由图形窗口的图像直接生成图像文件，用到函数 print 和 saveas。

（1）print 函数用于将图形窗口内的图像输出，调用格式如下：

```
print(h,'format',filename)
```

将句柄为 h 的图形窗口的图像输出到图像文件 filename，图像文件的格式由格式字符串 format 指定。一般输出为两种格式：BMP 和 JPEG，对应的格式字符串为：-dbmp

和 -djpeg。

但是，print 函数输出的图像原本是用于打印输出的，因此输出图像大小与页面设置有关，在输出前必须进行页面设置，否则输出的图像可能是不对的。输入以下命令调用页面预览窗口：

```
printpreview
```

页面预览窗口如图 2-22 所示。

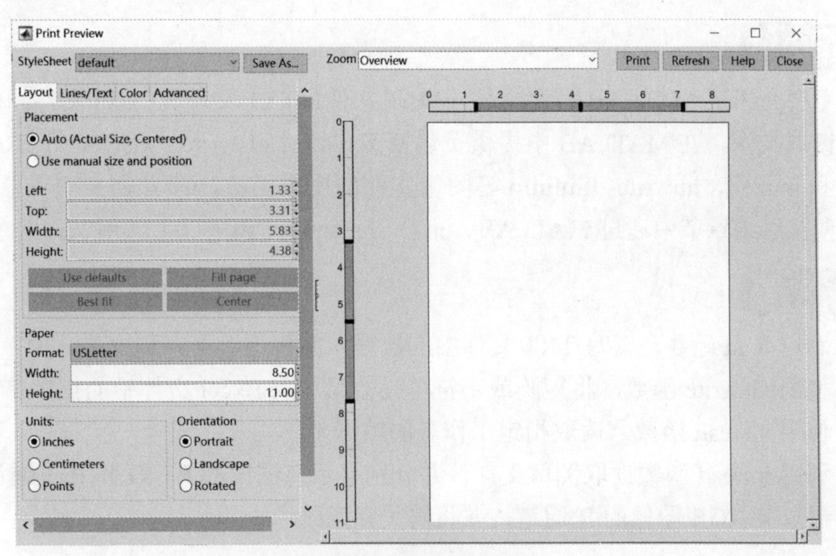

图 2-22　页面预览窗口

如果不输出界面上的 uicontrol 对象，只输出坐标轴内的图像，可以选中图 2-22 中的【Advanced】标签，取消选择【Print UIControls】复选框，如图 2-23 所示。

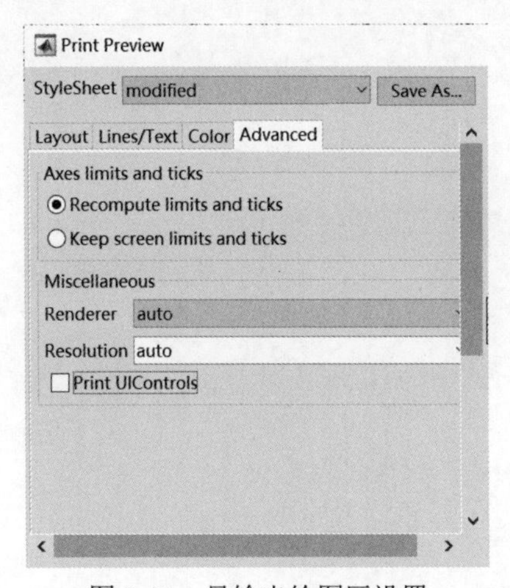

图 2-23　只输出绘图区设置

若只需要输出坐标轴区域，而不是整个图形窗口的图像，只需将要输出的坐标轴区域复制到一个新的图形窗口内，然后输出新图形窗口的图像。当然，这个新的图形窗口最好是隐藏的（visible 属性为 off）。由于只复制了坐标轴，所有的 uicontrol 对象没有复制过去，所以输出图像时不需要附加 -noui 选项。

（2）saveas 函数也用于图形窗口图像的输出，调用格式如下：

```
saveas(h,'filename.xxx')
```

将句柄为 h 的图形窗口的图像输出到文件 filename.xxx，文件格式由 MATLAB 根据后缀名自动识别。

```
saveas(h,'filename','format')
```

将句柄为 h 的图形窗口的图像输出到文件 filename，文件格式由 format 指定。format 可为以下值：bmp、jpg、fig、tif、eps、ai、emf、m、pbm、pcx、pgm、png、ppm。

本章小结

本章主要介绍了 MATLAB 常用文件（MAT 文件、TXT 文件、Excel 文件和图像文件）的写入与读取操作，在 MATLAB 中提供了包括 xlsfinfo、xlswrite、xlsread 等 Excel 文件的操作函数和 imread、imwrite、imfinfo 等图像文件的操作函数，读者需要熟练掌握其使用方法，方便在后续章节中通过 MATLAB App Designer 软件调用以上常用文件。

习　题

2-1　利用 load 函数，读写 TXT 文件中的数据，并将该数据存到变量 a 中。

2-2　使用 xlswrite 函数，将矩阵或字符单元数组写入 Excel 文件中的指定单元格内。

2-3　使用 xlsread 函数，读取指定工作表的数据。

2-4　利用 imread 函数读取图像文件，并分别显示该图像的 R、G 和 B 三通道图像。

2-5　提取某 RGB 图像的 R 通道，并将其另存为图像。

第3章 二维绘图

MATLAB 具有强大的绘图功能，它提供了一系列绘图函数。MATLAB 提供了高层绘图函数，用户不需要过多考虑绘图的细节，只需要给出一些基本的参数就能得到所需的图形。此外，MATLAB 还提供了直接对图形句柄进行操作的底层绘图操作，这类操作将图形的每个图形元素（如坐标轴、曲线、文字等）看作一个独立的对象，系统给每个对象分配一个句柄，可以通过句柄对该图形元素进行操作，而不影响其他部分。

本章首先介绍 MATLAB 二维图形的绘制方法，并按照完整的步骤来说明图形产生的流程，以便将数据以图形形式来显示。

本章要点

（1）二维绘图函数。
（2）绘图工具。
（3）绘图标注与注释。
（4）特殊二维图形绘图。

学习目标

（1）掌握简单二维图形显示与绘图函数。
（2）熟悉图形显示控制语句，包括：颜色控制、线型控制、线条粗细控制、坐标控制等。
（3）熟悉绘制极坐标图形及对数 / 半对数坐标系绘图。
（4）掌握特殊二维绘图：包括饼图、等高线图、向量图、误差条图等。

3.1 二维绘图函数

常用的二维绘图函数如表 3-1 所示。

表 3-1　常用的二维绘图函数

函数名	说　明
plot	绘制二维曲线图；将数据绘制在坐标轴上并用线连起来，形成连续的曲线图形
stem	绘制二维离散序列图（也称“火柴杆图”）
hold	保持当前的绘图
subplot	创建和控制多坐标系子图
area	绘制面积图
bar	绘制柱状图
hist	绘制长条形统计图
polar	绘制极坐标图
compass	绘制罗盘图；从极坐标中的原点发出的箭头，返回 line 对象的句柄

1. plot 函数

plot 函数是 MATLAB 中最基本、最常用的二维曲线图绘制函数。其调用格式有多种，分别进行介绍。

（1）格式 1：

```
plot(Y)
```

当 ***Y*** 为向量时，是以 ***Y*** 的分量为纵坐标，以元素序号为横坐标，用直线依次连接数据点，绘制曲线。若 ***Y*** 为实矩阵，则按列绘制每列对应的曲线。

▶【例 3-1】利用 plot 函数分别绘制当 ***Y*** 为向量及 ***Y*** 为矩阵时的曲线。

程序命令如下：

```
Y=[0 0.58 0.70 0.95 0.83 0.25];    %利用直接输入法生成一维向量
plot(Y)
```

程序运行结果如图 3-1 所示。观察图形，当 ***Y*** 为向量时，纵坐标的值对应 ***Y*** 的分量，横坐标的值为元素的序号，即 0，1，2，…，最终将这些点用直线依次连接起来。

程序命令如下：

```
Y=[0 0.58;0.58 0.7; 0.7 0.95; 0.95 0.83; 0.83 0.25;0.25 0];    %生成6行2列的矩阵
plot(Y)
```

程序运行结果如图 3-2 所示。观察图形，当 ***Y*** 为矩阵时，图形按列绘制，例如上述 6 行 2 列的矩阵，所绘制图像由 2 条曲线组成。并且每条曲线以分量为纵坐标，以元素序号为横坐标绘制。

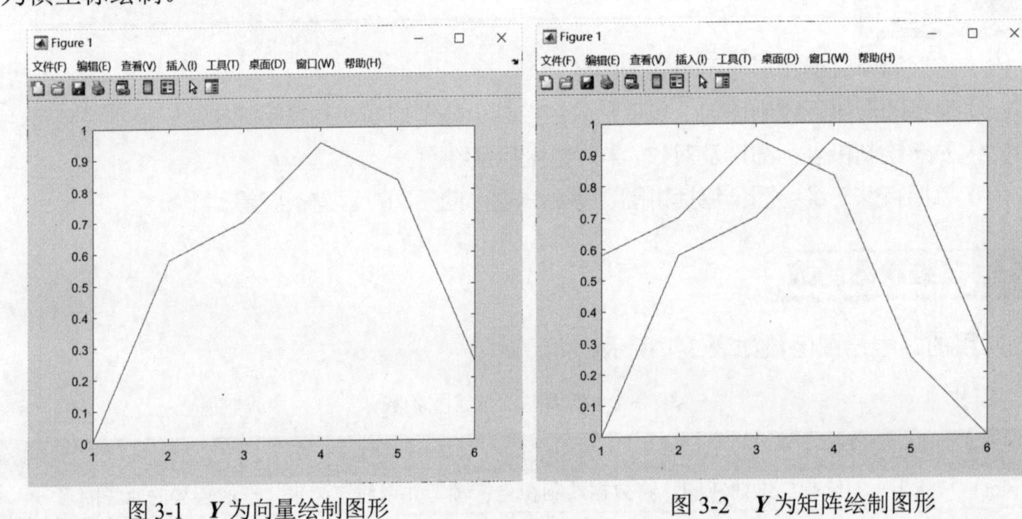

图 3-1　***Y*** 为向量绘制图形　　图 3-2　***Y*** 为矩阵绘制图形

（2）格式 2：

```
plot(X,Y,…)
```

若 ***Y*** 和 ***X*** 为同维向量，则以 ***X*** 为横坐标，***Y*** 为纵坐标绘制曲线图；若 ***X*** 为向量，***Y*** 为行数或列数与 ***X*** 长度相等的矩阵，则绘制多条不同色彩的曲线图，***X*** 被作为这些曲线的共同横坐标；若 ***X*** 和 ***Y*** 为同型矩阵，则以 ***X***，***Y*** 对应元素分别绘制曲线，曲线条数等于矩阵列数。其中 ***X***，***Y*** 都可以是表达式，但在使用此函数之前，须先定义曲线上每一点的 ***X*** 以及 ***Y*** 坐标。

▶【例 3-2】绘制 $0\sim2\pi$ 的 $\sin x+\cos x$ 的曲线。在 $-\pi\sim\pi$ 内，绘制 sin 函数和 cos 函数的

曲线。

程序命令如下：

```
x=linspace(0,2*pi,100);         % 生成一组线性等距的数值
y=sin(x)+cos(x);
plot(x,y)
```

运行结果如图 3-3 所示。观察生成的图形，是由 100 个点连成的光滑的曲线，其中 x 为横轴，y 为纵轴。

程序命令如下：

```
x=[-pi:0.01:pi];                    % 在 -π~π 内均匀产生间隔为 0.01 的数据点
plot([x x],[sin(x) cos(x)])         % 同时绘制多条曲线
```

运行结果如图 3-4 所示。

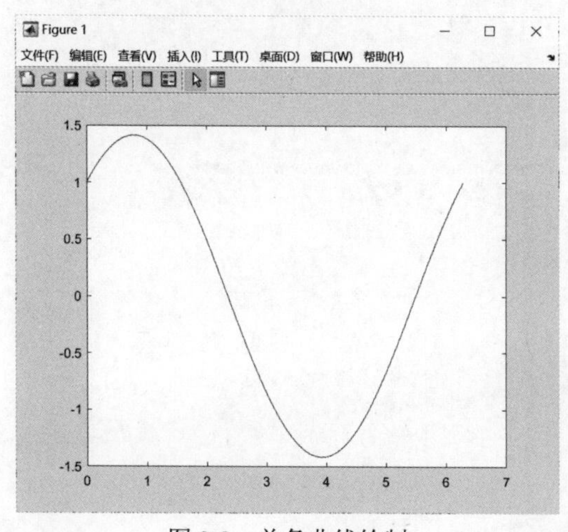

图 3-3　单条曲线绘制

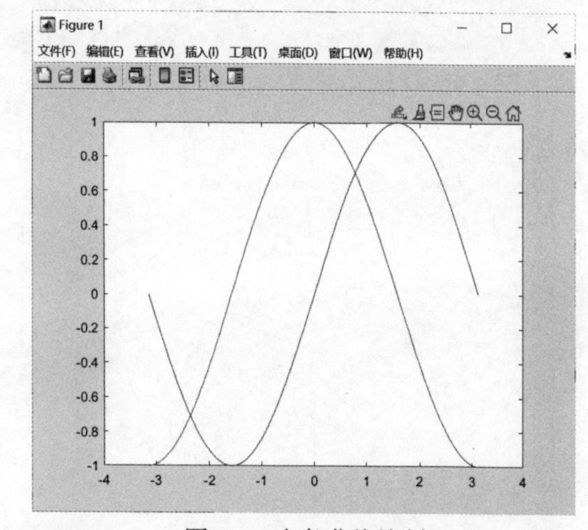

图 3-4　多条曲线绘制

▶【例 3-3】绘制一个半径为 5 的圆，并隐藏坐标轴。

方法 1：利用解析方程绘图。圆的解析方程如下：

$$\begin{cases} x=r\times\cos(t), \\ y=r\times\sin(t), \end{cases} \quad t\in[0,2\pi)$$

程序命令如下：

```
t=-0.1:0.1:2*pi;
x=5*cos(t);
y=5*sin(t);
plot(x,y)          % 绘制圆
axis equal         %X 轴与 Y 轴等比例
axis off           % 隐藏坐标轴
```

运行结果如图 3-5 所示。

方法 2：利用指数方程绘图。圆的指数方程为：

$$y=r\times e^{ix}$$

当 plot 函数的输入为复数时，该复数的实部为 x 轴数据，虚部为 y 轴数据。程序命令如下：

```
x=-0.1:0.1:2*pi;
```

```
y=exp(i*x);
plot(y)
axis equal
axis off
```

类似地，可通过解析方程绘制椭圆、双曲线、抛物线或直线。如果要绘制矩形，可以通过矩形4个顶点的坐标来实现。

▶【例3-4】绘制宽为3、高为1的矩形，4个顶点坐标分别为（1，1），（4，1），（4，2），（1，2）。

输入程序命令如下：

```
x=[1,4,4,1,1];           %x 轴坐标
y=[1,1,2,2,1];           %y 轴坐标
plot(x,y)                % 绘制矩形图形
axis([0 5 0 3])          % 设置坐标轴范围
```

程序运行结果如图3-6所示。

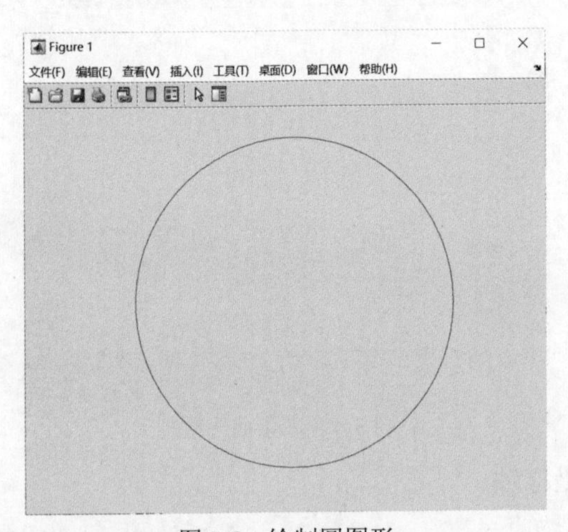

图3-5　绘制圆图形

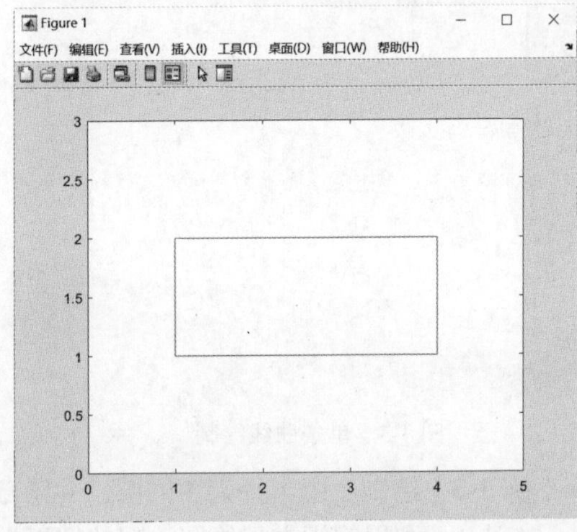

图3-6　矩形图形绘制

（3）格式3：

```
plot(X1,Y1,X2,Y2,…)
```

在此格式中，每对X，Y必须符合plot（X，Y）格式的要求，命令将对每一对X，Y绘制曲线。其中X，Y都可以是表达式。

▶【例3-5】利用plot（X1，Y1，X2，Y2，…）格式，绘制函数sin（*x*）+1和cos（*x*）-1。

程序命令如下：

```
x=0:pi/15:2*pi;
y1=sin(x)+1;
y2=cos(x)-1;
plot(x,y1,x,y2)
```

运行结果如图3-7所示。分别绘制了sin函数和cos函数两条曲线，并且曲线颜色不同，用来加以区分。

另一种画多条线的方法是利用hold命令。在已经画好的图形上，若设置hold on，MATLAB将把新的plot命令产生的图形画在原来的图形上。而命令hold off将结束这个过程。例如：

```
x=linspace(0,2*pi,30);
y=sin(x)+1;
plot(x,y)
hold on
z=cos(x)-1;
plot(x,z)
hold off
```

运行结果与图 3-7 相同。

（4）格式 4：

```
plot(X,Y,LineSpec,…)
plot(X1,Y1,LineSpec,X2,Y2,LineSpec,…)
```

绘制 ***X*** 向量对应于 ***Y*** 向量的曲线，参数 LineSpec（默认时采用系统设置的属性）可用于定线条颜色、线型和标记类型。

在所有能产生线条的函数（如 stem、bar 等）中，参数 LineSpec 皆可用于定义线条类型、线条宽度、线条颜色、标记类型、标记尺寸、标记填充颜色和标记边缘颜色。LineSpec 指定的线型、标记和颜色如表 3-2 所示。

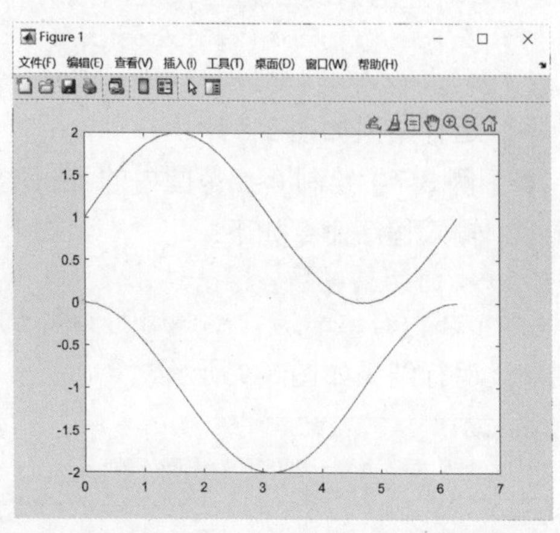

图 3-7　多条曲线的绘制

表 3-2　线型、标记和颜色

线型		标记		颜色	
类型	符号	类型	符号	类型	符号
实线（默认类型）	—	加号	+	红	r 或 red
虚线	——	圆圈	○	绿	g 或 green
点线	:	星号	*	蓝	b 或 blue
虚点线	-.	点	.	青	c 或 cyan
无线型	none	叉号	×	紫	m 或 magenta
		方形	s 或 square	黄	y 或 yellow
		菱形	d 或 diamond	黑	k 或 black
		向上三角形	^	白	w 或 white
		向下三角形	v		
		向右三角形	>		
		向左三角形	<		
		五角星	p		
		六角形	h		

线条的线型、标记和颜色必须连接在一起使用，如指定线条线型为点线（: ）、标记类型为加号（+）和线条颜色为紫色（m），则使用 plot（X，Y，': +m'）实现；如指定标记类型为菱形（d）和线条颜色为蓝色（b），则使用 plot（X，Y，'db'）实现。

线条线型、标记和颜色也可通过设置曲线的属性 'LineStyle'、'Marker'、'Color' 实现。

注意　若不进行连线绘图，只是描绘出各离散的数据点，可设置数据曲线的线型为 none。

▶【例 3-6】在 −π~π 内，绘制 sin(*x*)、sin(*x*+3)、sin(*x*+5) 曲线，线条类型为：红色、点线、星号标记；同时绘制 cos(*x*)、cos(*x*+3)、cos(*x*+5) 曲线，线条类型为：蓝色、虚点线、向下三角形标记。

输入程序命令如下：

```
clear all
x=-pi:pi/10:pi;                          %x 轴取值范围
y=[sin(x);sin(x+3);sin(x+5)];
z=[cos(x);cos(x+3);cos(x+5)];
plot(x,y,'r:*',x,z,'b-.v');              % 绘制 6 条曲线
```

运行结果如图 3-8 所示。

▶【例 3-7】绘制 0~π 范围内的 sin 函数，要求：标记类型为加号且不需要连线绘制。

输入程序命令如下：

```
x=[0:0.1:pi];
plot(x,sin(x),'marker','+','LineStyle','none');
```

运行结果如图 3-9 所示。

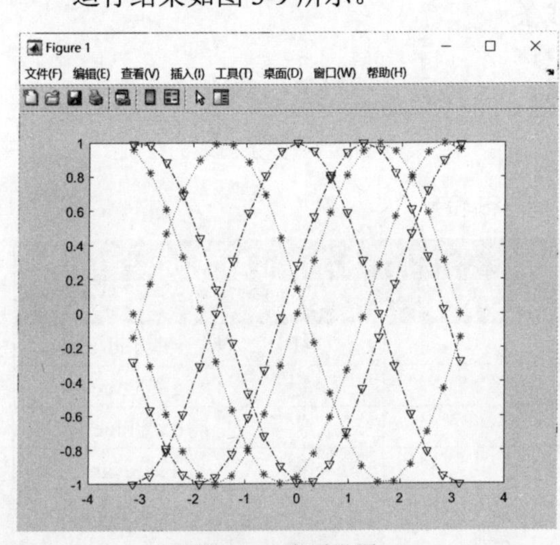

图 3-8　线型设置

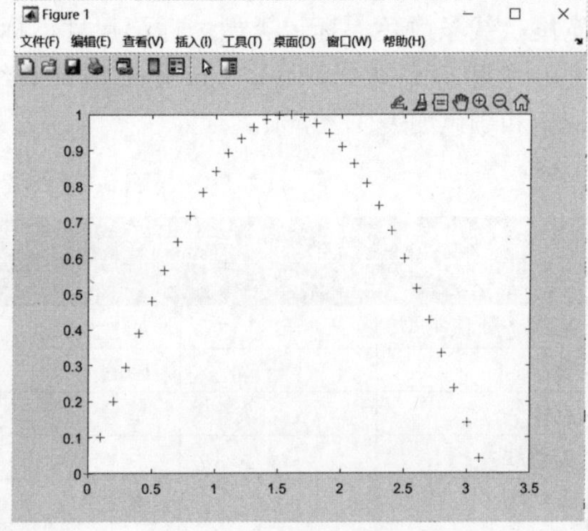

图 3-9　无连线绘图

除上面 3 个属性，还可以设置曲线的其他属性。

（1）LineWidth：线条宽度。单位为像素。

（2）MarkEdgeColor：标记颜色或标记的边缘颜色。

（3）MarkFaceColor：标记的填充颜色。

（4）MarkSize：标记的尺寸。

也可以通过下列属性来设置线条颜色和线条类型。

（1）ColorOrder：曲线依次采用的线条颜色。

（2）LineStyleOrder：曲线依次采用的线条类型。

视频讲解

▶【例 3-8】绘制 [−π,π] 区间内的 tan(sin(*x*)) 曲线，要求线条类型为虚线、绿色、方形，并且线条宽度为 2、标记尺寸为 8、标记颜色为蓝色，标记填充颜色为 [0.5,0.8,0.5]。

输入程序命令如下：

```
X=-pi:pi/10:pi;
Y=tan(sin(X));
```

```
plot(X,Y,'--gs','LineWidth',2,'MarkerSize',8,'MarkerEdgeColor','b',
'MarkerFaceColor',[0.5,0.8,0.5]);
```

运行结果如图 3-10 所示。

2. line 函数

MATLAB 允许用户在图形窗口的任意位置用绘图命令 line 画直线或折线。line 函数的常用语法格式如下：

```
line(X,Y)
```

其中 X，Y 都是一维数组，line(X,Y) 能够把 (X(i)，Y(i)) 代表的各点用线段顺次连接起来，从而绘制出一条折线。

▶【例 3-9】利用 line 函数绘制当 $x \in [0,2\pi]$ 时，$y=\sin(x)$ 的折线图形。

输入如下程序命令：

```
x=0:0.4*pi:2*pi;        % 定义 x 坐标轴范围及刻度
y=sin(x);               % 定义 y 与 x 之间的函数关系
line(x,y)               % 绘制 y 函数二维折线图
```

程序运行结果如图 3-11 所示。

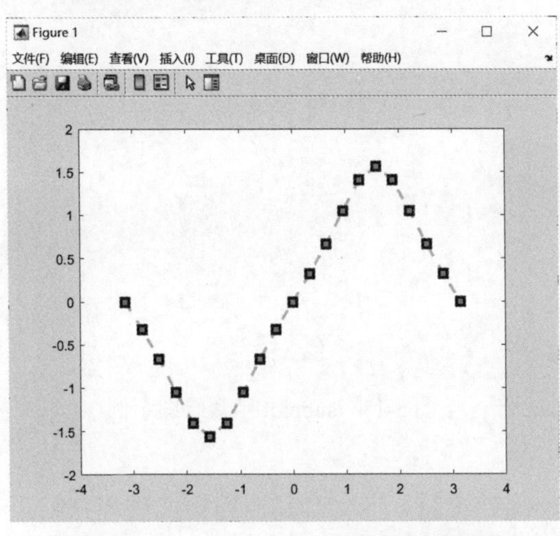

图 3-10 tan（sin（x））函数绘制效果图

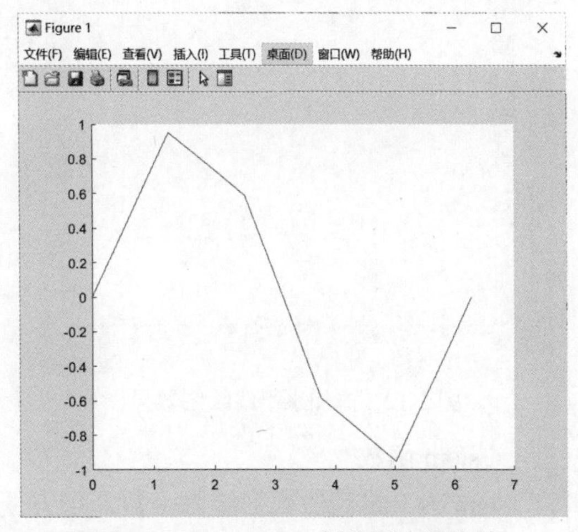

图 3-11 y=sin（x）折线图绘图效果

▶【例 3-10】利用函数 line 绘制当 $x \in [0,2\pi]$ 时，$y_1=\sin(x)$、$y_2=\sin\left(x+\frac{\pi}{2}\right)$ 的图形，并加上两条水平线，添加图例用红色点线、加号型线分别把 y_1、y_2 标记出来。

视频讲解

输入程序命令如下：

```
x=0:pi/20:2*pi;                 % 定义 x 坐标轴范围
y1=sin(x);                      % 定义 y1 与 x 的函数关系
y2=sin(x+pi/2);                 % 定义 y2 与 x 的函数关系
plot(x,y1,'r:',x,y2,'+')        % 显示图形
line([0,7],[-0.5,-0.5])         % 加上水平线
line([0,7],[0.5,0.5])           % 加上水平线
legend('y1','y2')               % 为图形 y1、y2 添加图例
```

程序运行结果如图 3-12 所示。

3. subplot 函数

如果希望在同一个图形窗口中同时绘制多幅互相独立的子图，每幅子图也是独立的绘

图区，需要调用 subplot 函数，其调用格式如下：

```
subplot(m,n,p)
```

将当前图形窗口分成 $m\times n$ 个子绘图区，子绘图区的编号按行方向以数字进行编号。当 p 为小于 $m\times n$ 的正整数时，该函数选定第 p 个子绘图区为当前活动区。

▶【例 3-11】利用 subplot 函数，将窗口分为 2×2 个绘图区（坐标区），并在第 3 个坐标区内绘出正弦曲线。

输入程序命令如下：

```
x=0:pi/20:2*pi;
subplot(2,2,3)    % 创建共 2*2 个子坐标区，从上到下、从左到右数，第 3 个为当前坐标区
plot(t,sin(t))    % 在选取的当前坐标区内绘制曲线
```

程序运行结果如图 3-13 所示。观察图形，所创建的子坐标区为 2×2 个，选取从上到下、从左到右数，第 3 个坐标区为当前坐标区，绘制图形。

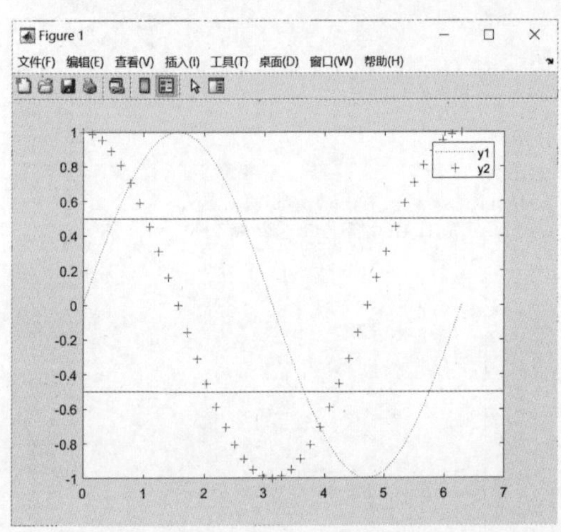

图 3-12　添加水平线绘图效果

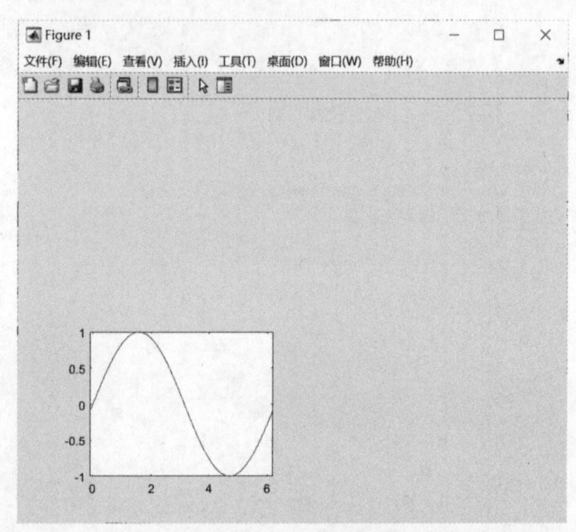

图 3-13　subplot 函数绘图示例

4. stem 函数

stem 为二维离散数据绘图函数，可方便地绘制针状图。下文对其调用格式进行介绍。

（1）格式 1：

```
stem(Y)
```

若 Y 为向量，产生向量 Y 对应于 Y 的索引值的曲线；若 Y 为矩阵，生成矩阵的每列对应于行数的曲线集合；若 Y 为复数，等价于 stem(real(Y),imag(Y))。

▶【例 3-12】随机产生 10 个数，并用 stem 函数绘制图形。

输入程序命令如下：

```
a = rand(10,1);
stem(a)
```

程序运行结果如图 3-14 所示。

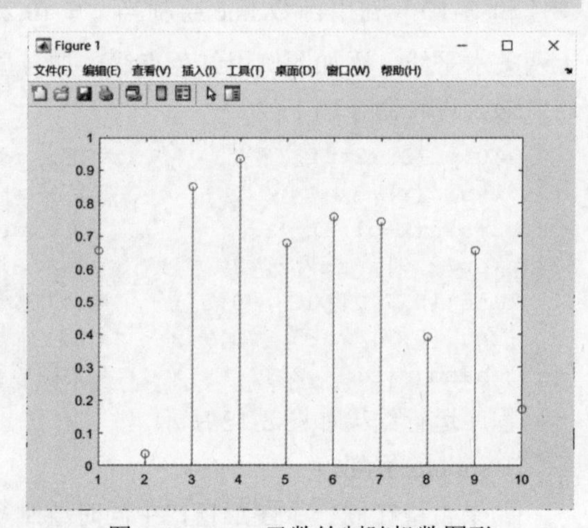

图 3-14　stem 函数绘制随机数图形

（2）格式 2：

```
stem(X,Y)
```

绘制出 **X** 向量对应于 **Y** 向量的曲线。其中，输入参数 **X** 与 **Y** 分别为 x 轴与 y 轴的坐标序列。

```
stem(…,'fill')
```

用数据点的标记颜色填充标记内部。

▶【例 3-13】绘制 x=0：20，y=2x 的函数图形，并绘制有填充标记内部颜色的图形。

视频讲解

输入程序命令如下：

```
x=0:20;
y=2*x;
figure(1)
stem(x,y);
hold on
figure(2)
stem(x,y,'filled');    %用数据点颜色填充标记点内部
hold off
```

程序运行结果如图 3-15 所示。

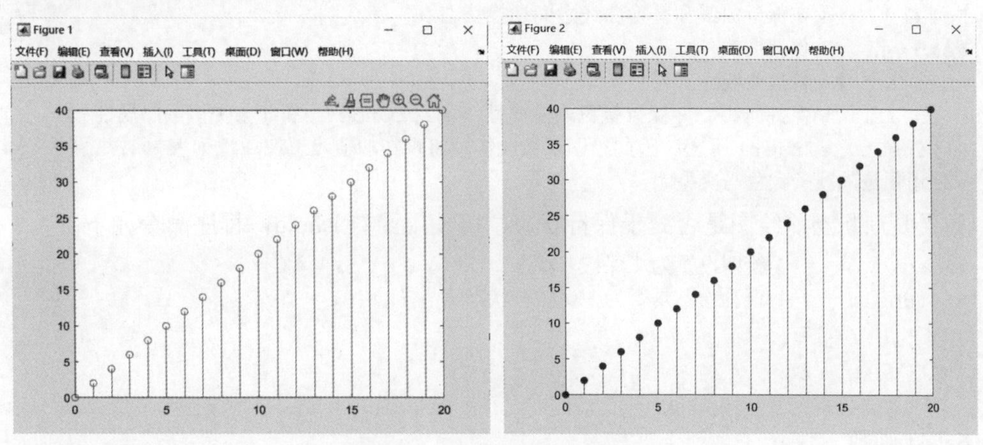

图 3-15　例 3-13 运行结果图

（3）格式 3：

```
stem(…,LineSpec)
```

参数 LineSpec 可指定数据点的标记和颜色，以及垂直线段的线型。数据点的标记默认为圆圈，颜色默认为蓝色；垂直线段的线型默认为实线。例如：

```
x=[0:0.2:2*pi];
y=cos(x);
stem(x,y,'fill','--');
```

运行结果如图 3-16 所示。

注意　stem 绘制的针状图，实际上由两条曲线组合而成。一条曲线描述数据点，其线型不能设置，只能为 none；另一条曲线为数据点到 x 坐标轴的垂直线段，只能设置其线型，不能设置颜色和标记。例如去掉图 3-16 中的垂直线段，可以设置 LineStyle 属性值为 none，程序命令如下：

```
stem(x,y,'LineStyle','none')
```

运行结果如图 3-17 所示。

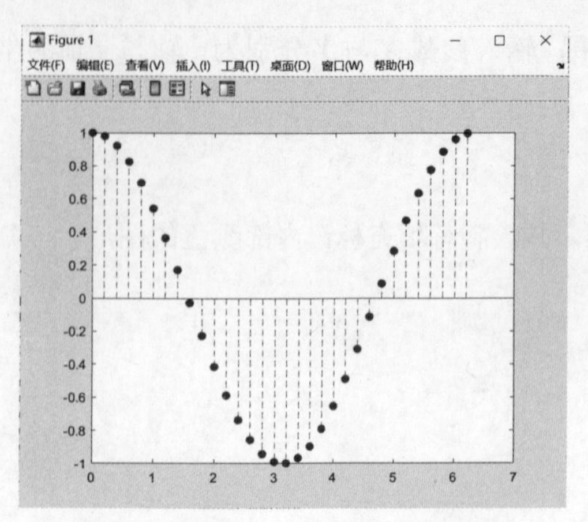

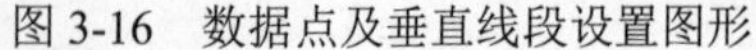
图 3-16　数据点及垂直线段设置图形

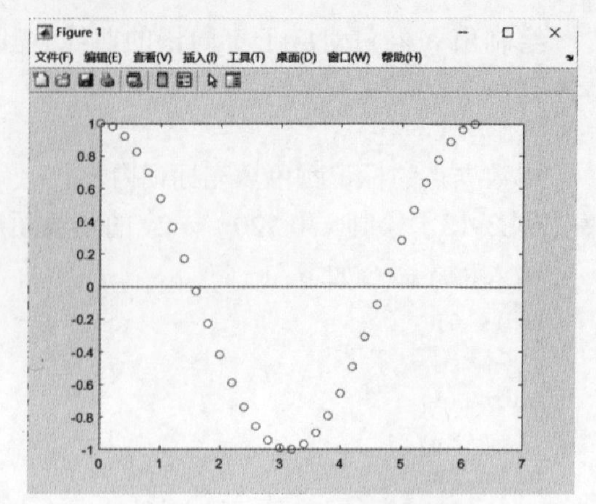

图 3-17　无垂直线段型图像

5. hold 函数

hold 函数为曲线保持函数，用于添加新曲线时，保留当前曲线。其调用格式如下：

```
Hold        % 在保持曲线和替换曲线之间切换状态
hold on     % 保持曲线
hold off    % 替换曲线
hold all    % 保持曲线，并保持颜色顺序属性 'ColorOrder' 和线条类型顺序属性
%'LineStyleOrder' 不变。因此绘图函数会继续将现在的值设置在属性列表中，并循环
% 使用预定的线条颜色与类型
```

如果要判断当前绘图是否处于保持状态，可使用函数 ishold，程序命令如下：

```
>> hold on     % 绘图设置为 " 保持 " 状态
>> ishold      % 查看绘图是否为 " 保持 " 状态
ans =
  logical
   1
```

6. hist 函数

在 MATLAB 中绘制直方图的函数是 hist，其调用格式如下：

```
hist(Y)     % 将向量 Y 的最大值和最小值的差平均分为 10 等份，然后绘出其分布图
hist(Y,n)   % 将向量 Y 的最大值和最小值的差分为 n 等份，然后绘出其分布图
hist(Y,X)   % 参量 X 为向量，把 Y 中元素放到 m(m=length(X)) 个由 X 中元素指定的
% 位置为中心的条形图中
```

▶【例 3-14】利用 hist 函数绘制 randn 概率分布图。

输入程序命令如下：

```
x=randn(500,1);          % 定义 x 为正态分布随机数
y=randn(500,3);
a=-3:0.1:3;
subplot(2,2,1)
hist(x,a)                % 绘制 x 值所对应的正态数据的分布图
subplot(2,2,2)
hist(x)                  % 绘制 x 为变量的分布图
subplot(2,2,3)
hist(x,100)
subplot(2,2,4)
hist(y,25)
```

程序运行结果如图 3-18 所示。

极坐标下的直方图也称为玫瑰图，绘制函数是 rose，其调用格式如下：

```
rose(thera)      % 将向量 thera 的最大值和最小值平均分为 20 等份，然后绘制其分布图
rose(thera,n)    % 将向量 thera 的最大值和最小值平均分为 n 等份，然后绘制其分布图
rose(thera,x)    % 以向量 x 的各个元素值为统计范围，绘制 thera 分布图
```

▶【例 3-15】利用 rose 函数绘制极坐标下的玫瑰图，其中 t 为随机数，并且图形为线型图形，设置宽度为 1。

视频讲解

输入程序命令如下：

```
x=rand(500,1)*100;
t=x*pi/180;
rose(t)                                          % 绘制玫瑰图
set(findobj(gca,'type','line'),'linewidth',1)    % 设置图形类型、宽度等属性
```

程序运行结果如图 3-19 所示。

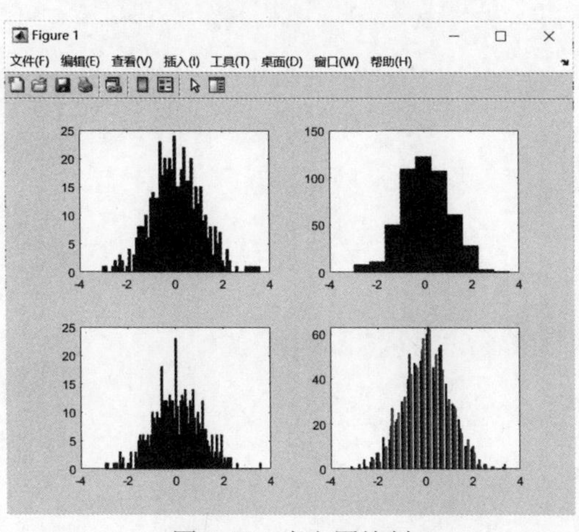

图 3-18　直方图绘制

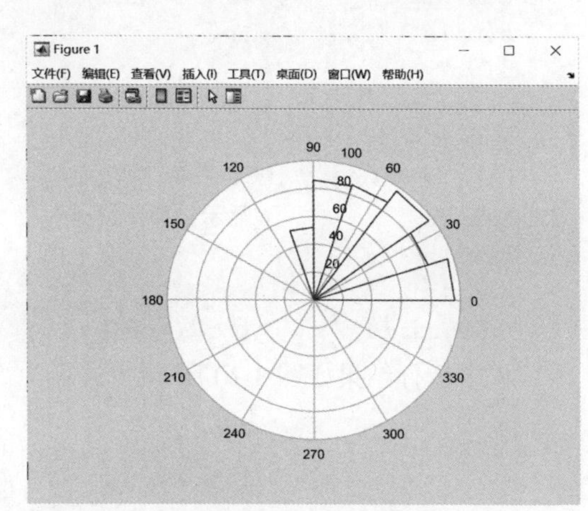

图 3-19　玫瑰图绘制

3.2 绘图工具及标注与注释

MATLAB 提供了一些绘图工具及图形标注与注释函数，对所画的图形进行进一步的修饰，使其更加直观、更加便于应用。

3.2.1 绘图工具

下文介绍绘图工具的相关函数，如表 3-3 所示。

表 3-3　绘图工具函数

函　数	含　义	函　数	含　义
box	显示或隐藏坐标区边框	pan	拖拽当前窗口中显示的曲线
grid	显示或隐藏坐标区网格线	zoom	放大或缩小二维绘图
axis	设置坐标轴范围	datacursormode	数据光标，用于显示数据点的坐标

1. box 函数和 grid 函数

显示或隐藏坐标区边框使用 box 函数。其调用格式如下：

```
box on/off          % 显示或隐藏当前坐标区的边框
box                 % 切换当前坐标区边框的可见性状态，即显示或隐藏
```

显示或隐藏网格使用 grid 函数。其调用格式如下：

```
grid on/off         % 显示或隐藏当前坐标区的网格线
grid minor          % 切换当前坐标区次网格线的显示状态，即显示或隐藏
grid                % 切换当前坐标区主网格线的显示状态，即显示或隐藏
```

视频讲解

▶【例 3-16】在 4 个子坐标区中分别显示 4 条余弦曲线，第 1 条曲线无边框无网格，第 2 条曲线有边框有主网格，第 3 条曲线有边框无网格，第 4 条曲线有边框有次网格。

输入程序命令如下：

```
x=0:0.1:2*pi;
y=cos(x);
subplot 221
plot(y)
box off             % 隐藏坐标区外框
subplot 222
plot(y)
grid on             % 显示主网格线
subplot 223
plot(y)
box on              % 显示坐标区边框
subplot 224
plot(y)
grid minor          % 显示次网格线
```

程序运行结果如图 3-20 所示。

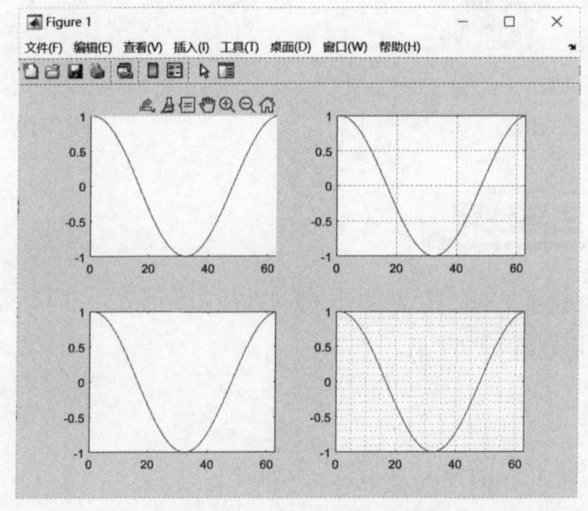

图 3-20　例 3-16 运行结果

2. axis 函数

MATLAB 采用 axis 函数适当调整坐标轴的范围，该函数的调用格式如下：

```
axis([xmin xmax ymin ymax])  % 此函数所绘制的 x 轴的范围限定在 xmin~xmax 内，y 轴的
% 范围限定在 ymin~ymax 内
axis(str)   % 将坐标轴的状态设定为字符串参数 str 所指定的状态。参数 str 是由一对单引号所
% 包起来的字符串，它表明了将坐标轴调整为哪一种状态
```

各种字符串的含义如表 3-4 所示。

表 3-4　axis 函数用法

命　　令	描　　述
axis('auto')	表示坐标轴使用默认设置：xmin=min(x)；xmax=max(x)；ymin=min(y)；ymax=max(y)
axis('square')	表示将当前坐标区设置为正方形
axis('equal')	表示将 x，y 坐标轴的单位刻度设置为相等
axis('normal')	表示关闭 axis equal 和 axis square 命令
axis('off')	表示隐藏坐标轴轴线、刻度和标签，只显示数据曲线
axis('on')	表示显示坐标轴轴线、刻度和标签

▶【例 3-17】利用 axis 函数调整 y=sin$x$ 的坐标轴范围。

输入程序命令如下：

```
x=0:0.1:2*pi;                    % 定义坐标轴 x 范围及刻度
y=sin(x);
plot(x,y)                        % 绘制函数图形
axis([0 2*pi -1 1])              % 调整坐标轴范围参数
```

程序运行结果如图 3-21 所示。

需要说明的是，在绘图时，由于图形的坐标已经给定，所以对坐标轴范围参数的更改也就相当于对原图形进行了放大和缩小处理。如果将最后一行命令改为

```
axis([0 2*pi -2 2])              % 调整坐标轴范围参数
```

可得到如图 3-22 所示效果，其显示效果就好像对图 3-21 的 Y 轴进行了压缩。

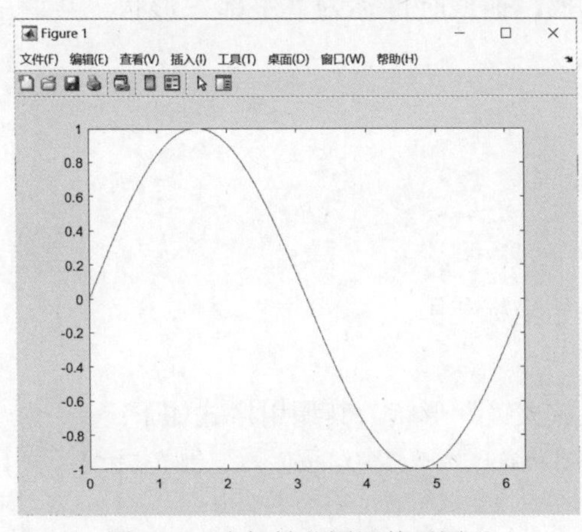

图 3-21　坐标轴范围调整后图形

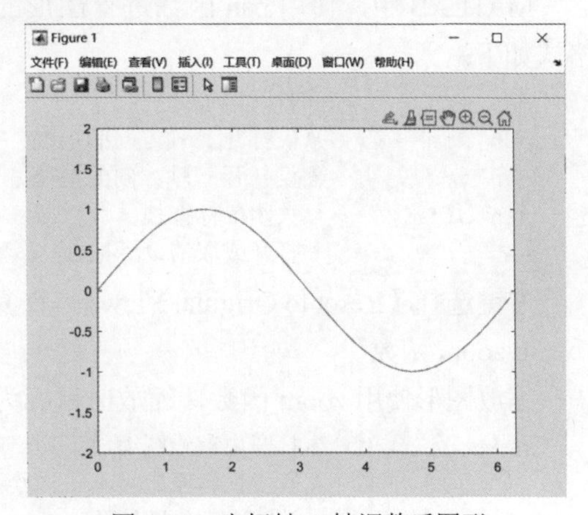

图 3-22　坐标轴 Y 轴调整后图形

▶【例 3-18】利用 axis 函数绘制一个半径 r=1 的单位圆，并在图形上添加网线格。

视频讲解

输入程序命令如下：

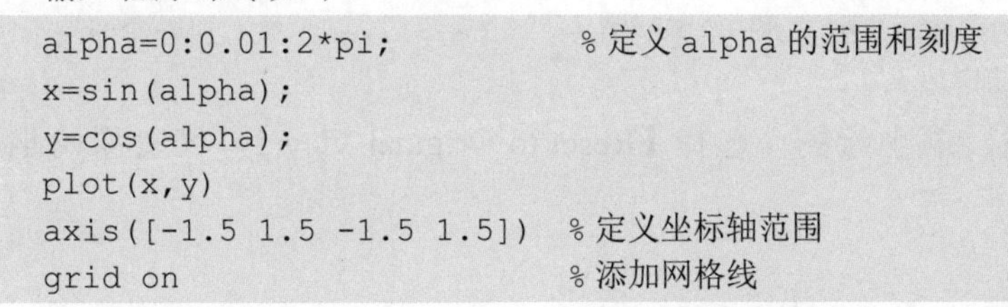

```
alpha=0:0.01:2*pi;               % 定义 alpha 的范围和刻度
x=sin(alpha);
y=cos(alpha);
plot(x,y)
axis([-1.5 1.5 -1.5 1.5])        % 定义坐标轴范围
grid on                          % 添加网格线
```

程序运行结果如图 3-23 所示。观察生成的图形，是一个椭圆形，这主要是由于计算机屏幕的 X 方向和 Y 方向的单位长度不一致造成的。

在程序最后添加如下命令：

```
axis square 或 axis('square')
```

或者输入如下命令：

```
axis equal 或 axis('equal')
```

运行结果如图 3-24 所示。从而绘制出一个真正的单位圆，axis square 命令的含义是将坐标区调整为正方形。

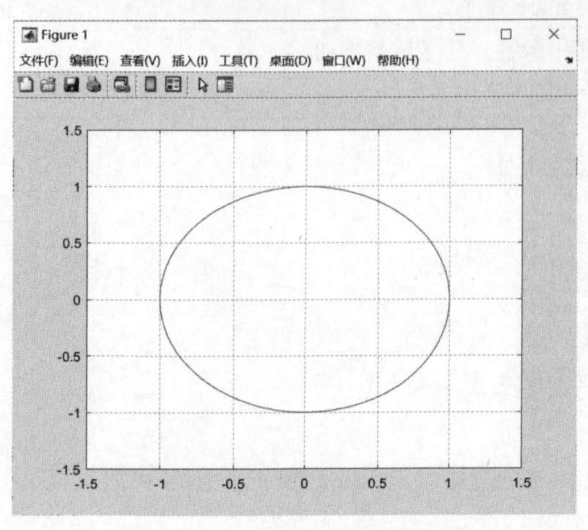

图 3-23 未进行刻度调整的圆

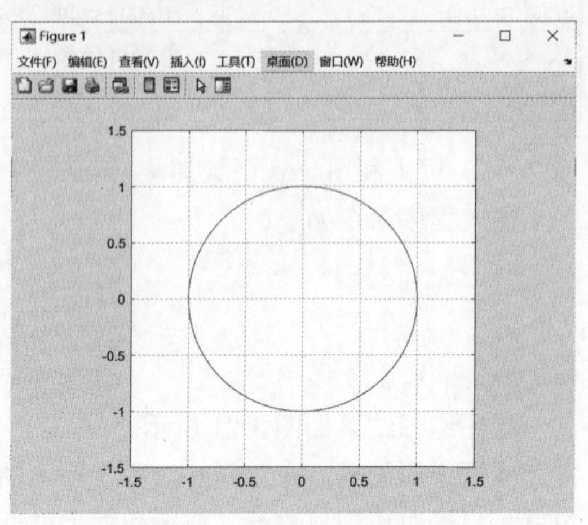

图 3-24 进行刻度调整的圆

3. pan **函数**

MATLAB 中，使用 pan 函数进行图形的拖拽，拖拽时鼠标为“手部”形状。其调用格式如下：

```
pan on          %打开鼠标拖拽
pan xon         %仅打开 x 轴方向的拖拽
pan yon         %仅打开 y 轴方向的拖拽
pan off         %关闭鼠标拖拽
Pan             %打开或取消鼠标拖拽
```

右键选择【Reset to Original View】，恢复原始坐标范围。

4. zoom **函数**

缩放图形使用 zoom 函数，缩放时鼠标为“放大镜”形状。其调用格式如下：

```
zoom on         %打开内部绘图缩放工具。单击或框选区域时放大，按住 Alt 键单击缩小，
                %双击恢复原始大小，当绘图缩小至原始大小时，将不再缩小
zoom off        %关闭内部绘图缩放工具
zoom            %切换内部绘图缩放工具的状态，即打开或关闭
zoom xon        %只打开 x 轴方向上的缩放
zoom yon        %只打开 y 轴方向上的缩放
zoom(factor)    %根据指定的缩放因子进行绘图的缩放。当 0<factor<1 时，进行绘图缩小；
%当 factor>1 时，进行绘图放大
```

右键选择【Zoom Out】，缩小绘图；选择【Reset to Original View】，恢复原始坐标范围。

5. datacursormode **函数**

数据光标用于显示鼠标所选数据点的坐标值，使用 datacursormode 函数，鼠标为“加号”形状，其调用格式如下：

```
datacursormode on/off    % 打开或关闭数据光标功能
datacursormode           % 切换数据光标的状态，即打开或关闭
```

右键可以选择【创建新的数据光标点】、【删除当前数据光标点】和【删除所有数据光标点】。

3.2.2 绘图标注与注释

在 MATLAB 中图形绘制以后，需要对图形进行标注、说明等修饰性的处理，以增加图的可读性，使之反映出更多的信息。绘图标注与注释函数如表 3-5 所示。

表 3-5 绘图标注与注释函数

函 数	函数说明	函 数	函数说明
legend	创建数据图例	xlabel，ylabel	设置 x 轴、y 轴标签
title	创建标题	gtext	在单击处放置一个文本
texlabel	字符串转换为 TeX 格式	annotation	创建注释对象

1. legend 函数

图例可以用来标注图形中不同颜色、线型的曲线的实际意义。用户可以通过单击插入菜单的图例项，或者单击图形工具条的图例按钮，以及通过 legend 命令来添加图例以标注图形中的曲线。

通过菜单或工具按钮的方法添加图例后，图例的各项文字被设置为 data1、data2 等。要实现图例的自定义设置，须使用 legend 函数。legend 函数的常用调用格式如下：

```
legend('string1','string2',…)  % 表示用指定的文字 string 在当前坐标区中对所给数据
% 的每一部分显示一个图例，在指定的位置放置这些图例
legend('off')              % 清除图例
legend('hide')             % 隐藏图例
legend('show')             % 显示图例
```

还可以用 legend（…，'Location'，location）来指定图例标识框的位置，location 可为 1×4 的位置向量，如表 3-6 所示。

表 3-6 位置字符串

字 符 串	字符串说明	字 符 串	字符串说明
North	图例位于图形窗口内顶部	SouthOutside	图例位于图形窗口外底部
South	图例位于图形窗口内底部	EastOutside	图例位于图形窗口外右方
East	图例位于图形窗口内右方	WestOutside	图例位于图形窗口外左方
West	图例位于图形窗口内左方	NorthEastOutside	图例位于图形窗口外顶部右方
NorthEast	图例位于图形窗口内顶部右方	NorthWestOutside	图例位于图形窗口外顶部左方
NorthWest	图例位于图形窗口内顶部左方	SouthEastOutside	图例位于图形窗口外底部右方
SouthEast	图例位于图形窗口内底部右方	SouthWestOutside	图例位于图形窗口外底部左方
SouthWest	图例位于图形窗口内底部左方	Best	图形窗口内尽量不覆盖数据位置
NorthOutside	图例位于图形窗口外顶部	BestOutside	图形窗口外未使用的最小的位置

视频讲解

▶【例 3-19】分别绘制当 $x \in [0,4\pi]$ 时，函数 y=2sin$x$、y=0.5cos$x$、y=sin$x$+cos2x 的图形，并利用函数 legend 为图形添加图例。

输入程序命令如下：

```
x=0:0.01*pi:4*pi;                                        % 定义 x 轴坐标轴范围
y1=2*sin(x);
y2=0.5*cos(x);
y3=sin(x)+cos(2*x);
plot(x,y1,'--',x,y2,'*',x,y3)                            % 绘制曲线
axis([0 4*pi -2 2.5])                                    % 调整坐标轴范围
legend('y1=2*sin(x)','y2=0.5*cos(x)','y3=sin(x)+cos(2*x)')     % 添加图例
```

程序运行结果如图 3-25 所示。

▶【例 3-20】绘制直方图，并在图形窗口内顶部左方绘制图例。

输入程序命令如下：

```
y=magic(2);
bar(y);
hleg1=legend('第一列','第二列')
set(hleg1,'Location','NorthWest')
```

程序运行结果如图 3-26 所示。

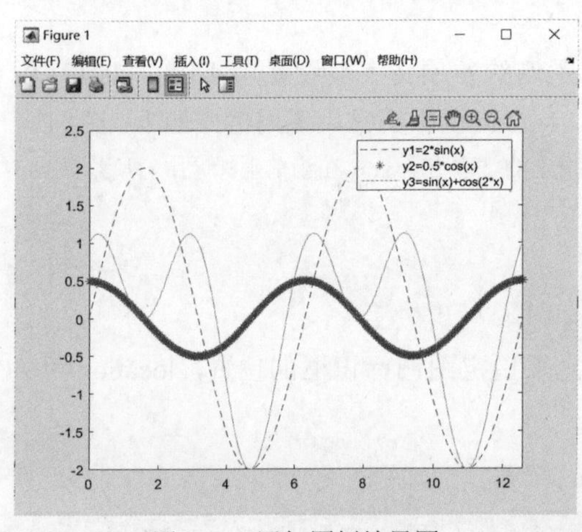

图 3-25　添加图例结果图

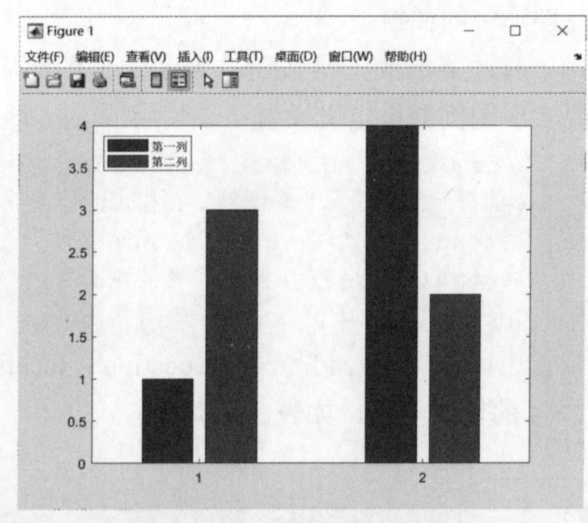

图 3-26　直方图添加图例

2. title、xlabel、ylabel 函数

在 MATLAB 中，title 函数用于给当前图形添加标题。xlabel、ylabel 函数用于给 x、y 轴标注标签。这些函数的调用格式如下：

```
title('string')                  % 表示当前坐标轴上方正中央放置字符串 string 作为标题
title(...,'PropertyName',PropertyValue,...)  % 可以在添加标题的同时，设置标题的属性，
% 例如字体、颜色、加粗等
xlabel('string') 或 ylabel('string')         % 表示给当前轴对象中的 x 轴或 y 轴添加标签
```

例如：

```
>> t=0:0.1:2*pi;
>> plot(sin(t))                  % 绘制曲线
>> xlabel('t')                   % 添加 x 轴标签
>> ylabel('sin(t)')              % 添加 y 轴标签
>>  title('sin(x) 函数')         % 为曲线添加标题
```

视频讲解

▶【例3-21】某城市2014~2022年，年平均降水量分别为1.44cm、0.98cm、2.2cm、1.92cm、0.83cm、2.4cm、1.48cm、2.12cm、1.3cm，利用已有数据做出该城市降水量图，并标注坐标轴标签及添加图形标题。

输入程序命令如下：

```
x=[2014:1:2022];
y=[1.44 0.98 2.2 1.92 0.83 2.4 1.48 2.12 1.3];
xin=2014:0.2:2022;                                    %定义变量xin的范围和参数
yin=spline(x,y,xin);                                  %定义yin和xin之间的关系
plot(x,y,'ob',xin,yin,'-.r')
title('2014年到2022年年平均降水量(单位:cm)','FontSize',13)   %添加图形标题
xlabel('年份','FontSize',12)                                %添加x轴标签
ylabel('年平均降水量','FontSize',12)                        %添加y轴标签
```

程序运行结果如图3-27所示。

3. text和gtext函数

在MATLAB中，允许用户在图形的任意位置添加文字，添加文字时，MATLAB提供了两种确定文字位置的操作方式：①用坐标确定文字位置；②用鼠标确定文字位置。

1）用坐标确定文字位置

MATLAB中允许用户使用text函数在图形中指定的位置显示文字。其调用格式如下：

```
text(x,y,string,option)
```

其主要功能是在图形指定位置（x，y）处，添加由string所给出的文字。其中，坐标（x，y）的单位是由选项参数option决定的，如果不给出该option选项参数的值，则（x，y）坐标的单位与图中的单位是一致的，如果option选项参数取为sc，则（x，y）坐标表示规范化的窗口相对坐标，其变化范围为0~1，即该窗口绘图范围的左下角坐标为（0，0），右上角坐标为（1，1）。

▶【例3-22】利用text函数在$y=x^2$二维图形上添加文字，在坐标点（0,5）标注"顶点"，在坐标点（-8,80）标注"二次函数"。

输入程序命令如下：

```
x=-10:0.1:10;
y=x.^2;
plot(x,y)
axis([-10 10 -10 100])     %调整坐标轴范围参数
line([-10 10],[0,0])       %绘制水平线
text(0,5,'顶点')           %在图形上添加文字
text(-8,80,'二次函数')     %在图形上添加文字
```

程序运行结果如图3-28所示。

2）用鼠标确定文字位置

用text命令可以在图形的任意位置上添加文字，但是前提是必须知道位置坐标。在MATLAB中，gtext函数用于在当前二维图形中鼠标光标点击处放置文字，当光标进入图形窗口时，会变成一个大十字，表明系统正等待用户的动作。其调用格式如下：

```
gtext('string')                                %可以在单击的位置添加一个单行文本框
gtext({'string1','string2','string3',...})    %可以在单击的位置添加一个多行文本框
gtext({'string1';'string2';'string3',...})    %可以通过多次单击来添加多个文本框
```

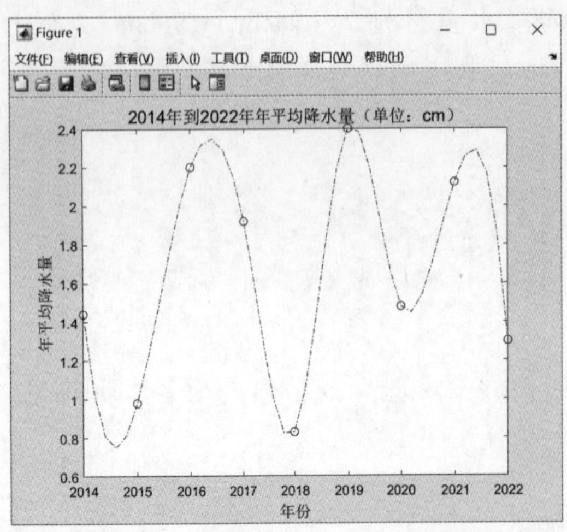

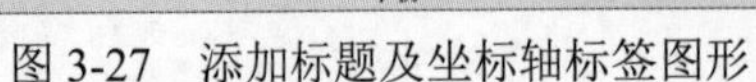
图 3-27　添加标题及坐标轴标签图形

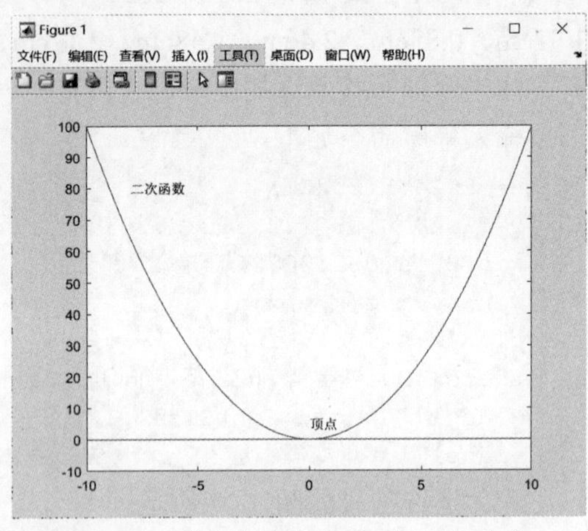

图 3-28　带有文字说明的二次函数曲线

视频讲解

▶【例 3-23】利用 gtext 函数对 y=sin(5x) 进行文本框标注。

输入程序命令如下：

```
x=0:0.01:2*pi;
y=sin(5*x)
plot(x,y)
axis([0 2*pi -1.5 1.5])     % 调整坐标轴范围参数
gtext({'绘制';'曲线'})       % 添加文本框标注
```

程序运行结果如图 3-29 所示。

4. texlabel 函数

texlabel 用于将 MATLAB 表达式转换为 TeX 格式字符串，调用格式如下：

```
texlabel(f)
```

转换 MATLAB 表达式为等价的 TeX 格式字符串。它将希腊字母的变量名转换为实际显示的希腊字母字符串。可用于 title、xlabel、ylabel、zlabel 和 text 函数的输入参数设置。例如：

```
text(.5,.5,texlabel('alpha'))
text(.3,.3,texlabel('lambda^(3/2)/pi'))
```

生成的图形如图 3-30 所示。

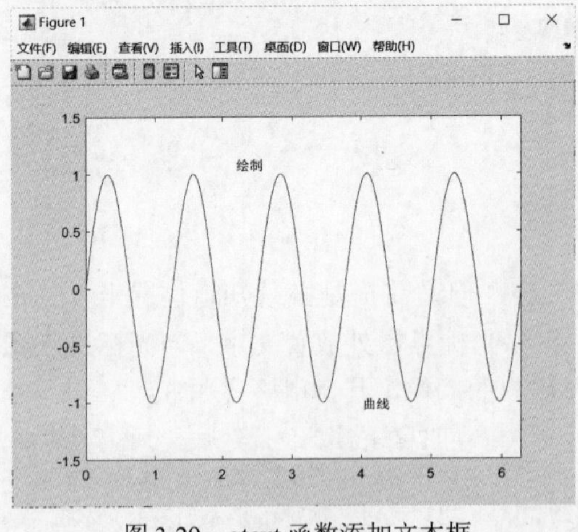

图 3-29　gtext 函数添加文本框

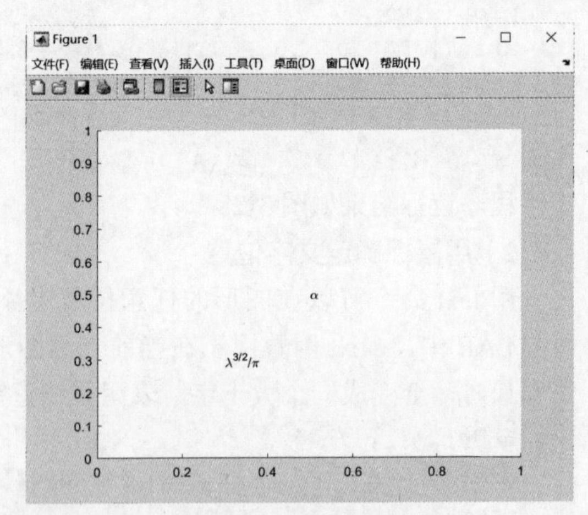

图 3-30　texlabel 函数示例

May all your wishes come true
乘风破浪

5. annotation 函数

annotation 函数是给绘制的图形创建注释。其调用格式如下：

```
annotation(lineType)
annotation(lineType,x,y)
```

其中，lineType 表示线条注释的类型，具体类型如表 3-7 所示。

表 3-7 线条注释类型

值	对象类型	示　例
line	注释线条	annotation（'line'，[.1 .2]，[.1 .2]）
arrow	注释箭头	annotation（'arrow'，[.1 .2]，[.1 .2]）
doublearrow	注释双箭头	annotation（'doublearrow'，[.1 .2]，[.1 .2]）
textarrow	注释文本箭头。要在文本箭头的末尾添加文本，使用 String 属性	annotation（'textarrow'，[.1 .2]，[.1 .2]，'string'，'my text'）

▶【例 3-24】创建一个简单线图并向图窗添加文本箭头。起点为（0.3，0.6），终点为（0.5，0.5）。通过设置 String 属性指定文本说明。

输入程序命令如下：

```
plot(1:10)
x = [0.3 0.5];
y = [0.6 0.5];
annotation('textarrow',x,y,'String','y = x')
```

程序运行结果如图 3-31 所示。

```
annotation(ShapeType)
annotation(ShapeType,dim)
```

其中，ShapeType 表示形状注释的类型，具体类型如表 3-8 所示。

表 3-8 形状注释类型

值	对象类型	示　例
rectangle	注释矩形	annotation（'rectangle'，[.2 .3 .4 .5]）
ellipse	注释椭圆	annotation（'ellipse'，[.2 .3 .4 .5]）
textbox	注释文本框。要指定文本，应设置 String 属性。要自动调整文本框尺寸，使其紧贴在文本周围，应将 FitBox To Text 属性设置为 'on'	annotation（'textbox'，[.2 .3 .4 .5]，'String'，'my text'，'FitBox ToText'，'on'）

▶【例 3-25】创建一个针状图并向图窗添加矩形注释。通过指定 Color 属性更改矩形轮廓的颜色。

视频讲解

输入程序命令如下：

```
figure
data = [2 4 6 7 8 7 5 2];
stem(data)
dim = [.3 .68 .2 .2];
annotation('rectangle',dim,'Color','red')
```

程序运行结果如图 3-32 所示。

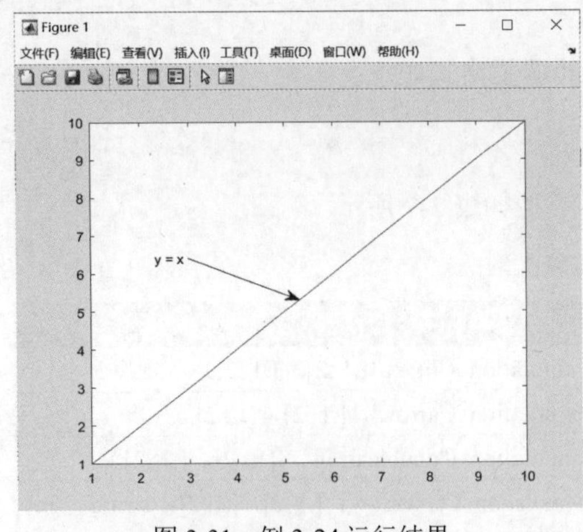

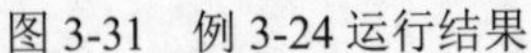
图 3-31　例 3-24 运行结果

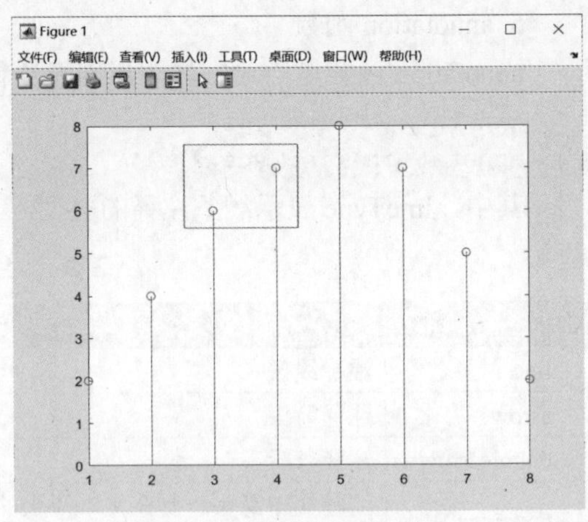

图 3-32　例 3-25 运行结果

3.3 特殊二维图形绘图

除了常见的折线型等图形以外，很多工程及研究领域还需要绘制其他一些特殊的二维图形，并且，前文介绍的图形绘制中，坐标轴刻度大多是线性的，而在有些科学研究中，线性刻度无法满足要求，需要绘制极坐标或对数坐标图形。MATLAB 为方便地绘制这些图形提供了专用的命令。

1. 绘制极坐标图形

MATLAB 提供了基本的极坐标绘图函数 polar，该函数的调用格式如下：

```
polar(theta,rho)
polar(theta,rho,LineSpec)
```

其中，theta 表示各个数据点的角度向量；rho 表示各个数据点的幅度向量，需要注意的是 theta 和 rho 的长度必须一致；LineSpec 为图形属性设置选项。

▶【例 3-26】利用函数 polar 绘制 r=2sin[2(t−π/8)]×cos[2(t−π/8)] 在极坐标下的图形。

输入程序命令如下：

```
t=0:0.01*pi:2*pi;
r=2*sin(2*(t-pi/8)).*cos(2*(t-pi/8));
polar(t,r)                              %绘制极坐标下的图形
```

程序运行结果如图 3-33 所示。

2. 对数 / 半对数坐标系绘图

MATLAB 中绘图除了采用直角坐标系外，还可以采用对数刻度坐标系。MATLAB 中对数 / 半对数坐标系绘图函数如表 3-9 所示。

表 3-9　对数 / 半对数坐标系绘图函数

函　数	说　明
semilogx	x 轴采用对数刻度的半对数坐标系绘图函数
semilogy	y 轴采用对数刻度的半对数坐标系绘图函数
loglog	x 轴和 y 轴均采用对数刻度的对数坐标系绘图函数

这三个函数的使用语法和 plot 函数相同，唯一不同的是采用的坐标轴。

▶【例 3-27】分别利用 semilogx、semilogy、loglog 绘制 $y=e^{-x}$ 的图形。

输入程序命令如下：

```
t=0:0.01*pi:2*pi;
x=0:0.01:10;
y=exp(-x);
subplot(2,2,1)
plot(x,y)              %绘制图形
title('plot')
subplot(2,2,2)
semilogx(x,y)          %x 轴采用对数刻度的半对数坐标系绘图函数
title('semilogx')
subplot(2,2,3)
semilogy(x,y)          %y 轴采用对数刻度的半对数坐标系绘图函数
title('loglogy')
subplot(2,2,4)
loglog(x,y)            %x 轴和 y 轴均采用对数刻度的对数坐标系绘图函数
title('loglog')
```

程序运行结果如图 3-34 所示。

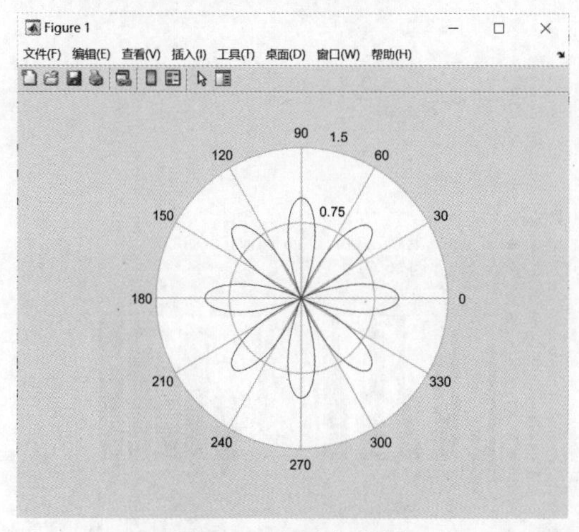

图 3-33　极坐标绘图

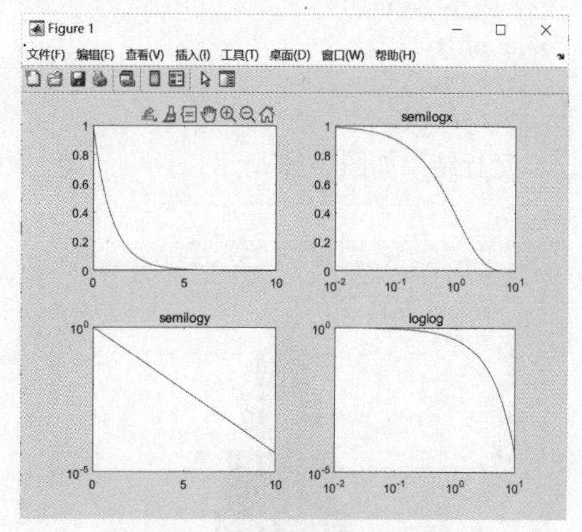

图 3-34　对数 / 半对数坐标系绘图

3. 柱状图

在 MATLAB 中可以用 bar 或者 barh 函数绘制柱状图，它们把单个数据显示为纵向或者横向的柱条。此函数的几种常见调用格式如下：

```
bar(X,Y,option)   %以向量 X 的各个对应元素为 x 坐标，以向量 Y 的各个对应元素为 y 坐标，
%绘制垂直放置的二维柱状图
bar(Y,option)   %以 x=1,2,3,…为各个数据点的 x 坐标，以向量 Y 的各个对应元素为 y 坐标，
%绘制垂直放置的二维柱状图，如果 X,Y 为同维矩阵，则将以 X,Y 的每一行向量为数据
bar(Y,'stack')   %以 x=1,2,3,…为各个数据点的 x 坐标，以矩阵 Y 的各个列向量的累加值
%为 y 坐标，绘制垂直放置的、累加式的二维柱状图
bar(Y,'group')   %以 x=1,2,3,…为各个数据点的 x 坐标，以矩阵 Y 的各个列向量的值为 y
%坐标，绘制垂直放置的、分组式的二维柱状图
```

注意 barh 函数与 bar 函数用法相同，只不过前者绘出的是水平放置的二维柱状图，后者是垂直放置的二维柱状图。

▶【例 3-28】利用 bar 函数绘制钟形曲线的柱状图，设置其颜色为红色。

输入程序命令如下：

```
x = -2.9:0.2:2.9;
y=exp(-x.*x);
bar(x,y,'r')
```

程序运行结果如图 3-35 所示。

▶【例 3-29】bar 函数和 barh 函数几种调用结果对比示例。

视频讲解

输入程序命令如下：

```
Y = round(rand(5,3)*10);
subplot(2,2,1)
bar(Y,'group')
title 'Group'
subplot(2,2,2)
bar(Y,'stack')
title 'Stack'
subplot(2,2,3)
barh(Y,'stack')
title 'Stack'
subplot(2,2,4)
bar(Y,1.5)
title 'Width = 1.5'
```

运行结果如图 3-36 所示。

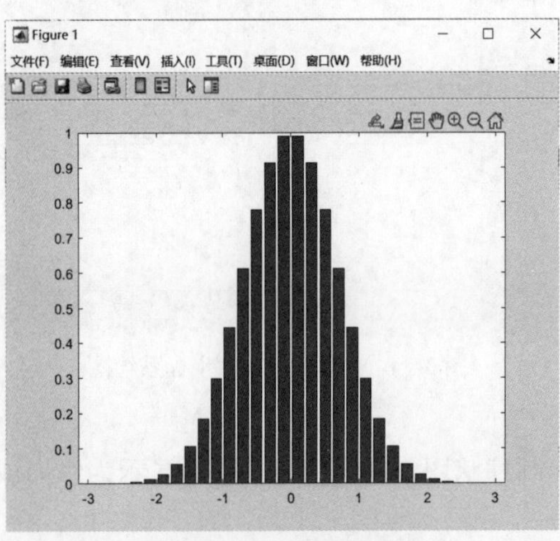

图 3-35　钟形曲线直方图

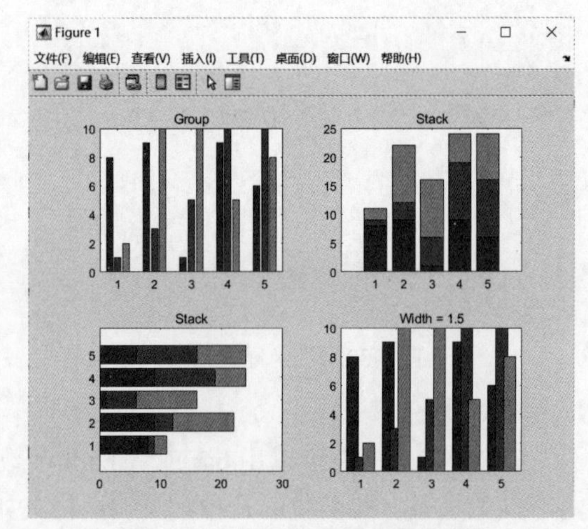

图 3-36　柱状函数调用结果图

4. 面积图

area 函数用来绘制面积图，和累叠模式的柱状图类似，面积图也是把每一组数据点累叠绘制，不过它把每个数据集合的相邻点用线条连起来，并且把每个数据集合所在区域用彩色填充。area 常用的调用格式如下：

```
area(Y)   %以 x=1,2,3,…为各个数据点的 x 坐标，以向量 Y 的各个对应元素为 y 坐标，绘出二
%维折线图，并填充该折线与 x 轴之间的区域
area(X,Y)   %以向量 X 的各个对应元素为 x 坐标，以向量 Y 的各个对应元素为 y 坐标，绘出二
%维折线图，并填充该折线与 x 轴之间的区域
```

▶【例 3-30】利用 area 函数绘制随机生成数的累叠式面积图。

输入程序命令如下：

```
y=rand(6,4)
area(y,'linestyle','--','linewidth',3)
```

程序运行结果如图 3-37 所示。

5. 饼图

饼图可以用于显示每部分占总体的比例。在 MATLAB 中，pie 函数和 pie3 函数分别用于绘制二维饼图和三维饼图。pie 函数的调用格式如下：

```
pie(X)      % 使用 X 中的数据绘制饼图，饼图的每个扇区代表 X 中的一个元素
```

注意 如果 sum（***X***）=1，***X*** 中的值直接指定饼图扇区的面积；如果 sum（***X***）<1，pie 仅绘制部分饼图；如果 sum（***X***）>1，则 pie 通过 ***X***/sum（***X***）对值进行归一化，以确定饼图的每个扇区的面积。

```
pie(X,explode)   % 将扇区从饼图偏移一定位置。explode 是一个由与 X 对应的零值和非零值
% 组成的向量或矩阵。pie 函数仅将对应于 explode 中的非零元素的扇区偏移一定的位置
```

▶【例 3-31】利用 pie 函数绘制子图，其中 ***X***=[1 3 0.5 2.5 2]，分别绘制 ***X*** 的饼图、带偏移扇区的饼图、带有标记扇区的饼图，同时绘制 sum（***X***）<1 的部分饼图。

输入程序命令如下：

视频讲解

```
X = [1 3 0.5 2.5 2];
subplot(2,2,1)
pie(X)                      % 绘制 X 为变量的饼图
subplot(2,2,2)
explode = [0 1 0 1 0];      % 将 explode 元素设置为 1 来偏移第二和第四块饼图扇区
pie(X,explode)
subplot(2,2,3)
labels = {'part1','part2','part3','part4','part5'};
pie(X,labels)               % 创建向量 X 的饼图并标记扇区
subplot(2,2,4)
Y = [0.19 0.22 0.41];       % 创建一个向量 Y，其各个元素之和小于 1
pie(Y)                      % 由于元素的总和小于 1，因此 pie 绘制部分饼图
```

程序运行结果如图 3-38 所示。

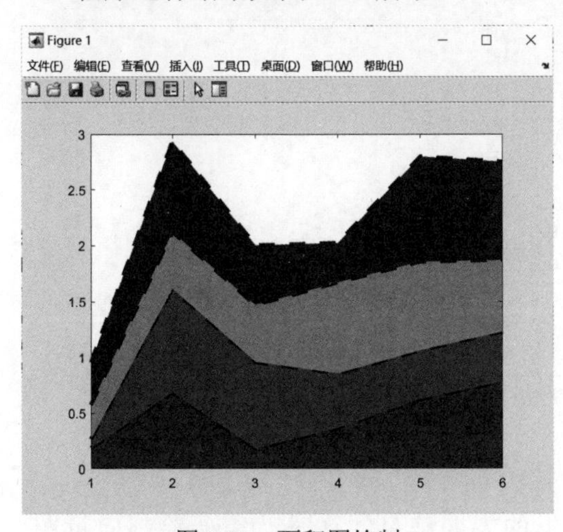

图 3-37　面积图绘制

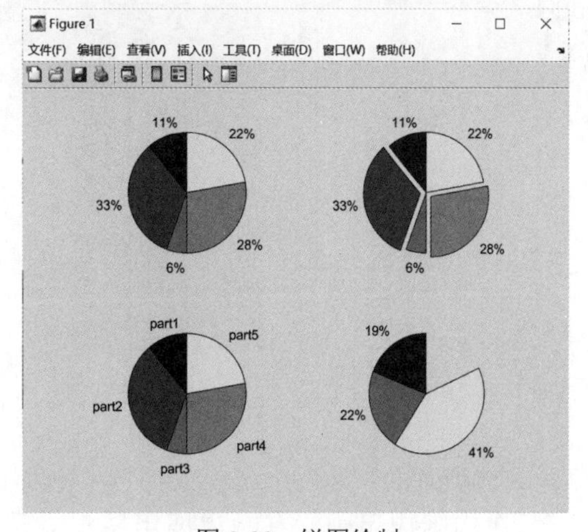

图 3-38　饼图绘制

6. 等高线图

等高线图用于显示多元函数（尤其是二元函数）的函数值变化趋势。MATLAB 中用 contour 函数绘制一般的等高线图，contourf 函数则是绘制填充模式的等高线图。contour 函数的调用格式如下：

```
contour(Z)  %矩阵 Z 的等高线图，Z 的维数至少是 2，其等高线数目及值是自动选定的
contour(Z,n)        %绘制矩阵 Z 的等高线图，n 表示等高线的等级数量
contour(X,Y,Z,n)    %使用 X 和 Y 绘制 Z 的等高线图
```

▶【例 3-32】将来自 peaks 函数的数据存储于矩阵 ***X***、***Y*** 和 ***Z*** 中。对 ***Z*** 中的数据绘制 20 条等高线子图，并绘制填充模式的等高线子图。

输入程序命令如下：

```
[X,Y,Z] = peaks;      %绘制 peaks 图形
subplot(121)
contour(X,Y,Z,20)     %绘制 peaks 图形等高线
subplot(122)
contourf(X,Y,Z,20)    %绘制填充模式等高线
```

程序运行结果如图 3-39 所示。

视频讲解

▶【例 3-33】根据矩阵 ***X***、***Y*** 和 ***Z***，创建等高线图，并通过将 ShowText 属性设置为 on 来显示等高线标签。

输入程序命令如下：

```
x = -2:0.2:2;
y = -2:0.2:3;
[X,Y] = meshgrid(x,y);
Z = X.*exp(-X.^2-Y.^2);
figure
contour(X,Y,Z,'ShowText','on')  %等高线标签
```

程序运行结果如图 3-40 所示。

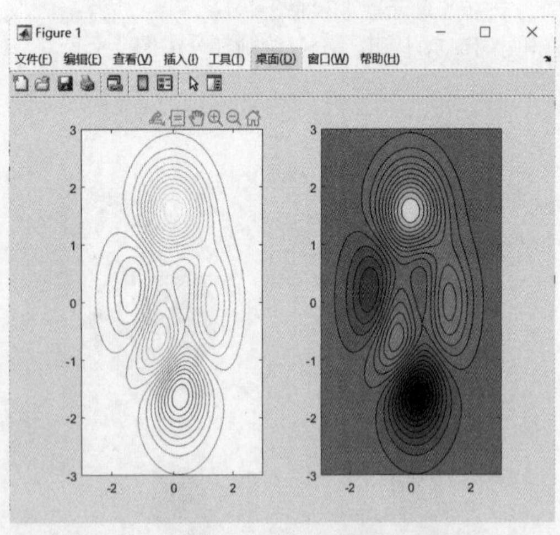

图 3-39　等高线图

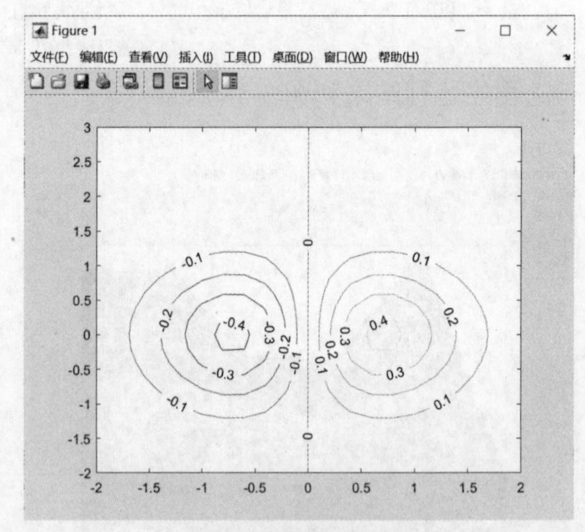

图 3-40　等高线标签

7. 向量图

在实际应用中，有时需要用图形表示数据的方向信息，这时就需要绘制向量图，MATLAB 中常用的向量图包括罗盘图、羽毛图和向量场图。

compass 函数用于绘制罗盘图，该函数接收直角坐标参数，而在绘制的罗盘图中，每一个数据点被表示为极坐标下一条从原点出发的带箭头的线段。常用的调用格式如下：

```
compass(x,y)  % 绘制从原点出发指向 (x,y) 组成的向量箭头图形
compass(Z)    %Z 表示复数矩阵，向量个数为矩阵元素数，向量终点位置由复数矩阵 Z 元素决定
compass(…,LineSpec)  % 表示为向量图设置线的类型、标注及颜色等属性
```

▶【例 3-34】利用函数 compass 的不同调用格式绘制罗盘子图。

视频讲解

输入程序命令如下：

```
x=1:100;
y=rand(1,100);
subplot(131)
compass(x,y)
z=[1+2i 2+4i 5-6i];
subplot(132)
compass(z)
subplot(133)
compass(x,y,'--m')
```

程序运行结果如图 3-41 所示。

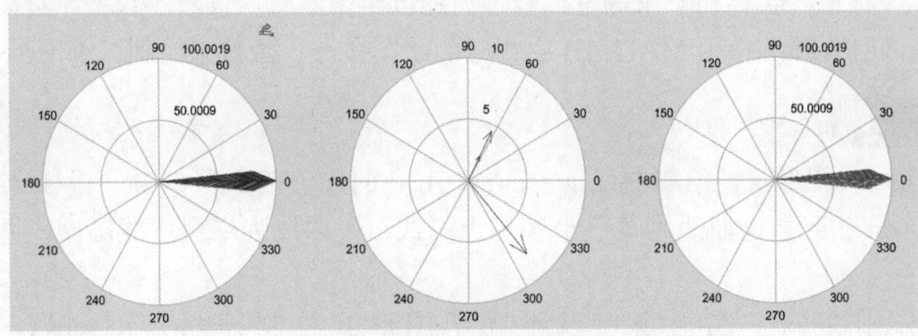

图 3-41 罗盘图绘制结果

8. 误差条图

误差条图用于显示数据的置信区间或沿曲线的偏差，误差条图通过调用 errorbar 函数来绘制，调用格式有以下几种：

```
errorbar(Y,E)     % 对 Y 绘图并在 Y 的每个元素处绘一处误差，误差条两端距离曲线上下
% 均为 E(i) 长度
errorbar(X,Y,E)  % 绘制 X 和 Y 的误差条图，误差条长度为 2*E(i)，其中 X、Y 和 E 必须大小
% 相同。当它们为向量时，每个误差条均由 (X(i),Y(i)) 定义，曲线上的点上下各 E(i) 误差
% 条。当它们为矩阵时，每个误差条则由 (X(i,j),Y(i,j)) 定义
```

▶【例 3-35】利用 errorbar 函数绘制误差条图。

视频讲解

输入程序命令如下：

```
clc,clear;
mean=[2 3 3; 4 6 5];                                    % 均值
e=[0.5 1.0 0.5; 1.0 0.5 0.5];                           % 标准差
bar(mean, 0.6);                                         % 绘制柱状图
hold on;
errorbar(mean, e, 'k' , 'Linestyle', 'None');  % 对应误差棒绘制，黑色，不带连接线
```

程序运行结果如图 3-42 所示。

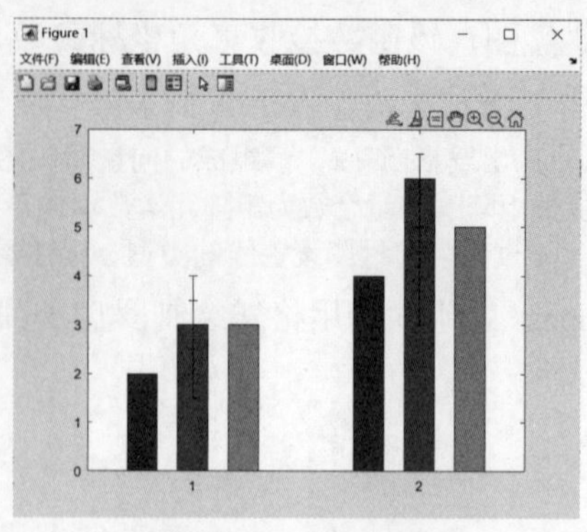

图 3-42　误差条图

本章小结

MATLAB 擅长将数据、函数值等各种科学运算结果可视化，MATLAB 提供了一系列的绘图函数，可以绘制和编辑二维或三维图形，使数据更具可读性，所包含的信息量也大。本章主要介绍了二维图形的绘制和绘制特殊图形的常用函数，以及对绘制的图形进行线型、色彩、标记、坐标和效果等进行修饰。通过学习本章，读者不仅要掌握二维绘图的基本过程，而且要熟练使用 MATLAB 中相应的绘图命令、函数来绘制二维图形。

习　题

3-1　在同一图形窗口绘制曲线 $y_1=\sin(t+10)$，t 的取值范围为 0~3π，$y_2=\sin(2t)$，t 的取值范围为 π~4π，要求 y_1 曲线为蓝色十字形点画线，y_2 曲线为红色虚线圆圈，并在右上角添加图例。

3-2　分别在同一图形窗口以不同子图形式绘制 $y_1=\sin x$，$y_2=\cos x$，$y_3=\cos 2x$，$y_4=|\sin(2t)|$ 在区间 [0,2π] 上的图形。

3-3　设 x=[22　99　70　50　29　20]，绘制饼图，并将第六部分切块分离出来。

3-4　某班共有 46 人，参加选修课的情况如下：国画 12 人，街舞 13 人，剪纸 12 人，其余人选修乒乓球，绘制选课人数占总人数的百分比饼图，并添加图例。

3-5　如表 3-10 列出 3 个观测点的 5 次测量数据，编程实现按照测量次数绘制分组形式和堆叠形式的柱状图。

表 3-10　测量数据

	第 1 次	第 2 次	第 3 次	第 4 次	第 5 次
观测点 1	3	6	7	4	2
观测点 2	6	7	3	2	4
观测点 3	9	7	2	5	8

3-6　编写程序，将 $y_1=e^{-0.1x}$、$y_2=-e^{-0.1x}$、$y_3=e^{-0.1x}\sin x$、$y_4=e^{-0.1x}\cos x$ 分别用实线、点线、点画线、虚线，颜色分别用黑、红、绿、蓝，线宽均为 2 磅绘制出，且在图中加网格线，x 轴的范围、y 轴的范围限制在 [0,2π] 和 [−1,1] 内。

3-7　已知 $y=e^{-at}$，t 的变化范围为 0~10，用不同的线型和标记点画出 a=0.1、a=0.2 和 at=0.5 3 种情况下的曲线，且线型宽度为 1，并加入标题和图例。

第 4 章 句柄图形系统

MATLAB 是一种面向对象的高级计算机语言，其图形窗口是由不同的对象（包括坐标轴、文本、图像和曲面等）组成的，数据可视化技术中的各种图形元素，实际上都是抽象图形对象的实例，MATLAB 为每个图形对象分配一个标识符，称为句柄。句柄是图形对象的标识代码，包含图形对象的属性信息，因此可通过句柄对图形对象的属性进行设置。

本章要点

（1）句柄图形对象的层次结构。

（2）句柄图形对象的基本操作。

（3）句柄图形对象的基本属性。

学习目标

（1）了解面向对象的思维方式及句柄图形对象结构。

（2）掌握句柄图形对象的操作，包括查找、获取和设置属性，复制和删除图形对象等。

（3）掌握不同图形对象属性的设置和访问。

4.1 句柄图形对象

MATLAB 是一种面向对象的高级计算机语言，其数据可视化技术中的各种图形因素，实际上都是抽象图像对象的实例。也就是说，绘图函数将不同的曲线和曲面绘制在图形窗口中，而图形窗口是由不同的对象（如坐标轴、曲线、曲面或文字等）组成的，MATLAB 给每个图形对象分配一个标识符，称为句柄。那么，就可以通过句柄对该图形对象的属性进行设置，也可以获取其相关属性值，从而更加自主地绘制各种图形。

4.1.1 面向对象的思维方式

面向对象是一种程序设计方法，是相对于面向过程而言的。对象是客观存在的事物或关系，例如书本是对象、铅笔是对象、几何图形也是对象。每个对象都有与其他对象相同或不同的特征，这些特征称为对象的属性。如铅笔这个对象有颜色和形状等属性，书本也有形状属性。

面向对象刻画客观系统较为自然，相对于面向过程而言，更便于软件扩充与复用，因为过程可能经常变化，稍有变化就不能直接重复调用这个过程。而对象更为稳定，比如书本无论是新的还是用了多年的，都有颜色和形状属性。由于面向对象有这样的优越性，所以它是目前主流的编程技术。

4.1.2 图形对象及其句柄

在 MATLAB 中，由图形命令产生的每个对象都是图形对象，图形对象可以被单独操作。图形对象是相互依赖的，通常，图形中包括很多对象，它们组合在一起，形成更有意义的图形。系统将每一个对象按树状结构组织起来。每个图形不必包含所有类型的对象，但每个图形必须具备根对象和图形窗口。图形对象按父对象和子对象组成层次结构。

根对象：也称为root对象，它是计算机屏幕，是所有其他对象的父对象，根对象独一无二，主要保存一些系统状态和设置信息。

图形窗口对象：也称为figure对象，是根对象的子代，窗口数目不限，所有图形窗口都是根对象的子代。

坐标轴对象：是图形窗口对象的直接子对象，用于创建轴对象并返回句柄，轴对象的子代包括绘图对象、组对象和内核对象，其中内核对象分别是线条、矩形、曲面、块、灯光、图像。

UI对象：是图形窗口对象的直接子对象，用于MATLAB与用户之间的交互操作，包括面板、按钮组、内部控件、菜单、表格、右键快捷菜单和工具栏。

核心对象：是轴对象的子对象，包括图像、灯光、线条、块、曲面等。

图形对象的创建函数与函数描述如表4-1所示。

表4-1　图形对象的创建函数与函数描述

对象类型	创建函数	对象描述
根	root	计算机屏幕
图形窗口	figure	显示图形和用户界面的窗口
坐标轴	axes	在图形窗口中显示的坐标轴
内部控件	uicontrol	UI对象，执行用户接口交互响应函数的控件
表格	uimenu	UI对象，在GUI中绘制表格
菜单	uicontext	UI对象，用户定义图形窗口的菜单
右键快捷菜单	uicontextmenu	UI对象，右键单击图形对象时调用的弹出式菜单
工具栏	uitoolbar	UI对象，用户定义图形窗口的工具栏
按钮组	uibuttongroup	UI对象，管理单选按钮和切换按钮
面板	uipanel	UI对象，用于容纳坐标轴、UI对象、按钮组
图像	image	核心对象，基于像素点的二维图片
灯光	light	核心对象，影响块对象和曲线对象的光源
线条	line	核心对象，在指定坐标轴内绘制一条线
块	patch	核心对象，有边界的填充多边形
矩形	rectangle	核心对象，有曲率属性的、从椭圆到矩形变化的二维图形
曲面	surface	核心对象，将数据作为平面上点的高度创建的三维矩阵数据描述
文本	text	核心对象，用于显示字符串与特殊字符
组合对象	hggroup	坐标轴子对象，同时操作多个核心对象

MATLAB中各种句柄图形对象是有层次的，上下图形对象之间的关系为父代与子代的关系，下层的对象继承自上层对象。一般地，子对象继承了父对象的所有属性，并且新添加了许多独有属性，平行图形对象之间的关系为兄弟关系。

根对象可包含一个或多个图形窗口，每个图形窗口可包含一组或多组坐标轴。创建对象时，当其父对象不存在时，MATLAB会自动创建该对象的父对象。创建对象时，MATLAB会返回一个用于标识此对象的数值，称为该对象的句柄，每个对象都有独一无二的句柄，根对象的句柄值为0，图形窗口的句柄值默认为正整数，其他对象的句柄值为系统随机产生的正数。通过操作句柄，可查看对象所有属性或修改大部分属性。

若要获取当前的图形窗口、坐标轴和对象的句柄值，可使用下列函数：

gcf：获取当前图形窗口的句柄值。

gca：获取当前图形窗口中当前坐标轴的句柄值。

gco：获取当前图形窗口中当前对象的句柄值。

gcbf：获取正在执行的回调函数对应的对象所在的窗口的句柄值。

gcbo：获取正在执行的回调函数对应的对象的句柄值。

4.2 句柄图形对象属性的基本操作

MATLAB 语言的句柄绘图可以对图形的各个基本对象进行更为细腻的修饰，可以产生更为复杂的图形。每个图形对象都有一个属性列表，记录了该图形对象所有的信息。这个属性列表实质上是一个结构体，字段名为对象的属性名，字段值为对象的属性值。要对图形对象进行操作，就必须掌握属性列表这个结构体的基本操作。

4.2.1 属性的获取与设置

句柄图形对象都具有自己的属性，对象属性包括属性名和与它们相关联的属性值。属性名是字符串，它们通常按混合格式显示，每个词的开头字母大写，比如："LineStyle"，但是，MATLAB 在识别中是不分大小写的。

在 MATLAB 中，为获取和设置句柄图形对象的属性只需要两个函数，即可以使用 get 函数获取已创建句柄图形对象的属性值，用 set 函数设置已创建句柄图形对象的属性值。

1. get 函数

获取对象属性值的 get 函数调用格式如下：

```
get(h)                  %获取属性列表
a=get(句柄,'属性名')     %a 是返回的属性值，如果在调用 get 函数时省略属性名，则将返回
%句柄所有的属性值。
```

其中，属性名大小写不做要求，并且属性名可以简写，只使用前几个字符代替，只要不与其他属性名混淆即可。

小技巧：输入属性名的前几个字符，然后按 Tab 键，MATLAB 尝试自动将属性名补齐，若存在多个属性名与之匹配，则弹出属性名列表供选择。

▶【例 4-1】分别绘制正弦函数和余弦函数曲线，并利用 get 函数获取正弦曲线的颜色和余弦曲线的所有属性。

输入程序命令如下：

```
x=0:0.1:2*pi;
y1=sin(x);
y2=cos(x);
Hs=plot(x,y1,'color','r');    %绘制正弦函数
hold on
Hc=plot(x,y2,'color','b');    %绘制余弦函数
axis([0 2*pi -1 1]);
get(Hs,'color')               %获得正弦曲线的颜色
get(Hc)                       %获得余弦曲线的所有属性
```

运行结果的图形窗口如图4-1所示。

程序运行结果为：

```
ans =
    1     0     0          %红色,'r'
   AlignVertexCenters: off
           Annotation: [1×1 MATLAB.graphics.eventdata.Annotation]
         BeingDeleted: off
           BusyAction: 'queue'
        ButtonDownFcn: ''
             Children: [0×0 GraphicsPlaceholder]
             Clipping: on
                Color: [0 0 1]
            ColorMode: 'manual'
          ContextMenu: [0×0 GraphicsPlaceholder]
            CreateFcn: ''
      DataTipTemplate: [1×1 MATLAB.graphics.datatip.DataTipTemplate]
            DeleteFcn: ''
          DisplayName: ''
     HandleVisibility: 'on'
              HitTest: on
        Interruptible: on
             LineJoin: 'round'
            LineStyle: '-'
        LineStyleMode: 'auto'
            LineWidth: 0.5000
               Marker: 'none'
      MarkerEdgeColor: 'auto'
      MarkerFaceColor: 'none'
        MarkerIndices: [1×63 uint64]
           MarkerMode: 'auto'
           MarkerSize: 6
               Parent: [1×1 Axes]
        PickableParts: 'visible'
             Selected: off
   SelectionHighlight: on
          SeriesIndex: 8
                  Tag: ''
                 Type: 'line'
             UserData: []
              Visible: on
                XData: [1×63 double]
           XDataMode: 'manual'
         XDataSource: ''
                YData: [1×63 double]
         YDataSource: ''
                ZData: [1×0 double]
         ZDataSource: ''
```

2. set 函数

设置图形对象的属性值采用set函数，其调用格式如下：

```
set(句柄,属性名 1,属性值 1,属性名 2,属性值 2,…)
```

其中，句柄用于指明要操作的图形对象，即将该图形对象的属性取值设置为相应的属性值。例如：将线条变为点线，将图形窗口的背景色设置为粉色，在命令窗口中输入：

```
set(Hs,'Color',[1 0 1]);
set(Hc,'LineStyle',':');
```

▶【例 4-2】绘制二维曲线，利用 set 函数设置曲线的颜色、线型和数据点的标记符号。

输入程序命令如下：

```
h=plot(sin(1:0.1:20))
set(h,'color','r','linestyle',':','marker','p')
```

程序运行结果如图 4-2 所示。

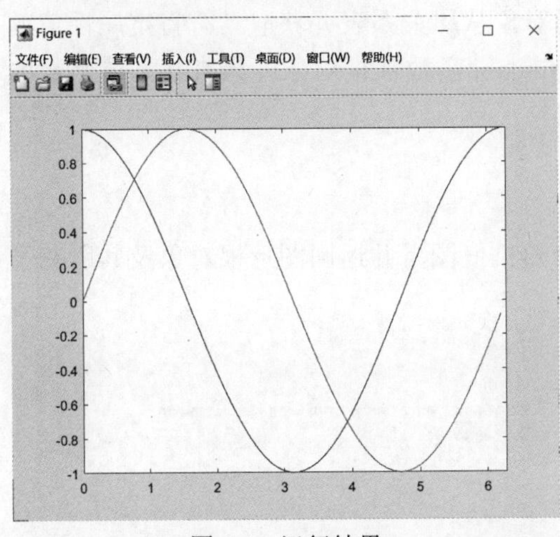

图 4-1 运行结果

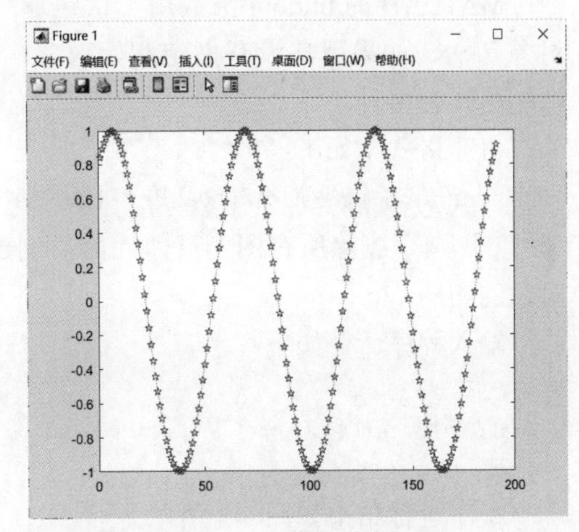

图 4-2 set 函数使用示例

```
a=set(句柄)  % 返回对象所有可设置属性值，存入结构数组 a 中。a 的字段名为属性名，字段值
% 为单元数组，包含对应属性所有可能的值。如果没有指定输出参数，结果输出到命令行
```

说明 set 函数和 get 函数返回不同的属性列表。set 函数只列出可以用 set 命令改变的属性，而 get 函数列出对象的所有属性。

▶【例 4-3】查看根对象的所有可设置属性。

输入程序命令如下：

```
set(0)
```

程序运行结果如下：

```
             Children: {}
        CurrentFigure: {}
   FixedWidthFontName: {}
     HandleVisibility: {'on'  'callback'  'off'}
               Parent: {}
      PointerLocation: {}
          ScreenDepth: {}
  ScreenPixelsPerInch: {}
    ShowHiddenHandles: {[on]  [off]}
                  Tag: {}
                Units: {1×6 cell}
             UserData: {}
```

观察上面显示的结果，可发现有些属性值为空。这分两种情况：有的属性值只能为空，如根对象的 parent 属性；有的属性初值为空，如根对象的 Tag、UserData 属性等。

若要重新设置图形对象的所有属性为默认值，可使用 reset 函数，其调用格式如下：

```
reset(句柄)  %如果为图形窗口对象，不重设属性 Position、Units、WindowsStyle 和
%PaperUnits;若为坐标轴对象，不重设属性 Position 和 Units
```

例如，reset（gca）重新设置当前坐标轴的属性值为默认值，reset（gcf）重新设置当前窗口的属性值为默认值。

4.2.2 查找对象属性

1. findobj 函数

MATLAB 的 findobj 函数用于快速遍历图形对象从属关系表并获取具有特定属性值的对象句柄。如果用户没有指定起始对象，那么 findobj 函数从根对象开始查找。该函数的调用格式有多种。

（1）格式 1 如下：

```
h=findobj  %返回根对象及其子对象句柄
```

▶【例 4-4】删除所有图形窗口，然后创建一个随机值图，并返回图形根对象及其所有子对象的句柄。

输入程序命令如下：

```
close all
plot(rand(4,3));
h = findobj
```

程序运行结果如图 4-3 所示。

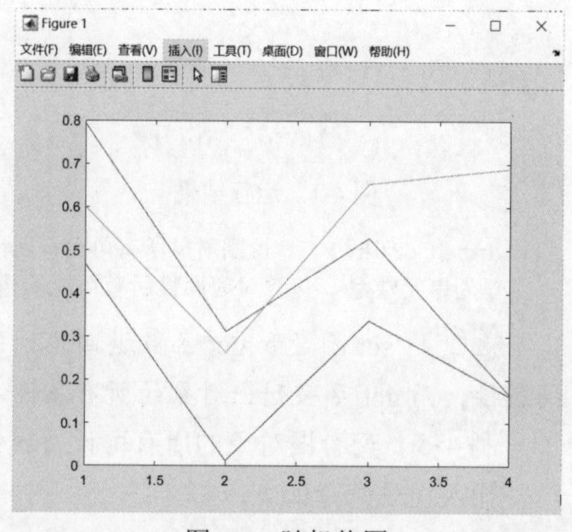

图 4-3 随机值图

程序运行结果如下：

```
h =
  6×1 graphics 数组:
  Root
  Figure    (1)
  Axes
  Line
  Line
  Line
```

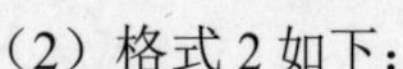

观察结果发现，返回了根对象、图形窗口对象、坐标轴对象、线条对象句柄。

（2）格式 2 如下：

```
h=findobj('PropertyName',PropertyValue,…)  %返回所有属性名为'PropertyName'、
%属性值为'PropertyValue'的图形对象句柄。可以指定多个属性/值对
```

例如在例 4-4 程序后添加如下命令：

```
h1=findobj('type','line')
```

运行结果如下：

```
h1 =
  3×1 Line 数组:
  Line
  Line
```

```
  Line
```

（3）格式 3 如下：

```
h=findobj('P1',V1,'-logicaloperator','P2',V2,…)  %'P' 表示 'PropertyName',
%'V' 表示 'PropertyValue'。logicaloperator 可以取值 :-and、-or、-xor、-not 等
```

例如查找 Label 设为 'foo' 和 String 属性设为 'bar' 的所有对象，程序命令如下：

```
h= findobj('Label','foo','-and','String','bar')
```

查找 String 不为 'foo' 也不为 'bar' 的所有对象，程序命令如下：

```
h = findobj('-not','String','foo','-not','String','bar');
h = findobj('-property','PropertyName')  % 如果存在 'PropertyName' 这个属性名 ,
% 就返回此对象句柄
```

2. findall 函数

findall 函数用于查找所有的对象，包括句柄隐藏的对象。其调用格式如下：

```
h=findall(h_list)  % 返回句柄对象列表 h_list 包含的所有对象及其子对象。若 h_list 为
% 单个句柄 , 返回一个向量 ; 否则返回一个单元数组
```

例如：findall（0）返回根对象所有的子对象；findall（gcf）返回当前窗口所有的子对象。

```
h=findall(h_list,'PropertyName','PropertyValue',…)  % 返回句柄对象列表 h_list
% 包含的所有对象及其子对象中 , 属性 PropertyName 的值为 PropertyValue 的对象
h=findall(h_list,'P1','V1','-logicaloperator','P2','V2',…)  % 返回句柄对象列表
%h_list 包含的所有对象及其子对象中 , 满足给定逻辑选项的对象。logicaloperator 为逻辑
% 选项 , 可以取值为 -and、-or、-xor、-not 等 , 默认值为 -and
```

▶【例 4-5】创建一个图形窗口，添加 x 轴、y 轴标签并添加标题，将标题的颜色设置为红色。使用 findall 函数返回所有 Text 对象以及返回所有红色 Text 对象。

输入程序命令如下：

```
plot(sin(1:0.1:20))
xlabel('x 轴 ')
ylabel('y 轴 ')
title('y = sin(x)','Color','r')
h1 = findall(gcf,'Type','text')              % 返回当前图形窗口中的所有 Text 对象
h2 = findall(gcf,'Type','text','Color','r')     % 返回所有红色 Text 对象
```

运行结果如图 4-4 所示。

程序运行结果如下：

```
h1 =
  3×1 Text 数组 :
  Text    (y = sin(x))
  Text    (x 轴 )
  Text    (y 轴 )

h2 =
  Text (y = sin(x)) - 属性 :
               String: 'y = sin(x)'
             FontSize: 11
           FontWeight: 'normal'
             FontName: 'Helvetica'
                Color: [1 0 0]
```

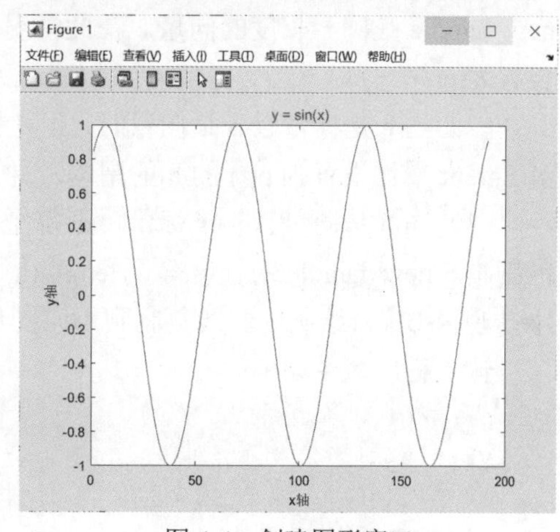

图 4-4　创建图形窗口

```
    HorizontalAlignment: 'center'
            Position: [100.0001 1.0107 1.4211e-14]
               Units: 'data'
```

3. allchild 函数

allchild 函数用于查找指定对象的所有子对象，包括隐藏的子对象。其调用格式如下：

```
h=allchild(h_list)  %若 h_list 为单个句柄，返回一个向量；否则，返回一个单元数组
```

例如查找当前坐标轴的所有子对象，包括隐藏的子对象，可使用下列格式：

```
allchild(gca)
```

4. ancestor 函数

ancestor 函数用于查找指定对象的指定类型的父类。其调用格式如下：

```
p=ancestor(h,type)
```

若 type 为一个类型字符串，如 'figure'，则返回 h 的 figure 父类的句柄。

若 type 为一个由多个类型字符串组成的单元数组，如 {'hgtransform', 'hggroup', 'axes'}，返回 h 的父类中，属性 type 中列出的最近的父类。若找不到指定的父类则返回空矩阵。

```
p =ancestor(h,type,'toplevel')
```

查找在 h 的父类中，属性 type 中列出的，最高层的父类，返回其句柄。

4.2.3 复制图形对象

在 MATLAB 中，可通过 copyobj 函数实现将图形对象从一个父对象移动至另一个父对象中。新对象与原对象的唯一区别在于其 Parent 属性值不同，并且其句柄不同。可向新的父对象中复制多个子对象，也可将一个子对象复制到多个父对象中。如果被复制的对象包含子对象，将同时复制所有的子对象。

在复制对象时，子对象和父对象之间的类型必须匹配，比如在坐标轴中复制线条对象的副本，其新的父类必须是坐标轴。copyobj 函数的调用格式如下：

```
new_handle=copyobj(h,p)   %该语句复制 h 指定的图形对象至 p 指定的对象中，成为 p 的
%子对象
```

h 和 p 的取值有以下 3 种情况。

（1）h 和 p 可为标量或向量。当二者为向量时，它们的长度必须相同，且输出参数 new_handle 是同一长度的向量。在此情况下，new_handle(*i*) 是 h(*i*) 的副本，其 Parent 属性设置为 p(*i*)。

（2）当 h 是标量且 p 是向量时，h 复制到 p 中的每个父级一次。每个 new_handle(*i*) 是其 Parent 属性设置为 p(*i*) 的 h 的副本，并且 length(new_handle) 等于 length(p)。

（3）当 h 是向量且 p 是标量，则每个 new_handle(*i*) 都是其 Parent 属性设置为 p 的 h(*i*) 的副本。new_handle 的长度等于 length(h)。

▶【例 4-6】将绘制的曲线复制到不同图形窗口中的新坐标区。

输入程序命令如下：

```
x=-2*pi:0.1:2*pi;
y1=sin(x+1);
y2=cos(x);
h=plot(x,y1,x,y2);
```

```
fig = figure;                    % 创建目标图形窗口
ax = axes;                       % 创建目标坐标区
new_handle = copyobj(h,ax);      % 复制图形对象及其后代
```

程序运行结果如图 4-5 所示。

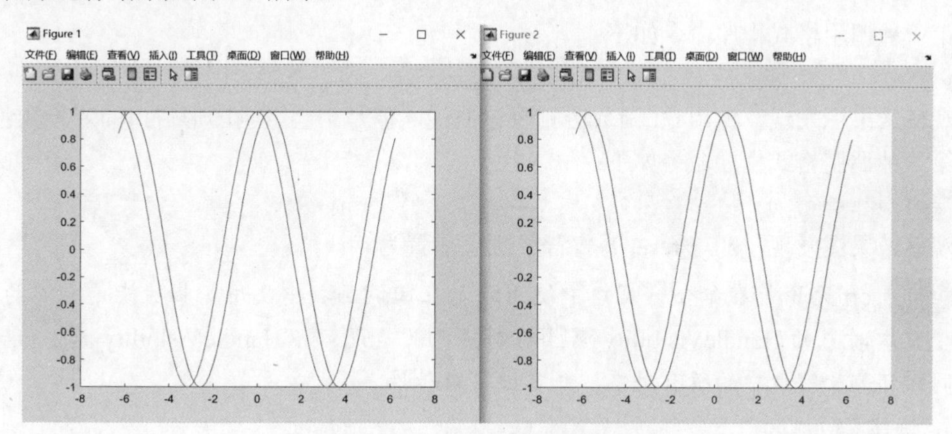

图 4-5　copyobj 函数使用示例

4.2.4　删除图形对象

1. delete 函数

在 MATLAB 中，delete 函数可用于删除文件或图形对象。其调用格式如下：

```
delete filename 或 delete('filename')      % 用于删除文件
delete(h)                                  % 用于删除图形对象 h
```

例如绘制一条曲线，然后删除该条曲线，输入程序命令如下：

```
x=-2*pi:0.1:2*pi;
y=sin(x+1);
h=plot(x,y);
```

删除该条曲线程序命令：

```
delete(h)
```

观察结果发现，图形窗口中的曲线已被删除。变量 *h* 仍然保留在工作区，但是不再引用对象。输入程序命令：

```
display(h)
```

运行结果为：

```
h =
  handle to deleted Line
```

2. clf 函数

在 MATLAB 中，clf 函数用于清空当前图形窗口，其调用格式如下：

```
clf                         % 删除当前图形窗口中具有可见句柄的所有子级
clf(fig)                    % 删除指定图形窗口 fig 中具有可见句柄的所有子级
clf('reset') 或 clfreset    % 删除当前图形窗口的所有子级，不管其句柄是否可见。并将除
%Position、Units、PaperPosition 和 PaperUnits 外的其他的图形窗口属性重置为默认值
clf(fig,'reset')            % 删除指定图形窗口 fig 的所有子级并重置其属性
```

▶【例 4-7】创建线图并设置当前图形窗口的背景颜色。对比 clf 函数两种清空当前图形窗口的调用格式。

绘制线图程序命令如下：

```
plot(sin(0:0.1:5*pi))
f = gcf;
f.Color = [0 1 1];      % 设置当前图形窗口背景颜色
```

第一种调用格式程序命令如下：

```
clf
```

观察结果图发现，调用 clf 函数会删除该曲线，但是不会影响图形窗口的背景颜色。

第二种调用格式程序命令如下：

```
f=clf('reset')
```

观察结果图发现，clf（'reset'）将背景颜色重置为默认值。

说明 clf 无论是在命令行窗口中使用还是在回调函数中使用，其功能是相同的，它并不受窗口对象的 HandleVisibility 属性限制，也就是说，当 HandleVisibility 属性值为 off 时，同样可删除窗口中的所有对象，并重设窗口属性。

3. cla 函数

在 MATLAB 中，cla 函数用于清空当前坐标轴。其调用格式如下：

```
cla             % 删除当前坐标轴中句柄不隐藏的对象 (HandleVisibility 值为 on)
cla reset       % 删除当前坐标轴中所有的对象（不论句柄是否隐藏）。并除了 Position、
                %Units 属性外，重设 axes 属性为默认值
```

▶【例 4-8】绘制正弦曲线。利用 cla 函数分别清除当前坐标区、清除坐标区并重置所有坐标区属性。

输入绘图程序命令如下：

```
x = linspace(0,2*pi);
y1 = sin(x);
plot(x,y1)
```

清除当前坐标区。输入命令如下：

```
cla           % 清除当前坐标区
```

运行结果如图 4-6 所示。清除坐标区并重置所有坐标区属性。输入命令如下：

```
cla reset     % 清除坐标区并重置所有坐标区属性
```

运行结果如图 4-7 所示。

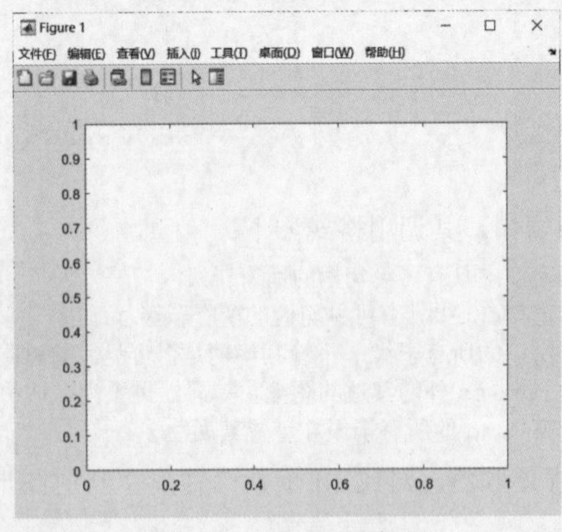

图 4-6　清除当前坐标区

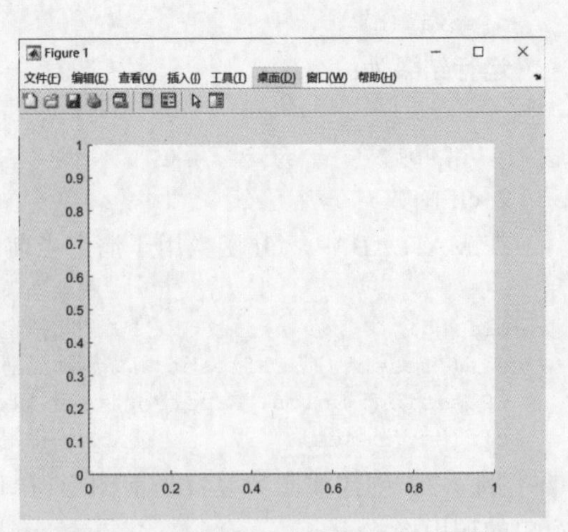

图 4-7　清除坐标区并重置坐标区属性

4. close 函数

在 MATLAB 中，close 函数用于关闭指定的窗口。其调用格式如下：

```
close                   %关闭当前图形窗口。调用 close 等效于调用 close(gcf)
close(fig)              %关闭句柄为 fig 的图形窗口
close all               %关闭句柄可见的所有图形窗口
close all hidden        %关闭所有图形窗口，包括具有隐藏句柄的图形窗口
status=close(…)         %关闭指定图形窗口，若关闭成功，返回 1；否则返回 0
```

例如，创建多个图形窗口。程序命令如下：

```
f1 = figure;
f2 = figure;
f3 = figure;
plot(1:10)
```

接着，关闭指定图形窗口 f1。程序命令如下：

```
close(f1)
```

或者，关闭多个图形窗口 f1 和 f2。程序命令如下：

```
close([f1 f2])
```

其中，可以用 status=close（…）调用格式，验证图形窗口是否关闭。例如，输入程序命令如下：

```
status = close(f1)
```

如果关闭成功返回 1，否则返回 0。

5. closereq 函数

在 MATLAB 中 closereq 函数是默认的窗口关闭请求函数，无输入和输出参数，相当于语句 delete（gcf）。

4.3 图形对象的基本属性

在 MATLAB 中给图形对象的每个属性都规定了名字，称为属性名，而属性的取值称为属性值，图形对象的属性控制图形的外观和显示特点。

1. 图形对象的共有属性

所有图形对象的共有属性如表 4-2 所示，其中用 {} 括起来的值为默认值。

表 4-2 图形对象的共有属性

属 性	属性描述	有效属性值
BeingDeleted	当对象的 DeleteFcn 函数调用后，该属性的值为 on；只读	on、{off}
BusyAction	指定回调函数点中断的方式	cancel、{queue}
ButtonDownFcn	当单击按钮时，执行的回调函数	字符串或函数句柄
Children	该对象所有子对象的句柄	图形对象的句柄向量
Clipping	指定坐标轴子对象是否能超出坐标轴范围（只对坐标轴子对象有效）；值为 on 时可超出坐标轴范围	{on}、off（text 对象例外，默认值为 off）
CreateFcn	当对应类型的对象创建时执行	字符串或函数句柄
DeleteFcn	当删除对象时执行该函数	字符串或函数句柄
HandleVisibility	用于控制句柄是否可以通过命令行或者回调函数访问	{on}、off、callback

续表

属　性	属性描述	有效属性值
HitTest	指定对象是否可通过单击成为当前对象	{on}、off
Interruptible	指定当前的回调函数是否可以被随后的回调函数中断	{on}、off
Parent	该对象所有父对象	图形对象的句柄
Selected	指定对象是否被选择上	{on}、off
SelectionHighlight	指定是否显示对象的选中状态	{on}、off
Tag	用户指定的对象标识符	字符串
Type	指明对象类型，只读	类型字符串
UserData	用户存储的数据	任一矩阵
Visible	设置该对象是否可见	{on}、off

1）Parent、Children 属性

Children 属性的取值是该对象所有子对象的句柄组成的一个向量。例如：

```
get(gca,'children')     % 获取当前坐标轴对象的子对象句柄
```

说明 Children 属性只列出句柄可见的子对象。要获取所有子对象的句柄，可以先设置根对象的 ShowHiddenHandles 属性值为 on。

Parent 属性的取值是该对象的父对象的句柄。例如：

```
get(gcf,'parent')        % 得到图形窗口的父对象的句柄
```

▶【例 4-9】利用 Children 属性，完成以下要求：绘制两条不同颜色的曲线，并改变当前轴上一条曲线的颜色。

输入程序命令如下：

```
x=0:0.1:2*pi;
y1=sin(x);
y2=sin(x+1);
plot(x,y1,'r',x,y2,'g');
H=get(gca,'Children');                         % 获取两条曲线句柄向量 H
for k=1:size(H)
    if get(H(k),'Color')==[0 1 0]              % 得到绿色曲线的句柄
       H1=H(k);                                % 将绿色曲线的句柄赋值给 H1
    end
end
pause;
set(H1,'Color','b');                           % 将 H1 句柄的曲线颜色设置为蓝色
```

程序运行结果如图 4-8 所示。

2）Tag 属性

Tag 属性的取值是一个字符串，它相当于给对象定义了一个标识符，该标识符可在对象的属性项中设置，也可直接用 set 函数设置。

Tag 值必须以字母开头，可包括字母、数字和下画线，并且 Tag 值尽量与对象的类型或功能相关，例如，开始按钮可设置 Tag 值为 start。同一个窗口中不同对象的 Tag 值不可相同。定义了 Tag 属性后，在程序中可以通过 findobj 函数获取该标识符所对应图形的句柄。例如：

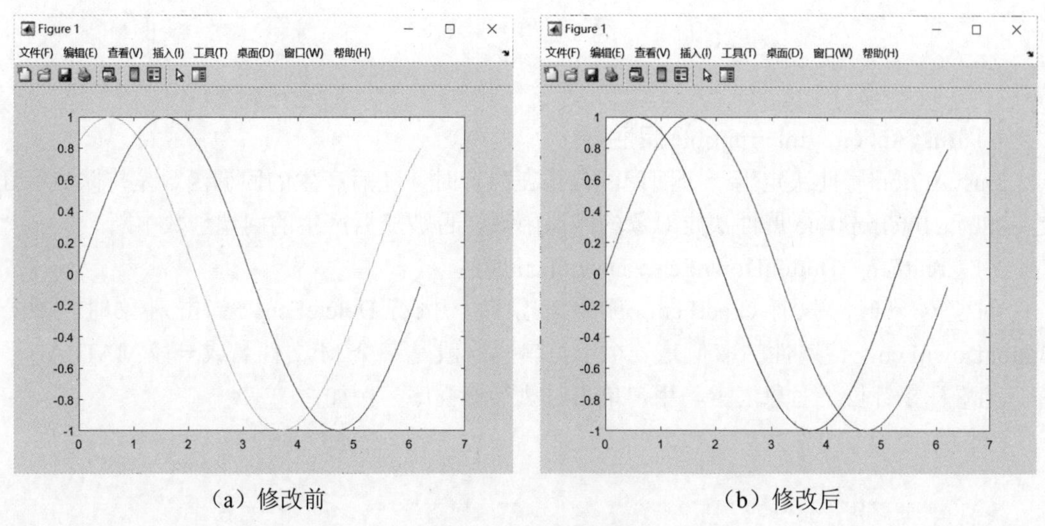

（a）修改前　　（b）修改后

图 4-8　Children 属性

```
h=plot(sin(0:0.1:5*pi))
set(h,'tag','sin')
hf=findobj(0,'tag','sin')
```

3）Type 属性

Type 属性表明该对象的类型。对象一旦被创建，类型就确定了，所以 Type 值只读，也就是说该属性的取值不可改变。如根对象的 Type 值为 root，窗口对象的 Type 值为 figure，坐标轴的 Type 值为 axes 等。例如：

```
h=plot(sin(0:0.1:5*pi));
get(h,'type')
ans =
    'line'
```

4）Visible 属性

Visible 属性用于指定对象的可见性。该属性的默认取值是 on，当它的值为 off 时，可以用来隐藏图形窗口的动态变化过程，如窗口大小的变化、颜色的变化等。例如：

```
h=plot(sin(0:0.1:5*pi));
box off                          % 去除上右边框刻度
set(gca,'Visible','off');        % 移除坐标轴边框
set(gcf,'color','w');            % 设置背景为白色
```

程序运行结果如图 4-9 所示。

5）UserData 属性

UserData 属性的取值是一个矩阵，默认值为空矩阵。在程序设计中，可以将与图形对象有关的比较重要的用户数据存储在这个属性中，便于数据在多个对象之间的传递。例如：

```
set(0,'userdata',[1 0 0;0 1 0;0 0 1]);
get(0,'userdata')
```

程序运行结果如下：

```
ans =
```

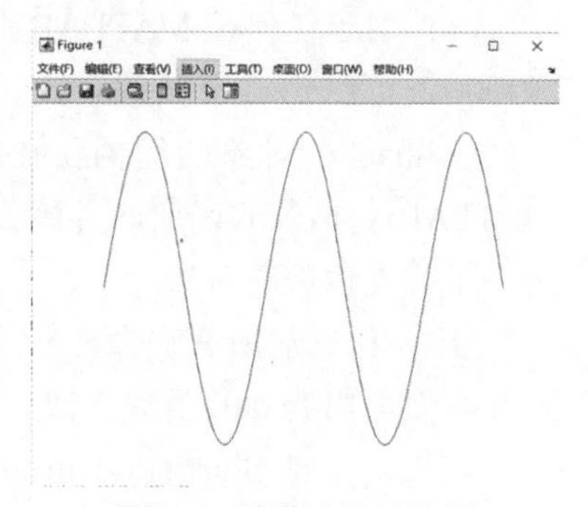

图 4-9　隐藏坐标轴边框

```
    1    0    0
    0    1    0
    0    0    1
```

6）BusyAction、Interruptible 属性

BusyAction 属性决定当一个回调函数正在执行时，随后产生的回调函数是排队执行还是不执行；Interruptible 属性决定对象的回调函数能否被随后产生的回调函数中断。

7）CreatFcn、ButtonDownFcn、DeleteFcn 属性

创建对象时，执行 CreatFcn；删除对象时，执行 DeleteFcn。单击对象时，执行 ButtonDownFcn，该属性的取值是一个字符串，一般是某个 M 文件名或一段 MATLAB 程序，当鼠标指针位于对象之上，用户单击时执行该程序。例如：

```
x=-2:.5:2;
y=x;
[X Y]=meshgrid(x,y);
Z=--4*X.^2-Y.^2;
mesh(X,Y,Z);
set(gcf,'buttondown','peaks');  % 当执行单击操作，执行程序 peaks
```

程序运行结果如图 4-10（a）所示，执行单击操作的结果如图 4-10（b）所示。

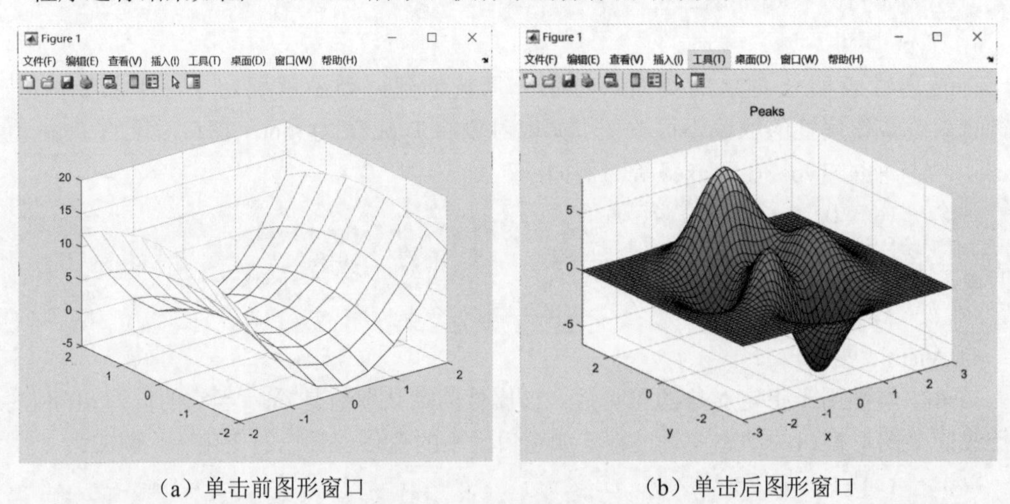

（a）单击前图形窗口　　（b）单击后图形窗口

图 4-10　ButtonDownFcn 属性

8）HandleVisibility 属性

HandleVisibility 属性指定对象句柄是否可见，其值如下。

on：对于任何在 MATLAB 命令行或 M 文件中执行的函数都是可见的，对所有其他对象可见，可用 findobj 函数查找。

Callback：对象的句柄仅在回调函数的工作区中可见。该设置使回调函数可以利用 MATLAB 句柄获取函数，并确保用户在执行非 MATLAB App Designer 回调函数时不会无意中干扰受保护的对象。

Off：句柄对所有在命令行窗口和回调函数中执行的函数都隐藏。一般对其他对象不可见，但可用 findall 函数查找。

若根对象的 ShowHiddenHandles 属性值为 off，且图形对象 h 的 HandleVisibility 属性值为 off，则不能通过在非 MATLAB App Designer 回调函数（例如定时器的回调函数、串

口的回调函数以及其他硬件设备的回调函数）内调用 findobj、newplot、cla、clf、gcf、gca、gco、gcbf、gcbo、axes（hAxes）、close 等命令获取对象 h。

9）Selected、SelectionHighlight

Selected 指定对象是否被选择上；SelectionHighlight 指定对象被选择上时是否突出显示。图形窗口被选择时自动置顶，不需要突出显示。

10）HitTest

HitTest 指定对象是否可通过单击成为当前对象。设置此值时会更新 gcf 或 gco 的值。

2. 图形对象的默认属性

MATLAB 会为每个新创建的图形对象指定默认的属性值，例如：

```
get(0,'factory')
ans =
                     factoryAnimatedlineAlignVertexCenters: off
                           factoryAnimatedlineBusyAction: 'queue'
                         factoryAnimatedlineButtonDownFcn: ''
                             factoryAnimatedlineClipping: on
                                factoryAnimatedlineColor: [0 0 0]
                            factoryAnimatedlineCreateFcn: ''
                            factoryAnimatedlineDeleteFcn: ''
                          factoryAnimatedlineDisplayName: ''
                      factoryAnimatedlineHandleVisibility: 'on'
......
          factoryUitoolbarBusyAction: 'queue'
                             factoryUitoolbarButtonDownFcn: ''
                                 factoryUitoolbarClipping: on
                                factoryUitoolbarCreateFcn: ''
                                factoryUitoolbarDeleteFcn: ''
                          factoryUitoolbarHandleVisibility: 'on'
                             factoryUitoolbarInterruptible: on
                                      factoryUitoolbarTag: ''
                                 factoryUitoolbarUserData: []
                                  factoryUitoolbarVisible: on
```

在 MATLAB 中，除了可以查询系统的默认属性值外，还可根据需要自定义各种图形对象的默认属性值。由于 MATLAB 对默认值的搜索是从当前对象开始，沿着对象的从属关系图向更高的层次搜索，直到发现系统的默认值或用户自己定义的值。所以在定义对象的默认值时，在对象从属关系图中，该对象越靠近根对象，其作用的范围越广。

若用户在对象从属关系图的不同层次上定义同一个属性的默认值，MATLAB 将会自动选择最小层的属性值作为最终的属性值。并且用户自定义的属性值只能影响到该属性设置后创建的对象，之前的对象都不会受到影响。

在 MATLAB 中要定义默认值，需要创建一个以 Default 开头的字符串，后面依次为对象类型和对象属性，即属性名 ='Default'+ 对象类型 + 对象属性。例如：

```
DefaultLineLineWidth：线的宽度
DefaultLineColor：线的颜色
DefaultFigureColor：图形窗口的颜色
DefaultAxesAspaceRatio：轴的视图比率
```

具体默认值的设置与获得也是通过 set 与 get 函数实现的。例如：将 uicontrol 对象的 FontSize 属性的默认值设置为 10：

```
set(0,'DefaultUicontrolFontSize',10)
```

获取图形窗口颜色的默认值：

```
get(0,'DefaultFigureColor')
```

说明 这些设置在 MATLAB 软件关闭后将自动清除。

▶【例 4-10】绘制曲线并设置线的默认宽度为 3 磅、线的默认颜色为蓝色。

输入程序命令如下：

```
alpha=0:0.01:2*pi;                % 定义 alpha 的范围和刻度
x=sin(alpha);
y=cos(alpha);
set(0,'DefaultLineLineWidth',3);
plot(x,y)
axis([-1.5 1.5 -1.5 1.5])         % 定义坐标轴范围
grid on                           % 添加网格线
```

程序运行结果如图 4-11 所示。

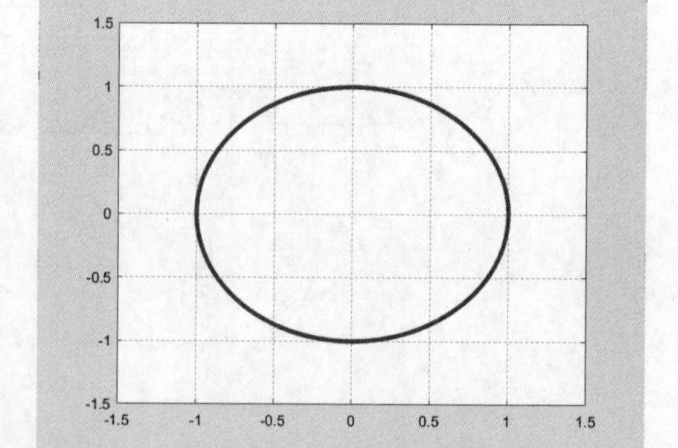

图 4-11　设置默认线宽

在 MATLAB 中提供了 3 个保留字用于删除（remove）、设置（factory）或恢复（default）对象的默认属性值。保留字 remove、factory、default 全部为小写字母，否则就不是保留字，而是普通的字符串。如果要得到字符串 remove、factory、default，需要在字符串之前加一个“\”。

1）remove

若要删除用户定义的默认属性值，可将属性值设为 remove，例如，删除当前窗口中 Line 对象的 Color 属性的默认值：

```
set(gcf,'DefaultLineColor','remove')
```

2）factory

若要将对象的默认属性设置为出厂属性值，可将其属性设为 factory。例如，将图形窗口颜色设置为出厂属性值：

```
figure('color','factory')
```

3）default

若要恢复对象的默认属性值，可将其属性设置为 default，例如：

```
set(gca,'FontName','default')
```

4.4 图形对象

在 MATLAB 中图形对象有着共同的属性和特有的属性，只有充分了解各属性的含义，才能在编程中灵活地使用它们。下面分别介绍主要图形对象的相关属性。

4.4.1 根对象

图形对象的根对象相当于计算机屏幕，是图形窗口对象的父类。根对象独一无二，只能创建唯一的一个根对象，句柄值为 0，父类为空。

根对象主要用于存储关于 MATLAB 状态、计算机系统和 MATLAB 默认值的信息，根对象不需要用户创建，当启动 MATLAB 进程时，根对象随之产生，并且不能手动销毁，当退出 MATLAB 时它就自动销毁了。查看根对象的属性可使用如下语句：

```
get(0)
```

根对象的常用属性如表 4-3 所示，表中按照首字母顺序排序，属性值栏中用 {} 括起来的值为默认值。

表 4-3　根对象的常用属性

属　性	属性描述	属性值
CallbackObject	当前正在执行的回调函数的对象的句柄	图形对象的句柄
Children	根对象的所有子对象的句柄	句柄向量
CurrentFigure	当前图形的句柄	图形对象的句柄
Diary	会话记录。值为 on 时，备份输入和输出记录	on、{off}
DiaryFile	包含 diary 文件名的字符串，默认文件名是 diary	字符串
Echo	脚本响应模式。值为 on 时，显示脚本文件	on、{off}
FixedWidthFontName	图形窗口下继承对象的字体名称	定宽字体名
Format	数字显示的格式	{short}：5 位的定点格式 shortE：5 位的浮点格式 long：15 位换算过的定点格式 longE：15 位的浮点格式 hex：十六进制格式 bank：美元和分的定点格式 +：显示 + 和 - 符号 rat：用整数比率逼近
MonitorPositions	显示器的宽和高；主显示器格式为 [1 1 宽 高]	1×4 矩阵
Parent	父对象	根对象的父类恒为空矩阵
PointerLocation	相对于屏幕左下角指针当前位置	位置向量，单位由 Units 属性指定
PointerWindow	鼠标指针所在窗口的句柄	窗口句柄；默认值为 0
ScreenDepth	屏幕的显示深度；每像素的位数	正整数；默认值为 32
ScreenSize	屏幕的显示尺寸；只读	位置向量 [left，bottom，width，height]
ShowHiddenHandles	显示或隐藏标记为隐藏的句柄	on、{off}
Tag	用户定义的对象标识符	字符串
Type	根对象的类型	root；只读
Units	计量单位	{pixels}：屏幕像素，计算机屏幕分辨率的最小单位 normalized：归一化坐标 inches：英寸 points：磅 characters：字符 centimeters：厘米
UserData	用户定义的数据	任一数据类型

根对象是随着 MATLAB 启动自动产生的，因此用户不能对根对象实例化，但是用户可以通过 get 函数和 set 函数查询和设置根对象的某些属性。例如，打开 MATLAB 命令窗口的回显模式，使得运行 MATLAB 脚本时，命令行窗口会显示每一条命令机器输出结果。程序命令如下：

```
set(0,'Echo','on')
```

再如，采用左下角和右上角的坐标表示屏幕的显示大小，并且将 Units 设置为 normalized。程序命令如下：

```
set(0,'Units','norm')      % 设置计量单位为归一化
get(0,'ScreenSize')        % 获取屏幕归一化大小
ans =
     0     0     1     1
```

4.4.2 图形窗口对象

图形窗口对象也称为 Figure 对象，是根对象的直接子对象，所有其他句柄图形对象都直接或间接继承图形窗口对象。图形窗口对象主要用于 MATLAB 显示图形的窗口，窗口内可包括：坐标轴、坐标轴子对象、菜单、右键菜单、ActionX 控件等。

MATLAB 中可以通过 figure 函数实例化创建任意多个图形窗口对象。figure 函数的常用调用格式如下：

```
figure
```

不带参数的 figure 函数，可以创建一个新的图形窗口对象，并将它设置为当前窗口，MATLAB 一般返回一个整数（1、2、3……）值作为该图形窗口的句柄。

```
figure('PropertyName',PropertyValue,…)
```

采用指定的属性值，创建一个图形窗口对象，任何未指定的属性均取默认值。

```
figure(h)
```

创建句柄为 h 的图形窗口对象。若 h 是一个图形窗口对象的句柄时，MATLAB 设置该图形窗口为当前图形窗口；若 h 不是一个图形窗口对象的句柄，但它是一个正整数时，MATLAB 创建一个句柄为 h 的图形窗口，并设为当前窗口；若 h 不是一个图形窗口对象的句柄，也不是一个正整数时，MATLAB 返回一个错误。

```
h=figure(…)
```

创建图形窗口的同时返回该图形窗口的句柄。

要关闭图形窗口，使用 close 函数，其调用格式如下：

```
close(窗口对象句柄)
```

另外，close all 命令可以关闭所有的图形窗口。clf 命令则是清除当前窗口的内容，但不关闭窗口。图形窗口对象的主要属性如表 4-4 所示，表排序按属性名的首字母顺序排序，属性值栏中用 {} 括起来的值为默认值。

表 4-4 图形窗口对象的主要属性

属 性 名	属性描述	属 性 值
Alphamap	阿尔法色图；用于设定透明度	$m\times1$ 维向量，每个分量在 [0 1] 内
BeingDeleted	调用 DeleteFcn 时，该属性的值为 on；只读	on、{off}
BusyAction	指定如何处理中断调用函数	cancel、{queue}

续表

属 性 名	属性描述	属 性 值
ButtonDownFcn	当单击按钮时，执行的回调函数	字符串或函数句柄
Children	可见的子对象的句柄	句柄向量
CloseRequestFcn	关闭 Figure 时执行的回调函数	函数句柄字符串，默认为 'closereq'
Color	图形窗口背景色	颜色默认为 [0.8 0.8 0.8]
Colormap	色图	m×3 的 RGB 颜色矩阵
CreateFcn	当创建一个 figure 对象时，执行的回调函数	字符串或函数句柄
CurrentAxes	图形当前坐标轴句柄	坐标轴句柄
CurrentCharacter	当鼠标指针在图形窗口中，键盘上最新按下的字符键	单个字符
CurrentObject	当前对象的句柄	图形对象的句柄
CurrentPoint	鼠标指针最后按下或释放时所在的位置	位置向量 [left，bottom] 或图形窗口的点的 [*X*，*Y*]，单位取决于 Units 属性
DeleteFcn	当销毁一个 figure 对象时，执行的回调函数	字符串或函数句柄
DockControls	图形嵌入控制	{on}、off
FileName	GUI 使用的 .fig 文件名	字符串
HandleVisibility	指定当前 figure 对象的句柄是否可见	{on}、callback、off
IntegerHandle	图形对象句柄是否采用整数	{on}、off
Interruptible	回调函数是否可中断	{on}、off
InvertHardcopy	改变图形元素颜色为白底黑图以打印	{on}、off
KeyPressFcn	在窗口上按下一个键时执行的回调函数	函数句柄、由函数句柄和附加参数组成的单位数组、可执行字符串
KeyReleaseFcn	在窗口内释放一个按键时执行的回调函数	函数句柄、由函数句柄和附加参数组成的单位数组、可执行字符串
MenuBar	将 MATLAB 菜单在图形窗口的顶部或某些系统中的屏幕顶部显示；使用菜单栏时值为 figure	{figure}、none
Name	图形窗口的标题	字符串
NextPlot	决定新图作图方式	new、{add}、replace
NumberTitle	图形标题中是否显示图形编号	{on}、off
OuterPosition	窗口整个外轮廓的大小和位置	四维行向量，格式为 [左 底 宽 高]；单位取决于 Units 属性
PaperOrientation	打印时的纸张方向	{portrait}：肖像方向；landscape：景象方向
PaperPosition	打印页面上图形位置的向量	[left，bottom]、[width，height]
PaperSize	用于打印的纸张尺寸	[width，height]，单位由 PaperUnits 属性指定，默认的纸张大小为 [8.5 11]
PaperType	打印图形纸张的类型	{usletter}、uslegall、a3、a4letter、a5、b4、tabloid
PaperUnits	纸张属性的度量单位	{inches}、centimeters、normalized、points

续表

属 性 名	属性描述	属 性 值
Parent	图形父对象的句柄，figure 对象的父对象为根对象	恒为 0；只读
Pointer	选择鼠标指针形状	crosshair、{arrow}、topl、topr、botl、watch、botr、circle、cross、fleur、left、right、top、bottom、fullcrosshair、ibeam、custom
PointerShapeCData	自定义指针；pointer 属性值为 custom 时有效	16×16 的矩阵
PointerShapeHotSpot	指针激活区域	二维向量，格式为 [行数 列数]；默认值格式为 [1，1]
Position	图形窗口的位置与大小	四维位置向量，格式为 [左 底 宽 高]
Renderer	图形窗口着色器	{painters}、zbuffer、OpenGL、None
RendererMode	着色模式是自动还是手选	{auto}、manual
Resize	是否允许交互图形重新定尺寸	on、{off}
SelectionType	最近一次鼠标操作的方式	{normal}、extend、alt、open
Tag	对象标识符	字符串
ToolBar	指定工具栏是否显示	none、{auto}、figure
Type	图形窗口对象的类型	figure
Units	计量单位	inches、centimeters、normalized、points、{pixels}、characters
UserData	用户定义的数据	任意矩阵
Visible	设定图形对象是否可见	{on}、off
WindowButtonDownFcn	在图形窗口中按下鼠标时执行的回调函数	字符串或函数句柄
WindowButtonMotionFcn	当鼠标在图形窗口中移动时执行的回调函数	字符串或函数句柄
WindowButtonUpFcn	当在图形窗口中释放鼠标时执行的回调函数	字符串或函数句柄
WindowKeyPressFcn	当在窗口及其子对象上按下任意键时，执行的回调函数	函数句柄、由函数句柄和附加参数组成的单位数组、可执行字符串
WindowKeyReleaseFcn	当在窗口及其子对象上释放任意按键时，执行的回调函数	函数句柄、由函数句柄和附加参数组成的单位数组、可执行字符串
WindowScrollWheelFcn	当窗口为当前对象并滚动鼠标滚轮时，执行的回调函数	函数句柄、由函数句柄和附加参数组成的单位数组、可执行字符串
WindowStyle	窗口为标准窗口、模式窗口或嵌入式窗口	{normal}、modal、docked

1）Name 属性

Name 属性的取值可以是任意字符串，它的默认值为空。例如：

```
clc;clear;close all;
figure;
pause
set(gcf,'name','My name');      %设置 Name 属性值
```

运行结果如图 4-12 所示。

2）MenuBar、Toolbar 属性

MenuBar 属性的取值可以是 figure（默认值）或 none，用来控制图形窗口是否显示菜单栏；MenuBar 值为 figure 时，显示默认的 MATLAB 菜单栏；MenuBar 值为 none 时，隐藏默认的菜单栏。由 uimenu 命令产生的用户自定义菜单不受该属性影响。例如：

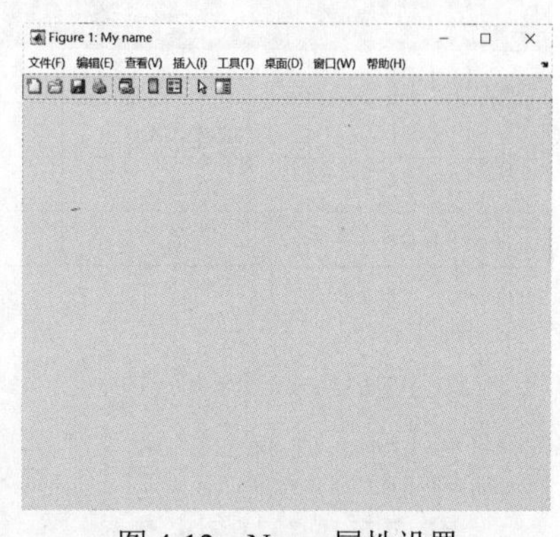

图 4-12　Name 属性设置

```
clc;clear;close all;
figure;
pause
set(gcf,'menubar','none');
pause
set(gcf,'menubar','figure');
```

运行结果如图 4-13 和图 4-14 所示。

图 4-13　MenuBar 属性值为 figure 时

图 4-14　MenuBar 属性值为 none 时

Toolbar 属性控制窗口默认的工具栏的显示。Toolbar 属性取值为 none 时，不显示窗口工具栏；取值为 auto 时，显示窗口工具栏，但如果一个 UI 控件添加到窗口中，将隐藏该工具栏；取值为 figure 时，显示窗口工具栏。

说明　当 MenuBar 值为 none、Toolbar 值为 figure 时，隐藏默认的菜单栏，显示默认的工具栏；当 MenuBar 值为 none、Toolbar 值为 auto 或 none 时，同时隐藏默认的菜单栏和默认的工具栏。例如：

```
clc;clear;close all;
figure;
pause
set(gcf,'menubar','none','toolbar','figure');
```

运行结果如图 4-15 所示。

图 4-15　隐藏默认的菜单栏并显示默认的工具栏

3）Color 属性

Color 属性设定图形窗口的背景颜色，其值可以为一个表示 RGB 值的三维矩阵，也可以为一个 MATLAB 预定义的颜色字符串或简写字符，预定义颜色如表 4-5 所示。

表 4-5　预定义颜色

RGB 值	颜色字符串	简写字符	RGB 值	颜色字符串	简写字符
[1 1 0]	yellow	y	[0 1 0]	green	g
[1 0 1]	megenta	m	[0 0 1]	blue	b
[0 1 1]	cyan	c	[1 1 1]	white	w
[1 0 0]	red	r	[0 0 0]	black	k

例如：

```
clc;clear;close all;
figure;
pause
set(gcf,'color','w ');
pause
set(gcf,'color',[0 0 0]);
```

运行结果如图 4-16 和图 4-17 所示。

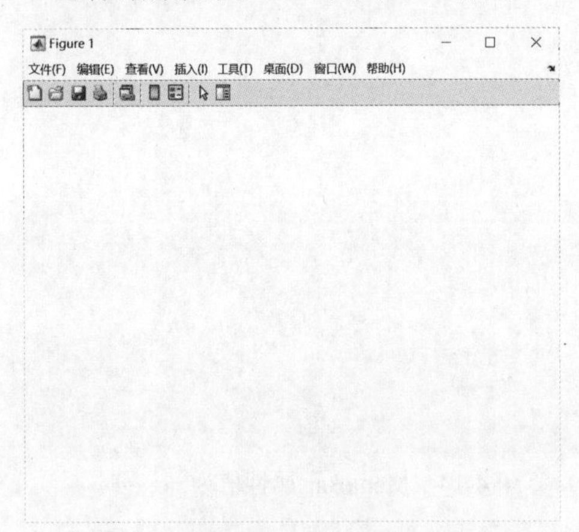

图 4-16　白色背景

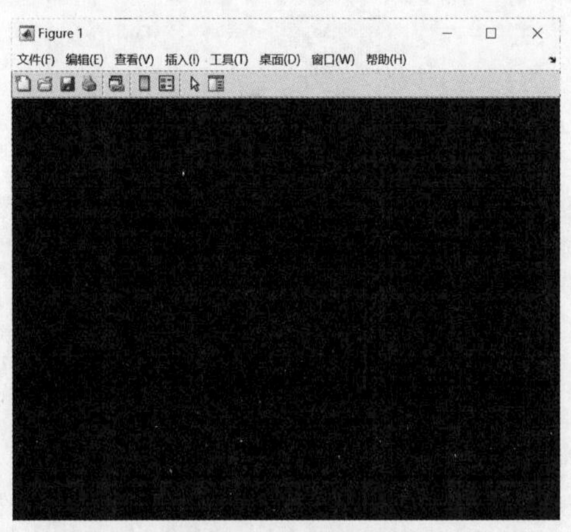

图 4-17　黑色背景

Color 属性如果与颜色选择对话框结合起来，可自定义对象的 Color 属性。例如：

```
figure(1);
uisetcolor(1,'选择窗口背景颜色')
```

运行后选择窗口背景颜色对话框如图 4-18 所示，选择蓝色后结果如图 4-19 所示。

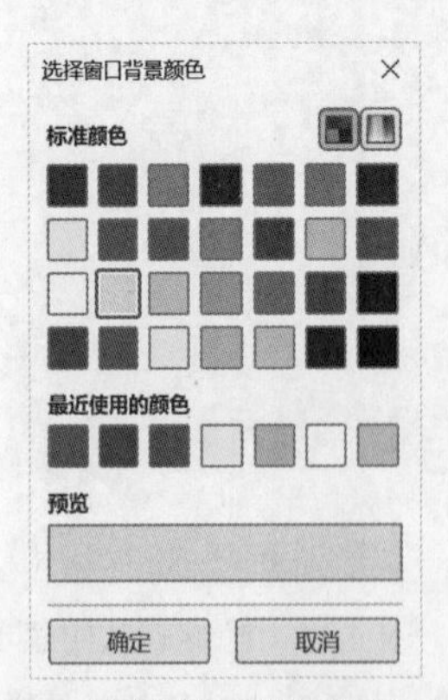

图 4-18　选择窗口背景颜色对话框

图 4-19　选择蓝色后显示效果

4）CurrentCharacter 属性

CurrentCharacter 属性获取用户最后输入的字符。如果要查看获取的控制字符，可使用 double 函数将当前字符转换为 ASCII 值。

▶【例 4-11】创建一个窗口，鼠标选中新建的窗口，按下大写字母 A 键，获取用户最后输入字符的 ASCII 值。

输入程序命令如下：

```
clc;clear;close all;
figure;
pause
a=get(gcf,'currentcharacter');      % 获取当前的字符
double(a)                            % 获取当前字符的 ASCII 值
```

程序运行结果如下：

```
ans =
    65          % 大写字母 'A' 的 ASCII 值为 65
```

5）Position、OuterPosition、Units 属性

Position 和 OuterPosition 属性均为四维向量，格式均为 [左 底 宽 高]，左和底为窗口左下角的横纵坐标值（屏幕以左下角为原点），宽和高定义了窗口的高度和宽度，这两个属性的单位均由 Units 决定。

Position 和 OuterPosition 属性的主要区别是，Position 属性指定的窗口的尺寸和窗口在屏幕上的显示位置，不包括标题栏、菜单栏、工具栏及外边缘；OuterPosition 属性指定窗口的外轮廓大小和位置，它包括标题栏、菜单栏、工具栏及外边缘等。

用户可通过 set 函数和 get 函数，修改和获取窗口的大小和位置。

▶【例 4-12】利用 set 函数改变窗口大小和位置，并用 get 函数获取该窗口的 Position 属性值。

输入程序命令如下：

```
clc;clear;close all;
figure;
pause
set(gcf,'position',[100 100 600 300])     % 改变窗口的大小和位置
pause
get(gcf,'position')                         % 获取窗口的大小和位置
```

程序运行结果为：

```
ans =
   100   100   600   300
```

说明 窗口的宽度不得小于 104 像素。若设置 Position 和 OuterPosition 时，将窗口宽度设置为小于 104 像素，MATLAB 会自动设置窗口宽度为 104 像素。

图形窗口在屏幕上的位置虽可以由图形窗口的 Position 和 OuterPosition 属性设置，但是对于大小不同的显示器，图形窗口在屏幕上显示的位置不易计算。如果要将图形窗口显示在屏幕上的规则区域，例如屏幕正中间、左对齐、右对齐等，可直接使用 movegui 函数。该函数的调用格式如下：

```
movegui(h,'position') 或者 movegui('position')
```

相当于调用格式：

```
movegui(gcf,'position') 或者 movegui(gcbf,'position')
```

字符串 position 的常见有效值包括：north、south、east、west、northeast、northwest、southeast、southwest、center。

6）Resize、ResizeFcn 属性

Resize 属性决定图形窗口建立后可否用鼠标改变该窗口的大小。ResizeFcn 属性为改变窗口大小时执行的回调函数，在执行 ResizeFcn 回调函数期间，ResizeFcn 对应窗口的句柄只能通过语句 get（0，'CallbackObject'）或函数 gcbo 来获取。例如：

```
clc;clear;close all;
figure;
pause
set(gcf,'resize','off')
pause
set(gcf,'resize','on')
```

运行结果如图 4-20 和图 4-21 所示。

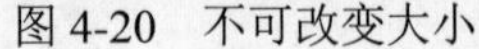
图 4-20　不可改变大小

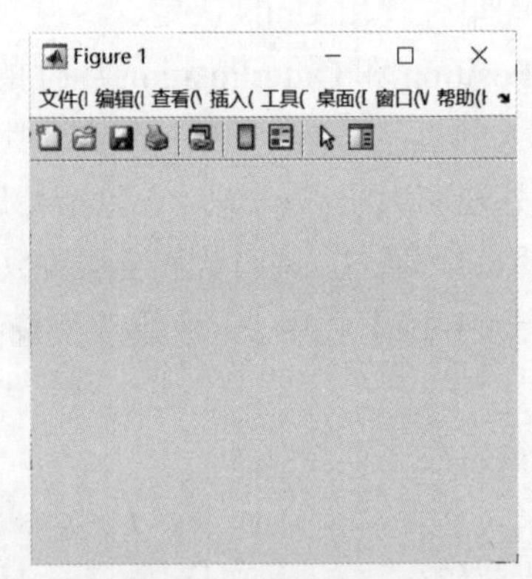

图 4-21　可改变大小

7）KeyPressFcn、KeyReleaseFcn、WindowKeyPressFcn、WindowKeyReleaseFcn 属性

这 4 个属性是在窗口对象上按下或释放任意键时执行的回调函数。其值均可为函数句柄、由函数句柄和附加参数组成的单位数组或可执行字符串。这 4 个回调函数的执行顺序为：

当在窗口上按下任意键时，先执行窗口的 WindowKeyPressFcn 回调函数，然后执行窗口的 KeyPressFcn 回调函数；当在窗口上释放任意键时，先执行窗口的 KeyReleaseFcn 回调函数，然后执行窗口的 WindowKeyReleaseFcn 回调函数；当在窗口的子对象上按下任意键时，先执行窗口的 WindowKeyPressFcn 回调函数，然后执行该子对象的 KeyPressFcn 回调函数；当在窗口的子对象上释放任意键时，执行窗口的 WindowKeyReleaseFcn 回调函数。

▶【例 4-13】创建一个图形窗口，标题名为“My Figure”，背景颜色为蓝色，起始于屏

幕左下角 [100，100]、宽度和高度分别为 500 像素和 400 像素，当用户按下任意键时，将在图形窗口绘制曲线。

输入程序命令如下：

```
clc;clear;close all;
x=0:0.1:5*pi;
y=sin(x);
h=figure('name','My Figure','Color','b',...
        'Position',[100,100,500,400],...
        'keypressfcn','plot(x,y)');
```

程序运行结果如图 4-22 所示。

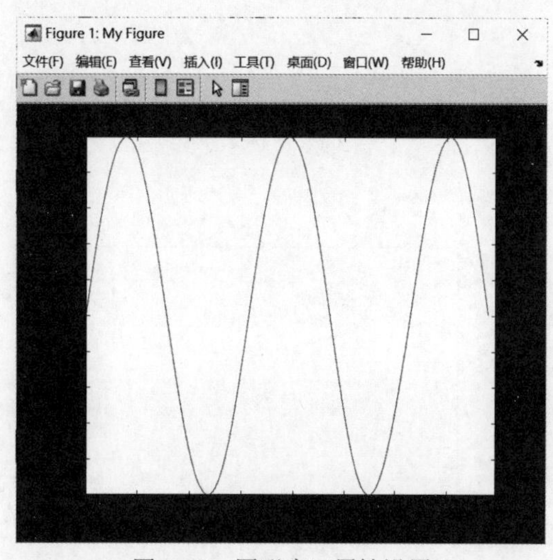

图 4-22　图形窗口属性设置

8）WindowButtonDownFcn 属性

当在窗口内按下鼠标任意键时，执行 WindowButtonDownFcn 所定义的回调函数。

9）WindowButtonMotionFcn 属性

当鼠标在窗口内移动时，执行 WindowButtonMotionFcn 所定义的回调函数。

10）WindowButtonUpFcn 属性

当在窗口内释放鼠标任意键时，执行 WindowButtonUpFcn 所定义的回调函数。

11）WindowScrollWheelFcn 属性

当鼠标滚轮在窗口对象上滚动时，执行 WindowScrollWheelFcn 所定义的回调函数。

▶【例 4-14】建立一个图形窗口，标题为"鼠标响应"。鼠标键按下时绘制 y_1=sin(x) 曲线；鼠标键释放时绘制 y_2=sin(x−1) 曲线；鼠标移动时绘制 y_3=sin(x−2) 曲线。

输入程序命令如下：

```
clc;clear;close all;
x=0:0.1:5*pi;
y1=sin(x);
y2=sin(x-1);
y3=sin(x-2);
h=figure('name','鼠标响应','Position',[100,100,500,400],'menubar','none',...
'windowbuttondownfcn','plot(x,y1)',…
'windowbuttonupfcn','hold on;plot(x,y2)', …
'windowbuttonmotionfcn','plot(x,y3)');
```

程序运行结果如图 4-23 所示。

12）SelectionType 属性

SelectionType 属性为窗口最后一次鼠标操作的类型（单击或双击左键或右键）。Windows 系统中，SelectionType 值对应的鼠标操作类型如表 4-6 所示。

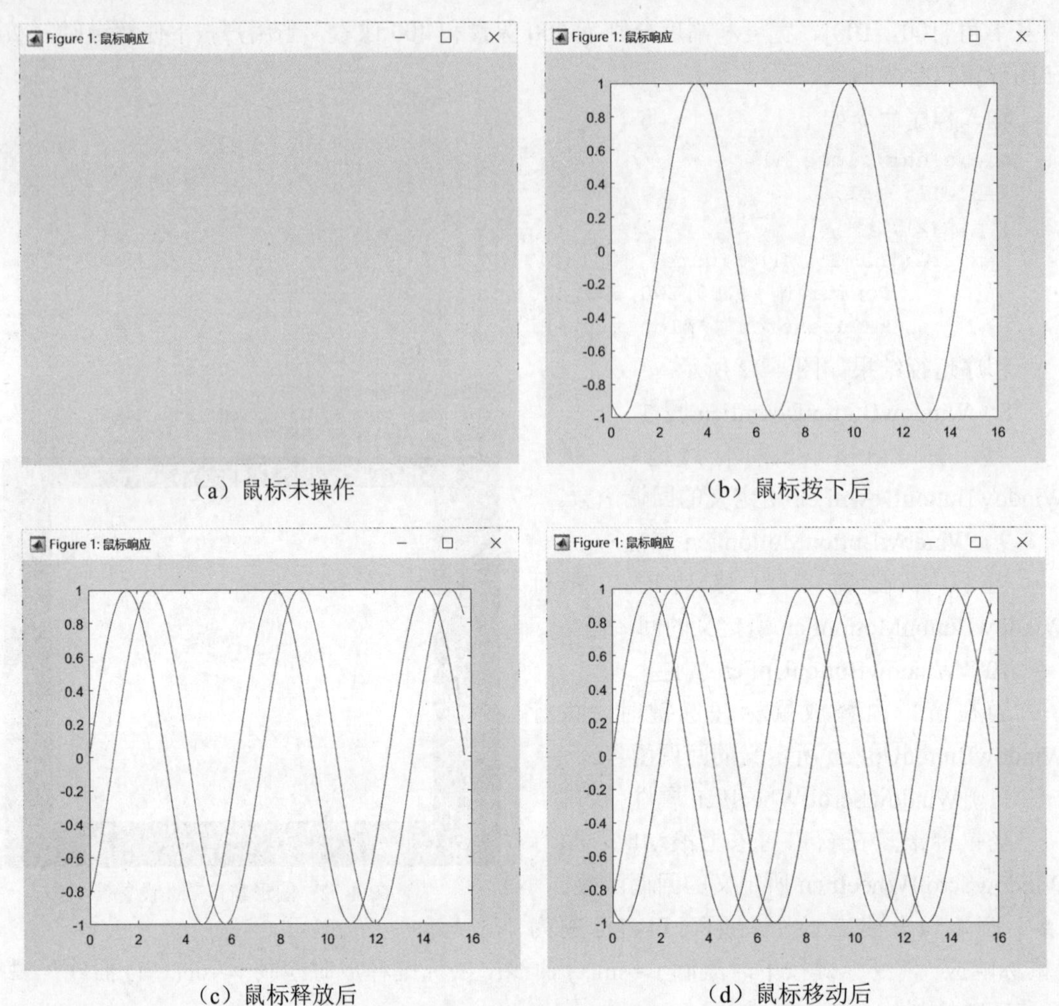

（a）鼠标未操作　（b）鼠标按下后

（c）鼠标释放后　（d）鼠标移动后

图 4-23　鼠标响应示例

表 4-6　鼠标操作类型

SelectionType 值	鼠 标 操 作	SelectionType 值	鼠 标 操 作
normal	单击左键	alt	单击右键、Ctrl+ 左键
extend	单击中键、Shift+ 左键	open	双击左键、双击右键

该属性与 WindowButtonDownFcn、WindowButtonMotionFcn 和 WindowButtonUpFcn 属性联合使用，可完成复杂的 MATLAB App Designer 设计，后面章节将举例详细介绍。

4.4.3　坐标轴对象

坐标轴对象是许多图形对象的父对象，每个可视化显示用户数据的图形窗口都包含一个或多个坐标轴对象，坐标轴对象确定了图形窗口的坐标系统，所有绘图函数都会使用当前坐标轴对象或创建一个新的坐标轴对象，用于确定数据点在图形中的位置。

在 MATLAB 中，建立坐标轴对象使用 axes 函数，该函数调用格式如下：

```
axes
```

在当前图形窗口内采用默认属性创建一个坐标轴图形对象。

```
h=axes('PropertyName',propertyValue,…)
```

采用指定的属性在当前图形窗口创建坐标轴。其余未指定属性均取默认值。

```
axes(h)
```

当句柄为 h 的坐标轴图形对象存在时，MATLAB 设置该坐标轴为当前对象，并使其置顶可见；当句柄为 h 的坐标轴图形对象不存在时，MATLAB 创建一个句柄为 h 的坐标轴，并设为当前对象。

```
h=axes(…)  % 返回坐标轴图形对象句柄
```

坐标轴对象的主要属性如表 4-7 所示，表按属性名的首字母顺序排序，属性值栏中用 {} 括起来的值为默认值。

表 4-7　坐标轴对象的主要属性

属性名称	属性描述	属性值
ALim	定义 Alpha 轴的范围	二维向量，格式为 [amin，amax]
ALimMode	定义 Alpha 轴范围的模式	{auto}、manual
AmbientLightColor	定义影像的背景光源颜色	颜色字符串或 RGB 值
BeingDeleted	调用 DeleteFcn 时，该属性值为 on；只读	on、{off}
Box	是否显示坐标轴边框	on、{off}
BusyAction	指定处理中断调用函数方法	cancel、{queue}
ButtonDownFcn	在窗口中按下鼠标，执行的回调函数	函数句柄、由函数句柄和附加参数组成的单位数组、可执行字符串
CLim	指定颜色界限，确定将数据映射到颜色映像	二维向量 [cmin，cmax]
CLimMode	颜色限制模式	{auto}、manual
Children	可见的子对象的句柄	句柄向量
Clipping	对坐标轴无效；坐标轴不能超出图形窗口范围	{on}、off
Color	坐标轴背景颜色	none、颜色数据；默认 [1，1，1]
ColorOrder	指定多线绘图时线的颜色，默认的 Color Order 为黄、紫红、洋红、红、绿和蓝	m×3 阶的 RGB 值矩阵
CreateFcn	创建坐标轴对象时，执行的回调函数	字符串或函数句柄
CurrentPoint	坐标轴中最后一次单击的位置	2×3 阶矩阵，单位取决于 Units 属性
DataAspectRatio	x、y、z 方向上数据单位的相对比例	数据格式为 [dx，dy，dz]
DataAspectRatioMode	应用 MATLAB 或用户指定的数据比例	{auto}、manual
DeleteFcn	当销毁坐标轴对象时，执行的回调函数	字符串或句柄函数
DrawMode	对象生成次序	{normal}、fast
FontAngle	选择斜体或普通字体	{normal}、italic、oblique
FontName	坐标轴标签的字体名	系统支持的字体；FixedWidth
FontSize	坐标轴标签和标题的字体大小	整数，默认值为 12
FontUnits	坐标轴标签和标题的字体尺寸单位	{point}、normalized、pixels、inches、centimeters
FontWeight	选择粗体或正常字体	{normal}、bold、light、demi
GridLineStyle	指定栅格线型	-、--、{: }、-.、none

续表

属性名称	属性描述	属性值
HandleVisibility	指定当前坐标轴对象的句柄是否可见	{on}、callback、off
HitTest	能否通过单击选择该对象	{on}、off
Interruptible	回调函数是否可中断	{on}、off
Layer	轴线与刻度线在子对象上方或下方	{bottom}、top
LineStyleOrder	指定线型次序	线型（LineSpec），默认为实线（'-'）
LineWidth	线宽，单位为点（points）	默认值为 0.5；1 点 =1/72 英寸
MinorGridLineStyle	次网格线线型	-、--、{: }、-.、none
NextPlot	指定绘制新图时的方式	new、add、{replace}
OuterPosition	坐标轴外边界的位置与大小	四维向量，格式为 [左 底 宽 高]
Parent	父对象，坐标轴对象的父对象为图形对象	figure 句柄
PlotBoxAspectRatio	绘图边框的相对比例	绘图边框的相对坐标 [px py pz]
Position	绘图区域的位置与大小	四维向量，格式为 [左 底 宽 高]
Selected	指定对象是否被选择上	{on}、off
SelectionHighlight	当图形窗口选中时，是否突出显示	{on}、off
Tag	坐标轴对象标识符	字符串
TickDir	指定刻度标记的方向	{in}、out
TickDirMode	刻度标记方向的设定模式	{auto}、manual
TickLength	指定二维、三维视图中坐标轴刻度标记的长度	[2DLength 3DLength]
TightInset	包含文本标签的最小区域	四维向量，格式为 [左 底 宽 高]；只读
Title	坐标轴标题对象的句柄	标题文本对象的句柄
Type	坐标轴对象的类型	axes
Units	计量单位	pixels、inches、points、{normalized}、characters、centimeters
UserData	用户定义的数据	任意矩阵
Visible	轴线、刻度标记和标记的可视性	{on}、off
XAxisLocation	x 轴刻度标记和标签的位置	top、{bottom}
XColor	x 轴线的颜色	ColorSpec 颜色数据类型
XDir	x 轴坐标值增加的方向	{normal}、reverse
XGrid	切换 x 坐标轴上网格线的开关状态	{on}、off
XLabel	设定 x 坐标轴的标签	文本对象的句柄
XLim	设定 x 坐标轴的坐标范围	二维向量 [minimum maximum]
XLimMode	x 坐标轴的坐标范围设定模式	{auto}、manual
XMinorGrid	可以或禁用 x 轴的次要网格线	on、{off}
XMinorTick	可以或禁用 x 轴的次要刻度标记	on、{off}
XScale	设定 x 轴坐标刻度的单位	{linear}、log

续表

属性名称	属性描述	属性值
XTick	定义 x 轴刻度标记位置	数值向量
XTickLabel	定义 x 轴刻度的标签	字符串
XTickLabelMode	刻度标记的设定模式	{auto}、manual
XTickMode	x 坐标轴刻度标记位置的设定模式	{auto}、manual
YAxisLocation	y 轴刻度标记和标签的位置	right、{left}
YColor	y 轴线的颜色	ColorSpec 颜色数据类型
YDir	y 轴坐标值增加的方向	{normal}、reverse
YGrid	切换 y 坐标轴上网格线的开关状态	{on}、off
YLabel	设定 y 坐标轴的标签	文本对象的句柄
YLim	设定 y 坐标轴的坐标范围	二维向量 [minimum maximum]
YLimMode	y 坐标轴的坐标范围设定模式	{auto}、manual
YMinorGrid	可以或禁用 y 轴的次要网格线	on、{off}
YMinorTick	可以或禁用 y 轴的次要刻度标记	on、{off}
YScale	设定 y 轴坐标刻度的单位	{linear}、log
YTick	定义 y 轴刻度标记位置	数值向量
YTickLabel	定义 y 轴刻度的标签	字符串
YTickLabelMode	刻度标记的设定模式	{auto}、manual
YTickMode	y 坐标轴刻度标记位置的设定模式	{auto}、manual
ZColor	z 轴线的颜色	ColorSpec 颜色数据类型
ZDir	z 轴坐标值增加的方向	{normal}、reverse
ZGrid	切换 z 坐标轴上网格线的开关状态	{on}、off
ZLabel	设定 z 坐标轴的标签	文本对象的句柄
ZLim	设定 z 坐标轴的坐标范围	二维向量 [minimum maximum]
ZLimMode	z 坐标轴的坐标范围设定模式	{auto}、manual
ZMinorGrid	可以或禁用 z 轴的次要网格线	on、{off}
ZMinorTick	可以或禁用 z 轴的次要刻度标记	on、{off}
ZScale	设定 z 轴坐标刻度的单位	{linear}、log
ZTick	定义 z 轴刻度标记位置	数值向量
ZTickLabel	定义 z 轴刻度的标签	字符串
ZTickLabelMode	刻度标记的设定模式	{auto}、manual
ZTickMode	z 坐标轴刻度标记位置的设定模式	{auto}、manual

1）Box 属性

Box 属性的取值为 on 或 off（默认值），其决定坐标轴是否带边框。例如：

```
clc;clear;close all;
figure;
axes;
set(gca,'box','on');
pause
set(gca,'box','off');
```

运行结果如图 4-24、图 4-25 所示。

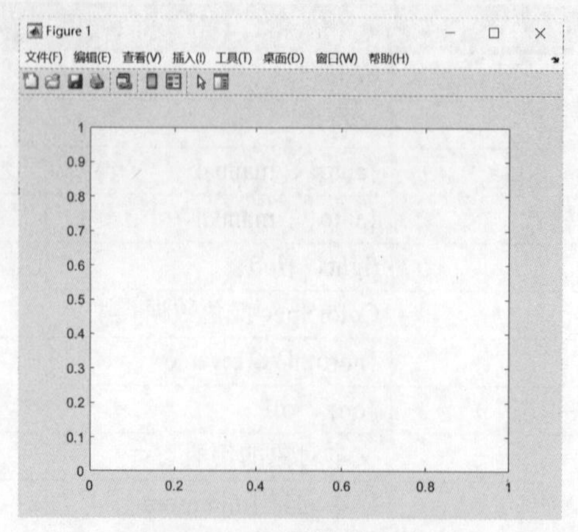

图 4-24　Box 属性取值为 on

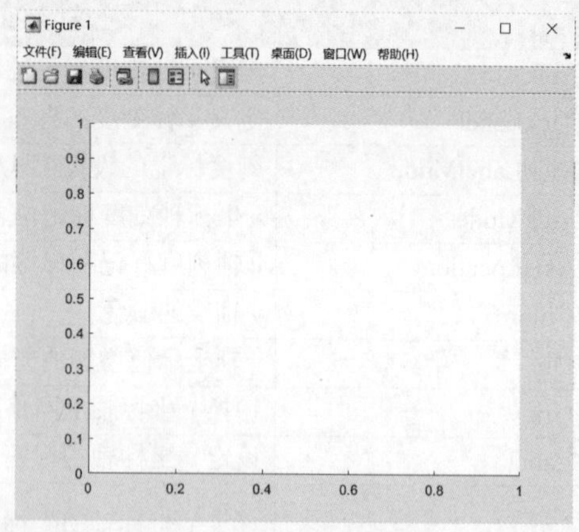

图 4-25　Box 属性取值为 off

2）ColorOrder、LineStyleOrder 属性

ColorOrder 属性可设置多条曲线的颜色。当绘制多条曲线时，如果没有指定曲线的颜色，为了区分这些曲线，MATLAB 会按 ColorOrder 存储的颜色矩阵依次描绘这些数据曲线。若要查看坐标轴默认的 ColorOrder 属性，可使用下列命令：

```
get(gca,'colororder')
ans =
         0    0.4470    0.7410
    0.8500    0.3250    0.0980
    0.9290    0.6940    0.1250
    0.4940    0.1840    0.5560
    0.4660    0.6740    0.1880
    0.3010    0.7450    0.9330
    0.6350    0.0780    0.1840
```

同样，用户也可以自定义曲线的颜色，即指定新的颜色序列。新颜色可指定为由 RGB 三元组矩阵或颜色名称或十六进制颜色代码组成的数组。

其中，指定一个 $m\times3$ 矩阵，其中每行都是一个 RGB 三元组。RGB 三元组是一个三元素向量，包含颜色的红、绿和蓝分量的强度。强度必须处于范围 [0，1] 中。例如：

```
newcolors = [1.0 0.5 0.0
             0.0 0.2 0.0
             1.0 0.5 0.3];
```

十六进制颜色代码以井号（#）开头，后跟 3 个或 6 个 0 到 F 范围内的十六进制数字。这些值不区分大小写。因此，颜色代码 '#FF8800' 与 '#ff8800'、'#F80' 与 '#f80' 是等效的。如表 4-8 所示，列出了短名称和颜色名称以及等效的十六进制颜色代码。

表 4-8　十六进制颜色代码

颜色名称	短名称	十六进制颜色代码	颜色名称	短名称	十六进制颜色代码
'red'	'r'	'#FF0000'	'magenta'	'm'	'#FF00FF'
'green'	'g'	'#00FF00'	'yellow'	'y'	'#FFFF00'
'blue'	'b'	'#0000FF'	'black'	'k'	'#000000'
'cyan'	'c'	'#00FFFF'	'white'	'w'	'#FFFFFF'

▶【例 4-15】绘制多条曲线，利用 ColorOrder 属性自定义颜色顺序。

输入程序命令如下：

```
clc;clear;close all
for r=1:4
   x = 0:0.1:5*pi;
   y = sin(x-r);
   hold on
   plot(x,y,'LineWidth',1.5)
end
newcolors = [0.83 0.14 0.14
   1.00 0.50 0.00
   0.47 0.25 0.80
   0.00 0.50 0.30];                     % 设置新颜色顺序
colororder(newcolors)                   % 曲线颜色按 newcolors 颜色顺序排序
```

程序运行结果如图 4-26 所示。

LineStyleOrder 属性可设置多条线条显示的标记和样式。当绘制多条曲线时，如果没有指定曲线的标记或样式，MATLAB 会依据 LineStyleOrder 的内容自动指定，默认的属性值为实线（'—'）。用户可自定义线条样式，例如：

```
set(gca,'LineStyleOrder',{'-',':','*'})    % 设置曲线的默认线型顺序列表
```

▶【例 4-16】绘制 7 个同心四分之一圆。设置 LineStyleOrder 依次为实线、点线、虚线，ColorOrder 依次为红、蓝。

输入程序命令如下：

```
clc;clear;close all
set(gca,'LineStyleOrder',{'-',':','--'});    % 设置线型
set(gca,'ColorOrder',[1 0 0; 0 0 1]);        % 设置线条颜色
hold on
for r=1:7
   x = linspace(0,r,500);
   y = sqrt(r.^2-x.^2);
   plot(x,y,'LineWidth',2)
end
hold off
```

程序运行结果如图 4-27 所示。

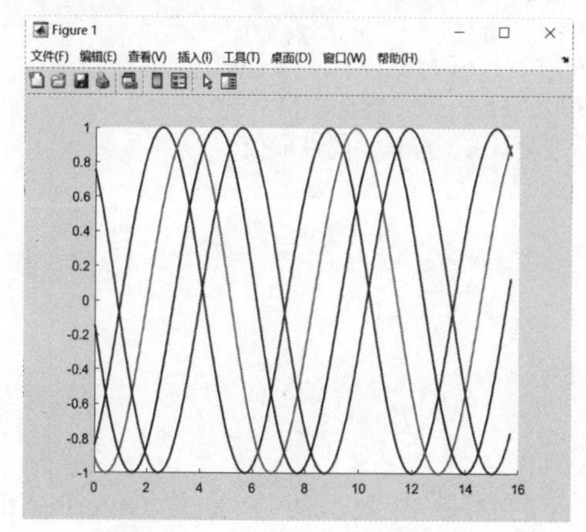

图 4-26　ColorOrder 属性示例

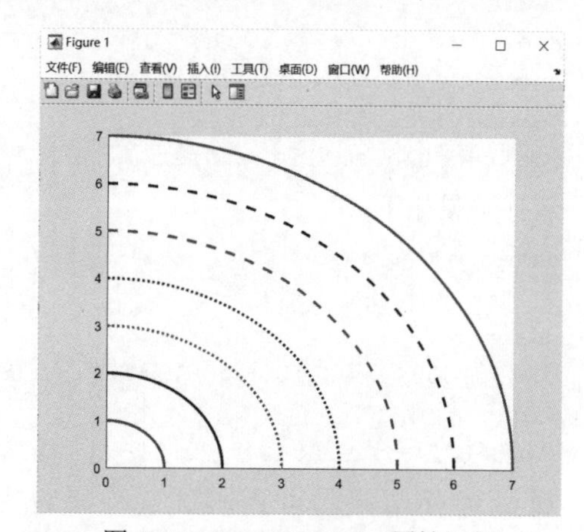

图 4-27　LineStyleOrder 属性示例

观察运行结果发现，最终得到的曲线颜色和线型为：红色实线、蓝色实线、红色点线、蓝色点线、红色虚线、蓝色虚线、红色实线。

3）GridLineStyle 属性

GridLineStyle 属性可设置网格线的类型。该属性的取值可以是 ':'（默认值）、'-'、'-.'、'--' 或 'none'。例如：

```
clc;clear;close all
figure
axes
grid on;
set(gca,'gridlinestyle','--');
pause
set(gca,'gridlinestyle','-');
```

运行结果如图 4-28、图 4-29 所示。

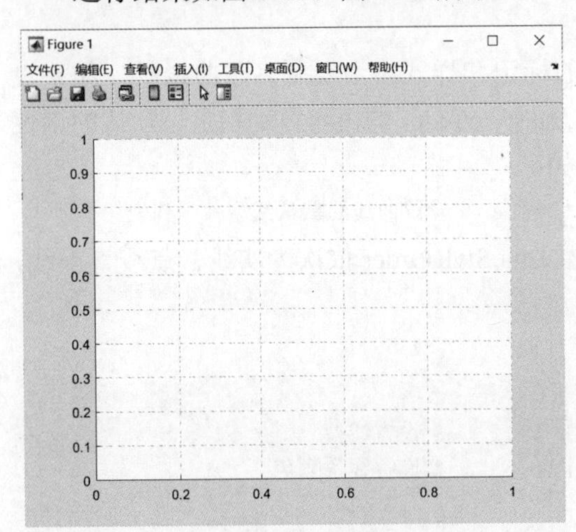

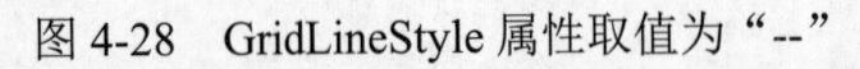
图 4-28　GridLineStyle 属性取值为“--”

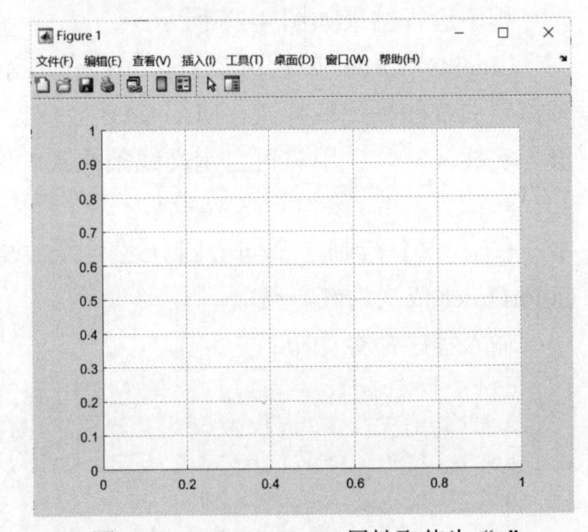

图 4-29　GridLineStyle 属性取值为“-”

4）OuterPosition、Position、TightInset、Units 属性

OuterPosition、Position 和 TightInset 属性均体现了坐标轴的位置和大小，格式均为 [左 底 宽 高]，数值单位由 Units 属性指定，其中 TightInset 属性的值由系统设置。例如：

```
clc;clear;close all
figure
axes
outer=get(gca,'OuterPosition')      %获取 OuterPosition 属性取值
pos=get(gca,'Position')             %获取 Position 属性取值
Tight=get(gca,'TightInset')         %获取 TightInset 属性取值
```

运行结果如下：

```
outer =
     0         0         1         1
pos =
    0.1300    0.1100    0.7750    0.8150
Tight =
    0.0429    0.0540    0.0167    0.0206
```

观察运行结果，可得以上 3 种属性包含的区域由大到小分别为 OuterPosition、

Position、TightInset。

5）XAxisLocation、YAxisLocation 属性

XAxisLocation 属性控制 *x* 轴刻度标记和标签。若值为 top，则 *x* 轴的刻度标记与标签会显示在坐标轴最上方；若值为 bottom（默认值），则显示在坐标轴下方。

YAxisLocation 属性控制 *y* 轴刻度标记和标签。若值为 left，则 *y* 轴的刻度标记与标签显示在坐标轴的最左端；若值为 right，则显示在坐标轴最右端。上述属性只应用于二维视图。

▶【例 4-17】创建坐标轴对象，将轴刻度标记与标签置于坐标轴的顶部及左方；以及置于底部及右方。

输入程序命令如下：

```
clc;clear;close all
figure
ax = gca;
ax.XAxisLocation = 'top';       % 将 x 轴刻度标记和标签显示在坐标轴最上方
ax.YAxisLocation = 'left'       % 将 y 轴刻度标记和标签显示在坐标轴最左方
pause
ax.XAxisLocation = 'bottom'     % 将 x 轴刻度标记和标签显示在坐标轴最下方
ax.YAxisLocation = 'right'      % 将 y 轴刻度标记和标签显示在坐标轴最右方
```

程序运行结果如图 4-30、图 4-31 所示。

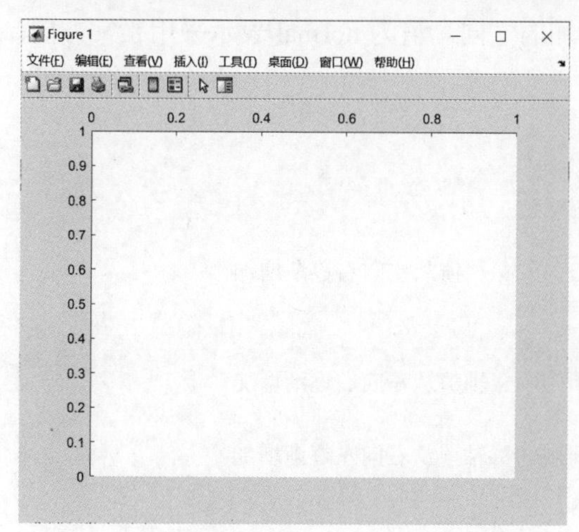

图 4-30 XAxisLocation、YAxisLocation 属性（a）

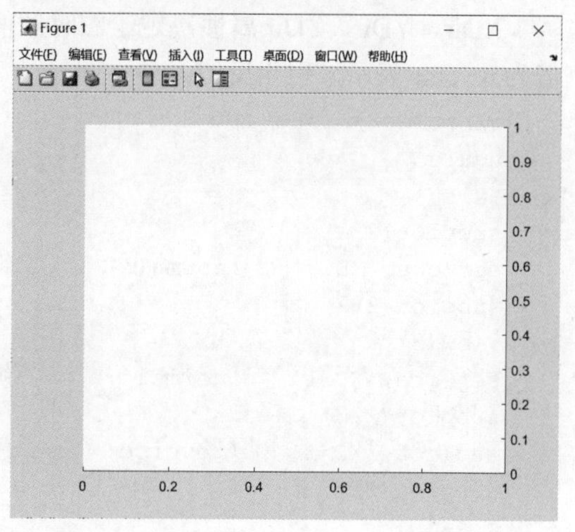

图 4-31 XAxisLocation、YAxisLocation 属性（b）

6）XColor、YColor、ZColor 属性

XColor、YColor、ZColor 属性用于设置坐标线颜色，值为 RGB 矩阵或 MATLAB 预定义的颜色字符串，默认值为 black。该属性决定坐标轴线、刻度标记、刻度标记标签的颜色。

▶【例 4-18】将坐标线颜色分别设为红色、蓝色。

输入程序命令如下：

```
clc;clear;close all
figure
ax = gca;
ax.XColor = [1 0 0]    % 利用 RGB 三元组将 x 的轴线、刻度值和标签设置为红色
```

```
ax.YColor = 'r'          % 利用颜色的简写符号将 y 的轴线、刻度值和标签设置为红色
pause
ax.XColor = 'blue'       % 利用颜色名称将 x 的轴线、刻度值和标签设置为蓝色
ax.YColor = '#0000FF'    % 利用十六进制颜色代码将 y 轴线、刻度值和标签设为蓝色
```

程序运行结果如图 4-32、图 4-33 所示。

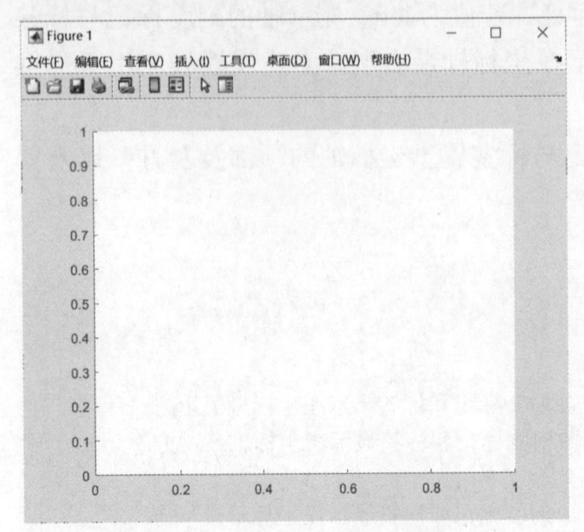

图 4-32　XColor、YColor、ZColor 属性示例（a）

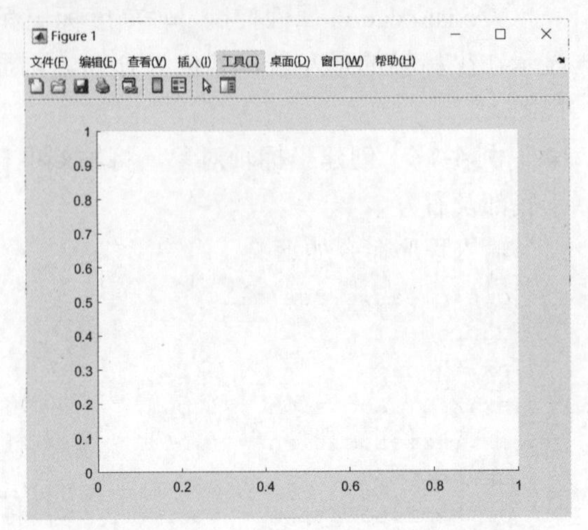

图 4-33　XColor、YColor、ZColor 属性示例（b）

7）XDir、YDir、ZDir 属性

XDir、YDir、ZDir 属性决定绘图时数值增加的方向。值为 normal 表示采用正常方向；值为 reverse 表示采用相反的方向。例如：

```
clc;clear;close all
figure
axis
subplot(221)
set(gca,'XDir' , 'normal')     % 二维图形中，x 轴值从左向右逐渐增加
subplot(222)
view(3)
set(gca,'XDir' , 'normal')     % 三维图形中，x 轴值从左向右逐渐增加
subplot(223)
set(gca,'XDir' , 'reverse')    % 二维图形中，x 轴值从右向左逐渐增加
subplot(224)
view(3)
set(gca,'XDir' , 'reverse')    % 三维图形中，x 轴值从右向左逐渐增加
```

程序运行结果如图 4-34 所示。

8）XLabel、YLabel、ZLabel 属性

XLabel、YLabel、ZLabel 属性取值分别为 x、y、z 轴说明句柄。其操作与 Title 属性相同。

例如，为 x 轴添加说明句柄，并设置字体颜色为红色：

```
clc;clear;close all
figure
axis
h=get(gca,'xlabel');
set(h,'string','x 的值 ','color','r')
```

或者

```
clc;clear;close all
figure
axis
xlabel('x 的值','color','r');
```

程序运行结果相同，如图 4-35 所示。

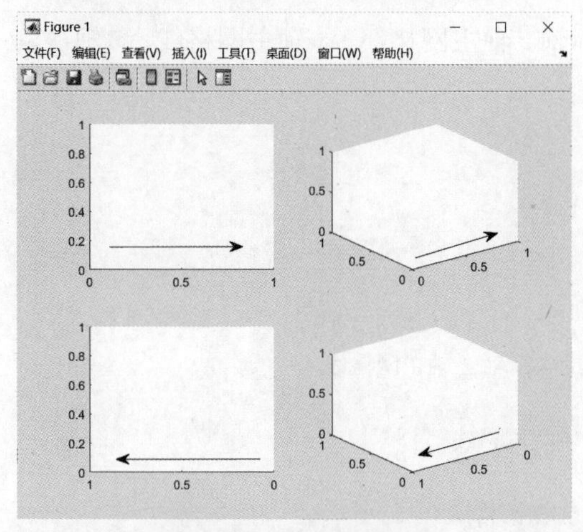

图 4-34　XDir 属性示例

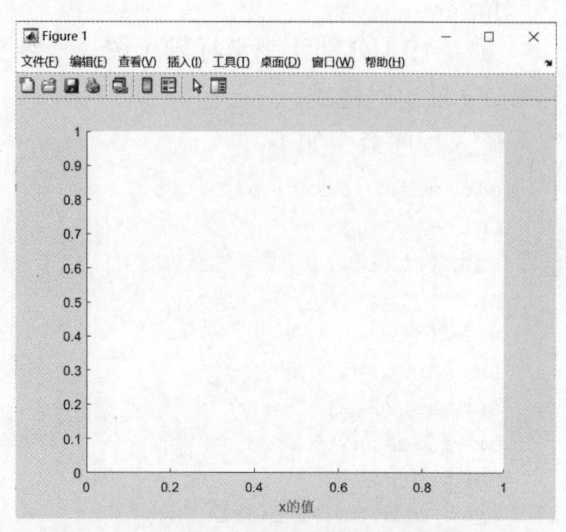

图 4-35　XLabel 属性示例

若创建多行 x、y、z 轴标签，命令如下：

```
xlabel({'x 的值','(>0)'})
```

运行结果如图 4-36 所示。

若要创建带有文本和变量值的 x、y、z 轴标签。使用 num2str 函数在标签中包含变量值。例如：

```
clc;clear;close all
plot((1:10).^2)
year = 2014;
xlabel(['Population for Year ',num2str(year)],'FontSize',12,'FontWeight','bold')
```

运行结果如图 4-37 所示。

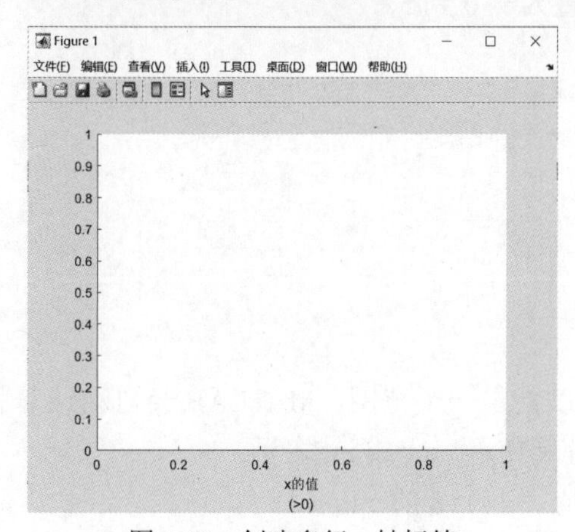

图 4-36　创建多行 x 轴标签

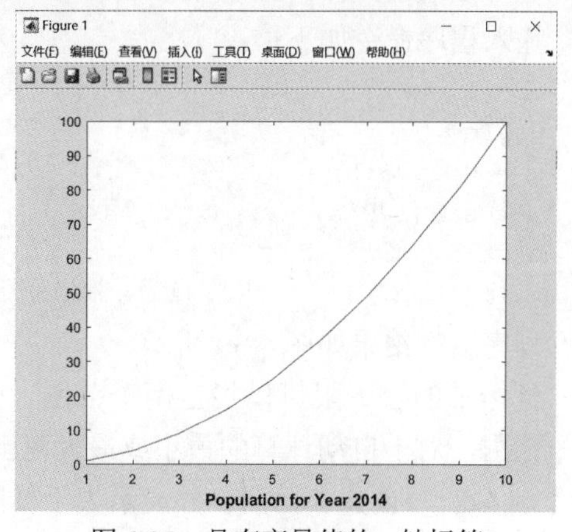

图 4-37　具有变量值的 x 轴标签

9）XGrid、YGrid、ZGrid、XMinorGrid、YMinorGrid、ZMinorGrid 属性

XGrid、YGrid、ZGrid 属性决定 *x*、*y*、*z* 轴上是否需要主网格线。若值为 on，表示 *x*、*y*、*z* 轴上每个主刻度标记处都会画出主网格线；若值为 off，则不画出主网格线。

XMinorGrid、YMinorGrid、ZMinorGrid 属性决定 *x*、*y*、*z* 轴上是否需要次网格线。若值为 on，表示 *x*、*y*、*z* 轴上每个次刻度标记处都会画出次网格线；若值为 off，则不画出次网格线。

▶【例 4-19】分别绘制坐标轴子图：三维坐标轴 *z* 轴主网格线、*x* 轴主网格线、*x* 轴次网格线、*y* 轴次网格线。

输入程序命令如下：

```
clc;clear;close all
figure
subplot(221)
ax = gca;
view(3)
ax.ZGrid = 'on'                    % 绘制三维坐标轴 z 轴主网格线
subplot(222)
ax = gca;ax.XGrid = 'on'           % 绘制 x 轴主网格线
subplot(223)
ax = gca;ax.XMinorGrid='on'        % 绘制 x 轴次网格线
subplot(224)
ax = gca;ax.YMinorGrid='on'        % 绘制 y 轴次网格线
```

程序运行结果如图 4-38 所示。

例如：

```
axes('ygrid','on')    % 创建只显示 y 轴主网格线的坐标轴
```

10）XLim、YLim、ZLim、XLimMode、YLimMode、ZLimMode 属性

XLim、YLim、ZLim 属性设置坐标轴的上下限，值为二维向量 [min，max]，默认值都为 [0，1]。

XLimMode、YLimMode、ZLimMode 属性设置坐标范围的设定模式。值为 auto 时，MATLAB 会自行设置 XLim、YLim、ZLim；值为 manual 时，坐标范围必须手动设置。

▶【例 4-20】绘制曲线，并将 *x* 坐标轴范围设置为从 0 到 5。

输入程序命令如下：

```
clc;clear;close all
figure
x = 0:0.01:5;
y = sin(100*x)./exp(x);
plot(x,y)
xlim([0 5])            % 设置 x 轴坐标范围
```

程序运行结果如图 4-39 所示。

坐标轴的上下限可以指定两个范围，也可以指定一个范围，MATLAB 会自动计算另一个范围，对于自动计算的最小或最大范围，分别使用 -inf 或 inf 表示。

▶【例 4-21】创建曲面图。并显示大于 0 的 *x* 值，小于 8 的 *z* 值。

输入程序命令如下：

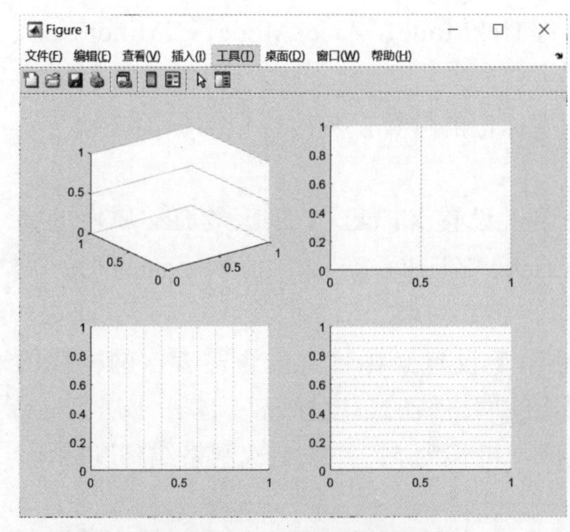

图 4-38　主 / 次网格线示例

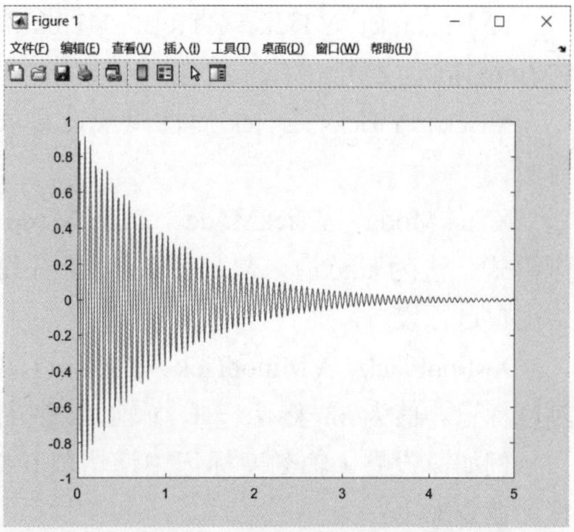

图 4-39　设置 *x* 坐标轴范围

```
clc;clear;close all
[X,Y,Z] = peaks;
surf(X,Y,Z)
xlim([0 inf])      % 设置 x 轴坐标轴范围
zlim([-inf 8])     % 设置 z 轴坐标轴范围
```

程序运行结果如图 4-40 所示。

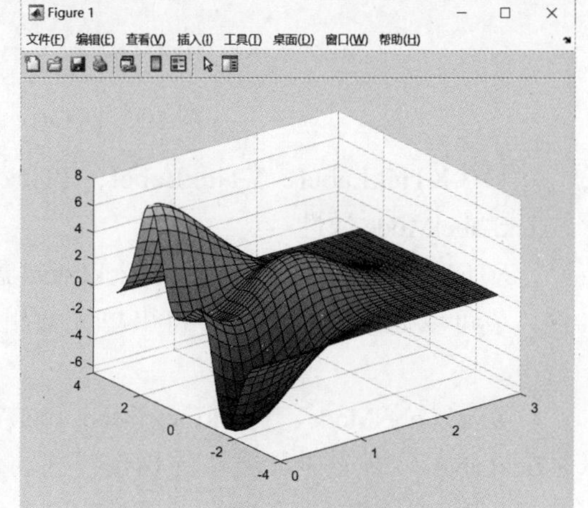

图 4-40　使用半自动坐标轴范围

11）XScale、YScale、ZScale 属性

XScale、YScale、ZScale 属性定义了各坐标轴的刻度类型，取值为 linear（默认值）时表示坐标轴采用线性刻度；值为 log 时表示坐标轴采用对数刻度。

▶【例 4-22】分别用线性刻度和对数刻度显示 *x* 轴数值。

输入程序命令如下：

```
clc;clear;close all
figure
ax = gca;
ax.XLim=[0  1000]
ax.XScale = 'log'
%x 坐标轴采用对数刻度
pause
ax.XScale = 'linear'    %x 坐标轴采用线性刻度
```

程序运行结果如图 4-41、图 4-42 所示。

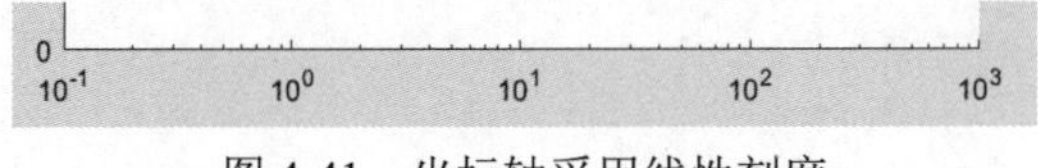

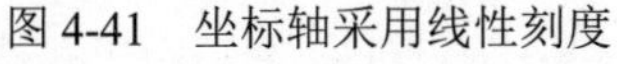

图 4-41　坐标轴采用线性刻度

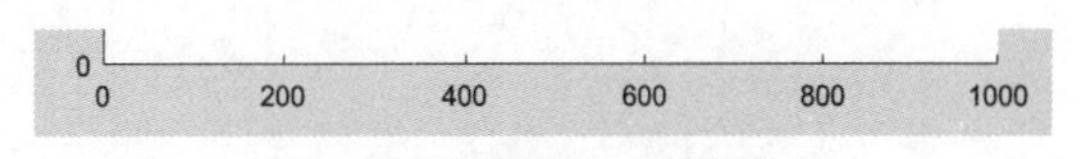

图 4-42　坐标轴采用对数刻度

说明　当 XScale、YScale、ZScale 属性值为 log 时，注意以下几点：如果坐标包括正值和负值，则仅显示正值；如果坐标均为负值，所有值都带适当的符号显示在对数刻度上；不显示零值。

12）XTick、YTick、ZTick、XTickMode、YTickMode、ZTickMode、XMinorTick、YMinorTick、ZMinorTick 属性

XTick、YTick、ZTick 属性用于设置每个刻度标记的位置，刻度标记的标签必须与之对应。

XTickMode、YTickMode、ZTickMode 属性用于设置 XTick、YTick、ZTick 属性的操作模式。值为 auto 时，MATLAB 会自行设置 XTick、YTick、ZTick；值为 manual 时，需要用户自行设置。

XMinorTick、YMinorTick、ZMinorTick 属性用于设置坐标轴上是否需要次网格线的刻度标记。值为 on 表示 x 轴、y 轴、z 轴上会画出次网格线的刻度标记。

例如，设置 x 轴刻度标记由递增值 0~20 组成，步长为 5。并绘制次网格线刻度标记。程序命令如下：

```
clc;clear;close all
figure
ax = gca;
ax.XLim=[0  20]
ax.XTick = 0:5:20
ax.XMinorTick='on'
```

运行结果如图 4-43 所示。

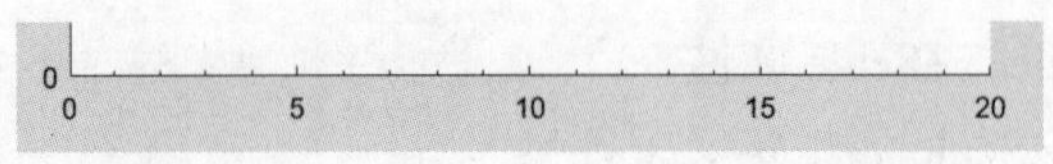

图 4-43　XTick、XMinorTick 属性示例

13）XTickLabel、YTickLabel、ZTickLabel、XTickLabelMode、YTickLabelMode、ZTickLabelMode 属性

XTickLabel、YTickLabel、ZTickLabel 属性用于设置 x 轴、y 轴、z 轴刻度标记的标签，值可以为字符数组、字符串单元数组，也可以在标签之间使用符号“|”分隔的字符串。

XTickLabelMode、YTickLabelMode、ZTickLabelMode 属性用于设置 XTickLabel、YTickLabel、ZTickLabel 属性的操作模式。值为 auto 时，MATLAB 会自行设置 XTickLabel、YTickLabel、ZTickLabel；值为 manual 时，需要用户自行设置。

视频讲解

▶【例 4-23】绘制针状图，并设置刻度标记及标签。

输入程序命令如下：

```
clc;clear;close all
stem(1:10)
set(gca,'XTick',[3 4 6 8])
% 设置每个刻度标记的位置
set(gca,'XTickLabel',{'A','B','C','D'})
% 设置 x 轴刻度标记的标签，必须与刻度标记对应
```

程序运行结果如图 4-44 所示。

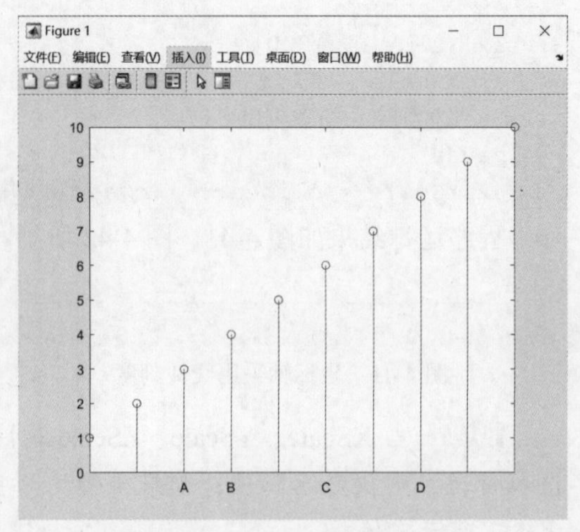

图 4-44　XTickLabel 属性示例

4.4.4 图像对象

图像对象是一个存储坐标系下每个像素点颜色的数据数组，也包括一个颜色表数组。图像对象有 3 种基本的类型，即索引图像、灰度图像和真彩图像。在 MATLAB 中采用 image 函数来创建图像，其常用的调用方法为：

```
image(C)        % 将数组 C 中的数据显示为图像
image(x,y,C)    % 矩阵 C 显示为图像，并设定图像的坐标范围。x 和 y 均为二维向量
h=image('属性 1',属性值 1,'属性 2',属性值 2,…)
```

采用指定的属性值，创建一个图像对象，并返回句柄，其余未指定的属性均取默认值。

前两种格式为 image 函数的高级形式，它调用 newplot 函数绘图；第 3 种格式为 image 函数的低级形式，直接添加图像对象到当前坐标轴中。图像对象的主要属性如表 4-9 所示，表按属性名的首字母顺序排序，属性值栏中用 {} 括起来的值为默认值。

表 4-9　图像对象的主要属性

属　性	属性描述	属 性 值
AlphaData	透明度数据	标量、大小与 CData 相同的数组
AlphaDataMapping	AlphaData 值的解释	{none}、scaled、direct
BeingDeleted	调用 DeleteFcn 时，该属性值为 on；只读	on、{off}
BusyAction	指定如何处理中断函数	cancel、{queue}
ButtonDownFcn	在图像上按下鼠标时，执行的回调函数	字符串或函数句柄
CData	指定图像中各元素颜色的值矩阵	矩阵或 $m \times n \times 3$ 数组
CDataMapping	定义数据到色图的映射	scaled、{direct}
Children	图像对象没有子对象	空矩阵
Clipping	设定图像是否在坐标轴范围之内	{on}、off
CreateFcn	当创建图像对象时，执行的回调函数	字符串或函数句柄
DeleteFcn	当销毁图像对象时，执行的回调函数	字符串或函数句柄
HandleVisibility	指定当前图像对象的句柄是否可见	{on}、callback、off
HitTest	能否通过单击选择该对象	{on}、off
Interruptible	回调函数是否可中断	{on}、off
Parent	父对象句柄	axes、hggroup 或 hgtransform 对象的句柄
Selected	指定对象是否被选择上	{on}、off
SelectionHighlight	当图像对象选中时，是否突出显示	{on}、off
Tag	图像对象标识符	字符串
Type	图像对象的类型	image
UserData	用户定义的数据	任一矩阵
Visible	图像对象是否可见	{on}、off
XData	定义图像沿 x 轴的位置	[min max]；默认为 [1 size（Cdata,2）]
YData	定义图像沿 y 轴的位置	[min max]；默认为 [1 size（Cdata,1）]

1）AlphaData 属性

AlphaData 属性可指定透明度数据，指定的格式有：①标量：在整个图像中使用一致的透明度。②大小与 CData 相同的数组：对每个图像元素使用不同的透明度值。例如：

```
clc;clear;close all
x=1:1:3;y=x;
plot(y)
hold on
C=[7 8 9;4 5 6;7 8 9];
im=image(C);
pause
im.AlphaData=0.7;        % 设置图像的 AlphaData 属性为 0.7
```

程序运行结果如图 4-45、图 4-46 所示。

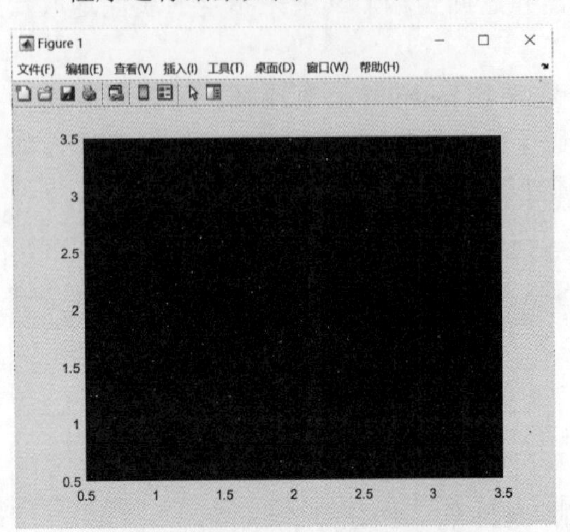

图 4-45　AlphaData 属性（默认值为 1）

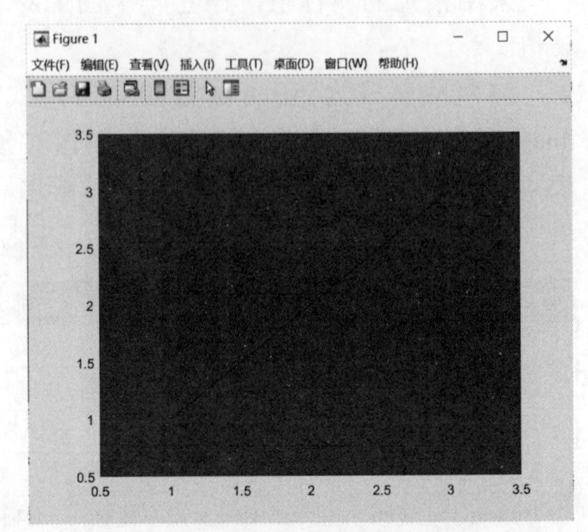

图 4-46　AlphaData 属性（设置为 0.7）

2）CData、CDataMapping 属性

CData 属性可定义图像颜色数据，具体有两种形式：①向量或矩阵形式定义索引图像数据。每个元素定义图像一个像素的颜色。这些元素映射为颜色图中的颜色。CDataMapping 属性可控制映射方法；②由 RGB 三元组组成的三维数组，其中 CData 可为 double 类型、整数类型、logical 型。

CDataMapping 属性可指定颜色数据的映射方法，共有 'direct' 或 'scaled' 两种取值。使用该属性控制 CData 中的颜色数据值到颜色图的映射，CData 必须是用来定义索引颜色的向量或矩阵，如果 CData 是定义真彩色的三维数组，则该属性不起作用。

▶【例 4-24】创建矩阵 ***C***，显示 ***C*** 中数据的图像，并添加颜色栏显示当前颜色图。对比 CDataMapping 属性两种取值的图像变化。

输入程序命令如下：

```
clc;clear;close all
C = [1 3 5 7; 9 11 13 15; 17 19 21 23;25 27 29 31];
image(C)
colorbar                                   % 添加颜色栏
pause
image(C,'CDataMapping','scaled')    % CDataMapping 设置为 'scaled'
colorbar
```

程序运行结果如图 4-47、图 4-48 所示。

在默认情况下，CDataMapping 属性值为 'direct'，image 将 C 中的数据值映射到颜色图。例如，如图 4-47 所示，与 C 中最后一个元素（31）对应的右下方像素使用颜色图的第 31

个颜色。当设置 CDataMapping 属性值为 'scaled'，如图 4-48 所示观察颜色栏，即将 C 中的数据值的范围缩放到当前颜色图的完整范围。

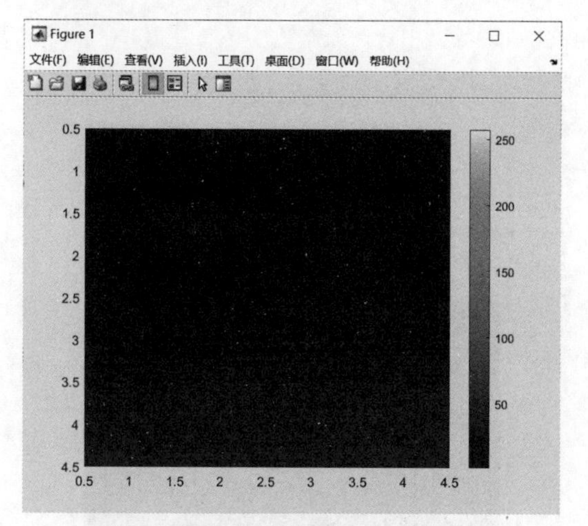

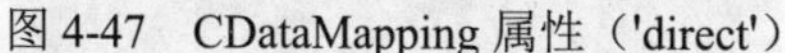
图 4-47　CDataMapping 属性（'direct'）

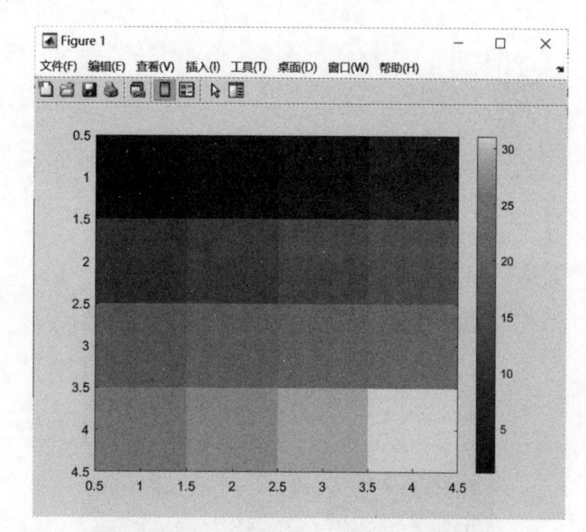

图 4-48　CDataMapping 属性（'scaled'）

3）XData、YData 属性

图像对象的 XData 和 YData 属性决定了图像的坐标系统，它们的值可以为二元素向量或标量。其中二元素向量，将第一个元素作为 CData（1，1）的中心位置，将第二个元素用作 CData（m，n）的中心位置，其中 [m，n]=size（CData），CData 的其余元素的中心均匀分布在这两点之间。

每个元素的宽度由以下表达式确定：

（XData（2）-XData（1））/（size（CData，2）-1），如果 XData（1）>XData（2），则图像左右翻转。

每个元素的高度由以下表达式确定：

（YData（2）-YData（1））/（size（CData，1）-1），如果 YData（1）>YData（2），则图像上下翻转。

XData 和 YData 属性值形式为标量，会以此位置作为 CData（1，1）的值中心，并使后面的每个元素相隔一个单元。

▶【例 4-25】图像对象的 XData 和 YData 属性示例，观察运行结果。

输入程序命令如下：

```
clc;clear;close all
I=[1 2 3;4 5 6;7 8 9];
h=image(I);
X1=get(h,'XData')
Y1=get(h,'YData')
pause
h=image(I,'XData',[-1 2],'YData',[2 4]);    % 指定 XData 和 YData 属性
X2=get(h,'XData')                            % 获取 XData 值
Y2=get(h,'YData')                            % 获取 YData 值
```

程序运行结果如下，运行结果图如图 4-49、图 4-50 所示。

```
X1 =
```

```
     1     3
Y1 =
     1     3
X2 =
    -1     2
Y2 =
     2     4
```

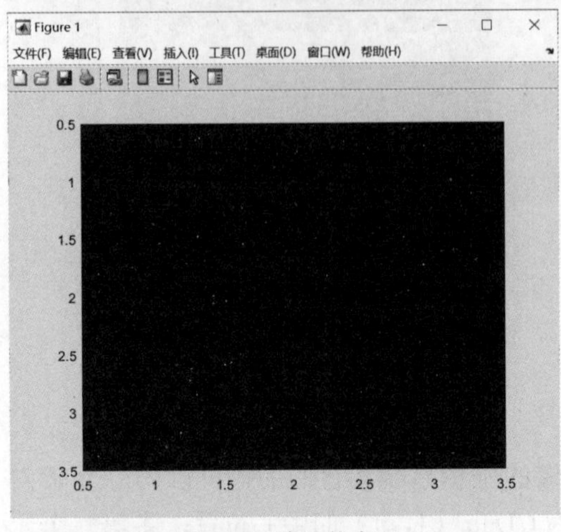

图 4-49　默认状态下

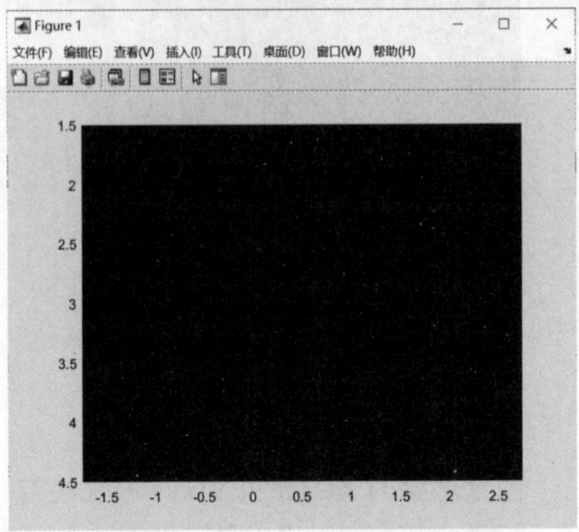

图 4-50　XData 和 YData 属性示例

4.4.5　文本对象

在 MATLAB 中通过 text 和 gtext 函数在指定位置处添加字符注释，text 是用程序指定位置的，而 gtext 是用鼠标手动指定位置的。其 text 函数的调用格式如下：

```
text(x,y,'str')
```

添加字符串 str 到当前坐标轴的位置（x，y）。例如：

```
text(0.5,0.2,'sin(\pi)');    % 在坐标 (0.5, 0.2) 的位置写入 sin(π)
```

程序运行结果如图 4-51 所示。

```
text(x,y,z,'str')
```

添加字符串 str 到当前三维坐标系的位置（x，y，z）。例如：

```
clc;clear;close all
peaks(50);
text(3,2,5,'三维坐标系');
```

程序运行结果如图 4-52 所示。

```
h=text('属性 1','属性值 1',
'属性 2','属性值 2',…)
```

采用指定的属性值，创建一个文本对象，并返回文本对象的句柄。其他未指定的属性均取默认值。

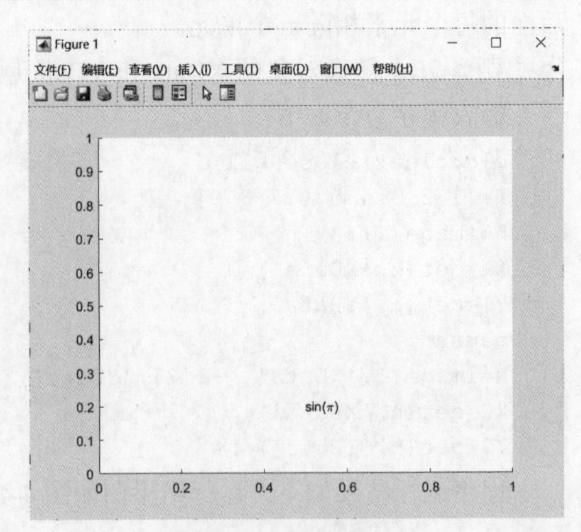

图 4-51　创建文本示例

视频讲解

▶【例 4-26】绘制正弦曲线，并将相同文本添加到该线条的两个点。

输入程序命令如下：

```
clc;clear;close all
x =0:0.1:2*pi;
y =sin(x);
plot(x,y)                          %绘制曲线
xt = [1.8*pi/2 3.6*pi/2];          %x 坐标
yt = [0.4 -0.6];                   %y 坐标
str = '\leftarrow sin(\pi)';       %标签内容，向左的箭头和 sin(π)
text(xt,yt,str)                    %分别在 (1.8*pi/2 0.4) 和 (3.6*pi/2 -0.6)
```

程序运行结果如图 4-53 所示。

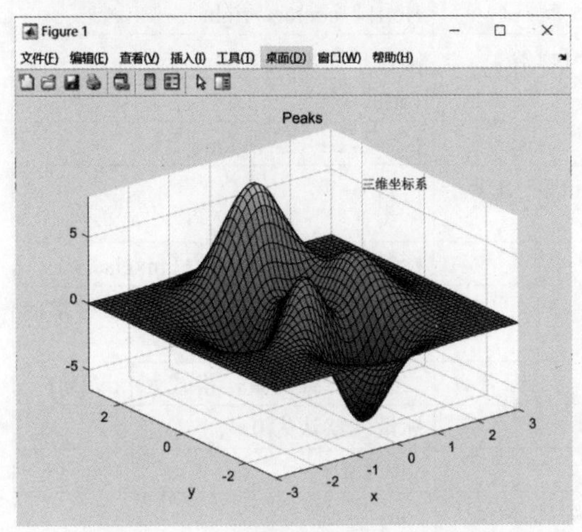

图 4-52　三维坐标系创建文本对象

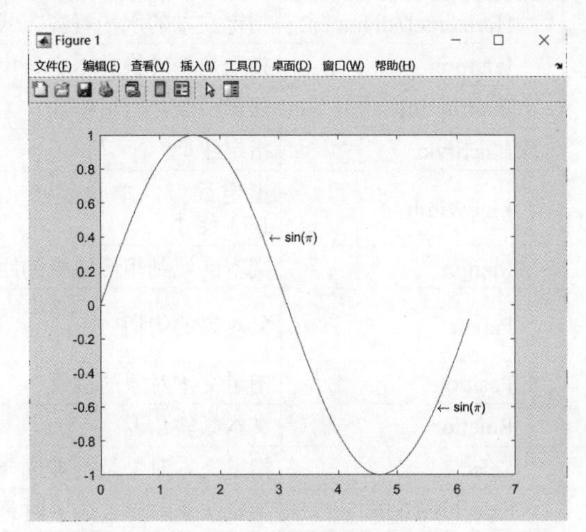

图 4-53　添加多个文本

使用 text 函数可以根据指定位置和属性添加文字说明，并保存句柄。文本对象的主要属性如表 4-10 所示，表按属性名的首字母顺序排序，属性值栏中用 {} 括起来的值为默认值。

表 4-10　文本对象的主要属性

属　性	属性描述	属性值
BackgroundColor	文本区域颜色	颜色字符串、三维 RGB 向量、{none}
BeingDeleted	调用 DeleteFcn 时，该属性值为 on；只读	on、{off}
BusyAction	指定如何处理中断调用函数	cancel、{queue}
ButtonDownFcn	当在文本上按下鼠标时，执行的回调函数	字符串或函数句柄
Children	文本对象没有子对象	空矩阵
Clipping	是否限定 text 对象在坐标轴范围内	on、{off}
Color	设定文本颜色	颜色字符串或三维 RGB 向量
CreateFcn	当创建文本对象时，执行的回调函数	字符串或函数句柄
DeleteFcn	当销毁文本对象时，执行的回调函数	字符串或函数句柄
EdgeColor	文本区域矩形边框颜色	颜色字符串、三维 RGB 向量、{none}
Editing	可以或禁用文本的编辑模式	on、{off}
Extent	显示文本对象的位置与尺寸；只读	位置向量，格式为 [左 底 宽 高]
FontAngle	指定字体为斜体还是正常体	{normal}、italic、oblique

续表

属　性	属性描述	属 性 值
FontName	设定字体	系统支持的字体名
FontSize	设定字体大小	标量，与 FontUnits 属性有关
FontUnits	设定字体大小的单位	{points}、pixels、normalized、inches、centimeters
FontWeight	设定文本字符的粗细	light、{normal}demi、bold
HandleVisibility	指定当前文本对象的句柄是否可见	{on}、callback、off
HitTest	是否可通过单击选择该文本对象	{on}、off
HorizontalAlignment	指定文本的水平对齐方式	{left}、center、right
Interpreter	指定是否转换文本字符串为 Tex 格式	latex、{tex}、none
Interruptible	回调函数是否可中断	{on}、off
LineStyle	指定线型	{-}、--、:、-.、none
LineWidth	指定线宽，单位是点（points）；1 点 = 1/72 英寸	标量
Margin	文本区域到矩形边框的距离	标量值，单位为像素（pixels）
Parent	父对象的句柄	axes、hggroup 或 hgtransform对象的句柄
Position	指定文本对象的位置	二维或三维向量，格式为 [x y [z]]
Rotation	文本倾斜角度	标量，默认为 0
Selected	指定文本对象是否被选择	on、{off}
SelectionHighlight	指定文本对象被选中时是否突出显示	{on}、off
String	文本字符串	字符串
Tag	文本对象的标识符	字符串
Type	文本对象的类型	text
Units	计量单位	{data}、pixels、normalized、inches、centimeters、points
UserData	用户定义的数据	任一矩阵
VerticalAlignment	文本字符串垂直对齐的方式	top、cap、{middle}、baseline、bottom
Visible	设定文本对象是否可见	{on}、off

1）String 属性

String 属性为要显示的文本，指定为字符向量、字符向量元胞数组、字符串数组、分类数组或数值。常见的情况如表 4-11 所示。

表 4-11　String 属性文本情况

文本外观	值的说明	示　例
一行文本	字符向量或 1×1 字符串数组	str='My Text' 或 str="My Text"
多行文本	字符向量元胞数组或字符串数组	str={["First"，"Second"]}；或 str={['First'，'Second']}；
包含数值变量的文本	包含已转换为 char 数组的数值的数组。使用 num2str 转换值	x=88; str=['The value is '，num2str（x）];
包含特殊字符（例如希腊字母或数字符号）的文本	包含 TeX 标记的数组	str1='x ranges from 0 to 2\pi'

▶【例 4-27】利用 string 属性，创建子图显示几种常见的情况。

输入程序命令如下：

```
clc;clear;close all
subplot(221)
text(0.5,0.5,'My Text');                      %添加一行文本
subplot(222)
text(0.5,0.5,[ " First " , " Second " ]);    %添加多行文本
subplot(223)
x=88;
str=['The value is ',num2str(x)];             %添加包含数值变量的文本
text(0.2,0.2,str);
subplot(224)
str1='x ranges from 0 to 2\pi';               %添加包含特殊字符的文本
text(0.2,0.2,str1);
```

程序运行结果如图 4-54 所示。

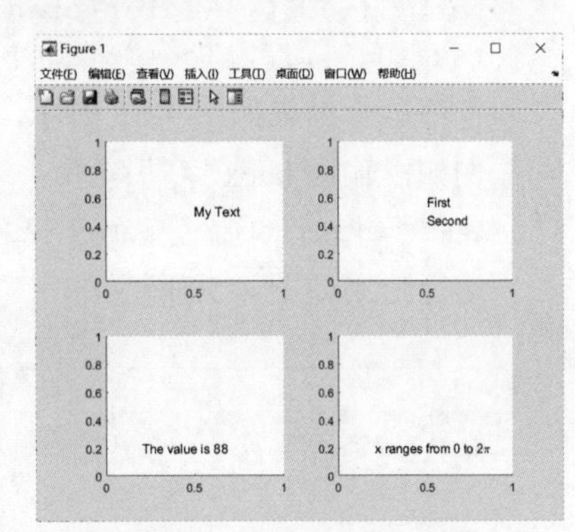

图 4-54　String 属性示例

2）interpreter 属性

interpreter 属性决定文本中是否可用 TeX 字符。值为 tex（默认值）时，允许用户在 String 属性内输入 TeX 字符；值为 latex 时，允许用户输入 latex 标识语言；值为 none 时，只允许永不输入文本字符串。

默认情况下，MATLAB 支持一部分 TeX 标记。当 interpreter 设置为 'tex' 时，支持的常见修饰符如表 4-12 所示。

表 4-12　interpreter 属性默认情况下常见修饰符

修 饰 符	说 明	修 饰 符	说 明
^{ }	上标	\fontname{specifier}	字体名称 - 将 specifier 替换为字体系列的名称
_{ }	下标	\fontsize{specifier}	字体大小 - 将 specifier 替换以磅为单位的数值标量值
\bf	粗体	\color{specifier}	字体颜色-将specifier替换为一下颜色之一：red、green、yellow、magenta、blue、black、white、gray、darkGreen、orange、lightBlue
\it	斜体	\color[rgb]{specifier}	自定义字体颜色
\rm	常规字体		

当 interpreter 设置为 'tex' 时，所支持的常见特殊字符如表 4-13 所示。

表 4-13　interpreter 属性默认情况下常见特殊字符

字符序列	符号	字符序列	符号	字符序列	符号	字符序列	符号
\alpha	α	\mu	μ	\approx	≈	\neq	≠
\gamma	γ	\psi	ψ	\oplus	⊕	\times	×
\beta	β	\omega	ω	\cup	∪	\surd	√
\delta	δ	\sigma	Σ	\pm	±	\sim	~

续表

字符序列	符号	字符序列	符号	字符序列	符号	字符序列	符号
\eta	η	\rho	ρ	\geq	≥	\infty	∞
\theta	θ	\int	∫	\leq	≤	\cong	≅
\lambda	λ	\Omega	Ω	\div	÷	\pi	π

▶【例 4-28】interpreter 属性默认情况下常见修饰符示例。

输入程序命令如下：

```
clc;clear;close all
text(0.1,0.1,['\alpha^{2}','\beta_{2}']);                       % 上标和下标
text(0.3,0.3,['\bf x\geqy','\it R=5\Omega']);                   % 粗体和斜体
text(0.4,0.4,'\fontname{courier} text');                        % 字体名称
text(0.5,0.5,'\fontsize{15} 文本 ');                             % 字体大小
text(0.6,0.6,'\color{orange} 颜色文本 ');                         % 添加字体颜色
text(0.7,0.7,'\color[rgb]{0 0.5 0.5} 自定义颜色文本 ');           % 添加自定义字体颜色
```

程序运行结果如图 4-55 所示。

例如，输出 latex 字符：

```
text('interpreter','latex','String','$$\int_0^xx^2+1 dx$$','position',[0.5 0.5]);
```

运行结果如图 4-56 所示。

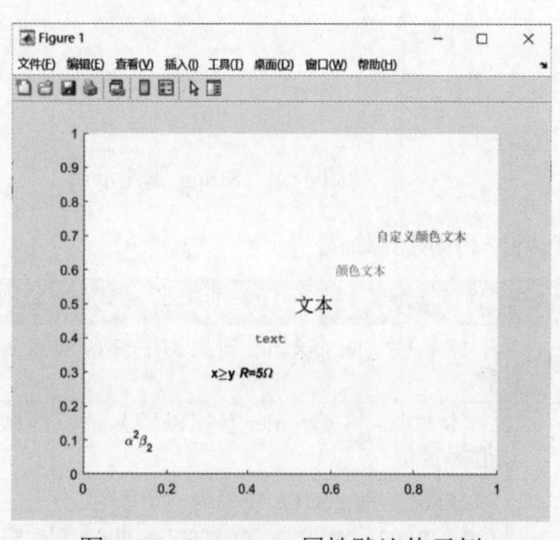

图 4-55　interpreter 属性默认值示例

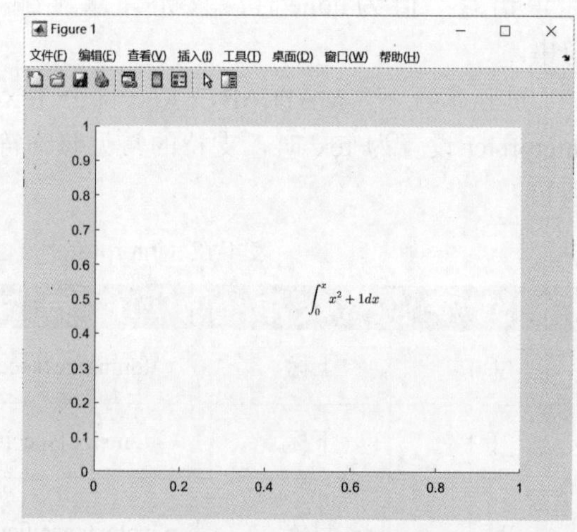

图 4-56　latex 字符示例

3）Extent、Margin、Position 属性

Extent 属性指定文本区域的大小和位置，为一个四维向量 [left，bottom，width，height]，单位由 Units 属性指定，只读。若 Units 属性为 data（默认值）时，left 和 bottom 为文本区域左下角的 x 坐标和 y 坐标；当 Units 属性为其他值时，left 和 bottom 为从坐标轴左下角到文本区左下角距离。width 和 height 表示文本对象矩形边框的尺寸。

Margin 表示文本对象的文本区域到矩形边框之间的距离。文本对象的矩形边框就是由 Extent 定义的文本区域向外扩张 Margin 定义的数值。

Position 为文本对象在坐标轴内的二维或三维坐标。

▶【例 4-29】创建文本对象。显示内容为“天天向上”文字，背景颜色为蓝色，字体颜

色为白色，位置为[0.5 0.5]，字体大小为 15，文本区域到矩形边框距离为 10。创建另一个文本对象，文本区域到矩形边框距离为 1，背景颜色为红色，其他属性相同。

输入程序命令如下：

```
clc;clear;close all
text('string',' 天天向上 ','Backgroundcolor','b','color',…
'white','Fontsize',15,'margin',10,'position',[0.5 0.5])
text('string',' 天天向上 ','Backgroundcolor','r','color',…
'white','Fontsize',15,'margin',1,'position',[0.5 0.5])
```

程序运行结果如图 4-57 所示。

4）HorizontalAlignment、VerticalAlignment、Rotation 属性

HorizontalAlignment、VerticalAlignment、Rotation 属性用于指定文本的对齐方式和倾斜角度。

HorizontalAlignment 属性指定相对于 Position 属性中的 x 值水平对齐文本，left 表示左对齐，center 表示居中对齐，right 表示右对齐。

VerticalAlignment 属性指定相对于 Position 属性中的 y 值水平对齐文本，取值情况如表 4-14 所示。

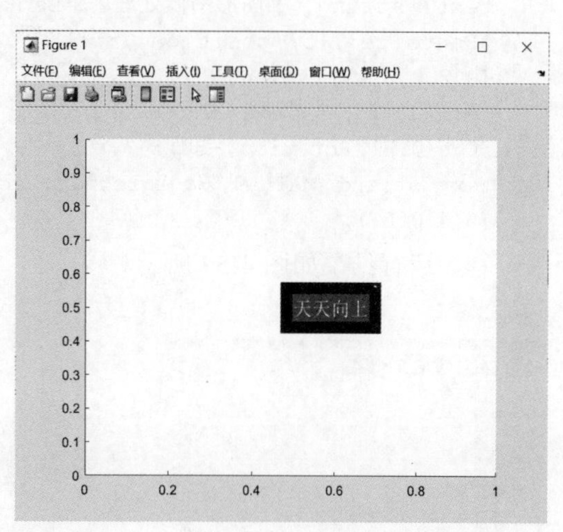

图 4-57 文本对象文本区域及矩形边框

表 4-14 VerticalAlignment 属性取值

取 值	含 义
top	文本区域的顶部由 position 属性的 y 坐标指定
middle	字符串的中部由 position 属性的 y 坐标指定
bottom	文本区域的底部由 position 属性的 y 坐标指定
cap	大写字母的顶部由 position 属性的 y 坐标指定
baseline	字体的基线由 position 属性的 y 坐标指定

▶【例 4-30】创建文本对象，对比 VerticalAlignment 属性在 5 种取值下的位置变化。

输入程序命令如下：

```
clc;clear;close all
text('string','top','Backgroundcolor','b','color','white','Fontsize',18,'position',…
[0 0.5],'verti','top','margin',0.1);                    %VerticalAlignment 属性取 top
text('string','middle','Backgroundcolor','b','color','white','Fontsize',18,'position', …
[0.1 0.5],'verti','middle','margin',0.1);               %VerticalAlignment 属性取 middle
text('string','bottom','Backgroundcolor','b','color','white','Fontsize',18,'position', …
[0.3 0.5],'verti','bottom','margin',0.1);               %VerticalAlignment 属性取 bottom
text('string','cap','Backgroundcolor','b','color','white','Fontsize',18,'position', …
[0.5 0.5],'verti','cap','margin',0.1);                  %VerticalAlignment 属性取 cap
text('string','baseline','Backgroundcolor','b','color','white','Fontsize',18,'position', …
[0.7 0.5],'verti','baseline','margin',0.1);             %VerticalAlignment 属性取 margin
grid on;
```

```
grid minor;
```

程序运行结果如图 4-58 所示。

Rotation 属性决定文本字符串的方向，单位为度，正值表示逆时针旋转，负值表示顺时针旋转，0 表示不旋转（默认值）。

视频讲解

▶【例 4-31】利用 Rotation 属性旋转文字。

输入程序命令如下：

```
clc;clear;close all
text('string','图形图像处理','Backgroundcolor','g','color','white',
'Fontsize',15,'position', …
[0.2 0.3],'Rotation',30);                              %Rotation 属性值为正值
text('string','人工智能','Backgroundcolor','b','color','white','Fontsize',15,'position',…
[0.6 0.7],'Rotation',-30);                             %Rotation 属性值为负值
text('string','MATLAB','Backgroundcolor','r','color','white','Fontsize',15,'position',…
[0.4 0.8]);                                            %Rotation 属性值为 0，默认值
```

程序运行结果如图 4-59 所示。

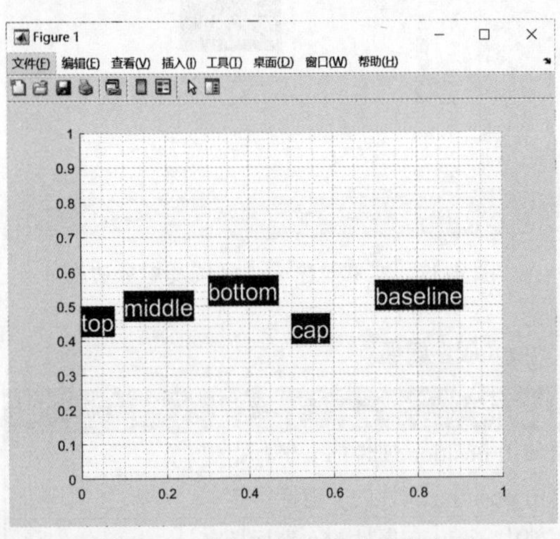

图 4-58　文本对象的垂直对齐方式

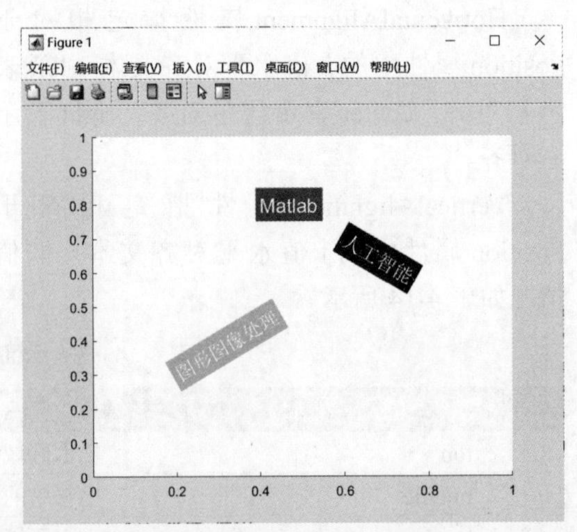

图 4-59　Rotation 属性示例

4.4.6　光线对象

在 MATLAB 中，光线对象是为增加图形场景效果提供的一种处理技术，即通过模拟实体在自然灯光下的明暗特征来证实。光源是不可见的图形对象，用于修饰其他图形对象的显示效果，利用 light 函数来创建光源对象。其常用的调用格式如下：

```
light('属性1','属性值1','属性2','属性值2',…)
```

采用指定的属性 / 属性值，创建一个光线对象，任何未指定的属性均取默认值。

```
h=light(…)  %创建一个光线对象，并返回句柄
```

光线对象的主要属性如表 4-15 所示，表按属性名的首字母顺序排序，属性值栏中用 {} 括起来的值为默认值。

表 4-15　光线对象的主要属性

属　性	属性描述	属　性　值
BeingDeleted	调用 DeleteFcn 时，该属性值为 on；只读	on、{off}
BusyAction	制定如何处理中断调用函数	cancel、{queue}

续表

属　性	属性描述	属 性 值
ButtonDownFcn	对光线对象无效	字符串
Children	光线对象没有子对象	空矩阵
Color	光线对象发出的光线颜色	颜色字符串或三维 RGB 向量
ContextMenu	对光线对象无效	ContextMenu 对象
CreateFcn	当创建光线对象时，执行回调函数	字符串或函数句柄
DeleteFcn	当销毁光线对象时，执行回调函数	字符串或函数句柄
HandleVisibility	指定当前光线对象的句柄是否可见	{on}、callback、off
HitTest	对光线对象无效	{on}、off
Interruptible	回调函数是否可中断	{on}、off
Parent	父对象；axes 是光线对象的子对象	axes 对象的句柄
PickableParts	对光线对象无效	{visible}、none
Position	在 axes 中放置光线对象的坐标位置	光源处坐标，数据格式为 [x y z]
Selected	对光线对象无效	{on}、off
SelectionHighlight	对光线对象无效	{on}、off
Style	光源为平行光（即无穷远）且是发散光	{infinite}、local
Tag	光线对象标识符	字符串
Type	光线对象的类型	light
UserData	用户定义的数据	任一矩阵
Visible	设定光线对象是否可见	{on}、off

Color 属性指定光的颜色，可使用 RGB 三元组、十六进制颜色代码、颜色名称或短名称形式表示，默认为 [1 1 1]。

Style 属性指定光源的类型，当取值为 'infinite'，即将光源放置于无穷远处，利用 Position 属性指定光源发射出平行光的位置；当取值为 'local'，即将光源放置在 Position 属性指定的位置。光是从该位置向所有方向发射的点源。

Position 属性指定光源位置，指定为 [*x y z*] 形式的三元素向量。光源的实际位置取决于 Style 属性的值。

▶【例 4-32】绘制曲面图。利用 Color、Style、Position 属性设置不同光源对比。

视频讲解

输入程序命令如下：

```
clc;clear;close all
subplot(221)
peaks(20);
light('Style','local','color','g','Position',[0 0 0]);    %光源从坐标 [0 0 0] 发射的点源
subplot(222)
peaks(20);
light('Style','local','color','g','Position',[0 1 7]);    %光源从坐标 [0 1 7] 发射的点源
subplot(223)
peaks(20);
light('Style','infinite','Position',[0 -4 5]);       %光源从坐标 [0 -4 5] 位置发射出平行光
subplot(224)
peaks(20);
light('Style','infinite','Position',[0 4 5]);    %光源从坐标 [0 4 5] 位置发射出平行光
```

程序运行结果如图 4-60 所示。

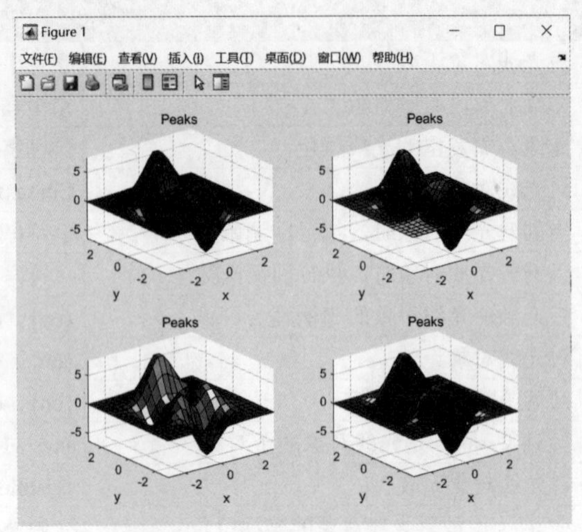

图 4-60　light 对象属性示例

4.4.7　块对象

块对象是有边界的多边形填充区域，fill、fill3、patch 等函数都用于创建块对象。patch 是个底层的图形函数，用来创建块图形对象，其调用格式如下：

```
patch(X,Y,C)
```

添加一个顶点由 X 和 Y 指定，填充颜色由 C 指定的块到当前坐标轴。X 和 Y 的每个元素指定块边缘多边形的一个顶点（如（X（1），Y（1））为顶点 1 的坐标）。C 为一个颜色字符串或一个 RGB 颜色矩阵。

```
patch(X,Y,Z,C)                        % 在三维坐标中创建 patch 对象
h=patch('属性 1','属性值 1','属性 2','属性值 2',…)
```

采用指定的属性值，创建块对象，并返回句柄，其他未指定的属性均取默认值。

说明　①不同于 fill 或 area 这样的高层创建函数，patch 函数并不检查图形窗口的设置以及坐标轴的 NextPlot 属性，它仅仅将块对象添加到当前坐标轴。

②如果坐标数据不能定义封闭的多边形，patch 函数自动使多边形封闭。数据能定义凹面或交叉的多边形。然而，如果单个块面的边缘相互交叉，得到的面可能不会完全填充，这种情况下，最好将面分解为更小的多边形。

▶【例 4-33】利用 patch 函数。通过指定每个顶点创建 1 个多边形。通过将 x 和 y 指定为两列矩阵，创建两个多边形。

输入程序命令如下：

```
clc;clear;close all
x = [1 2 1 0];                          %x 坐标
y = [2 1 0 1 ];                         %y 坐标
patch(x,y,'b');                         % 绘制图形并设定颜色
pause
x2 = [2 2; 3 3; 4 4; 4  3; 2  2];       %x 坐标
y2 = [4 2; 5 2; 4 1;2.5 0;2.5 0];       %y 坐标
patch(x2,y2,'green');                   % 绘制图形并设定颜色
```

程序运行结果如图 4-61、图 4-62 所示。

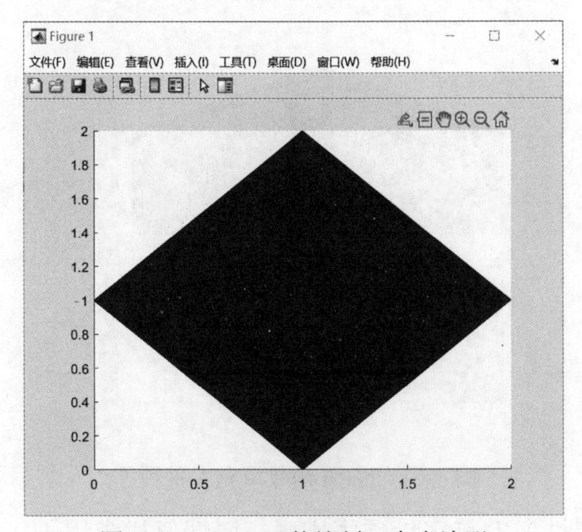

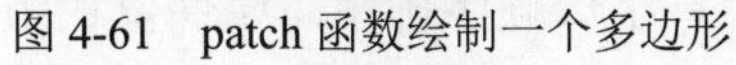
图 4-61　patch 函数绘制一个多边形

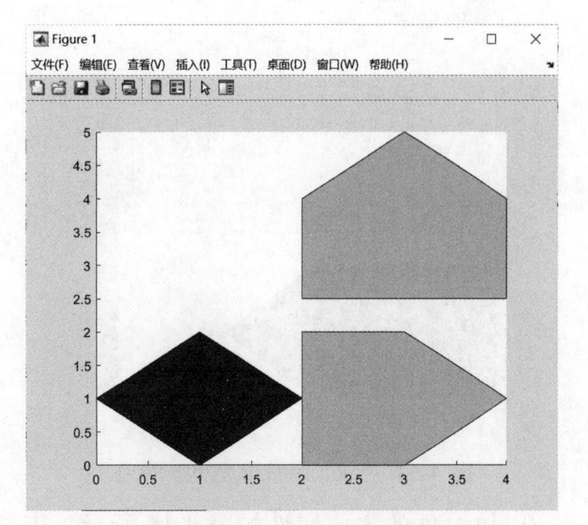

图 4-62　patch 函数同时绘制多个多边形

观察图 4-61 运行结果，其顶点坐标分别为（1，2）、（2，1）、（1，0）、（0，1），将 4 个顶点连线，并填充蓝色。观察图 4-62 运行结果，第 1 个多边形的第 1 个顶点坐标为（2，4），第 2 个多边形的第 1 个顶点坐标为（2，2），同理找到所有顶点，分别连接这两个多边形顶点并填充绿色。

▶【例 4-34】创建两个多边形，并为每个多边形面使用不同颜色。

输入程序命令如下：

```
clc;clear;close all
x =[2 2; 3 3; 4 3.5; 4 3; 2 2];
y= [4 2; 5 2; 4 1 ;2.5 0; 2.5 0];
c = [1; 0.5];                          %为 2 个多边形设置不同的颜色
figure
patch(x,y,c)
colorbar                               %添加颜色栏
```

程序运行结果如图 4-63 所示，即将颜色栏中数字“1”位置的黄色填充第 1 个多边形，将颜色栏中数字“0.5”位置的颜色填充给第 2 个多边形。

在例 4-34 的基础上，将 c 指定为一个矩阵，其大小与为每个顶点定义一种颜色的 x 和 y 相同，通过在每个多边形顶点上指定一种颜色在不同多边形面上进行颜色插值，并使用颜色栏显示颜色映射到颜色图的方式。程序命令如下：

```
x1 =[2 2; 3 3; 4 3.5; 4  3; 2 2];
y1= [4 2; 5 2; 4 1 ;2.5 0; 2.5 0];
c = [0 6;1 5;2 4;3 3;4 2];    %每个顶点上指定一种颜色在不同多边形面上进行颜色插值
figure
patch(x1,y1,c)
colorbar
```

运行结果如图 4-64 所示。

观察图 4-64 运行结果，即将颜色栏中数字“0”的颜色给到第 1 个多边形的第 1 个顶点（2，4）位置，将颜色栏中数字“6”的颜色给到第 2 个多边形的第 1 个顶点（2，2）位置，以此类推，得到颜色渐变的填充效果。

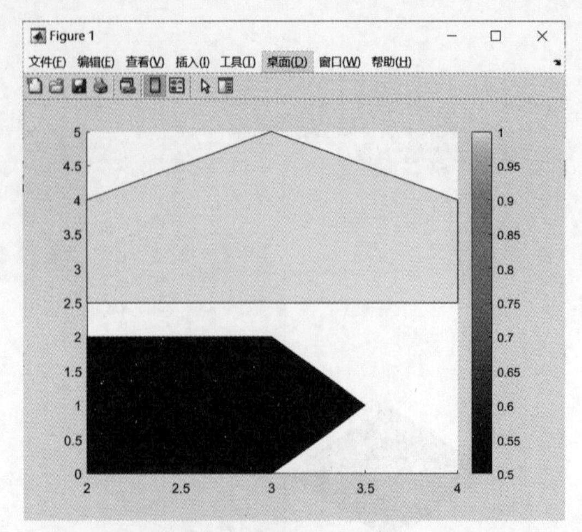

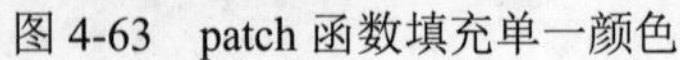
图 4-63　patch 函数填充单一颜色

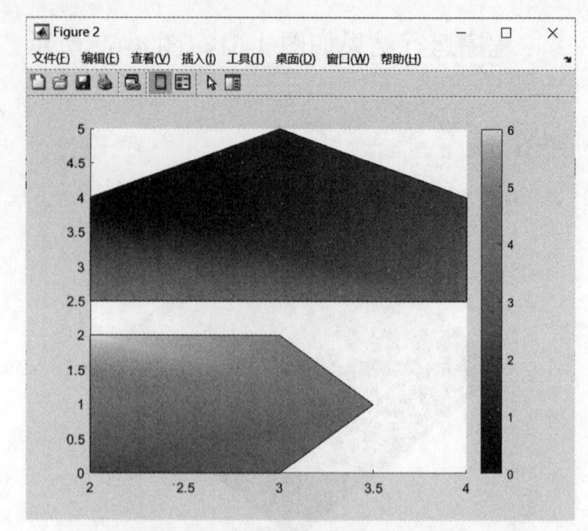

图 4-64　patch 函数填充多种颜色

块对象的主要属性如表 4-16 所示，表按属性名的首字母顺序排序，属性值栏中用 {} 括起来的值为默认值。

表 4-16　块对象的主要属性

属　性	属性描述	属性值
AlphaDataMapping	透明度映射方式	none、{scaled}、direct
AmbientStrength	环境光照强度	区间 [0，1] 的标量，默认值为 0.3
Annotation	指定 patch 对象的插图方式	hg.Annotation 对象的句柄
BackFaceLighting	表面光照控制	unlit、lit、{reverselit}
BeingDeleted	调用 DeleteFcn 时，该属性值为 on；只读	on、{off}
BusyAction	指定如何处理中断调用函数	cancel、{queue}
ButtonDownFcn	当在 patch 上按下鼠标时，执行的回调函数	字符串或函数句柄
CData	定义块的颜色	标量、向量或矩阵
CDataMapping	控制 CData 数据到色图的映射	{scaled}、direct
Children	块对象没有子对象	空矩阵
Clipping	是否限定块对象在坐标轴范围内	{on}、off
CreateFcn	当创建块对象时，执行回调函数	字符串或函数句柄
DeleteFcn	当销毁块对象时，执行回调函数	字符串或函数句柄
DiffuseStrength	发散光的强度	区间 [0，1] 的标量，默认值为 0.6
DisplayName	插图显示的标签	字符串
EdgeAlpha	块边缘的透明度	区间 [0，1] 的标量、flat、interp，默认值为 1
EdgeColor	块边缘的颜色	颜色字符串、RGB 向量、none、flat、interp、默认为 RGB 向量：[0，0，0]
EdgeLighting	块边缘光照的方法	{none}、flat、gouraud、phong
FaceAlpha	块的面透明度	区间 [0，1] 的标量、flat、interp，默认值为 1
FaceColor	块表面颜色控制	颜色字符串、RGB 向量、none、flat、interp、默认为 RGB 向量：[0，0，0]

续表

属　性	属性描述	属 性 值
FaceLighting	块的面光照方法	{none}、flat、gouraud、phong
FaceNormals	面向法向量	$m \times n \times 3$ 数组
FaceNormalsMode	FaceNormals 的选择模式	{auto}、manual
FaceVertexAlphaData	定义面和顶点的透明度	$m \times 1$ 矩阵
FaceVertexCData	定义面和顶点的颜色	矩阵
Faces	m 个块的 n 个顶点的连接方法	$m \times n$ 矩阵
HandleVisibility	指定当前块对象的句柄是否可见	{on}、callback、off
HitTest	能够通过单击选择该 patch 对象	{on}、off
Interruptible	回调函数是否可中断	{on}、off
LineJoin	线条边角的样式	{miter}、round、chamfer
LineStyle	块边缘的线型	{-}、--、:、-.、none
LineWidth	块边缘的线宽	标量
Marker	顶点的标记符号	标记定义符
MarkerEdgeColor	顶点标记符号的边缘颜色	颜色字符串、RGB 向量、none、{auto}、flat
MarkerFaceColor	顶点标记符号为封闭图形时的填充颜色	颜色字符串、RGB 向量、none、{auto}、flat
MarkerSize	顶点标记符号的尺寸，单位为 points	标量，默认为 6
Parent	父对象的句柄	axes、hggroup 或 hgtransform 对象的句柄
PickableParts	捕获鼠标单击的能力	{visible}、all、none
Selected	指定块对象是否被选择上	{on}、off
SelectionHighlight	当块对象选中时，是否突出显示	{on}、off
SpecularColorReflectance	镜面反射光的颜色	值在 [0，1] 的标量
SpecularExponent	镜面反射的锐度	不小于 1 的标量，一般值范围为 [5，20]
SpecularStrength	镜面反射的强度	值在 [0，1] 的标量，默认为 0.9
Tag	块对象标识符	字符串
Type	块对象的类型	patch
UserData	用户定义的数据	任一矩阵
VertexNormals	顶点的法向向量	矩阵
VertexNormalsMode	VertexNormals 的选择模式	{auto}、manual
Vertices	顶点的坐标值	矩阵
Visible	设定块对象是否可见	{on}、off
XData、YData、ZData	定义块对象的 x，y 或 z 轴的坐标数据	同维的坐标向量

1）Annotation、DisplayName 属性

Annotation 控制块对象的插图显示；DisplayName 属性设置块对象在插图说明中的标签。

块对象、hg.Annotation 对象、hg.LegendEntry 对象的属性及属性值之间的关系如图 4-65 所示。其中 IconDisplayStyle 属性的取值分别为：on（只绘制 patch 对象的插图说明）、off（不绘制 patch 对象的插图说明）。

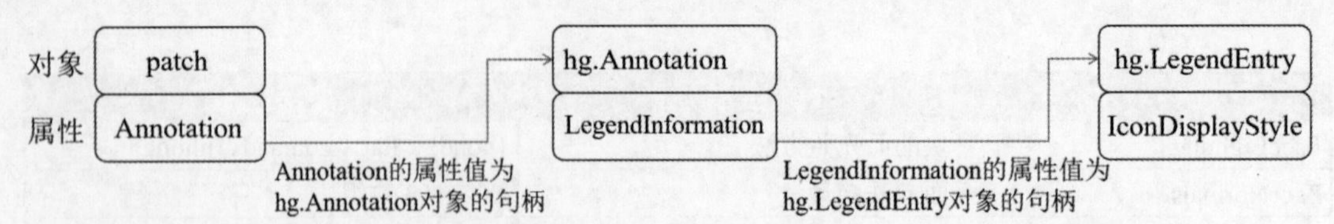

图 4-65　Annotation 属性

DisplayName 属性设置块对象在插图说明中的标签，指定为字符向量或字符串标量。只有调用 legend 命令之后，才会显示图例。如果未指定文本，则 legend 使用 'dataN' 形式设置标签。

▶【例 4-35】利用 patch 函数绘制图形，并设置插图显示模式为 on。

输入程序命令如下：

```
clc;clear;close all
x = [0 2 3 2 0 1];                                    %x 坐标
y = [0 0 1 2 2 1];                                    %y 坐标
h=patch(x,y,[0.5 0.8 0.8],'display','xyz');  % 绘制图形，并设定颜色、添加插图标签
set(get(get(h,'Annotation'),'LegendInformation'),'IconDisplayStyle','on');
                                                      % 插图显示为 on
legend('show')
```

或者

```
h.Annotation.LegendInformation.IconDisplayStyle = 'on';    % 设置插图显示为 on
```

程序运行结果如图 4-66 所示。

2）XData、YData、ZData 属性

XData、YData、ZData 属性是块对象边缘每个顶点的坐标数据，当它们的值为矩阵时，则每行元素表示块对象一个独立面的 X、Y、Z 坐标。XData、YData、ZData 必须有相同的维度，若为 2D 图形，则 ZData 为空矩阵。如果在一个封闭的块对象中，第 1 点坐标位置与最后一点坐标位置不一致，MATLAB 自动将两点连接起来。

▶【例 4-36】利用 XData、YData 属性设计"L"型多边形图形。

输入程序命令如下：

```
clc;clear;close all
X = [0 4 4 1 1 0];
Y = [0 0 1 1 4 4 ];
patch('XData',X,'YData',Y,'facecolor','c');
```

或者

```
patch('XData',[0 4 4 1 1 0],'YData',[0 0 1 1 4 4 ],'facecolor','c');
```

程序运行结果如图 4-67 所示。

▶【例 4-37】分别绘制 $y_1=x$ 及 $y_2=x^2$ 曲线，x 取值范围为 $0<x<1$。用 patch 函数将这两条曲线之间的空间用红色填充。

输入程序命令如下：

```
clc;clear;close all
x=0:0.1:1;          %x 取值范围
y1=x;               %y1 函数
y2=x.^2;            %y2 函数
line(x,y1);
```

```
line(x,y2);
patch('xdata',[x fliplr(x)],'ydata',[y1 fliplr(y2)],'facecolor','r')
```

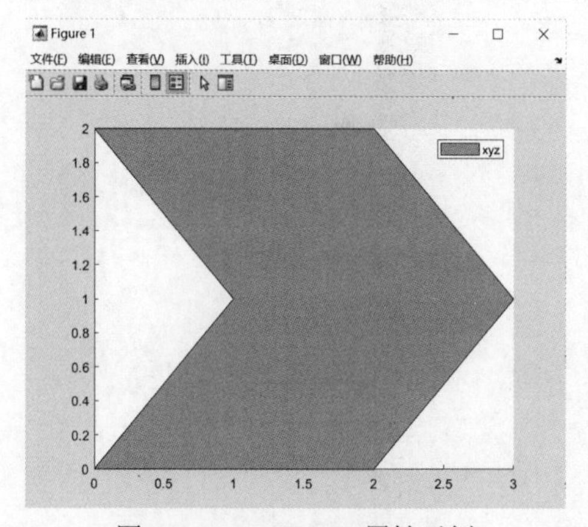

图 4-66　Annotation 属性示例

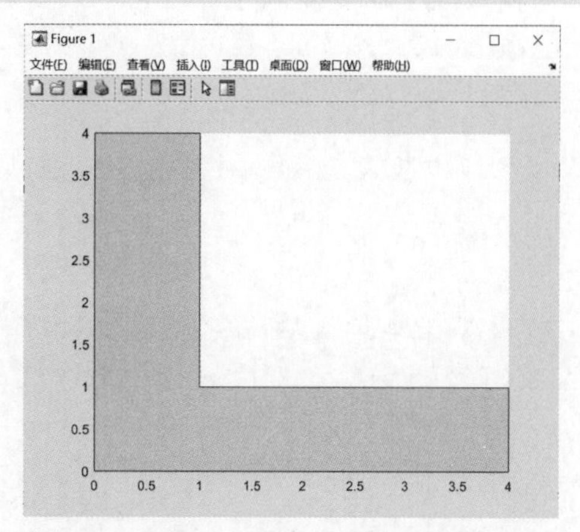

图 4-67　XData、YData、ZData 属性示例 1

程序运行结果如图 4-68 所示。

3）FaceColor、EdgeColor、FaceVertexCData 属性

FaceColor 属性指定块对象的表面颜色。EdgeColor 属性指块对象的边缘颜色。FaceVertexCData 属性定义面和顶点的颜色。

▶【例 4-38】创建一个每个边具有不同颜色的多边形。即通过为每个顶点指定一种颜色并将 EdgeColor 设置为 'flat'，对每条边使用不同颜色。

输入程序命令如下：

```
clc;clear;close all
X = [1 2 1 0];
Y = [2 1 0 1 ];
c = [1 0 0;         % 红色
     0 1 0;         % 绿色
     0 0 1;         % 蓝色
     0 0 0];        % 黑色
patch('XData',X,'YData',Y,'FaceVertexCData',c,'EdgeColor','flat','FaceColor',…
'none','LineWidth',2);
```

程序运行结果如图 4-69 所示。

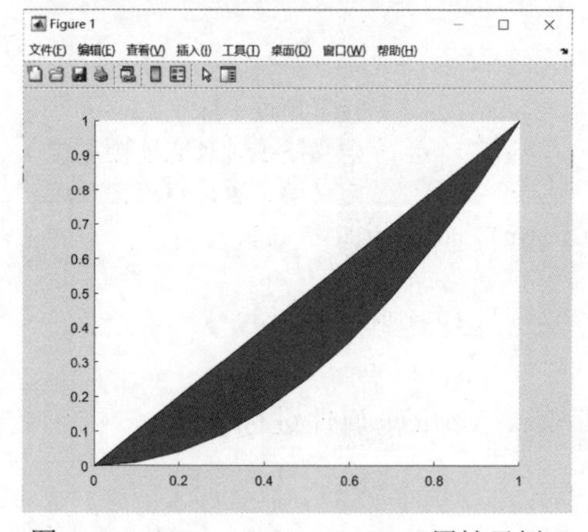

图 4-68　XData、YData、ZData 属性示例 2

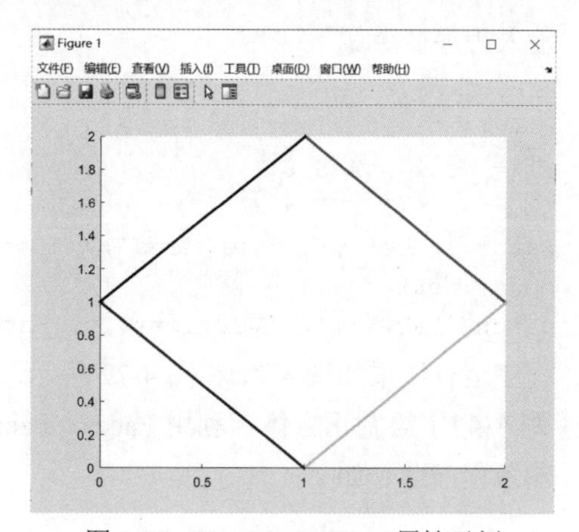

图 4-69　FaceVertexCData 属性示例

▶【例 4-39】绘制正方体图形，并给 6 个面设置不同的颜色。

输入程序命令如下：

```
clc;clear;close all
X=[ 0 1 1 0 0 0;
    1 1 0 0 1 1;
    1 1 0 0 1 1;
    0 1 1 0 0 0];
Y=[ 0 0 1 1 0 0;
    0 1 1 0 0 0;
    0 1 1 0 1 1;
    0 0 1 1 1 1];
Z=[ 0 0 0 0 0 1;
    0 0 0 0 0 1;
    1 1 1 1 0 1;
    1 1 1 1 0 1];
c = [1 0 0;0 1 0;1 0 0;1 0 1;1 1 0;0 1 1];
patch('XData',X,'YData',Y,'ZData',Z,'FaceVertexCData',c,'FaceColor','flat');
view(3)
axis([-2 2 -2 2 -2 2]);
grid on;
```

程序运行结果如图 4-70 所示。

4）Faces、Vertices 属性

Faces 属性定义块对象每个面的顶点连接方式，值为 $m \times n$ 的矩阵，表示 m 个面和 n 个顶点，矩阵的每行元素可以连成一个面。Vertices 属性包含块对象每一个顶点的 $\boldsymbol{X}$、$\boldsymbol{Y}$、$\boldsymbol{Z}$ 坐标的矩阵。

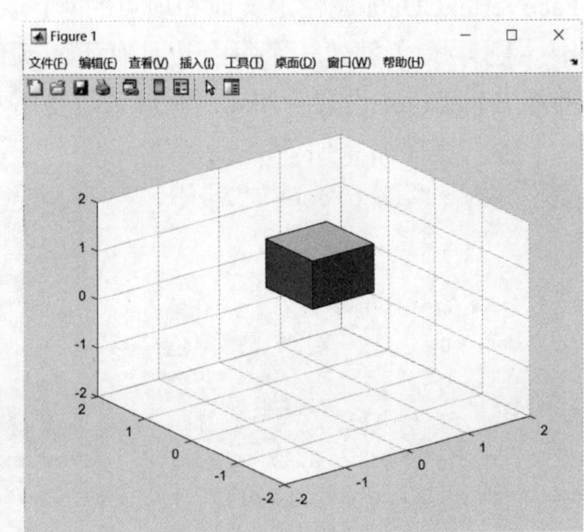

图 4-70　给正方体图形每个面设置不同的颜色

▶【例 4-40】创建一个多边形，顶点分别位于 (1,0)、(2,0)、(3,1)、(2,2)、(1,2) 和 (0,1)，利用 FaceColor 属性设置颜色。并使用 Faces 属性定义两种不同的顶点连接方式进行对比。

输入程序命令如下：

```
clc;clear;close all
v = [1 0; 2 0; 3 1; 2 2;1 2;0 1];              % 设置顶点坐标
f1 = [1 2 3 4 5 6];                             % 定义第 1 种顶点连接方式
f2 = [1 6 3 2 5 4];                             % 定义第 2 种顶点连接方式
patch('Faces',f1,'Vertices',v,'FaceColor',[0.2 0.7 0.8])
pause;figure;
patch('Faces',f2,'Vertices',v,'FaceColor',[0.2 0.7 0.8])
```

程序运行结果如图 4-71 和图 4-72 所示。

视频讲解

▶【例 4-41】绘制正方体。利用 Faces、FaceColor、Vertices 属性进行设置。

输入程序命令如下：

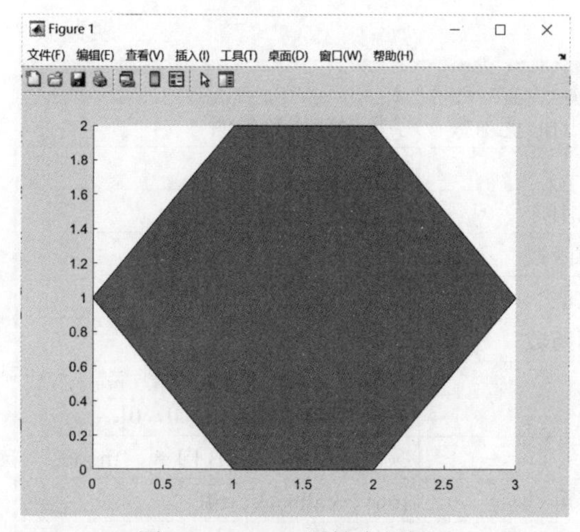

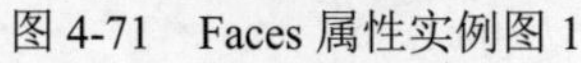
图 4-71 Faces 属性实例图 1

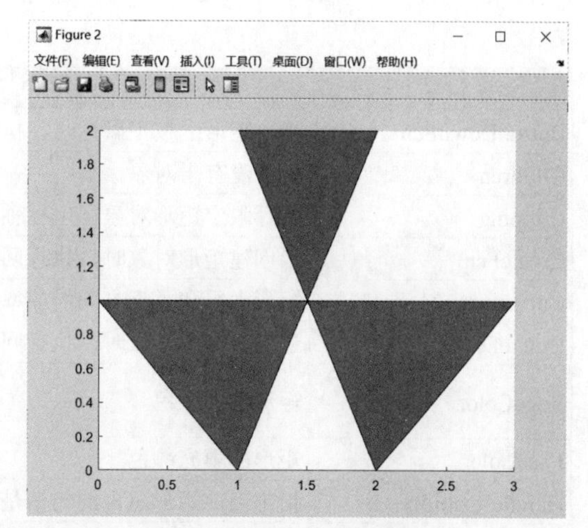

图 4-72 Faces 属性实例图 2

```
clc;clear;close all
vert=[1 1 1;1 2 1;2 2 1;2 1 1;1 1 2;1 2 2;2 2 2;2 1 2]; %设置顶点坐标
fac=[1 2 3 4;2 6 7 3;4 3 7 8;1 5 8 4;1 2 6 5;5 6 7 8]; %定义每个面的顶点连接方式
view(3);
axis square;                                          %当前坐标系设置为正方形
axis equal;                                           %将横纵坐标刻度设置为等长的
patch('Faces',fac,'Vertices',vert,'FaceColor','c');
```

即 Vertices 属性定义正方体的 8 个顶点。利用 Faces 属性连接顶点，共连接 6 个面。程序运行结果如图 4-73 所示。

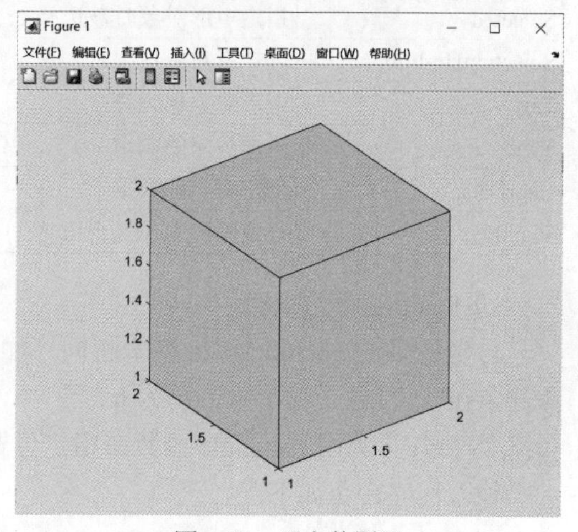

图 4-73 正方体图形

4.4.8 矩形对象

在 MATLAB 中，矩形、椭圆以及二者之间的过渡图形（如圆角矩形）都称为矩形对象。创建矩形对象的底层函数是 rectangle，该函数的调用格式如下：

```
rectangle
```

采用默认属性值，在当前坐标轴创建一个矩形。Position 默认为 [0 0 1 1]（单位为 normalized），Curvature（曲率）默认为 [0，0]。

```
h=rectangle('属性1','属性值1','属性2','属性值2',…)
```

采用指定的属性值，创建矩形对象，并返回句柄，其他未指定的属性均取默认值。

矩形对象的主要属性如表 4-17 所示，表排序按属性名的首字母顺序排序，属性值栏中用 {} 括起来的值为默认值。

表 4-17 矩形对象的主要属性

属　性	属性描述	属 性 值
BeingDeleted	调用 DeleteFcn 时，该属性值为 on；只读	on、{off}
BusyAction	指定如何处理中断调用函数	cancel、{queue}

续表

属　性	属性描述	属　性　值
ButtonDownFcn	当在矩形上按下鼠标时，执行的回调函数	字符串或函数句柄
Children	矩形没有子对象	空矩阵
Clipping	是否限定矩形对象在坐标轴范围内	{on}、off
CreateFcn	当创建矩形对象时，执行回调函数	字符串或函数句柄
Curvature	矩形水平和垂直方向的曲率数值	[x] 或 [x，y]
DeleteFcn	当销毁矩形对象时，执行回调函数	字符串或函数句柄
EdgeColor	矩形边的颜色	颜色字符串、RGB 向量、none，默认为 RGB 向量：[0，0，0]
FaceColor	矩形的填充颜色	颜色字符串、RGB 向量、{none}
HandleVisibility	指定当前矩形对象的句柄是否可见	{on}、callback、off
HitTest	能够通过单击选择该 rectangle 对象	{on}、off
Interruptible	定义一个回调函数是否可中断	{on}、off
LineStyle	矩形边线型	{-}、--、:、-.、none
LineWidth	矩形边线宽	标量，默认值为 0.5
Parent	父对象的句柄	axes、hggroup 或 hgtransform 对象的句柄
PickableParts	捕获鼠标点击的能力	{visible}、all、none
Position	矩形对象的位置和尺寸	四维位置向量 [左 底 宽 高]
Selected	指定矩形对象时被选择上	{on}、off
SelectionHighlight	当矩形对象选中时，是否突出显示	{on}、off
Tag	矩形对象标识符	字符串
Type	矩形对象的类型	rectangle
UserData	用户定义的数据	任一矩阵
Visible	设定矩形对象是否可见	{on}、off

1）Position 属性

与坐标轴的 Position 属性基本相同。如 rectangle（'Position'，[x y w h]），表示矩形对象起点在（x，y），宽为 w，高为 h。

▶【例 4-42】利用 rectangle 函数在指定位置绘制矩形。

输入程序命令如下：

```
clc;clear;close all
rectangle('Position',[1 1 2 3]);
axis([0 5 0 5]);
```

程序运行结果如图 4-74 所示。

2）Curvature 属性

Curvature 属性指定矩形对象水平和垂直曲率数值，指定为 [x y] 形式的二元素向量或标量值。使用此属性将矩形对象的形状从矩形改变为椭圆形。水平曲率是沿上下边缘弯曲的宽度比率。垂直曲率是沿左右边缘弯曲的高度比率。

若水平曲率和垂直曲率不同，则 x 元素为水平曲率，y 元素为垂直曲率。将 x 和 y 指定为 0（无曲率）和 1（最大曲率）内的值。例如，值 [0 0] 创建一个具有方形边缘的矩形，

值 [1 1] 创建一个椭圆。

若水平和垂直边缘使用相同的曲率，则指定介于 [0，1] 中的一个标量值。

▶【例 4-43】利用 rectangle 函数，分别绘制曲率不同的图形。

输入程序命令如下：

```
clc;clear;close all
subplot(1,3,1)
rectangle('Position',[0 0 3 6],'Curvature',0.2)      %曲率指定为标量值 0.2
axis equal
subplot(1,3,2)
rectangle('Position',[3 0 3 6],'Curvature',1)        %曲率指定为标量值 1
axis equal
subplot(1,3,3)
rectangle('Position',[6 0 3 6],'Curvature',[0.5 1])  %水平曲率0.5,垂直曲率1
axis equal
```

程序运行结果如图 4-75 所示。

▶【例 4-44】利用 rectangle 函数绘制直径为 1 的圆形。

视频讲解

输入程序命令如下：

```
clc;clear;close all
rectangle('Position',[0 0 2 2],'Curvature',[1 1]) %水平曲率和垂直曲率都为1
axis equal
```

程序运行结果如图 4-76 所示。

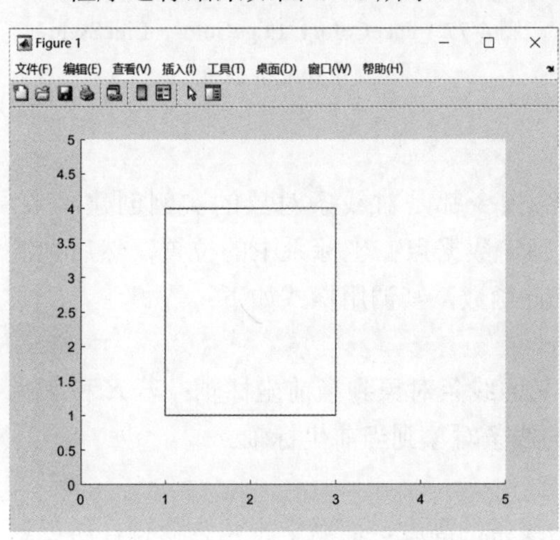

图 4-74　Position 属性示例

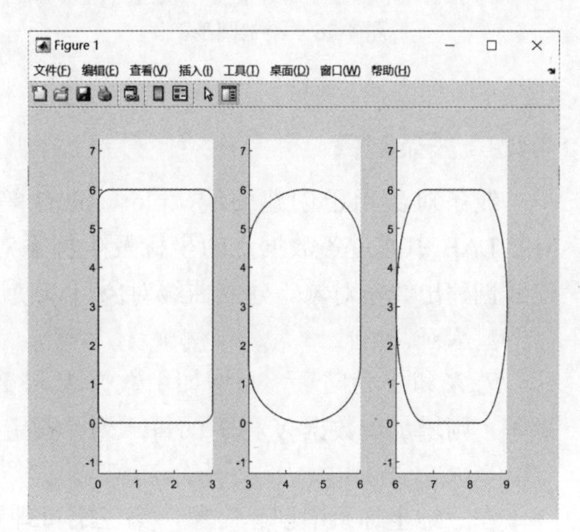

图 4-75　Curvature 属性

3）FaceColor、EdgeColor、LineStyle、LineWidth 属性

FaceColor 和 EdgeColor 属性分别设定矩形对象的填充颜色和矩形边颜色，LineStyle 和 LineWidth 属性分别设定矩形边的线型和线宽。

▶【例 4-45】创建矩形，并指定矩形的轮廓和颜色。

输入程序命令如下：

方法 1：

```
clc;clear;close all
rectangle('Position',[1 1 2 2],'FaceColor','c','EdgeColor','b','LineWidth',4)
```

方法 2：

```
clc;clear;close all
r = rectangle('Position',[1 1 2 2])      % 将矩形添加到当前坐标区，并返回矩形对象 r
r.FaceColor = 'c';
r.EdgeColor = 'b';
r.LineStyle = ':';
r.LineWidth = 4;
```

上述两种方法运行结果均如图 4-77 所示。

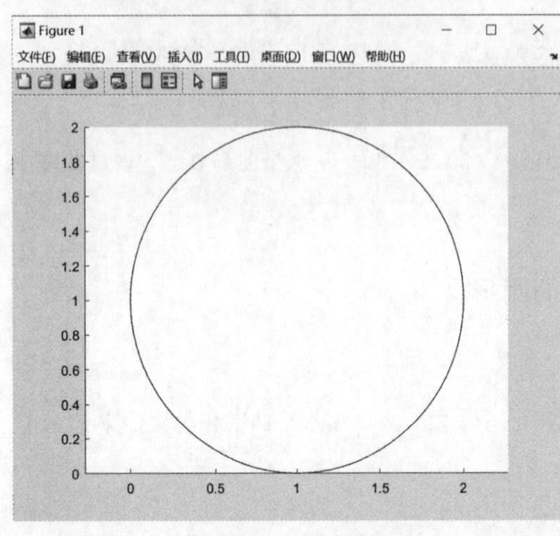

图 4-76　绘制圆形

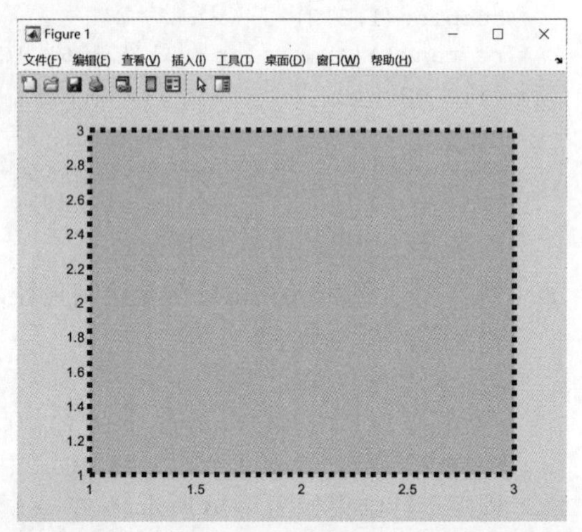

图 4-77　FaceColor、EdgeColor、LineStyle、LineWidth 属性

4.4.9　线条对象

线条对象用于创建曲线，plot、plot3 等绘图指令都是对线条对象的实例创建函数。MATLAB 中通过各数据点的坐标及坐标系对象确定数据点在坐标系中的位置，然后顺次连线创建出线条对象。建立曲线对象可以使用 line 函数，其调用格式如下：

```
line(X,Y)
```

若 ***X*** 和 ***Y*** 为向量，则增加由数据 ***X*** 和 ***Y*** 定义的线条对象到当前坐标轴；若 ***X*** 和 ***Y*** 为矩阵，则增加由数据 ***X*** 和 ***Y*** 的每一列元素定义的线条对象到当前坐标轴。

```
line(X,Y,Z)
```

在三维坐标系中创建对象，第三维可理解为线条的高度，而默认视角为俯视，所以默认情况下数据 ***Z*** 不影响图形的外观，除非改变 View 属性。

```
line(X,Y,Z,'属性1','属性值1','属性2','属性值2',…)
```

采用指定属性创建线条对象。

```
h=line(x,y,z,'属性1','属性值1','属性2','属性值2',…)
```

采用指定属性创建线条对象，并返回线条对象的句柄。

▶【例 4-46】分别使用向量数据和矩阵数据创建线条对象。

输入程序命令如下：

```
clc;clear;close all
x = linspace(0,10);
```

```
y = sin(x);
line(x,y)
pause
x = linspace(0,10)';
y = [sin(x)  cos(x)sin(x+2)];
line(x,y)                     % 将 x 和 y 指定为矩阵来绘制 3 条线条
```

程序运行结果如图 4-78、图 4-79 所示。

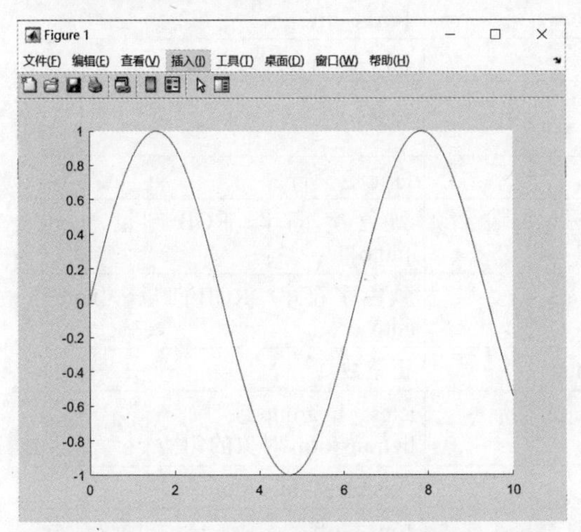

图 4-78　使用向量数据创建线条

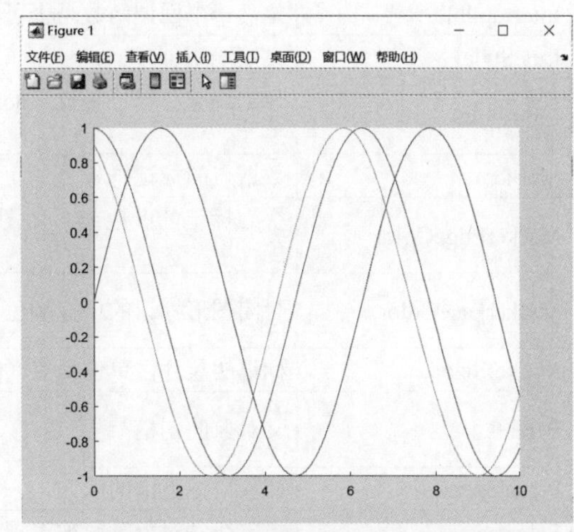

图 4-79　使用矩阵数据创建线条

▶【例 4-47】使用三维坐标绘制曲线。

输入程序命令如下：

```
clc;clear;close all
t=0:0.1:100;
x = sin(t);
y = sin(t+1);
z = t;
line(x,y,z)
view(3)             % 将坐标区更改为三维视图
```

程序运行结果如图 4-80 所示。

线条对象的主要属性如表 4-18 所示，表按属性名的首字母顺序排序，属性值栏中用 {} 括起来的值为默认值。

表 4-18　线条对象的主要属性

属　性	属性描述	属 性 值
Annotation	指定线条的插图方式	hg.Annotation 对象的句柄
BeingDeleted	调用 DeleteFcn 时，该属性值为 on；只读	on、{off}
BusyAction	指定如何处理中断调用函数	cancel、{queue}
ButtonDownFcn	当在线条上按下鼠标时，执行的回调函数	字符串或函数句柄
Children	线条没有子对象	空矩阵
Clipping	是否限定线条对象在坐标轴范围内	{on}、off
Color	指定线条颜色	颜色字符串或三维的 RGB 向量
CreateFcn	当创建线条对象时，执行回调函数	字符串或函数句柄

续表

属　性	属性描述	属 性 值
DeleteFcn	当销毁线条对象时，执行回调函数	字符串或函数句柄
DisplayName	插图中标明的注释字符串	字符串
HandleVisibility	指定当前线条对象的句柄是否可见	{on}、callback、off
HitTest	能够通过单击选择该 line 对象	{on}、off
Interruptible	定义一个回调函数是否可中断	{on}、off
LineStyle	设定线型	{-}、--、:、-.、none
LineWidth	设定线宽，单位是点（points）；1 点 =1/72 英寸	标量
Marker	数据点的标记符号	标记定义符
MarkerEdgeColor	空心标记的颜色或封闭图形标记的边缘颜色	颜色字符串、RGB 向量、none、{auto}
MarkerFaceColor	封闭图形标记的填充颜色	颜色字符串、RGB 向量、{none}、auto
MarkerSize	标记的尺寸，单位是点（points）	正整数
Parent	父对象的句柄	axes、hggroup 或 hgtransform 对象的句柄
PickableParts	捕获鼠标点击的能力	{visible}、all、none
Selected	指定线条对象时候被选择上	{on}、off
SelectionHighlight	当线条对象选中时，是否突出显示	{on}、off
Tag	线条对象标识符	字符串
Type	线条对象的类型	line
UserData	用户定义的数据	任一矩阵
Visible	设定线条对象是否可见	{on}、off
XData、YData、ZData	定义线条对象的 x，y 或 z 轴的坐标数据	同维的坐标向量

1）Color、LineStyle、LineWidth 属性

Color 属性设定线条的颜色。

LineStyle 属性设定线型，线型有："-" 表示实线、"--" 表示虚线、"："表示点线、"-." 表示虚点线、"none" 表示没有线，即数据点不连接起来。

LineWidth 属性设定线宽，以点（point）为单位，1point=1/72inch，默认值为 0.5。

▶【例 4-48】利用 line 函数，在点 (1,3) 和 (5,10) 之间绘制红色的点线，线宽为 2(point)。

输入程序命令如下：

方法 1：

```
clc;clear;close all;
x = [1 3];
y = [5 10];
line(x,y,'Color','red','LineStyle',':','LineWidth',2);
```

方法 2：

```
clc;clear;close all;
x = [1 3];
y = [5 10];
L = line(x,y);
```

```
L.Color = 'r';
L.LineStyle = ':';
L.LineWidth=2;
```

上述两种方法程序运行结果均如图 4-81 所示。

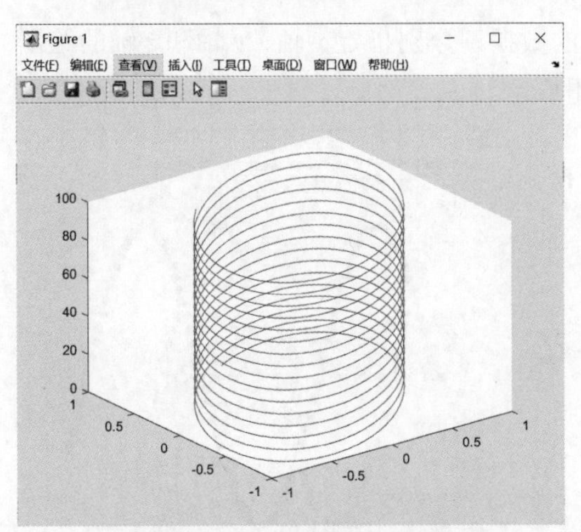

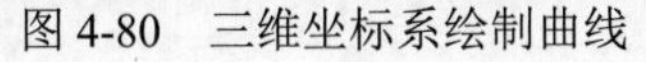
图 4-80　三维坐标系绘制曲线

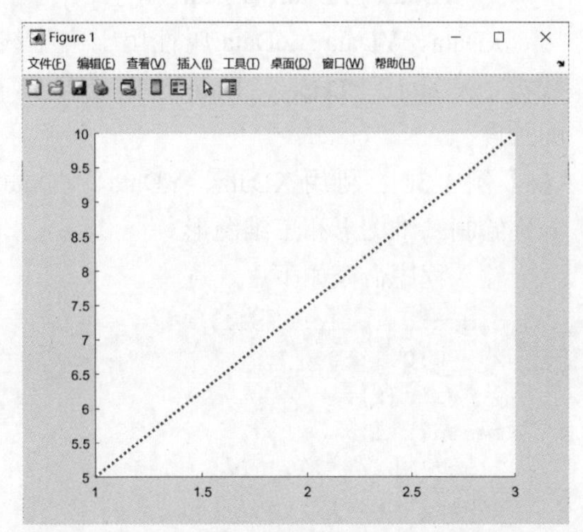

图 4-81　Color、LineStyle、LineWidth 属性示例

2）Marker、MarkerEdgeColor、MarkerFaceColor、MarkerSize 属性

Marker 属性指定数据点的标记类型，取值如表 4-19 所示。

表 4-19　线条对象的标记类型

Marker 属性取值	标 记 描 述	Marker 属性取值	标 记 描 述
'+'	加号	'^'	△
'○'	圆圈	'v'	▽
'*'	星号	'>'	▷
'.'	点	'<'	◁
'x'	叉号	'pentagram' 或 'p'	五角星
'square' 或 's'	方形	'hexagram' 或 'h'	六边形
'diamond' 或 'd'	菱形	'none'	没有标记（默认值）

MarkerEdgeColor 和 MarkerFaceColor 属性分别表示数据点的标记边缘颜色和封闭图形标记的填充颜色。

MarkerSize 属性指定标记的尺寸，以 point 为单位，默认值为 6。

▶【例 4-49】利用 line 函数，分别绘制 sin(*x*) 和 sin(*x*+1) 函数曲线。要求：sin(*x*) 曲线数据点标记类型为圆圈、标记边缘颜色为红色、标记填充颜色为蓝色、标记尺寸为 8(point)；sin(*x*+1) 曲线数据点标记类型为五角星、标记边缘颜色为红色、标记填充颜色为绿色、标记尺寸为 8(point)。

输入程序命令如下：

```
clc;clear;close all;
x=0:0.1:10;
y1=sin(x);
y2=sin(x+2);
```

```
line(x,y1,'Marker','o','MarkerEdgeColor','r','MarkerFaceColor','b','MarkerSize',8);
line(x,y2,'Marker','p','MarkerEdgeColor','r','MarkerFaceColor','g','MarkerSize',8);
```

程序运行结果如图 4-82 所示。

3）XData、YData、ZData 属性

XData、YData、ZData 属性用于产生线条的数据，分别指定 *x* 轴、*y* 轴和 *z* 轴的绘图数据，XData、YData、ZData 数据必须具有相同的长度。

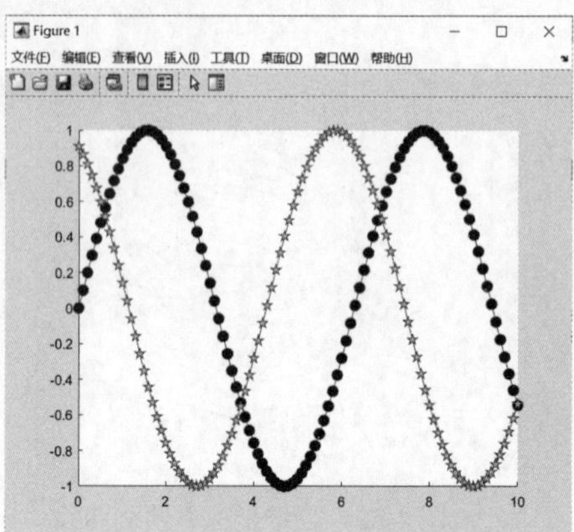

图 4-82　数据点标记相关属性示例

▶【例 4-50】利用 XData、YData、ZData 属性，分别绘制二维图形和三维图形。

输入程序命令如下：

```
clc;clear;close all;
x = 0:0.1:50;
y = sin(x);
z=sin(x+1);
line('XData',x,'YData',y)
pause;figure;
line('XData',x,'YData',y,'ZData',z)
view(3)
```

程序运行结果如图 4-83 和图 4-84 所示。

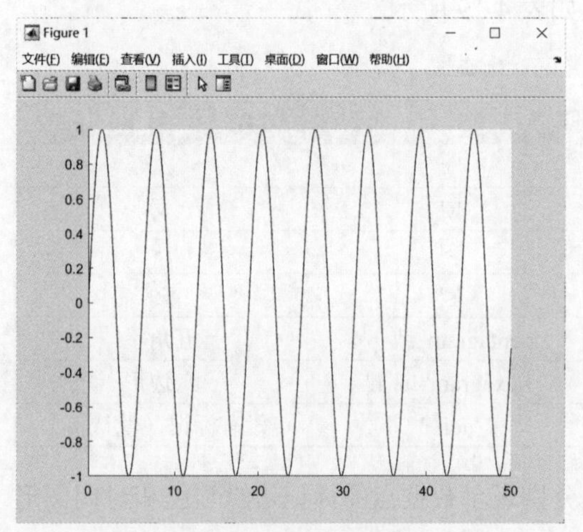

图 4-83　XData 和 YData 属性示例

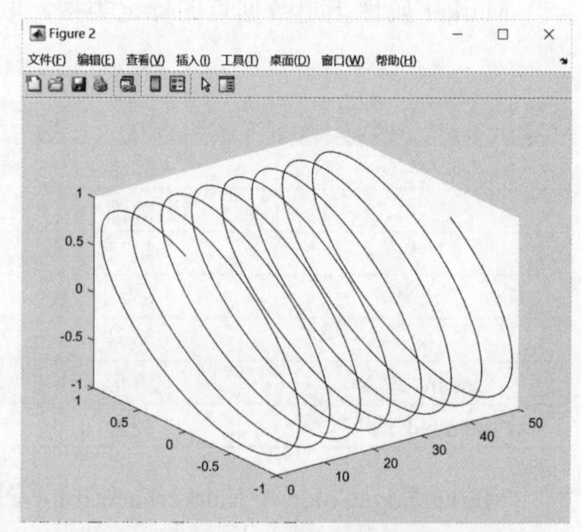

图 4-84　XData、YData、ZData 属性示例

4）Clipping 属性

Clipping 属性用于设定线条对象是否限定在坐标轴绘图框内，默认值为 0n，表示线条不能超出坐标轴的边框。若值为 off，线条可超过坐标轴的边框。

例如，创建一条 *y*=*x*+1 线段，并允许它显示在坐标轴框外，程序命令如下：

```
clc;clear;close all;
x = 0:0.1:50;
line('xdata',x,'ydata',x+1,'clipping','off')
set(gca,'xlim',[0,6])
```

程序运行结果如图 4-85 所示。

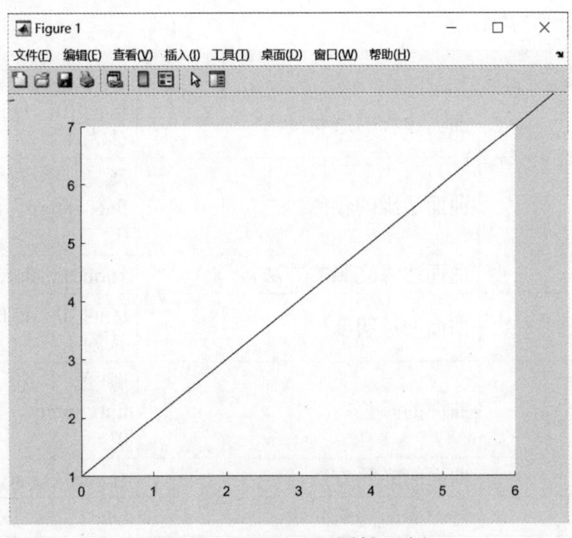

图 4-85　Clipping 属性示例

4.4.10　曲面对象

曲面对象的主要属性如表 4-20 所示，表按属性名的首字母顺序排序，属性值栏中用 {} 括起来的值为默认值。

表 4-20　曲面对象的主要属性

属　性	属性描述	属 性 值
AlphaData	透明度数据	$m \times n$ 矩阵，元素为 double 型或 uint8 型
AlphaDataMapping	透明度映射方式	{none}、scaled、direct
AmbientStrength	环境光照强度	区间 [0，1] 的标量，默认值为 0.3
Annotation	指定曲面对象的插图方式	hg.Annotation 对象的句柄
BackFaceLighting	法向量远离相机时的面光照	{reverselit}、unlit、lit
BeingDeleted	调用 DeleteFcn 时，该属性值为 on；只读	on、{off}
BusyAction	指定如何处理中断调用函数	cancel、{queue}
ButtonDownFcn	当在曲面上按下鼠标时，执行的回调函数	字符串或函数句柄
CData	定义曲面的颜色	标量、向量或矩阵
CDataMapping	控制 CData 数据到色图的映射	{scaled}、direct
CDataMode	CData 的选择模式	{auto}、manual
Children	曲面对象没有子对象	空矩阵
Clipping	设定是否限制曲面对象在坐标轴范围内	on、{off}
CreateFcn	当创建曲面对象时，执行回调函数	字符串或函数句柄
DeleteFcn	当销毁曲面对象时，执行回调函数	字符串或函数句柄
DiffuseStrength	发散光的强度	区间 [0，1] 的标量，默认值为 0.6
DisplayName	设置插图中标签	字符串

续表

属　性	属性描述	属　性　值
EdgeAlpha	曲面边缘的透明度	区间 [0，1] 的标量、flat、interp，默认为 1
EdgeColor	曲面边缘的颜色	颜色字符串、RGB 向量、none、flat、interp，默认为 RGB 向量 [0，0，0]
EdgeLighting	曲面边缘光照的方法	{none}、flat、gouraud、phong
FaceAlpha	曲面的透明度	区间 [0，1] 的标量、flat、interp，默认为 1
FaceColor	曲面的颜色	颜色字符串、RGB 向量、none、flat、interp，默认为 RGB 向量 [0，0，0]
FaceLighting	曲面的光照方法	{none}、flat、gouraud、phong
FaceNormals	每个曲面的法向量	（m-1）×（n-1）×3 数组
FaceNormalsMode	FaceNormals 的选择模式	{auto}、manual
HandleVisibility	指定当前曲面对象的句柄是否可见	{on}、callback、off
HitTest	能够通过单击选择该曲面对象	{on}、off
Interruptible	定义一个回调函数是否可中断	{on}、off
LineStyle	曲面边缘的线型	{-}、--、：、-.、none
LineWidth	曲面边缘的线宽	标量，默认为 0.5
Marker	曲面顶点的标记符号	标记定义符
MarkerEdgeColor	曲面顶点标记符号的边缘颜色	颜色字符串、RGB 向量、none、flat、{auto}
MarkerFaceColor	曲面顶点标记符号为封闭区域时的填充颜色	颜色字符串、RGB 向量、none、flat、{auto}
MarkerSize	曲面顶点标记符号的尺寸，单位为 points	标量，默认为 6
MeshStyle	画行线、列线还是全部都画	{both}、row、column
Parent	曲面对象父对象	axes、hggroup 或 hgtransform 对象的句柄
PickableParts	捕获鼠标点击的能力	{visible}、all、none
Selected	指定曲面对象时候被选择上	{on}、off
SelectionHighlight	当曲面对象选中时，是否突出显示	{on}、off
SpecularColorReflectance	镜面反射光的颜色	值在 [0，1] 范围的标量
SpecularExponent	镜面反射的锐度	不小于 1 的标量，一般值在 [5，20] 范围
SpecularStrength	镜面反射的强度	值在 [0，1] 的标量，默认值为 0.9
Tag	曲面对象标识符	字符串
Type	曲面对象的类型	surface
UserData	用户定义的数据	任一矩阵
VertexNormals	顶点的法向向量	矩阵
VertexNormalsMode	VertexNormals 的选择模式	{auto}、manual

续表

属　性	属性描述	属性值
Visible	设定曲面对象是否可见	{on}、off
XData、YData、ZData	定义曲面对象的 x，y 或 z 轴的坐标数据	同维的坐标向量
XDataMode	XData 的选择模式	{auto}、manual
YDataMode	YData 的选择模式	{auto}、manual

本章小结

本章主要介绍了 MATLAB 句柄图形对象的基本内容，MATLAB 中操作句柄图形对象，最核心的是要理解对象句柄的概念和熟悉各种对象的属性及意义，并会熟练句柄图形对象操作，包括掌握 get 和 set 函数获取和设置句柄图形对象的基本属性、findobj 等函数查询图形对象、copyobj 函数复制图形对象和 delete 等函数删除图形对象操作。

习　题

4-1　创建坐标轴对象，并设置坐标轴标题、X 轴和 Y 轴名称。

4-2　利用曲线对象绘制曲线，并创建红色、蓝色和绿色按钮调整曲线颜色。

4-3　利用 line 函数绘制折线，并用文字对象进行标注。

4-4　利用 surface 函数创建曲面对象。

4-5　利用 patch 函数绘制误差填充图。

4-6　绘制光照处理后的曲线图形。

4-7　在同一坐标轴下绘制矩形、圆和圆角矩形。

4-8　绘制二维曲线，并设置曲线的颜色、线型和数据点标记符号。

4-9　建立背景为绿色的图形窗口，当按下鼠标后显示“欢迎光临”字样。

4-10　创建矩形对象，生成一个半径为 1，圆心在坐标轴原点的圆。

4-11　有两条曲线，分别为 $y_1=x^2(0<x<5)$、$y^2=x^3(0<x<5)$，利用块对象将两条曲线之间的空隙用蓝色填充。

第 5 章

MATLAB App Designer 设计基础及常用组件

MATLAB App Designer（App 设计工具）是 MATLAB 的一个交互式开发环境，用户通过拖放可视化组件即可实现图形用户界面的设计布局，还可以通过集成的编辑器快速为控件行为编程，整个设计过程分为两大任务：图形用户界面可视化组件布局和组件行为编程。

MATLAB 图形用户界面由一系列的组件组成，包括常用组件、容器组件、图窗工具组件、仪器组件等，本章主要介绍常用组件。用户以某种方式选择或激活组件，以最常用的激活方式鼠标单击为例，当按下鼠标按键，标志着组件被选择或其他动作。MATLAB 通过设置这些组件的回调函数，实现交互组件的鼠标或键盘事件与实现程序功能关联起来，进而完成特定交互式事件下的具体功能。

本章要点

（1）MATLAB App Designer 设计基础及设计步骤。
（2）回调函数的概念及创建。
（3）基础设计工具。
（4）常用组件。

学习目标

（1）了解 MATLAB App Designer 的设计原则和步骤。
（2）掌握回调函数的概念及操作。
（3）掌握基础设计工具的使用方法。
（4）掌握常用组件的创建及其回调操作。

5.1 MATLAB App Designer 界面及设计步骤

5.1.1 界面介绍

MATLAB App Designer 设计工具是原有 GUIDE 开发环境的替代工具。MATLAB App Designer 是一个功能丰富的开发环境，它提供设计视图和代码视图、完整集成的 MATLAB 编辑器版本、一整套标准用户界面组件，以及用于创建控制面板和人机交互界面的仪表、旋钮、开关和指示灯。MATLAB App Designer 的打开方式有以下两种。

（1）命令方式。

在命令行窗口输入如下语句，即可打开设计环境。

```
appdesigner
```

（2）菜单方式。

打开 MATLAB 的主窗口，选择新建下拉按钮，在打开的下拉列表中选择 App，如图 5-1 所示，即可打开设计环境。

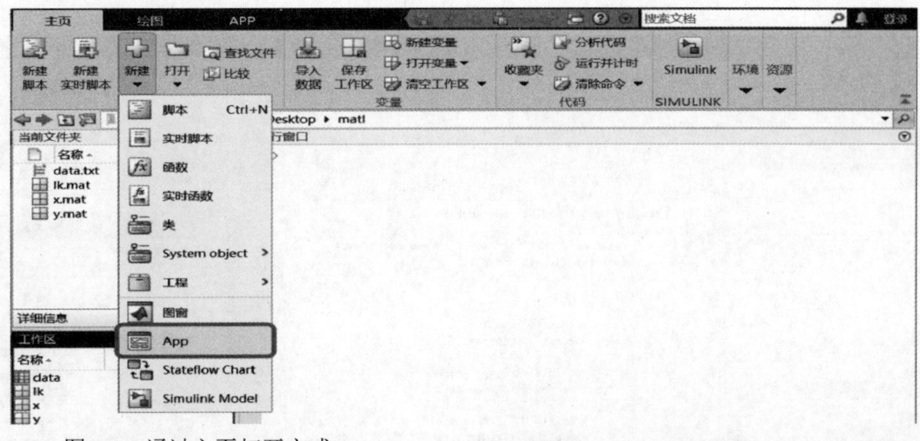

图 5-1　通过主页打开方式

也可以通过单击 MATLAB 菜单栏的 App 菜单，选择【设计 App】来创建，如图 5-2 所示。

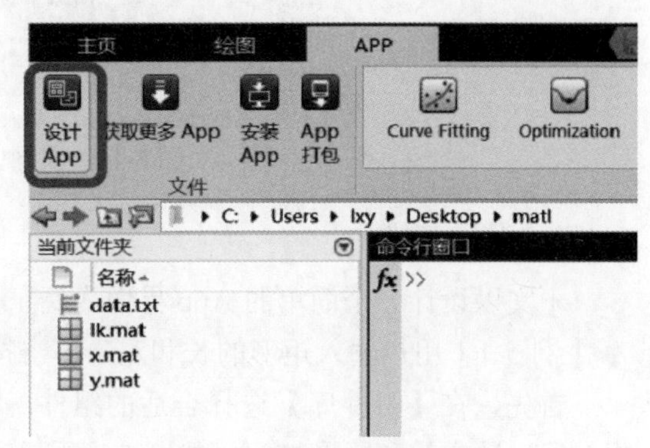

图 5-2　通过菜单栏打开方式

在 App 设计模板中选中一个模板，单击【确定】按钮，就会显示 App 设计窗口，选择不同的 App 设计模板，会出现不同的显示效果。

选择设计环境为【设计视图】显示，如图 5-3 所示，分别由左侧的【组件库】、中部的【界面编辑区（画布）】、右侧【组件浏览器】组成。

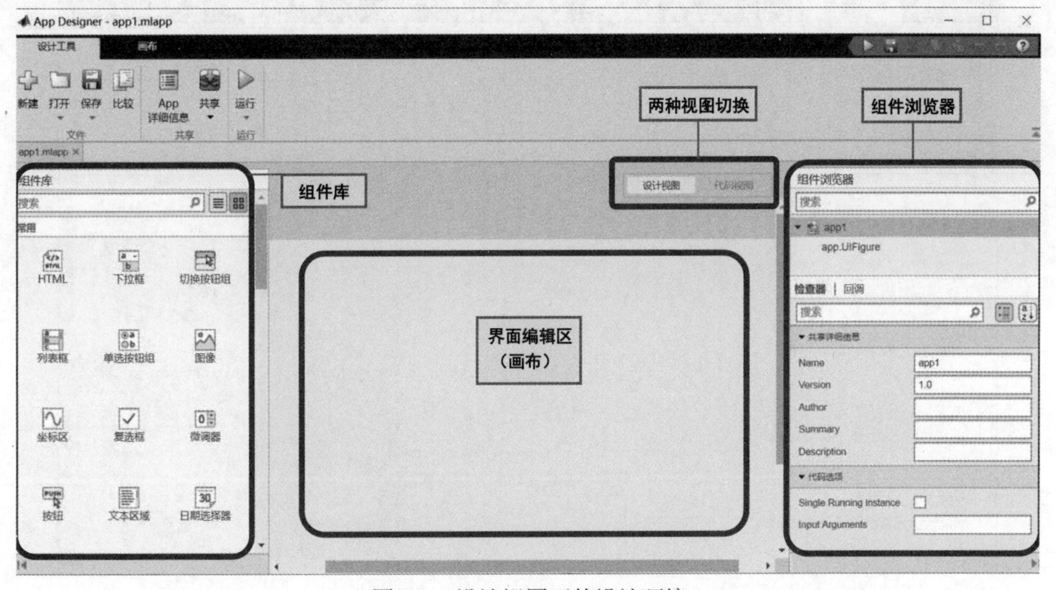

图 5-3　设计视图下的设计环境

选择【代码视图】，则切换到代码视图模式，如图 5-4 所示，分别由左侧的【代码浏览器】部分和【App 的布局】部分、中部的【代码编辑区】、右侧的【组件浏览器】组成。

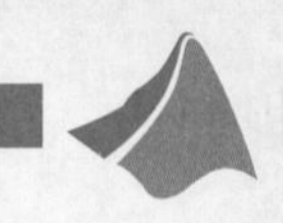

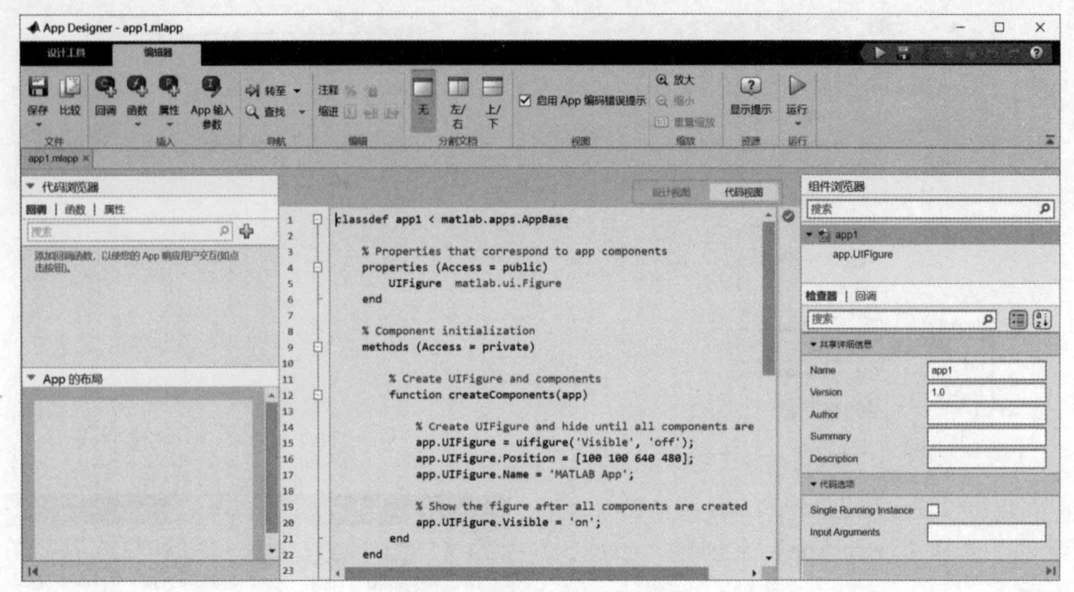

图 5-4　代码视图下的设计环境

5.1.2　设计步骤

下文以设计一个简单的 App 界面为例，介绍 MATLAB App Designer 的设计步骤。

▶【例 5-1】用户输入矩形的长和宽，单击按钮得到矩形的面积。

首先，在【组件库】选择合适的组件，添加到中间的【界面编辑区】，共添加 3 个编辑字段（数字）和一个按钮，如图 5-5 所示。

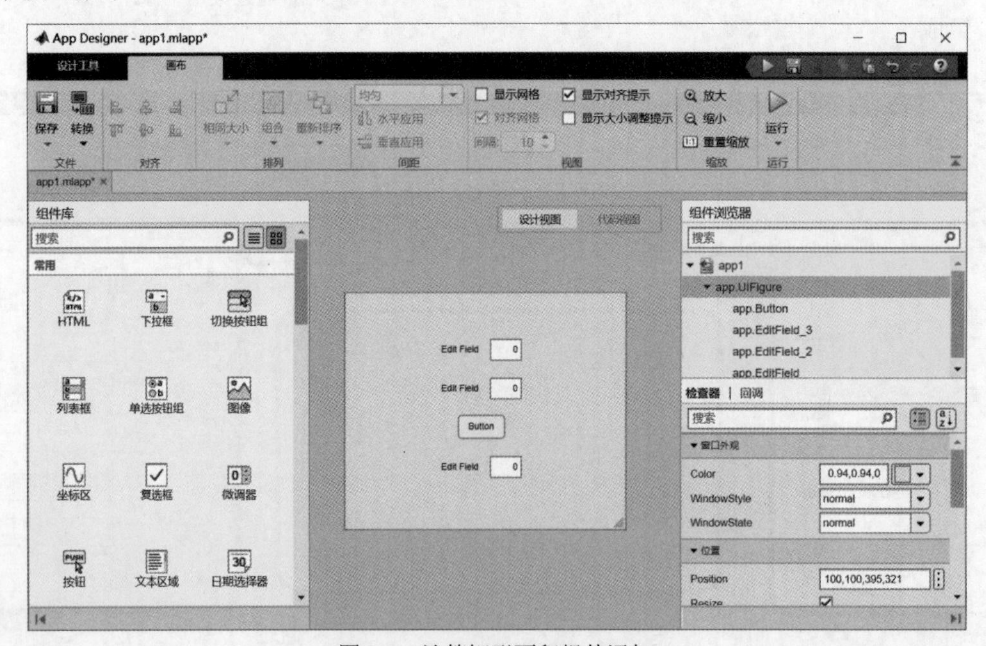

图 5-5　计算矩形面积组件添加

然后，通过在【界面编辑区】双击组件，修改组件的显示名称。或者在【组件浏览器】选择画布中相应的组件，通过组件的属性表修改显示名称，即可得到如图 5-6 所示的静态界面。

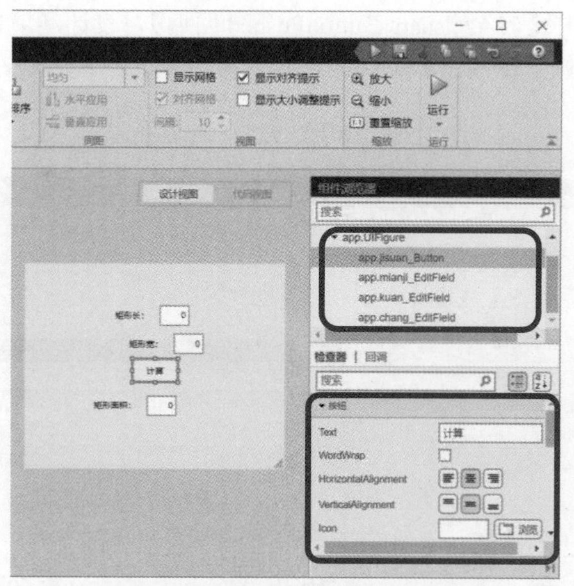

图 5-6　计算矩形面积的静态界面

通过对齐、排列、间距调整工具使界面更加美观，如图 5-7 所示。

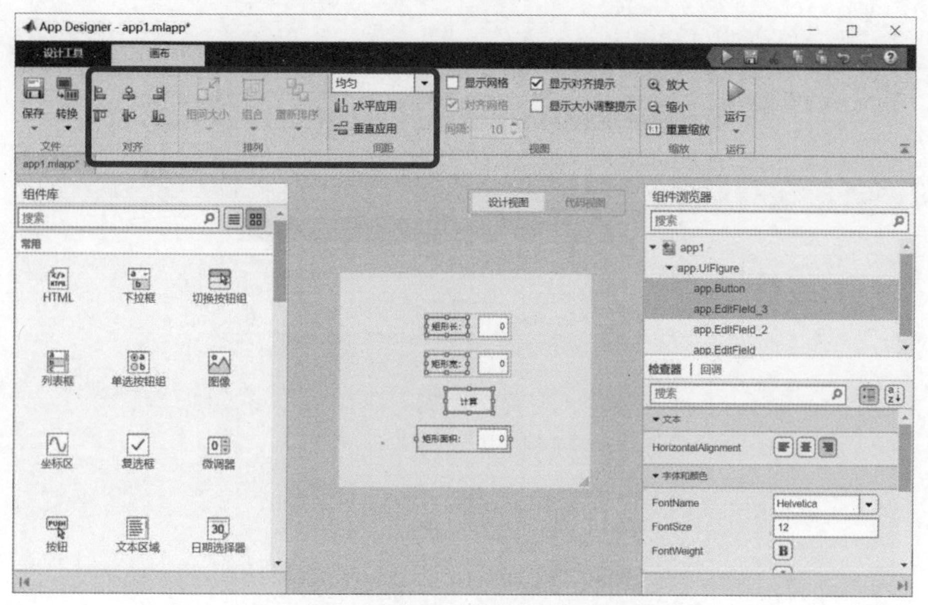

图 5-7　调整对齐、排列、间距的界面

为了更好地在程序中调用不同的组件，可在【组件浏览器】上半部分的上下文菜单中，右击组件，在弹出的列表中选择【重命名】，如图 5-8 所示。

最后，在静态界面的基础上使其能够实现通过用户输入矩形的长和宽，来计算矩形的面积的功能，即编写界面实现动态功能的程序。

具体思路为：当用户输入矩形的长和宽后，单击【计算】按钮，即可在矩形面积位置显示计算结果。那么，当用户单击按钮时，应动态地实现提取上方两个编辑框的数据并将其相乘，且将相乘结果显示在下方的编辑框内。

在【组件浏览器】中找到【按钮】组件，右击，在弹出的快捷菜单中选择【回调】，如图 5-9 所示，再选择【转至 jisuan_ButtonPushed 回调】，设计环境自动跳转到【代码视图】，且光标自动定位于【按钮】组件的回调函数位置（回调函数在下一节详细讲解），如图 5-10 所示。

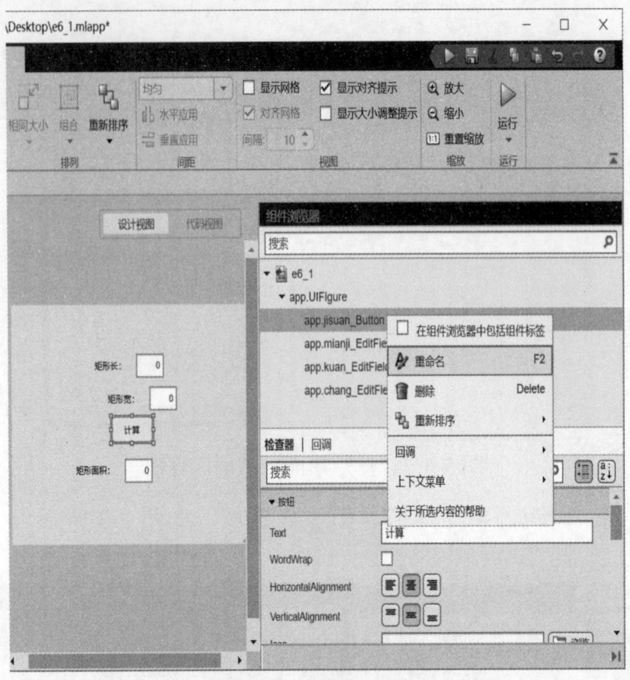

图 5-8 组件重命名

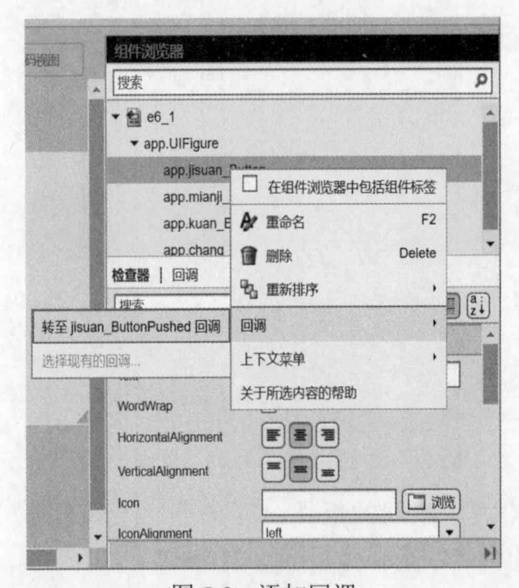

图 5-9 添加回调

按照设计思路在光标定位处输入如下程序命令：

```
k=app.kuan_EditField.Value;      % 调取 kuan_EditField 控件的 Value，赋值给 k
c=app.chang_EditField.Value;     % 调取 chang_EditField 控件的 Value，赋值给 c
m=k*c;
app.mianji_EditField.Value=m;    % 将 m 的值赋值给 mianji_EditField 控件的 Value 属性
```

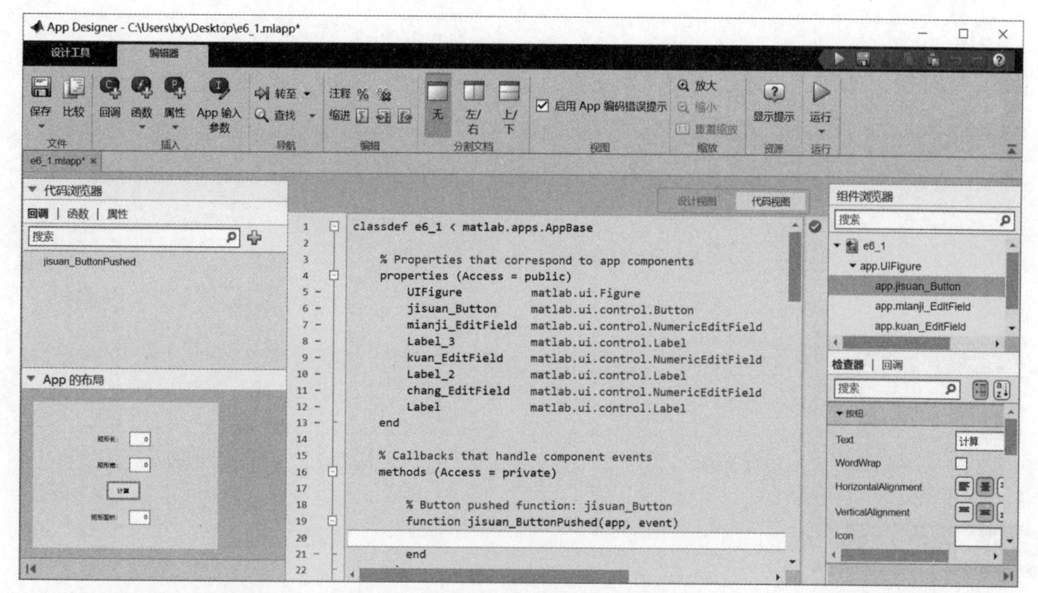

图 5-10　计算矩形面积的代码视图

程序编辑界面如图 5-11 所示。

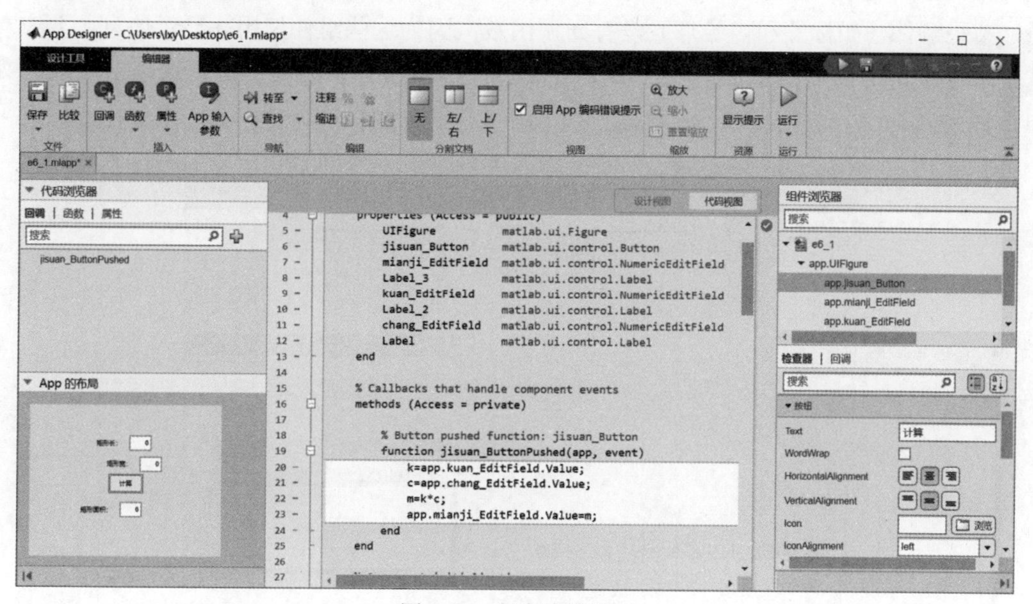

图 5-11　程序编辑界面

单击菜单栏中的【运行】按钮，实现如图 5-12 所示界面，输入数据，单击【计算】按钮，即可实现计算矩形面积的功能，如图 5-13 所示。

综上所述，界面制作包括界面设计和程序实现，具体步骤如下。

（1）分析界面所要实现的主要功能，明晰设计任务。

（2）构思草图，并换位到用户角度审视草图。

（3）根据构思草图，利用组件搭建静态界面。

（4）编写界面实现动态功能的程序，对功能进行仔细验证。

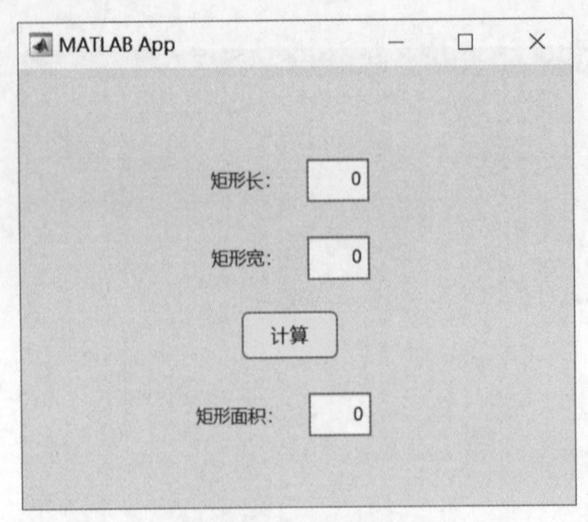

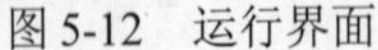
图 5-12　运行界面

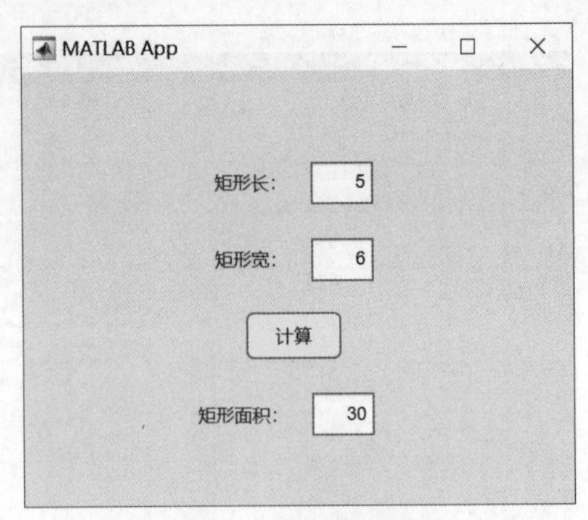

图 5-13　界面功能展示

5.2 回调函数

回调函数是用户与 App 中的 UI 组件交互时执行的函数，每个回调函数都是一个子函数，每个图形对象类型不同，回调函数也不同。大多数组件都至少包含一个回调函数，但是，某些组件（如标签和信号灯）没有回调函数，因为这些组件仅用来显示信息。要查看某个组件支持的回调函数的列表，可通过【组件浏览器】中的【回调】选项卡实现，如图 5-14 所示。

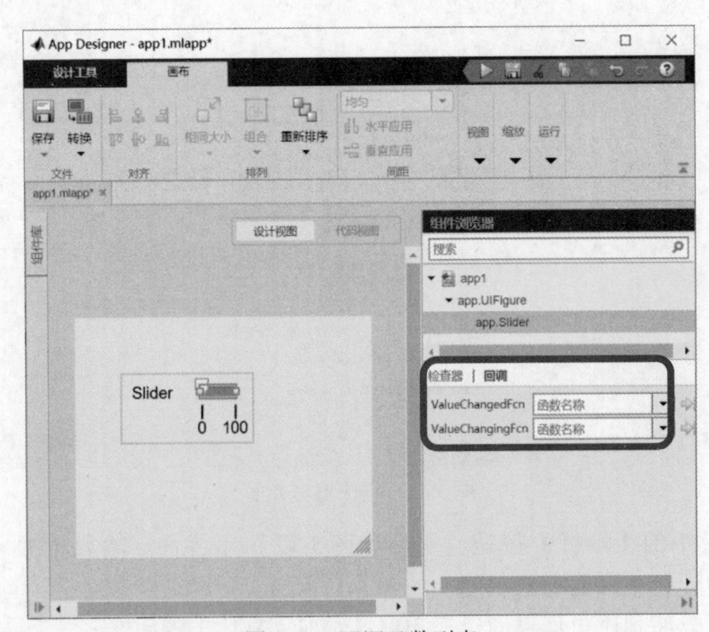

图 5-14　回调函数列表

5.2.1　创建回调函数

创建 UI 组件的回调方法有很多，可根据不同的使用习惯来选择不同的方法。

（1）右击【界面编辑区】的组件，在弹出的快捷菜单中选择【回调】，再选择【添加 xx 回调】，参考前文例 5-1 所使用的方法。

（2）在【组件浏览器】中选择【回调】选项卡，将会显示支持的回调属性列表。通过单击文本字段旁边向下的三角形，可添加默认名称的回调，如图 5-15 所示。如果组件有现有回调，则下拉列表中会包含这些回调，如图 5-16 所示。

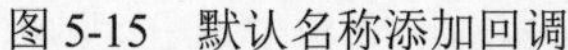
图 5-15　默认名称添加回调

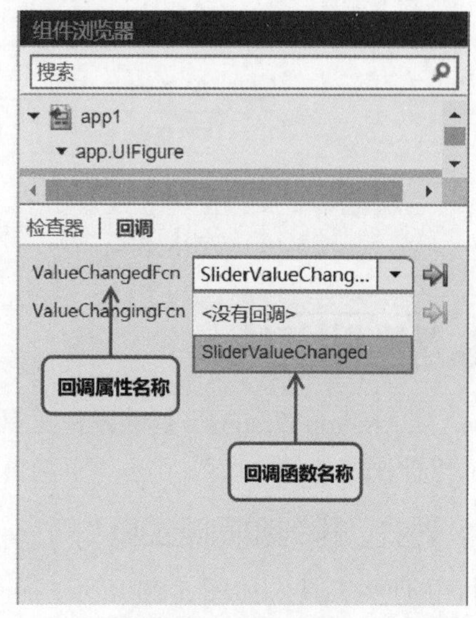

图 5-16　现有回调

（3）在【代码视图】中，在【编辑器】选项卡中单击【回调】图标，弹出如图 5-17 所示对话框。

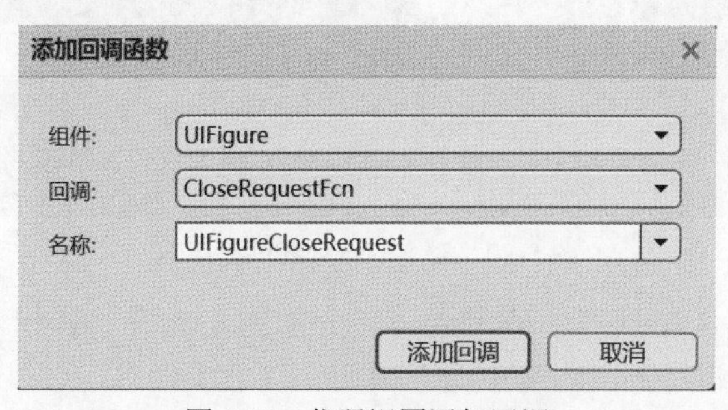

图 5-17　代码视图添加回调

组件：选择执行回调的组件。

回调：用于指定回调属性。回调属性将回调函数映射到特定交互，某些组件具有多个可用的回调属性，例如，滑块具有两个回调属性，分别为 ValueChangeFcn 和 ValueChangingFcn。

名称：为回调函数指定名称，MATLAB App Designer 提供默认名称，也可更改名称。

5.2.2　搜索回调和删除回调

在【代码浏览器】中的【回调】选项卡顶部的搜索栏中输入内容，进行回调搜索，通过右击搜索结果，在弹出的快捷菜单中选择【转至】，即可将光标自动跳转到可编辑的回调函数中，如图 5-18 所示。

在【代码浏览器】中的【回调】选项卡下，选择回调函数，右击在弹出的快捷菜单中选择【删除】，即可删除回调，如图 5-19 所示。

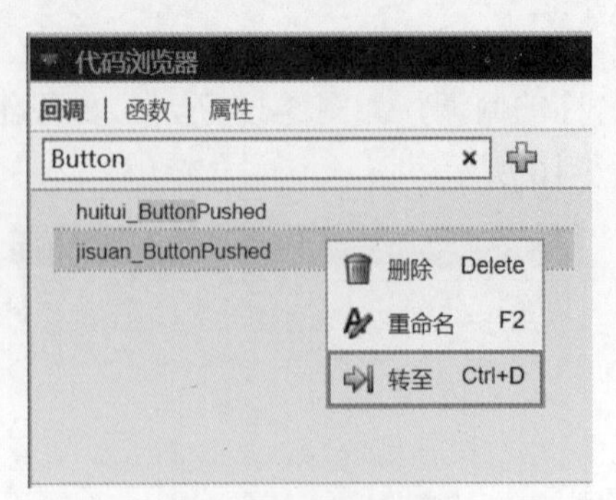

图 5-18　搜索回调

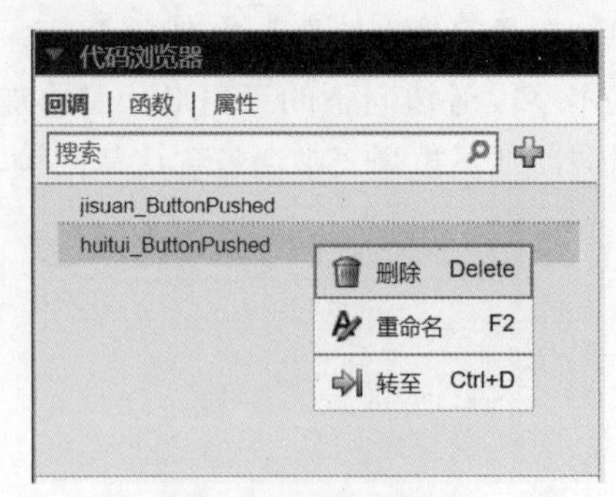

图 5-19　删除回调

5.3 基础设计工具

MATLAB App Designer 基础设计工具包括：对齐工具、排列工具、间距工具、组件检查器和组件浏览器等。

5.3.1　对齐、排列和间距工具

利用调整工具，如图 5-20 所示，可以对 MATLAB App Designer 界面编辑区内的多个组件的位置进行调整，使界面更加美观。调整工具包括：对齐工具、排列工具和间距工具。

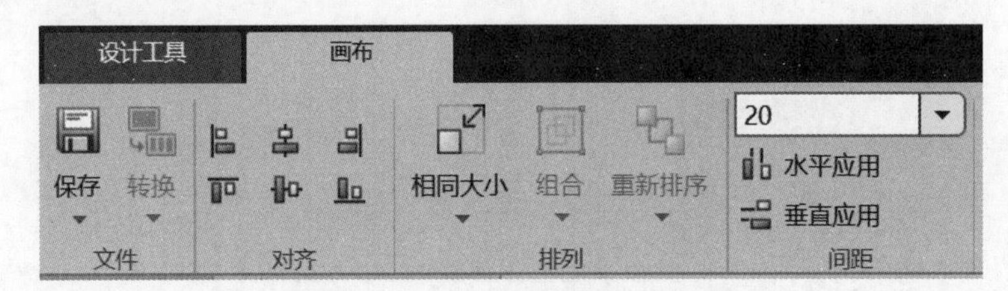

图 5-20　对齐、排列和间距工具

对齐工具栏中，从左到右、从上到下，分别为左对齐、居中对齐、右对齐、顶端对齐、中间对齐和底端对齐。当选中两个或两个以上组件时，可以使用该功能进行位置调整。

排列工具栏中，从左到右分别为相同大小、组合和重新排序。当选中两个或两个以上组件时，可选择相同大小工具中的宽度和高度、宽度或高度，如图 5-21 所示，将选中组件的相应尺寸统一。选择组合工具，可将多个组件组合，即可作为整体同时移动、删除或复制。选中某个组件，可选择置于顶层、上移一层、下移一层和置于底层选项，进行重新排序，如图 5-22 所示。

间距工具栏中，当选中两个或两个以上组件时，可实现水平或垂直方向的等间距调整。

5.3.2　组件检查器

组件检查器，可以用于查看、修改和设置每个组件的属性值。当选中某个组件时，左侧会自动出现相应的属性列表，例如按钮组件的属性列表，将 Text 属性值改为“开始”，如图 5-23 所示。

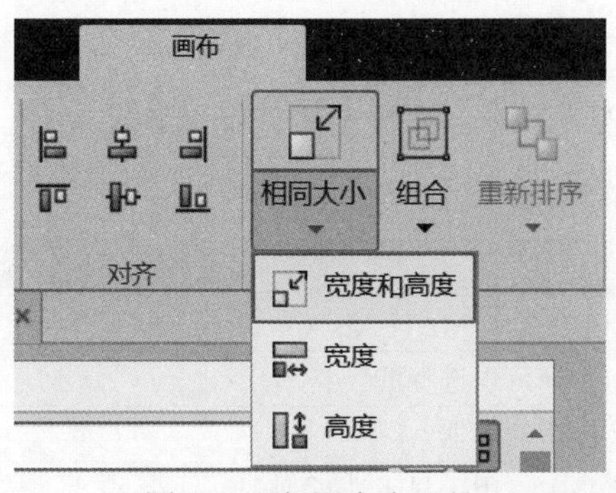

图 5-21　相同大小工具

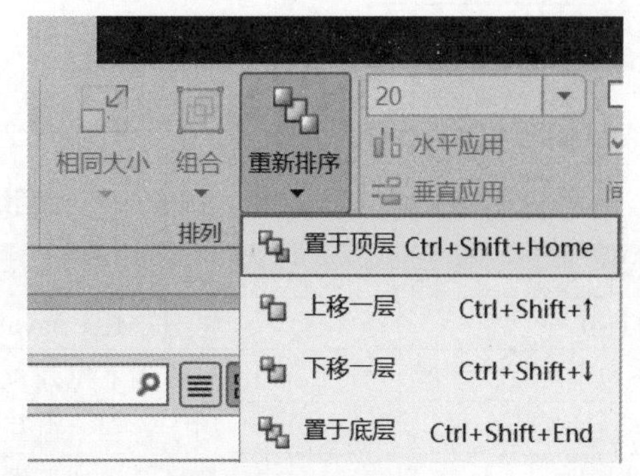

图 5-22　重新排序工具

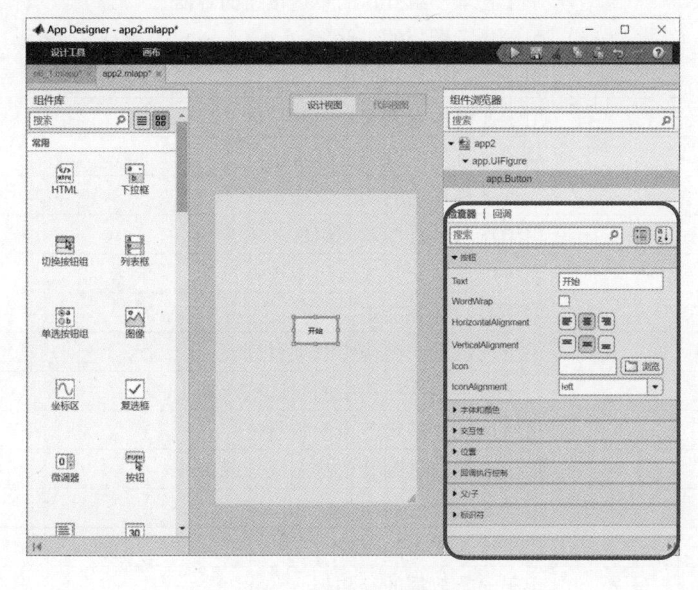

图 5-23　按钮属性列表

5.3.3　组件浏览器

组件浏览器用于查看当前设计阶段的各个组件。例如，添加一个按钮组件到界面编辑区，组件的名称自动显示在组件浏览器中，如图 5-24 所示。当在界面编辑区或组件浏览器中选择组件时，系统将会自动在组件浏览器和界面编辑器中同时选中组件。

当将某些组件（例如滑块组件）拖到界面编辑区时，系统会自动添加标签。如果组件具有标签，并且更改了标签文本（非数字的英文），则组件浏览器中组件的名称也将与该文本匹配，如图 5-25 所示，也可以通过右击选中组件名称，进行重命名。

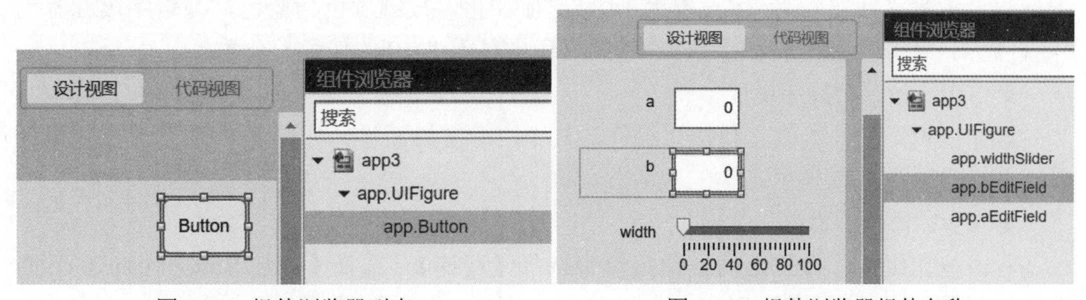

图 5-24　组件浏览器列表　　图 5-25　组件浏览器组件名称

5.4 常用组件

MATLAB App Designer 常用组件共有 21 个，表 5-1 所示为常用组件的名称及功能。

表 5-1 常用组件的名称及功能

名 称	功 能
HTML	将 HTML、JavaScript 或 CSS 嵌入 MATLAB App Designer
下拉框	也称为下拉列表，定义一系列可供选择的字符串
切换按钮组	用于管理一组互斥的切换按钮的容器
列表框	定义一系列可供选择的字符串，用于显示选项列表
单选按钮组	用于管理一组互斥的单选按钮的容器
图像	用于显示图片的组件
坐标区	用于显示图形和图像
复选框	用于在两种选项状态之间切换
微调器	从一个有限集合中选择数值
按钮	执行某种预定的功能或操作
文本区域	用于输入多行文本的组件
日期选择器	允许用户从交互式日历中选择日期
标签	用于显示静态文本
树	用于表示层次结构中的项目列表
树（复选框）	用于表示层次结构中的复选框选项
滑块	可滑动选择指定范围的数量值
状态按钮	指示一种二进制开关状态（开或关）
编辑字段（数值）	用于输入数值的组件
编辑字段（文本）	用于输入文本的组件
表	用于显示数据的行和列
超链接	用于创建超链接的组件

5.4.1 按钮

按钮，又称命令按钮，主要用于响应单击事件的交互组件。按钮是长方形组件，常常在组件本身标有文本，单击按钮，执行由回调字符串所定义的动作。

在默认情况下，按钮处于上凸的弹起状态，当单击按钮，按钮处于下凹的状态，当用户松开鼠标后，按钮恢复到上凸状态。

▶【例 5-2】创建一个抽取随机数界面。创建一个编辑字段（数值）和一个按钮，按钮文本标签设置为“抽取”，字体设置为 14 号黑体加粗，按键颜色为蓝色，编辑字段标签为“随机数”。单击“抽取”按钮，即在编辑字段中显示 1~10 的任意一个数。

第一步：设置布局和属性。

添加编辑字段（数值）和按钮组件，其中，静态界面设计如图 5-26 所示。按钮组件属性表修改如图 5-27 所示。

第二步：添加回调。

右击按钮组件，在弹出的快捷菜单中选择【回调】，选择【添加 ButtonPushedFcn 回调】，界面自动跳转到代码视图，在光标定位处输入如下程序命令：

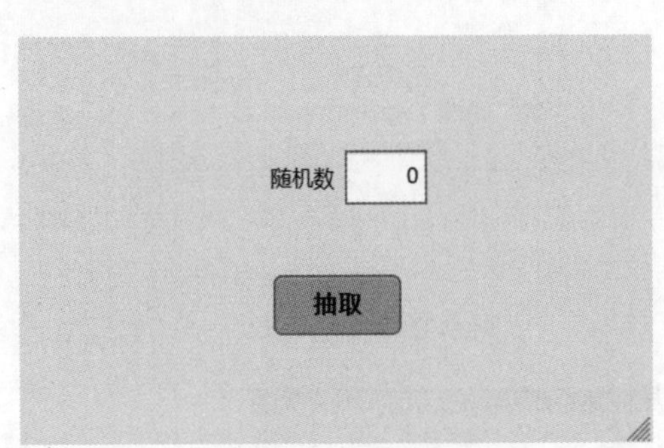

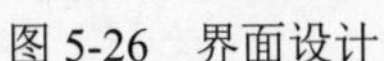
图 5-26　界面设计

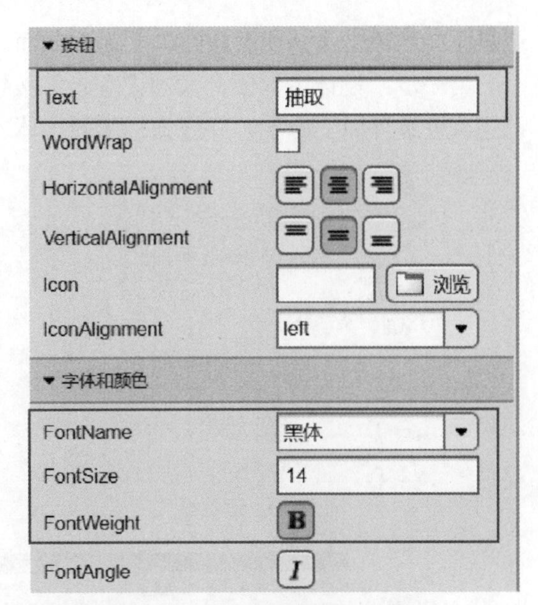

图 5-27　按钮组件属性表修改

```
R=randi(10);                % 随机抽取 1~10 的任意一个数，赋值给 R
app.EditField.Value=R;
```

单击【运行】按钮，运行结果，如图 5-28 所示。单击【抽取】按钮，执行结果如图 5-29 所示。

图 5-28　运行结果

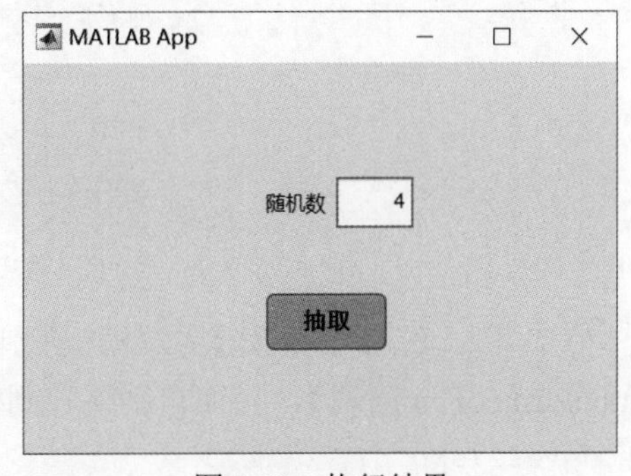

图 5-29　执行结果

▶【例 5-3】创建一个按钮，单击按钮，弹出一个提示窗口。

视频讲解

第一步：添加按钮组件，放置于空白处。

第二步：右击按钮组件，在弹出的快捷菜单中选择【回调】，选择【添加 ButtonPushedFcn 回调】，界面自动跳转到代码视图，在光标定位处输入如下程序命令：

```
msgbox('Welcome')
```

运行结果如图 5-30 所示。单击【请单击】按钮，执行结果如图 5-31 所示。

5.4.2　标签

文本标签是显示固定字符串的标签区域，也可为其他组件提供功能解释和使用说明，主要作用是提示功能。

▶【例 5-4】创建登录界面，该界面包含主界面和欢迎界面 2 个界面。主界面包含两个按钮，分别是【登录】和【关闭】按钮。当单击【登录】按钮时，关闭当前界面，并打开欢

迎界面；当单击【关闭】按钮，关闭主界面。

第一步：设计主界面，添加【登录】按钮和【关闭】按钮。设计欢迎界面，添加“您已进入登录界面”标签，并修改标签的字体、字号和颜色属性，如图 5-32 所示。

图 5-30　运行结果

图 5-31　执行结果

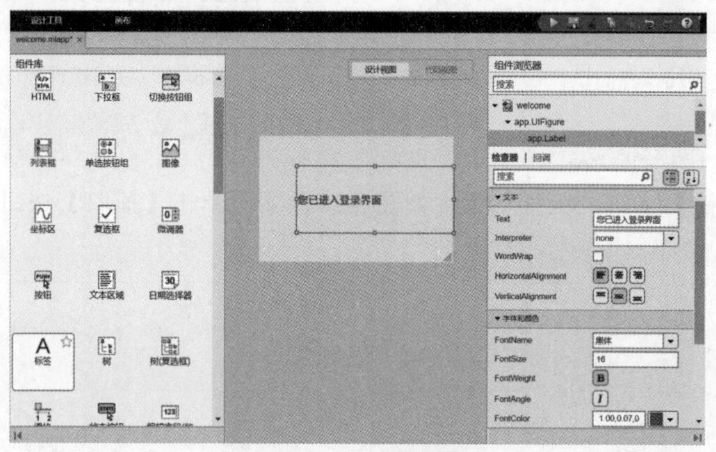

图 5-32　添加标签组件

第二步：右击【关闭】按钮，在弹出的快捷菜单中选择【回调】，选择【添加 ButtonPushedFcn 回调】，界面自动跳转到代码视图，在光标定位处输入如下程序命令：

```
delete(app.UIFigure);
```

右击【登录】按钮，添加回调，输入如下程序命令：

```
delete(app.UIFigure);
run welcome.mlapp        % 打开 welcom.mlapp 界面
```

运行结果如图 5-33 所示。单击【登录】按钮，执行结果如图 5-34 所示。

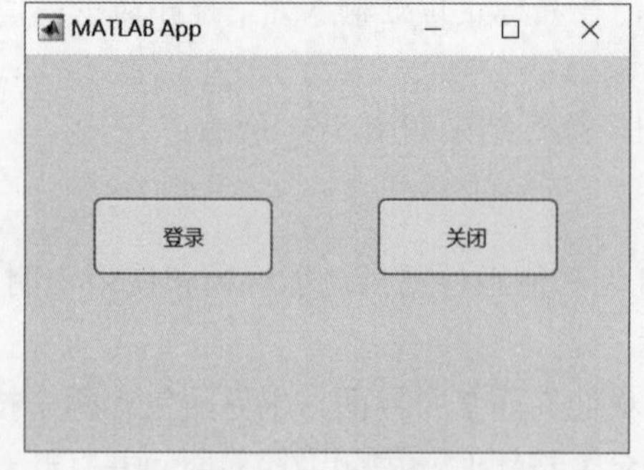

图 5-33　运行结果

图 5-34　单击【登录】按钮执行结果

5.4.3 坐标区

坐标区组件常用来显示图像或者图形的坐标轴，在 MATLAB App Designer 中，可以设置一个或者多个坐标区。

▶【例 5-5】添加一个坐标区和两个按钮。单击【绘图】按钮，坐标区绘制正弦函数图形，单击【清空】按钮，清空坐标区图形。

第一步：添加一个坐标区组件和两个按钮组件。

第二步：右击【绘图】按钮，在弹出的快捷菜单中选择【回调】，选择【添加 ButtonPushedFcn 回调】，界面自动跳转到代码视图，在光标定位处输入如下程序命令：

```
x=0:0.1:2*pi;
y=sin(x);
plot(app.UIAxes,x,y);
xlabel(app.UIAxes,{'x'},'FontSize',9,'FontWeight','bold');
ylabel(app.UIAxes,{'y=sinx'},'FontSize',9,'FontWeight','bold');
title(app.UIAxes,{'正弦函数图像'},'FontSize',14,'color','r','FontWeight','bold')
```

右击【清空】按钮，添加回调，输入如下程序命令：

```
cla(app.UIAxes);
reset(app.UIAxes);
```

运行程序，单击【绘图】按钮，执行结果如图 5-35 所示。单击【清空】按钮，执行结果如图 5-36 所示。

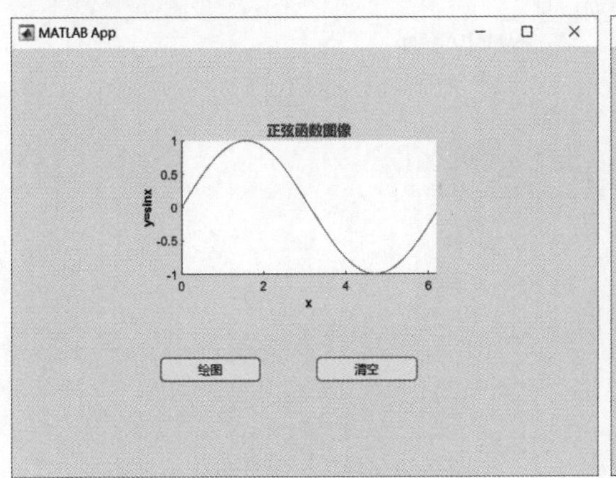

图 5-35 单击【绘图】按钮执行结果

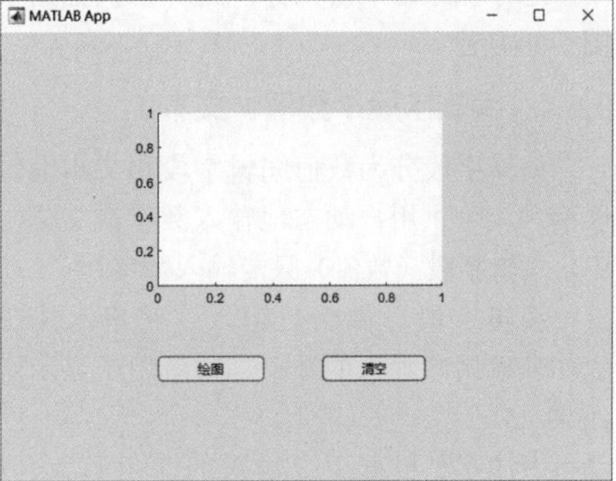

图 5-36 单击【清空】按钮执行结果

坐标区组件有两个属性可以确定是否响应单击，以及如何响应单击。

（1）PickableParts：确定对象是否捕获单击。

（2）HitTest：确定对象是否响应单击或将其传递给最近的父级。

坐标区组件组合使用 PickableParts 属性和 HitTest 属性可以实现以下几种情况。

（1）被单击的对象捕获单击，并执行按钮按下回调或调用上下文菜单响应。

（2）被单击的对象捕获单击，并将单击传递给它的一个父级，该父级执行按下按钮回调或调用上下文菜单响应。

（3）被单击的对象捕获单击，单击可能由被单击对象背后的对象捕获。

▶【例 5-6】创建一个坐标区组件，绘制 $y=2e^{-0.5x}\sin(2\pi x)$ 曲线。

视频讲解

第一步：设置布局及属性。

添加一个坐标区组件，并将 Title.String 改为 \color[rgb]{0,0,1}y=2e^{-0.5x}sin(2{\pi}x)曲线，XLabel.String 改为 \color[rgb]{0,0,1}x，YLabel.String 改为 \color[rgb]{0,0,1}y，如图 5-37 所示。PickableParts 属性设置为 visible，HitTest 属性设置为 on，如图 5-38 所示。

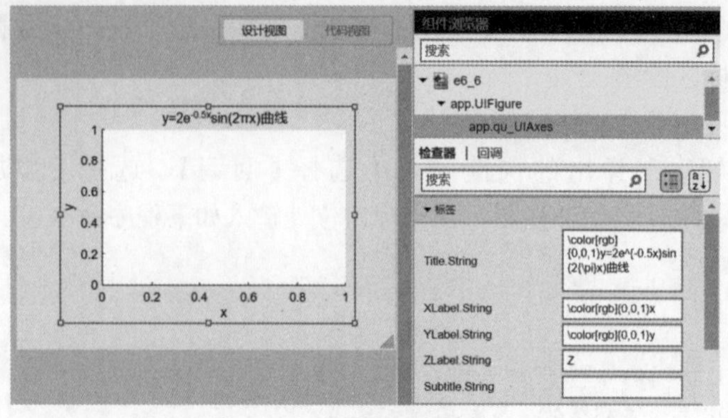

图 5-37 设置布局及属性

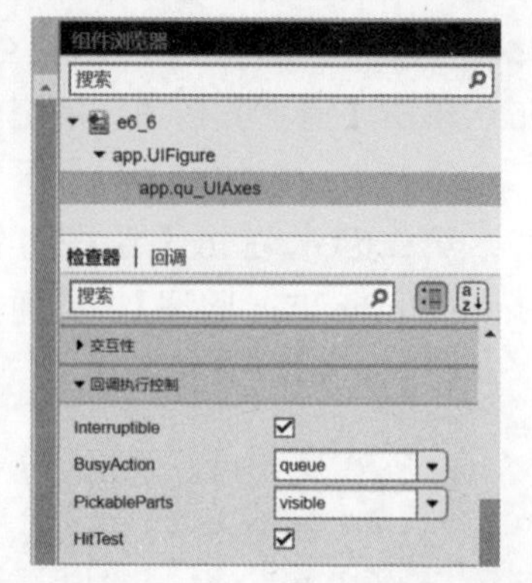

图 5-38 PickableParts 和 HitTest 属性设置

第二步：右击坐标区组件，在弹出的快捷菜单中选择【回调】，选择【添加 qu_UIAxesButtonDown 回调】，界面自动跳转到代码视图，在光标定位处输入如下程序命令：

```
x=0:pi/100:2*pi;
y=2*exp(-0.5*x).*sin(2*pi*x);
plot(app.qu_UIAxes,x,y)
```

运行程序，单击坐标区组件，执行结果如图 5-39 所示。

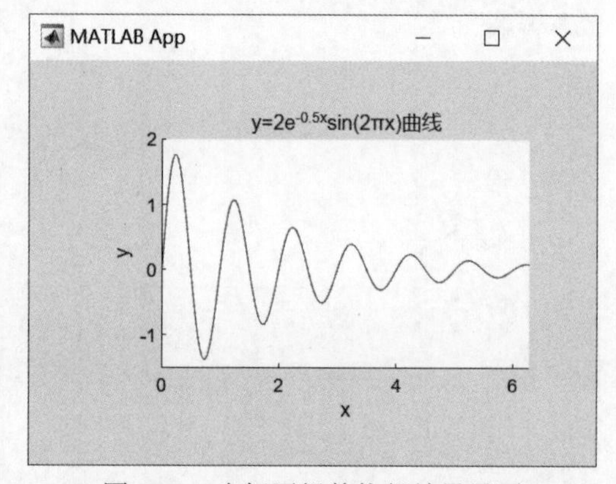

图 5-39 坐标区组件执行结果界面

5.4.4 编辑字段（数值、文本）

编辑字段分为数值编辑字段和文本编辑字段两种，可供用户动态地输入数字或文本，其中，编辑字段（数值）只能输入数字。

编辑字段可供用户输入字符串，并在回调中获取用户输入的数据，或者用于显示运行结果。

视频讲解

▶【例 5-7】根据用户输入的三角函数名称、振幅、频率和初相，绘制出对应的三角函数曲线图形。

第一步：设置布局及属性。

添加一个坐标区、一个按钮、3 个编辑字段（数值）和一个编辑字段（文本）。其中，3 个编辑字段（数值）用于用户输入振幅、频率和初相，编辑字段（文本）用于用户输入三角函数名称。界面布局如图 5-40 所示。

分析：当单击【绘图】按钮，通过获取用户输入的【三角函数名称】确定一种运算，并获取用户输入的【振幅】、【频率】和【相位】数据，将图形绘制于坐标区组件。

第二步：右击【绘图】按钮，在弹出的快捷菜单中选择【回调】，选择【添加 ButtonPushedFcn 回调】，界面自动跳转到代码视图，在光标定位处输入如下程序命令：

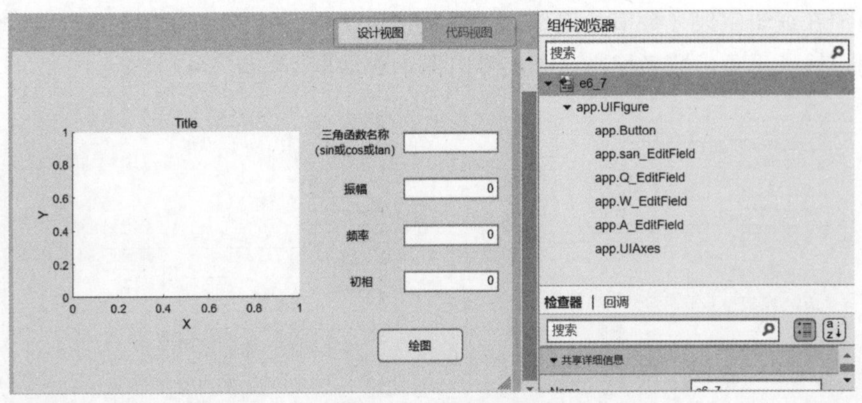

图 5-40　界面布局

```
x=0:0.01:2*pi;
san=app.san_EditField.Value;
A=app.A_EditField.Value;
W=app.W_EditField.Value;
Q=app.Q_EditField.Value;
switch app.san_EditField.Value
    case 'sin'
        y=A*sin(W*x+Q);
        plot(app.UIAxes,x,y);
        title(app.UIAxes,{'正弦函数图像'});
    case 'cos'
        y=A*cos(W*x+Q);
        plot(app.UIAxes,x,y);
        title(app.UIAxes,{'余弦函数图像'});
    case 'tan'
        y=A*tan(W*x+Q);
        plot(app.UIAxes,x,y);
        title(app.UIAxes,{'正切函数图像'});
    otherwise
        msgbox('请正确输入三角函数名称')
end
```

运行程序并在编辑字段组件输入相应内容，单击【绘图】按钮，执行结果如图 5-41 所示。

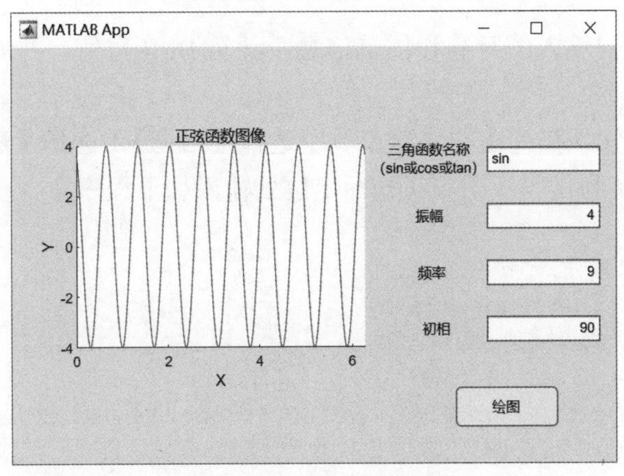

图 5-41　执行结果界面

当用户在编辑字段（数值）组件输入非数值时，提示“值必须为数值”，如图 5-42 所示。当用户输入三角函数名称错误时，弹出提示对话框，如图 5-43 所示。

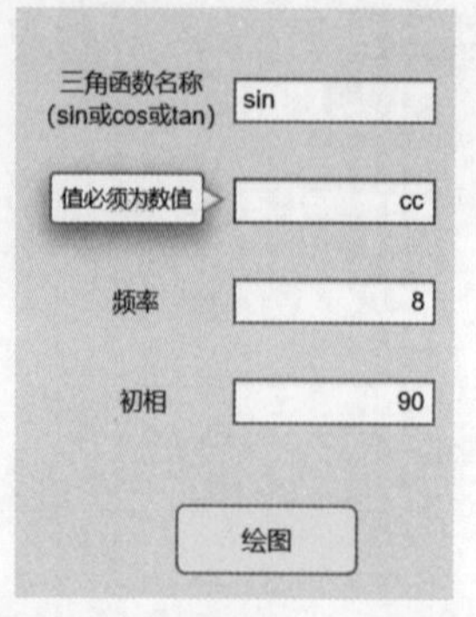

图 5-42　编辑字段（数值）

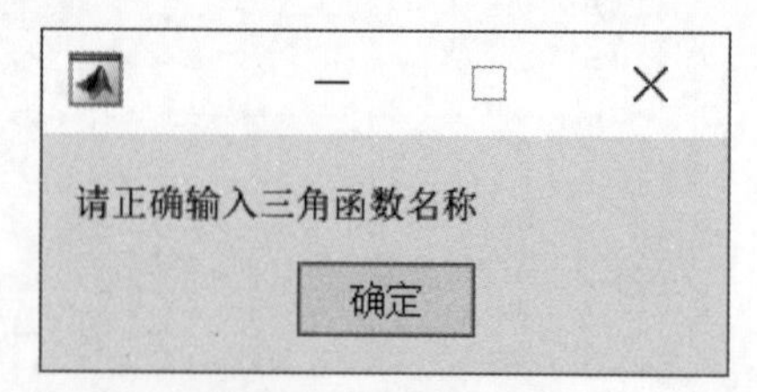

图 5-43　提示对话框

编辑字段（数值、文本）也可用于显示运行结果、数据或文本。

▶【例 5-8】设计一个简易 BMI 计算。获取用户身高和体重，计算 BMI 值，并根据中国标准显示胖瘦程度。

第一步：设置布局及属性。

添加 3 个编辑字段（数值）、一个编辑字段（文本）、一个按钮和一个标签，如图 5-44 所示。

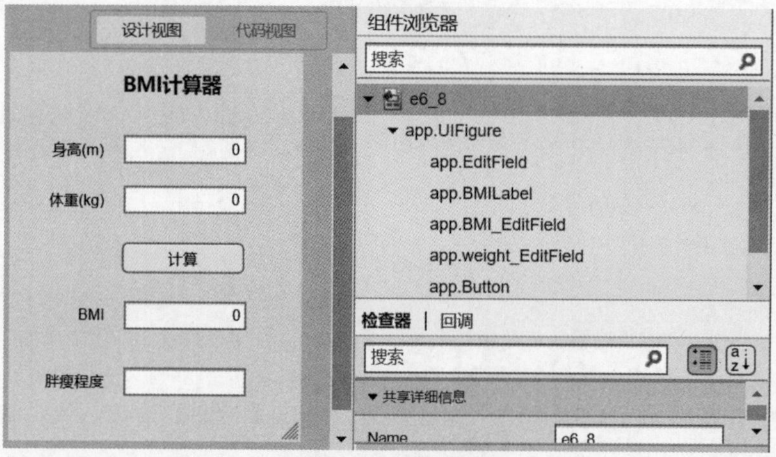

图 5-44　BMI 界面设计

第二步：获取用户输入的身高和体重信息，计算 BMI 数值，并通过 BMI 数值范围确定肥胖程度。

右击【计算】按钮，在弹出的快捷菜单中选择【回调】，选择【添加 ButtonPushedFcn 回调】，界面自动跳转到代码视图，在光标定位处输入如下程序命令：

```
h=app.height_EditField.Value;
w=app.weight_EditField.Value;
app.BMI_EditField.Value=w/(h*h);
if app.BMI_EditField.Value<=18.5
    app.EditField.Value='偏瘦'
elseif (18.5<app.BMI_EditField.Value)&&(app.BMI_EditField.Value<=23.9)
    app.EditField.Value='正常'
```

```
elseif (23.9<app.BMI_EditField.Value)&&(app.BMI_EditField.Value<=27.9)
   app.EditField.Value='偏胖'
elseif (27.9<app.BMI_EditField.Value)&&(app.BMI_EditField.Value<=40)
   app.EditField.Value='肥胖'
else
   app.EditField.Value='极重度肥胖'
end
```

运行程序并输入身高和体重，单击【计算】按钮，运行结果如图 5-45 所示。

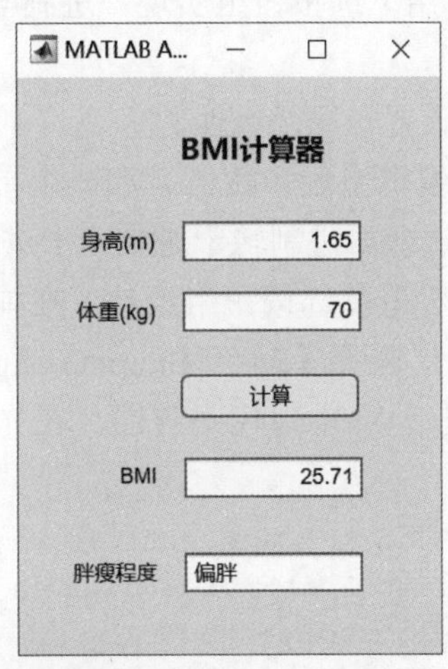

图 5-45　BMI 运行结果

5.4.5　单选按钮组

单选按钮组是用于管理一组互斥的单选按钮的容器，可通过属性控制单选按钮组组件的外观和行为。

旧版本的 MATLAB 中，按钮组是 GUI 对象的容器，当按钮组的对象为单选按钮或切换按钮时，对子对象本身也定义了 Callback 函数。新版本的 MATLAB 中，对按钮组进行了优化，分别设置了单选按钮组和切换按钮组组件，并且其管理的单选按钮和切换按钮对象不能再创建 Callback 回调函数。

▶【例 5-9】单选按钮实例。要求将单选按钮组所选择的内容，显示到编辑字段组件。

第一步：设置布局及属性。

添加一个编辑字段（数值）和一个单选按钮组，并在单选按钮组中添加 5 个选项。

第二步：右击单选按钮组组件，在弹出的快捷菜单中选择【回调】，选择【转至 ButtonGroupSelectionChanged 回调】，界面自动跳转到代码视图，在光标定位处输入如下程序命令：

```
selectedButton = app.ButtonGroup.SelectedObject;
switch selectedButton.Text
    case '20'
        app.EditField.Value='20';
    case '30'
        app.EditField.Value='30';
    case '40'
        app.EditField.Value='40';
```

```
    case '50'
        app.EditField.Value='50';
    case '其他'
        app.EditField.Value='其他';
end
```

运行程序并选择“50”选项，运行结果如图5-46所示。

图5-46　单选按钮组组件运行结果

▶【例5-10】用单选按钮组实现二进制与十进制数之间的转换。

第一步：设置布局及属性。

添加两个编辑字段（数值）和一个单选按钮组，在单选按钮组中可选择二进制转十进制或十进制转二进制。

第二步：右击单选按钮组组件，在弹出的快捷菜单中选择【回调】，选择【转至ButtonGroupSelectionChanged回调】，界面自动跳转到代码视图，在光标定位处输入如下程序命令：

```
selectedButton = app.ButtonGroup.SelectedObject;
str=app.yuan_EditField.Value;
switch selectedButton.Text
    case '二进制转十进制'
        app.jieguo_EditField.Value=bin2dec(num2str(str));
    case '十进制转二进制'
        app.jieguo_EditField.Value=str2double(dec2bin(str,24));
end
```

输入数据并选择“十进制转二进制”选项，运行结果如图5-47所示。输入数据并选择“二进制转十进制”选项，运行结果如图5-48所示。

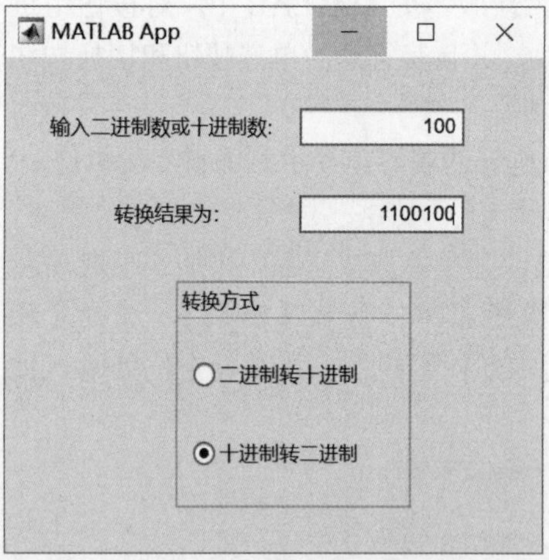

图5-47　十进制转二进制

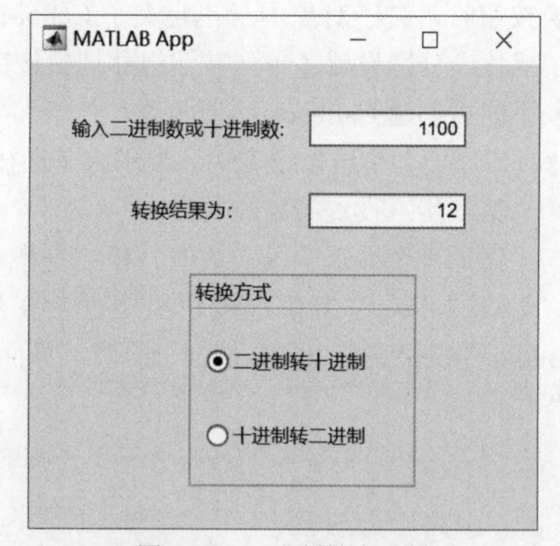

图5-48　二进制转十进制

视频讲解

▶【例5-11】用单选按钮组对坐标区内曲线的颜色进行选择。

第一步：设置布局及属性。

添加一个坐标区和一个单选按钮组，在单选按钮组中设置黄色、红色和蓝色选项。

第二步：右击单选按钮组组件，在弹出的快捷菜单中选择【回调】，选择【转至 ButtonGroupSelectionChanged 回调】，界面自动跳转到代码视图，在光标定位处输入如下程序命令：

```
selectedButton = app.ButtonGroup.SelectedObject;
x=0:0.1:2*pi;
y=sin(x);
hp=plot(app.UIAxes,x,y,'LineWidth',2);
switch selectedButton.Text
    case '黄色'
       set(hp,'color','y');
    case '红色'
       set(hp,'color','r');
    case '蓝色'
       set(hp,'color','b');
end
```

运行程序后选择“红色”选项，运行结果如图 5-49 所示。

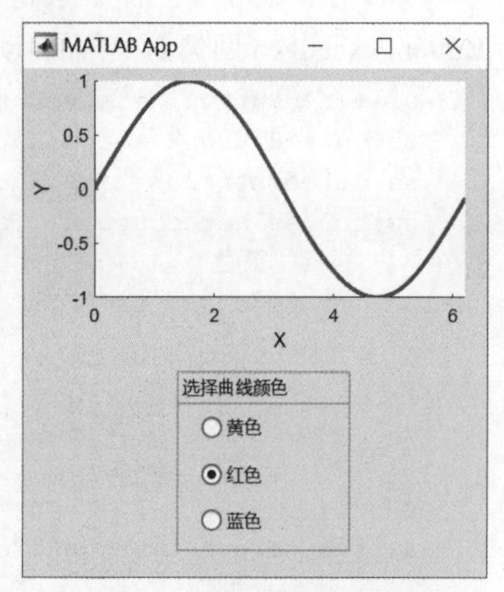

图 5-49 曲线颜色选择界面

5.4.6 切换按钮组

切换按钮组与单选按钮组相似，是用于管理一组互斥的切换按钮的容器，可通过属性控制单选按钮组组件的外观和行为。

▶【例 5-12】添加切换按钮组，实现当用户单击切换按钮时，切换按钮组的标题也相应发生改变。

第一步：设置布局及属性。添加一个切换按钮组，按钮名称为 1、2 和 3，界面布局如图 5-50（a）所示。

第二步：右击切换按钮组组件，在弹出的快捷菜单中选择【回调】，选择【转至 ButtonGroup SelectionChanged 回调】，界面自动跳转到代码视图，在光标定位处输入如下程序命令：

```
selectedButton = app.ButtonGroup.SelectedObject;
switch selectedButton.Text
    case '1'
       app.ButtonGroup.Title=" 您选择的数字是 :"+selectedButton.Text
    case '2'
        app.ButtonGroup.Title=" 您选择的数字是 :"+selectedButton.Text
     case '3'
       app.ButtonGroup.Title=" 您选择的数字是 :"+selectedButton.Text
end
```

运行程序后分别单击“1”切换按钮和“3”切换按钮，运行结果如图 5-50（b）和图 5-50（c）所示。

▶【例 5-13】通过单选按钮组和切换按钮组组件，实现坐标区曲线的颜色、线型和图形类型的切换。

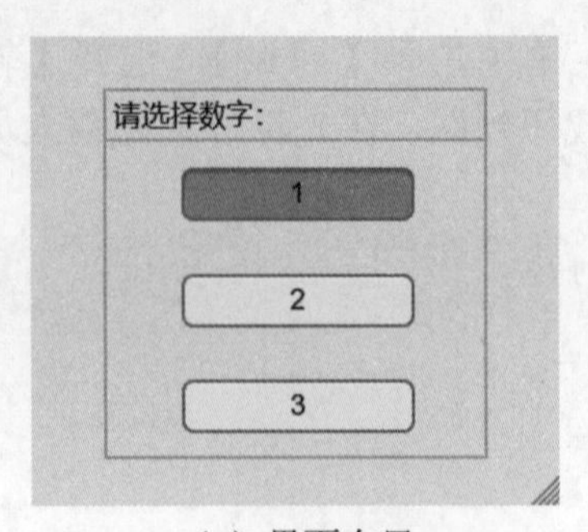

（a）界面布局

（b）选择数字 1

（c）选择数字 3

图 5-50　例 5-12 界面布局和运行结果

第一步：设置布局及属性。添加两个切换按钮组，实现颜色和线型的切换；添加一个单选按钮组，实现不同函数的切换；添加一个按钮实现绘图操作。界面布局如图 5-51 所示。

第二步：右击【绘图】按钮组件，在弹出的快捷菜单中选择【回调】，选择【添加 ButtonPushedFcn 回调】，界面自动跳转到代码视图，在光标定位处输入如下程序命令：

```
selectedButton1 = app.ButtonGroup.SelectedObject;
selectedButton2 = app.ButtonGroup_2.SelectedObject;
selectedButton3 = app.ButtonGroup_3.SelectedObject;
switch selectedButton1.Text         % 第一个切换按钮组，选择颜色
   case '蓝色'
      co='b';
   case '绿色'
      co='g';
   case '红色'
      co='r';
end
switch selectedButton2.Text         % 第二个切换按钮组，选择线型
    case '粗'
      wi=3;
    case '中等'
      wi=2;
    case '细'
      wi=1;
end
switch selectedButton3.Text         % 单选按钮组，选择函数类型
    case '正弦'
       x=0:0.1:2*pi;
       y=sin(x);
       plot(app.UIAxes,x,y,'color',co,'LineWidth',wi);
    case '余弦'
       x=0:0.1:2*pi;
       y=cos(x);
       plot(app.UIAxes,x,y,'color',co,'LineWidth',wi);
    case '正切'
       x=0:0.1:2*pi;
       y=tan(x);
```

```
        plot(app.UIAxes,x,y,'color',co,'LineWidth',wi);
    end
```

运行程序后分别选择颜色、线型和函数类型，单击【绘图】按钮，运行结果如图 5-52 所示。

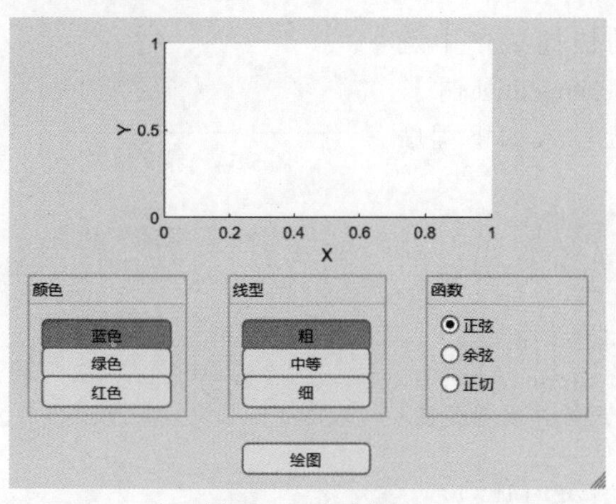

图 5-51　界面布局

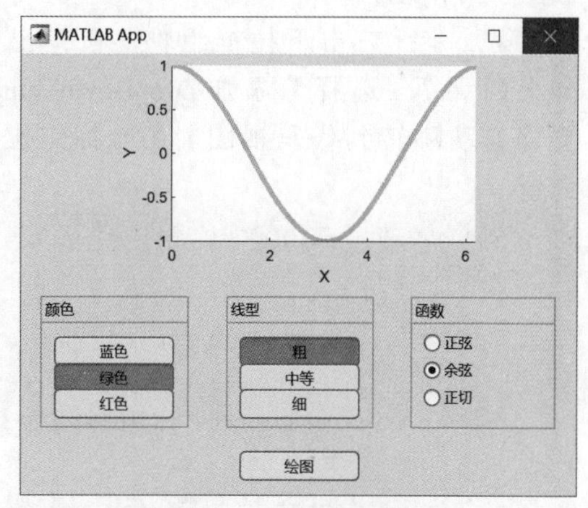

图 5-52　运行结果

5.4.7　下拉框

▶【例 5-14】通过下拉框选择不同菜品，并显示相应菜品简介。

第一步：设置布局及属性。添加一个下拉框，一个标签。

第二步：右击下拉框组件，在弹出的快捷菜单中选择【回调】，选择【添加 DropDownValueChanged 回调】，界面自动跳转到代码视图，在光标定位处输入如下程序命令：

视频讲解

```
    value = app.DropDown.Value;
    switch value
      case '糖醋里脊'
          app.Label_2.Text={'配料：里脊肉，食用油，鸡蛋，香葱，生姜，面粉，淀粉。'
          '口感：甜酸可口，外焦里嫩，口齿留香，回味无穷。'};
      case '麻婆豆腐'
        app.Label_2.Text={'配料：豆腐，肉末，辣椒，花椒，豆豉，豆瓣酱，花椒粉，盐'
        '口感：麻、辣、鲜、香、烫、嫩、酥'};
      case '油焖大虾'
        app.Label_2.Text={'配料：鲜大虾，料酒，荆沙辣酱，白糖，花椒油，青蒜段，姜丝'
        '口感：麻辣爽口、口味鲜香'};
    end
```

运行程序后分别选择“糖醋里脊”和“油焖大虾”，运行结果如图 5-53 所示。

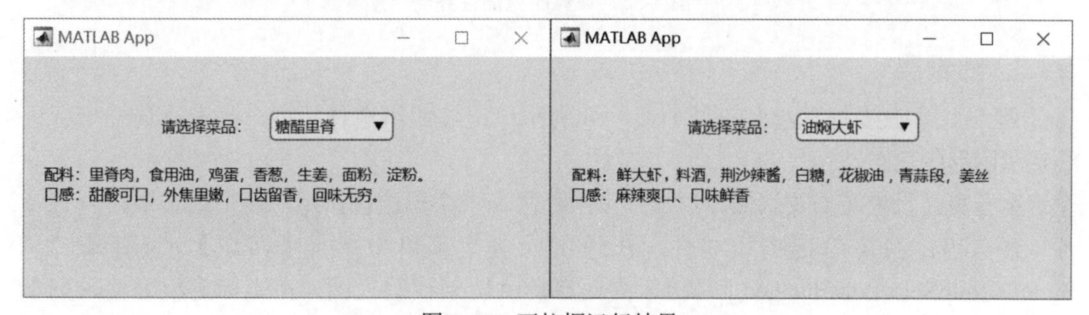

图 5-53　下拉框运行结果

▶【例 5-15】下拉框选择圆形、矩形或三角形，用户通过弹出的对话框输入参数，计算出相应图形的面积。

第一步：设置布局及属性。添加一个下拉框，界面布局如图 5-54 所示。

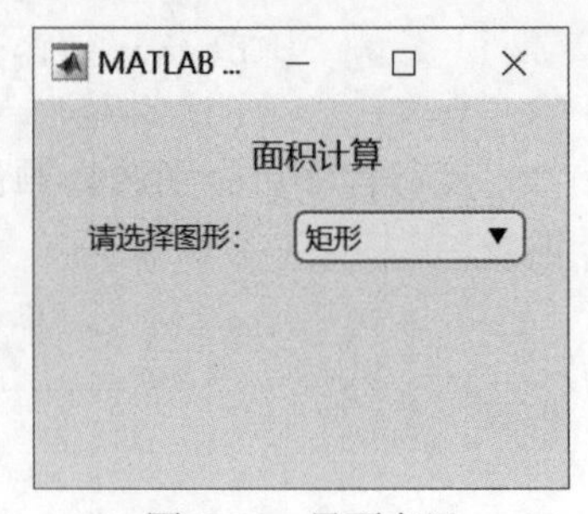

图 5-54　界面布局

第二步：右击下拉框组件，在弹出的快捷菜单中选择【回调】，选择【添加 DropDownValueChanged 回调】，界面自动跳转到代码视图，在光标定位处输入如下程序命令：

```
value = app.DropDown.Value;
switch value
    case '圆形'
        r=inputdlg('请输入半径 (cm):','圆形面积');
        s1=num2str(str2double(r)*str2double(r)*3.14);
        msgbox(strcat('计算的面积为 :',s1), '计算结果');
    case '矩形'
        a=inputdlg('请输入矩形长 (cm):','矩形面积');
        b=inputdlg('请输入矩形宽 (cm):','矩形面积');
        s2=num2str(str2double(a)*str2double(b));
        msgbox(strcat('计算的面积为 :',s2),'计算结果');
    case '三角形'
        d=inputdlg('请输入三角形的底边 (cm):','三角形面积');
        h=inputdlg('请输入三角形的高 (cm):','三角形面积');
        s3=num2str((str2double(d)*str2double(h))*0.5);
        msgbox(strcat('计算的面积为 :',s3),'计算结果');
end
```

运行程序后以选择“矩形”为例，弹出如图 5-55（a）所示的对话框，输入矩形的长，单击【确定】按钮，继续弹出如图 5-55（b）所示对话框，输入矩形的宽，单击【确定】按钮，最后弹出结果对话框，如图 5-55（c）所示。

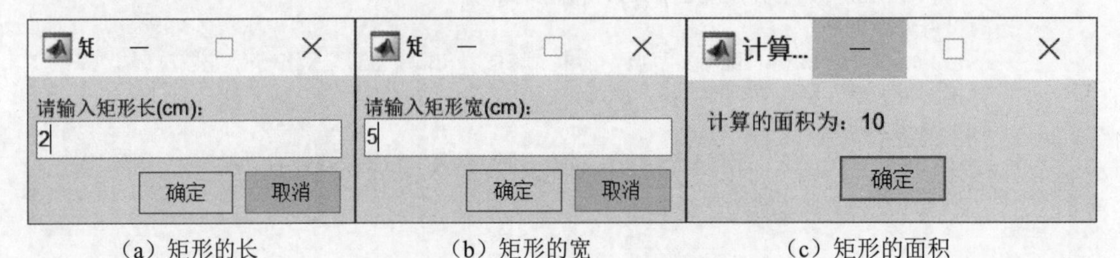

（a）矩形的长　（b）矩形的宽　（c）矩形的面积

图 5-55　计算面积运行界面

5.4.8　列表框

▶【例 5-16】在坐标区绘制正弦曲线，并利用单选按钮组选择线型，列表框选择坐标区线宽和图形颜色。

视频讲解

第一步：设置布局及属性。添加一个坐标区，一个单选按钮组，两个列表框。

第二步：右击单选按钮组件，在弹出的快捷菜单中选择【回调】，选择【转至 ButtonGroupSelectionChanged 回调】，界面自动跳转到代码视图，在光标定位处输入如下程序命令：

```
    selectedButton = app.ButtonGroup.SelectedObject;
    switch selectedButton.Text
        case '实线'
            app.UIAxes.GridLineStyle='-';
        case '虚线'
            app.UIAxes.GridLineStyle=':';
     end
```

右击第一个列表框组件，在弹出的快捷菜单中选择【回调】，选择【转至 ListBoxValueChanged 回调】，界面自动跳转到代码视图，在光标定位处输入程序命令如下：

```
    value = app.ListBox.Value;
    x=0:0.1:4*pi;
    y=sin(x);
    switch value
        case '黄色'
          plot(app.UIAxes,x,y,'color','y','LineWidth',2);
        case '红色'
          plot(app.UIAxes,x,y,'color','r','LineWidth',2);
        case '绿色'
          plot(app.UIAxes,x,y,'color','g','LineWidth',2);
        case '蓝色'
          plot(app.UIAxes,x,y,'color','b','LineWidth',2);
    end
```

右击第二个列表框组件，在弹出的快捷菜单中选择【回调】，选择【转至 ListBox_2ValueChanged 回调】，界面自动跳转到代码视图，在光标定位处输入如下程序命令：

```
    value = app.ListBox_2.Value;
    switch value
        case '宽'
            app.UIAxes.LineWidth=2;
        case '中等'
            app.UIAxes.LineWidth=1;
        case '窄'
            app.UIAxes.LineWidth=0.5;
    end
```

运行程序后分别对网格线型、坐标区线宽和图形颜色进行选择，运行结果如图 5-56 所示。

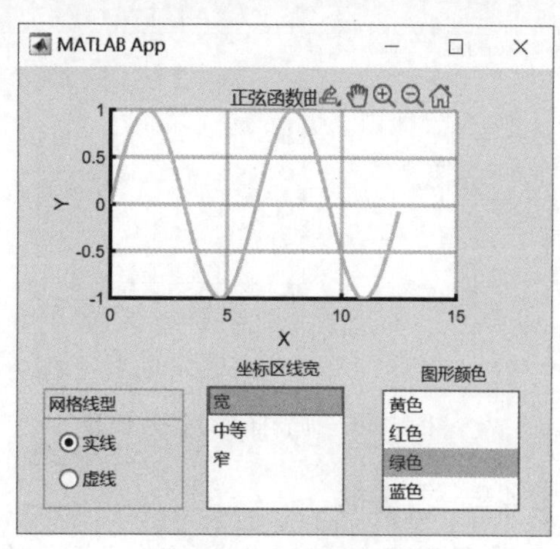

图 5-56　列表框案例

▶【例 5-17】将指定路径文件夹下的所有 JPG 格式图片导入列表框，并将选中的图片显示出来。

第一步：设置布局及属性。添加一个坐标区，一个列表框，一个按钮，界面布局如图 5-57 所示。

第二步：右击【获取图像】按钮，在弹出的快捷菜单中选择【回调】，选择【添加 ButtonPushedFcn 回调】，界面自动跳转到代码视图，在光标定位处输入如下程序命令：

```
global FilePath
FilePath=uigetdir('*.*','请选择文件夹');
jpg_list=dir(strcat(FilePath,'\*.jpg'));
jpg_num=length(jpg_list);
if jpg_num>0
    for j=1:jpg_num
        s=jpg_list(j).name;
        app.ListBox.Items=[app.ListBox.Items,num2str(s)];    %列表框动态赋值
    end
end
```

右击列表框组件，在弹出的快捷菜单中选择【回调】，选择【转至 ListBoxValueChanged 回调】，界面自动跳转到代码视图，在光标定位处输入如下程序命令：

```
value = app.ListBox.Value;
global FilePath
image=[FilePath,'\',value];
I = imread(image);                        %读取图片
imshow(I,'parent',app.UIAxes);            % 显示图片到坐标轴
```

运行程序，单击【获取图像】按钮，弹出如图 5-58 所示窗口，选择文件夹，列表框内即可显示文件夹内全部 JPG 格式图片名称，如图 5-59 所示。选择其中一个选项，即可将相应图片显示在坐标区内，如图 5-60 所示。

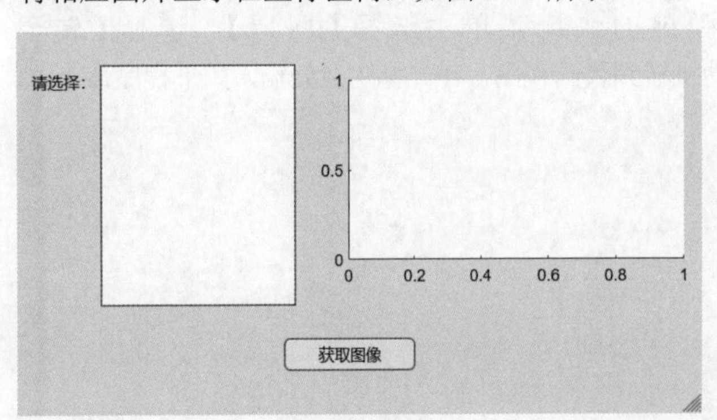

图 5-57　界面布局

图 5-58　文件夹内图片

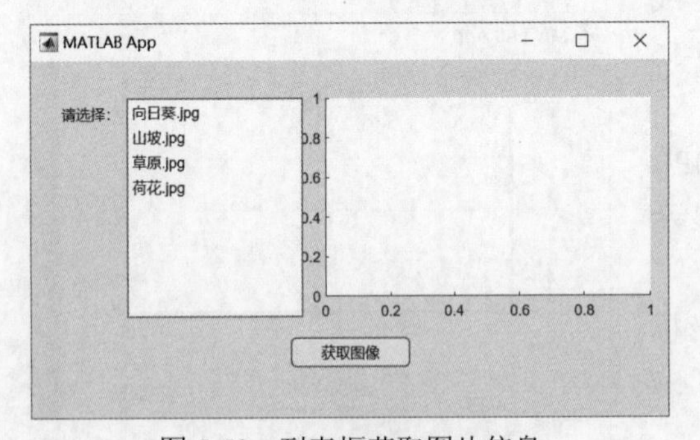

图 5-59　列表框获取图片信息

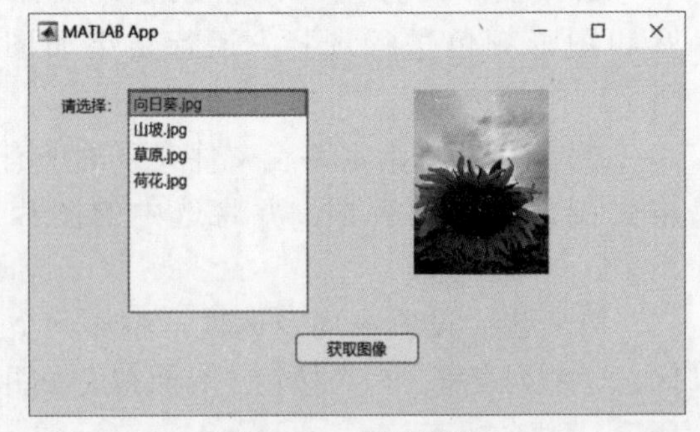

图 5-60　显示图像

5.4.9　复选框

▶【例 5-18】通过复选框控制坐标区的 X 轴和 Y 轴网格线是否显示。

第一步：设置布局及属性。添加一个坐标区，两个复选框。

第二步：右击第一个复选框组件，在弹出的快捷菜单中选择【回调】，选择【添加 XCheckBoxValueChanged 回调】，界面自动跳转到代码视图，在光标定位处输入如下程序命令：

```
value = app.XCheckBox.Value;
if value
    app.UIAxes.XGrid='on';
else
    app.UIAxes.XGrid='off';
end
```

右击第二个复选框组件，在弹出的快捷菜单中选择【回调】，选择【添加 XCheckBoxValueChanged 回调】，界面自动跳转到代码视图，在光标定位处输入如下程序命令：

```
value = app.YCheckBox.Value;
if value
   app.UIAxes.YGrid='on';
else
   app.UIAxes.YGrid='off';
end
```

运行程序，选择复选框选项，坐标区网格发生相应变化，如图 5-61 所示。

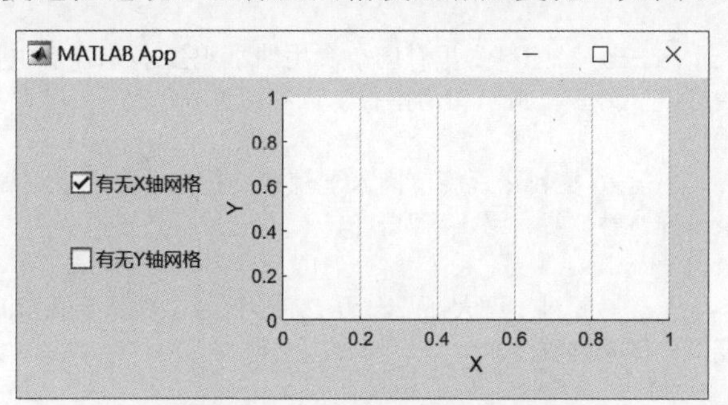

图 5-61　复选框调整网格线

▶【例 5-19】通过下拉框选择是否通过英语等级考试，若未通过，则复选框被禁用；若通过，则从复选框内选择相应英语等级考试。

视频讲解

第一步：设置布局及属性。添加一个下拉框，一个复选框。

第二步：右击下拉框组件，在弹出的快捷菜单中选择【回调】，选择【添加 DropDownValueChanged 回调】，界面自动跳转到代码视图，在光标定位处输入如下程序命令：

```
value = app.DropDown.Value;
switch value
   case '是'
      app.CheckBox.Enable='on';
      app.CheckBox_2.Enable='on';
   case '否'
      app.CheckBox.Enable='off';
      app.CheckBox_2.Enable='off';
```

```
end
```

运行程序，在下拉框中选择“否”，复选框禁用，如图 5-62 所示。在下拉框中选择“是”，并选择“四级”复选框，如图 5-63 所示。

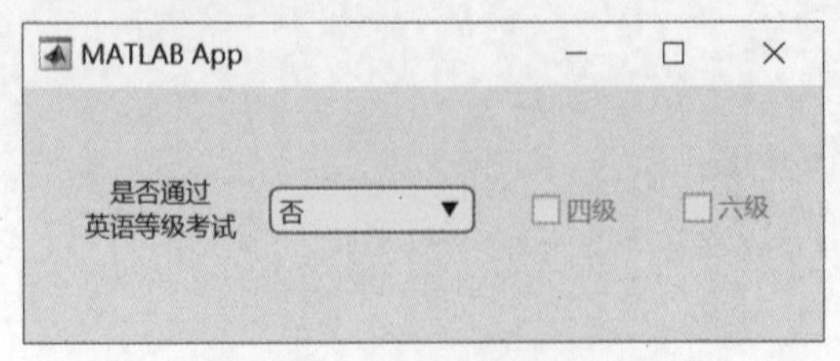

图 5-62 选择“否”结果

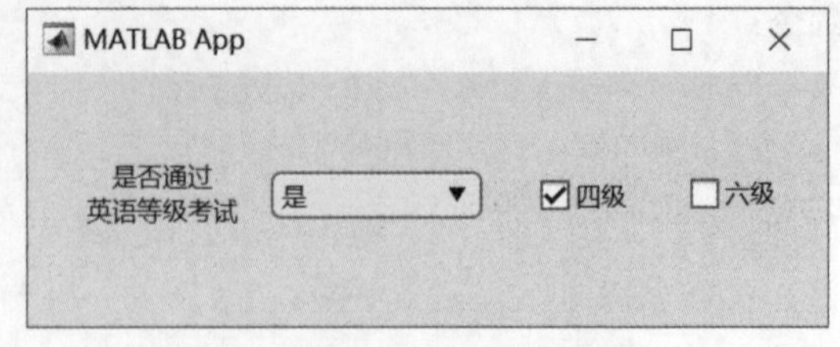

图 5-63 选择“是”界面

5.4.10 树及树（复选框）

视频讲解

▶【例 5-20】利用树组件实现菜单及旅游景点列表，当点击列表中某个选项时，在文本区域组件显示相应的内容。

第一步：设置布局及属性。添加一个树组件，一个文本区域，界面布局如图 5-64 所示。

第二步：右击树组件，在弹出的快捷菜单中选择【回调】，选择【添加TreeSelectioneChanged 回调】，界面自动跳转到代码视图，在光标定位处输入如下程序命令：

```
selectedNodes = app.Tree.SelectedNodes;
switch selectedNodes.Text
case '糖醋里脊'
   app.TextArea.Value={'配料：里脊肉，食用油，鸡蛋，香葱，生姜，面粉，淀粉。'
     '口感：甜酸可口，外焦里嫩，口齿留香，回味无穷。'};
case '麻婆豆腐'
  app.TextArea.Value={'配料：豆腐，肉末，辣椒，花椒，豆豉，豆瓣酱，花椒粉，盐'
    '口感：麻、辣、鲜、香、烫、嫩、酥'};
case '油焖大虾'
  app.TextArea.Value={'配料：鲜大虾，料酒，荆沙辣酱，白糖，花椒油，青蒜段，姜丝'
    '口感：麻辣爽口、口味鲜香'};
case '长城'
    app.TextArea.Value={'长城'};
case '兵马俑'
    app.TextArea.Value={'兵马俑'};
case '故宫'
    app.TextArea.Value={'故宫'};
end
```

运行程序，选择“麻婆豆腐”，运行结果如图 5-65 所示。

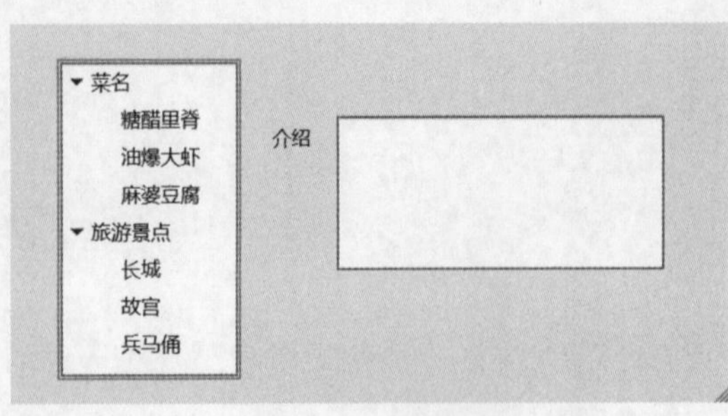

图 5-64 界面布局

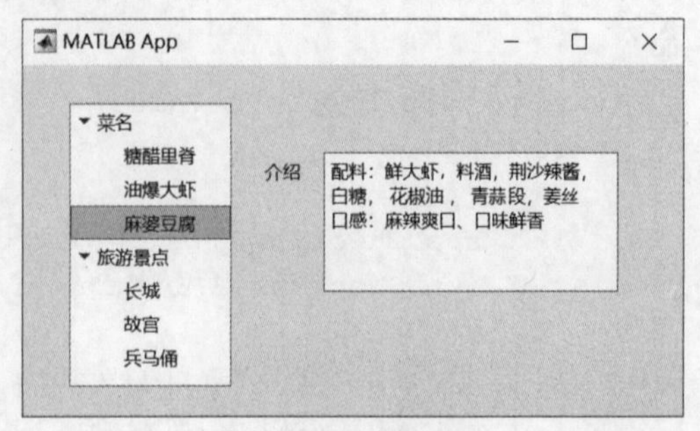

图 5-65 运行结果

▶【例 5-21】通过树（复选框）选择不同菜系，并在文本区域组件显示菜系简介。

第一步：设置布局及属性。添加一个树（复选框），一个文本区域。

第二步：右击树（复选框）组件，在弹出的快捷菜单中选择【回调】，选择【添加 TreeSelectioneChanged 回调】，界面自动跳转到代码视图，在光标定位处输入如下程序命令：

```
selectedNodes = app.Tree.SelectedNodes;
switch selectedNodes.Text
    case '鲁菜'
        app.TextArea.Value=['鲁菜，鲜香脆嫩、突出原味、' ...
                        '咸鲜为主'];
    case '川菜'
        app.TextArea.Value=['川菜，取材广泛，调味多变，' ...
                         '菜式多样，口味清鲜，醇浓并重'];
     case '粤菜'
        app.TextArea.Value=['粤菜，注重质和味，口味比较' ...
                        '清淡，力求清中鲜、淡中求美'];
     case '湘菜'
         app.TextArea.Value=['湘菜，制作精细，用料上比较' ...
                        '广泛，口味多变，品种繁多'];
end
```

运行程序，先选择“鲁菜”，再选择“川菜”，运行结果如图 5-66 所示。

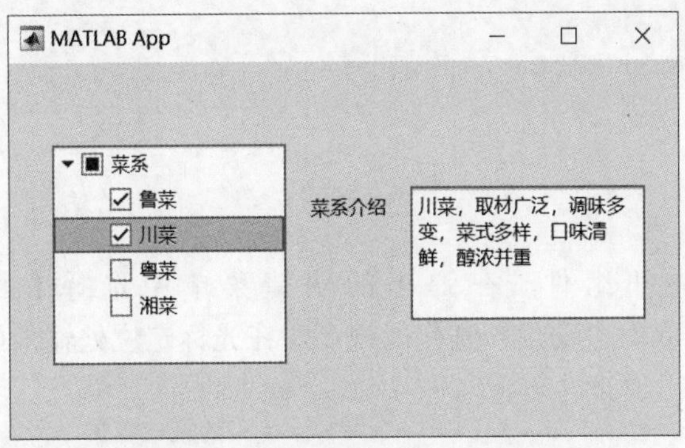

图 5-66　树（复选框）运行结果

5.4.11　表

▶【例 5-22】通过按钮获取 Excel 表格的内容，并显示在表组件中。

第一步：设置布局及属性。添加一个表，一个按钮，界面布局如图 5-67 所示。

第二步：右击按钮组件，在弹出的快捷菜单中选择【回调】，选择【添加 ButtonPushedFcn 回调】，界面自动跳转到代码视图，在光标定位处输入如下程序命令：

```
data = readtable("C:\Users\lxy\Desktop\Data.xlsx");
app.UITable.Data=data;
VariableDescriptions = data.Properties.VariableDescriptions;
app.UITable.ColumnName=data.Properties.VariableNames      %给 ColumnName 复制
```

运行程序，单击【读取表格内容】按钮，运行结果如图 5-68 所示。

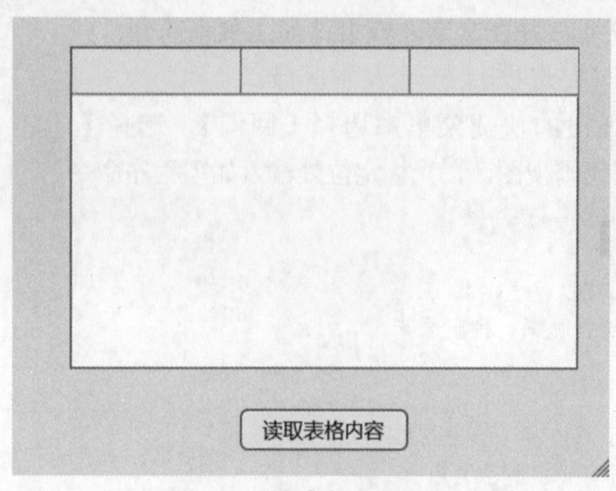

图 5-67　表案例界面布局

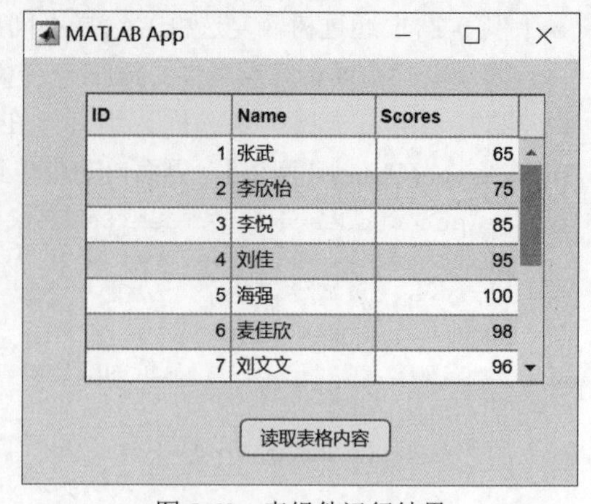

图 5-68　表组件运行结果

视频讲解

▶【例 5-23】通过按钮对表组件的内容进行增加和删除。

第一步：设置布局及属性。添加一个表，两个按钮，表组件的 ColumnEditable 属性设置为“true”。

第二步：单击【属性】下拉按钮，选择【私有属性】，如图 5-69 所示。界面自动跳转到代码视图，在光标定位处输入如下程序命令：

```
properties (Access = private)
    t
    roperty % Description
    moused_ind;
    moused_ind2;
    NewData;
end
```

右击【增加】按钮组件，在弹出的快捷菜单中选择【回调】，选择【添加 ButtonPushed 回调】，界面自动跳转到代码视图，在光标定位处输入如下程序命令：

```
app.t =app.UITable.Data;
nr ={[],[],[]};                          %1 行 3 列的空白数据
app.UITable.Data=[app.t;nr];             % 将空白数据添加到表中
app.t =app.UITable.Data;
newData1 = app.t;
set(app.UITable,'Data',newData1);
```

运行程序，单击【增加】按钮即可增加一行空白行，并且是可编辑状态。若想实现删除功能，需要先获取鼠标在表组件中的位置。右击表组件，在弹出的快捷菜单中选择【回调】，选择【添加 UITableCellSelection 回调】，界面自动跳转到代码视图，在光标定位处输入如下程序命令：

```
indices = event.Indices;
indices = event.Indices;
app.moused_ind= indices(1);
app.moused_ind2= indices(2);
```

右击【删除】按钮组件，在弹出的快捷菜单中选择【回调】，选择【添加 Button_2Pushed 回调】，界面自动跳转到代码视图，在光标定位处输入如下程序命令：

```
app.UITable.Data(app.moused_ind,:)=[];
```

```
app.t=app.UITable.Data;
```

运行程序，单击【增加】按钮并编辑内容，如图 5-70 所示。选择某一行数据并单击【删除】按钮，即可删除该行数据。

图 5-69　添加私有属性

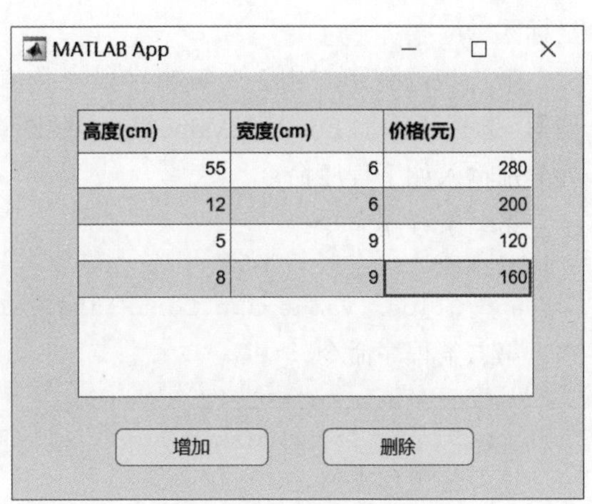

图 5-70　增加行并编辑内容

5.4.12　滑块

▶【例 5-24】实现滑块与编辑字段（数值）之间的数据传递，即移动滑块，相应数值即可显示在编辑字段（数值）上，在编辑字段（数值）上输入滑块范围内的数值，滑块指针自动移动到相应位置。

第一步：设置布局及属性。添加一个编辑字段（数值），一个滑块。

第二步：右击编辑字段（数值）组件，在弹出的快捷菜单中选择【回调】，选择【添加 EditFieldValueChanged 回调】，界面自动跳转到代码视图，在光标定位处输入如下程序命令：

```
value = app.EditField.Value;
app.Slider.Value=app.EditField.Value;
```

右击滑块组件，在弹出的快捷菜单中选择【回调】，选择【添加 SliderValueChanged 回调】，界面自动跳转到代码视图，在光标定位处输入如下程序命令：

```
value = app.Slider.Value;
app.EditField.Value=app.Slider.Value;
```

运行程序，在编辑字段（数值）上输入 200，滑动条自动调整到相应位置，如图 5-71 所示。当移动滑动条位置，编辑字段（数值）自动显示相应数值，如图 5-72 所示。

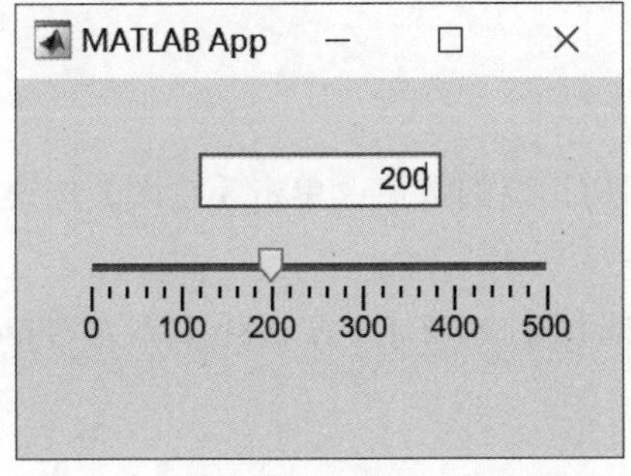

图 5-71　编辑字段（数值）输入数据

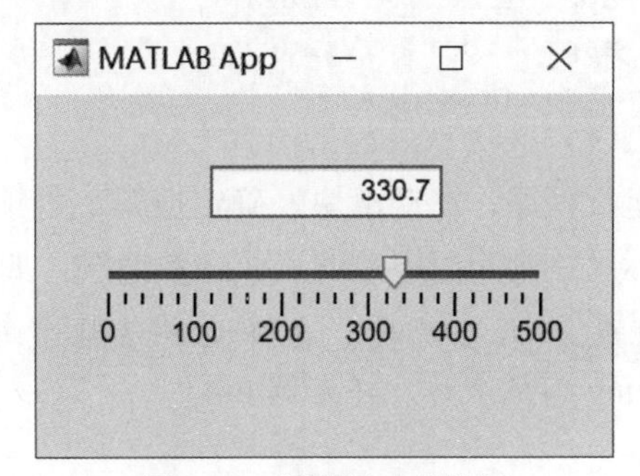

图 5-72　调整滑动条位置

视频讲解

▶【例 5-25】通过滑块选择振幅、角频率和初相位的数值，点击【绘图】按钮，在坐标区绘制相应参数的正弦函数曲线。

第一步：设置布局及属性。添加 3 个滑块、3 个编辑字段（数值）、一个按钮和一个坐标区。

第二步：分别右击 3 个编辑字段（数值）组件，在弹出的快捷菜单中分别选择【回调】，选择【添加 EditFieldValueChanged 回调】，界面自动跳转到代码视图，在光标定位处分别输入如下程序命令。

第一条程序命令：

```
value = app.EditField.Value;
app.Slider.Value=app.EditField.Value;
```

第二条程序命令：

```
value = app.EditField_2.Value;
app.Slider_2.Value=app.EditField_2.Value;
```

第三条程序命令：

```
value = app.EditField_3.Value;
app.EditField_3.Value=app.Slider_3.Value;
```

分别右击滑块组件，在弹出的快捷菜单中分别选择【回调】，选择【添加 SliderValueChanged 回调】，界面自动跳转到代码视图，在光标定位处输入如下程序命令。

第一条程序命令：

```
value = app.Slider.Value;
app.EditField.Value=app.Slider.Value;
```

第二条程序命令：

```
value = app.Slider_2.Value;
app.EditField_2.Value=app.Slider_2.Value;
```

第三条程序命令：

```
value = app.Slider_3.Value;
app.EditField_3.Value=app.Slider_3.Value;
```

右击【绘图】按钮组件，在弹出的快捷菜单中选择【回调】，选择【添加 ButtonPushed 回调】，界面自动跳转到代码视图，在光标定位处输入如下程序命令：

```
x=0:0.1:5*pi;
a=app.Slider.Value;
w=app.Slider_2.Value;
q=app.Slider_3.Value;
y=a*sin(w*x+q);
plot(app.UIAxes,x,y);
```

运行程序，滑动滑块，确定振幅、角频率和初相位的数值，单击【绘图】按钮，即可在坐标区绘制相应参数的正弦函数曲线，如图 5-73 所示。

注意 右击滑块，在弹出的快捷菜单中选择【回调】，当选择【添加 SliderValue Changing 回调】时，详见例 6-4。

5.4.13 微调器

▶【例 5-26】通过微调器控制滑块和仪表组件的显示数值。

第一步：设置布局及属性。添加一个微调器、一个滑块、一个仪表。

第二步：右击微调器组件，在弹出的快捷菜单中选择【回调】，选择【添加 SpinnerValueChanged 回调】，界面自动跳转到代码视图，在光标定位处输入如下程序命令：

```
app.Slider.Value=app.Spinner.Value;          %控制滑块显示数值
app.Gauge.Value=app.Spinner.Value;           %控制仪表显示数值
```

运行程序，调整微调器数值，观察到滑块和仪表也发生相应变化，如图 5-74 所示。

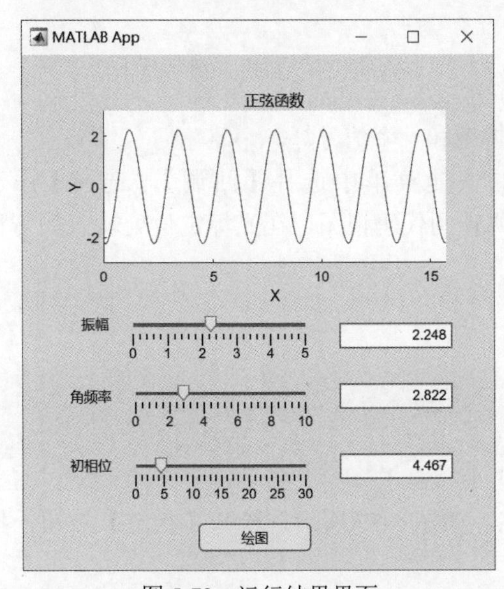

图 5-73 运行结果界面

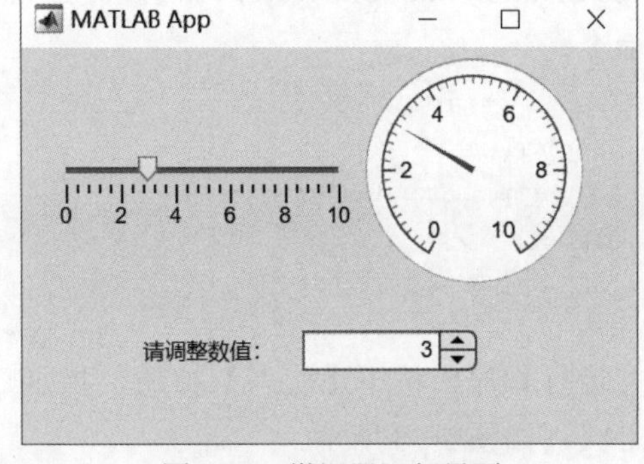

图 5-74 微调器运行界面

▶【例 5-27】实现通过单选按钮组选择灯的颜色，并且通过微调器调整灯的亮度。

第一步：设置布局及属性。添加一个微调器、一个信号灯、一个单选按钮组。微调器的 Limits 属性调整为 [0，1]，step 属性调整为 0.1。

第二步：右击微调器组件，在弹出的快捷菜单中选择【回调】，选择【添加 SpinnerValueChanged 回调】，界面自动跳转到代码视图，在光标定位处输入如下程序命令：

```
a = app.Spinner.Value;
selectedButton = app.ButtonGroup.SelectedObject;
switch selectedButton.Text
    case '红色'
        app.Lamp.Color=[a,0,0];
    case '绿色'
        app.Lamp.Color=[0,a,0];
end
```

运行程序，在单选按钮组选择绿色，调整微调器数值，观察到信号灯组件的亮度随着微调器数值的调整发生变化。当亮度值为 0.4 时，如图 5-75 所示；当亮度值为 0.8 时，如图 5-76 所示。

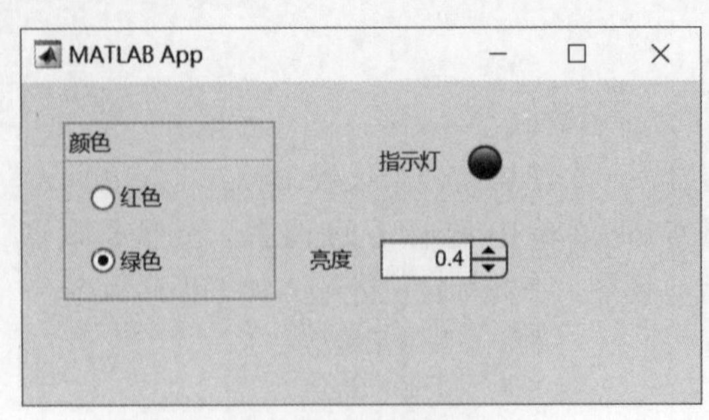

图 5-75 微调器调整信息灯亮度 -1

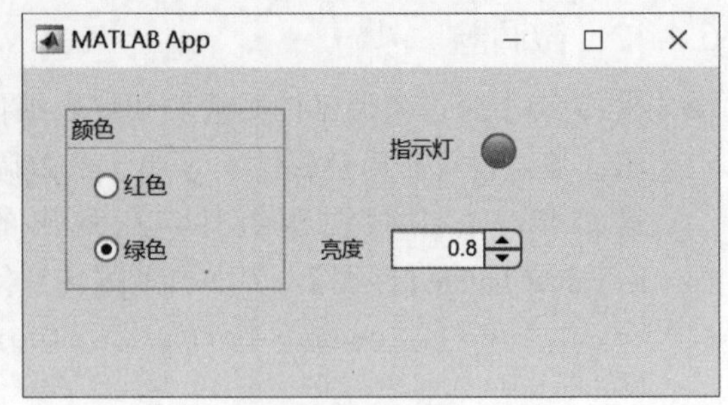

图 5-76 微调器调整信息灯亮度 -2

5.4.14 状态按钮

视频讲解

▶【例 5-28】实现通过状态按钮控制信号灯的亮与灭。

第一步：设置布局及属性。添加一个状态按钮和一个信号灯。

第二步：右击状态按钮组件，在弹出的快捷菜单中选择【回调】，选择【添加 ONOFFButtonValueChanged 回调】，界面自动跳转到代码视图，在光标定位处输入如下程序命令：

```
value = app.ONOFFButton.Value;
if value
   app.Lamp.Color=[0,1,0];
else
   app.Lamp.Color=[0,0,0];
end
```

运行程序，按下【状态】按钮，指示灯亮，如图 5-77 所示，松开【状态】按钮，指示灯灭，如图 5-78 所示。

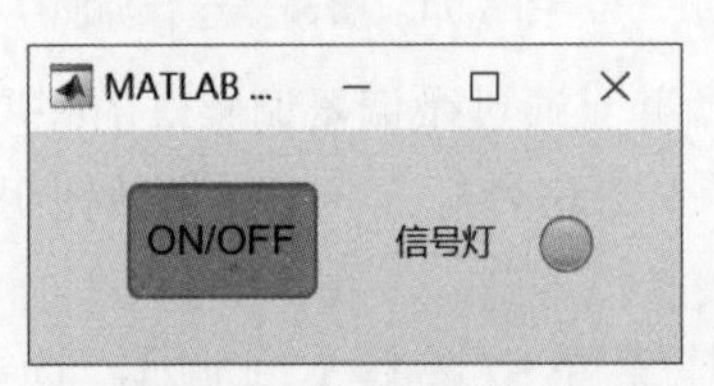

图 5-77 按下按钮灯亮

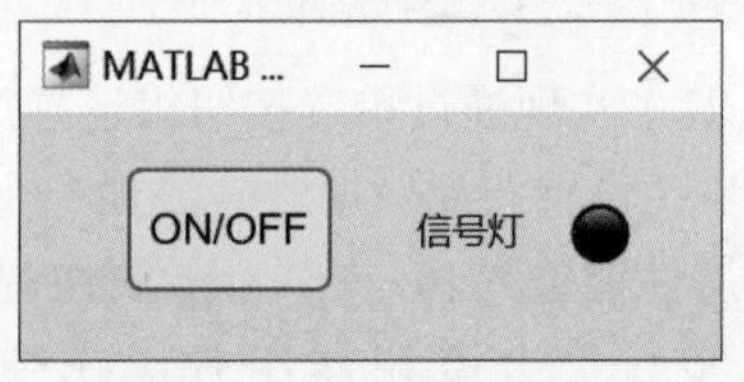

图 5-78 松开按钮灯灭

5.4.15 日期选择器

视频讲解

▶【例 5-29】通过日期选择器组件，选择开始日期和结束日期，并计算天数差。

第一步：设置布局及属性。添加两个日期选择器和一个按钮。

第二步：右击按钮，选择【回调】，在弹出的快捷菜单中选择【添加 ButtonPushed 回调】，界面自动跳转到代码视图，在光标定位处输入如下程序命令：

```
if (datenum(app.DatePicker_2.Value)-datenum(app.DatePicker.Value))<0
   msgbox(strcat('结束日期早于开始日期，请重新选择'),'计算结果');
else
a=num2str(datenum(app.DatePicker_2.Value)-datenum(app.DatePicker.Value))
   msgbox(strcat('相差天数为:',a),'计算结果');
end
```

运行程序，分别选择开始日期和结束日期，单击【天数】按钮，显示相差的天数，如图 5-79 所示。当结束日期早于开始日期，弹出如图 5-80 所示对话框。

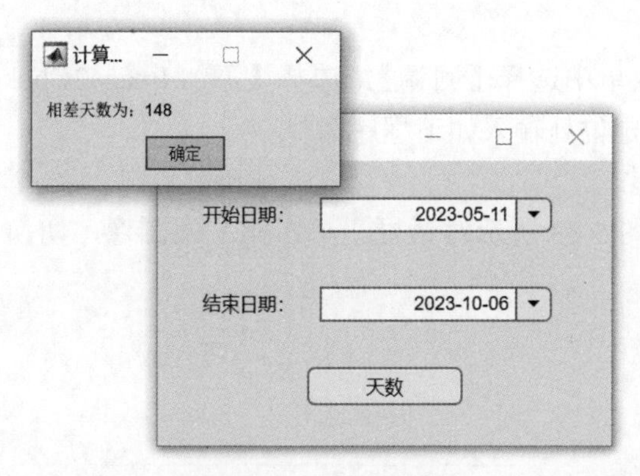

图 5-79　计算天数差

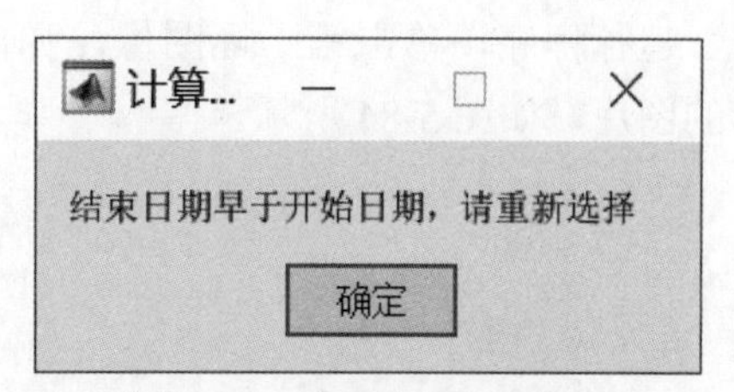

图 5-80　重新输入日期提醒

5.4.16　文本区域

▶【例 5-30】将用户在日期选择器上选择的日期显示在文本区域组件上。

第一步：设置布局及属性。添加一个日期选择器和一个文本区域。

第二步：右击日期选择器，在弹出的快捷菜单中选择【回调】，选择【添加 DatePickerValueChanged 回调】，界面自动跳转到代码视图，在光标定位处输入如下程序命令：

```
app.TextArea.Value=strcat('您选择的日期是：',datestr(app.DatePicker.Value));
```

运行程序，日期选择器选择日期的同时，在文本区域显示所选择的日期内容，如图 5-81 所示。

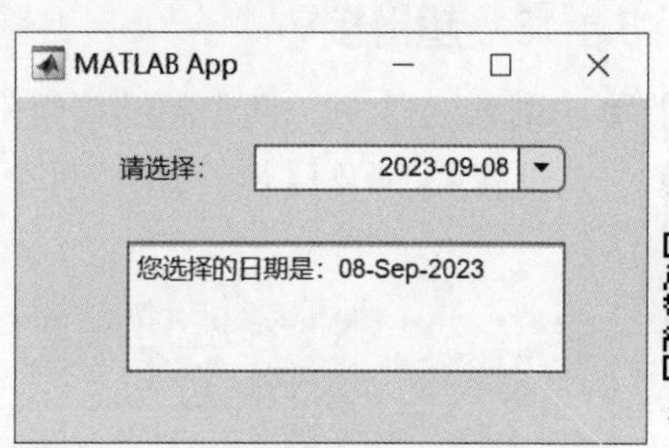

图 5-81　文本区域组件界面

5.4.17　图像

▶【例 5-31】添加两个图像组件。单击第一个图像组件弹出对话框，单击第二个图像组件切换显示下一张图片。

视频讲解

第一步：设置布局及属性。添加两个图像组件，分别设置两个图像组件的 ImageSource 属性，即选择图片的路径，如图 5-82 所示。

图 5-82　图像组件路径选择

第二步：右击第一个图像组件，在弹出的快捷菜单中选择【回调】，选择【添加 ImageClicked 回调】，界面自动跳转到代码视图，在光标定位处输入如下程序命令：

```
msgbox('这是一张荷花的照片');
```

右击第二个图像组件，在弹出的快捷菜单中选择【回调】，选择【添加 Image2Clicked 回调】，界面自动跳转到代码视图，在光标定位处输入如下程序命令：

```
app.Image2.ImageSource='向日葵.jpg';
```

运行程序，单击第一幅图像，弹出如图 5-83 所示对话框。单击第二幅图像，切换显示的图片，如图 5-84 所示。

图 5-83　单击第一幅图像

图 5-84　单击第二幅图像

5.4.18　超链接

▶【例 5-32】创建两个超链接组件，分别单击超链接，即可打开图像文件和 Excel 文件。

视频讲解

设置布局及属性。添加两个超链接组件，分别设置超链接的 URL 属性，如图 5-85 所示。

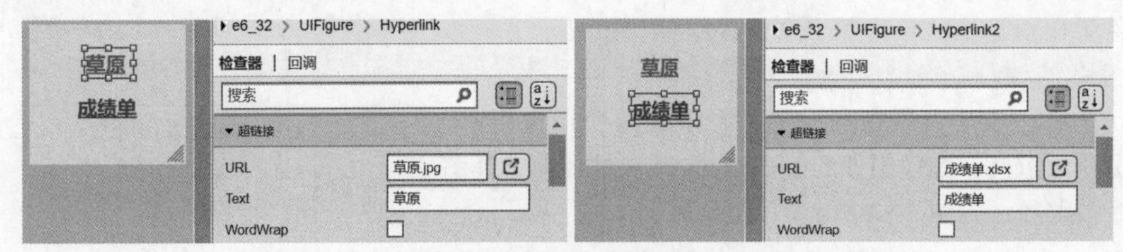

图 5-85　超链接属性设置

运行程序，单击第一个超链接，运行结果如图 5-86 所示。单击第二个超链接，运行结果如图 5-87 所示。

图 5-86　超链接打开图片

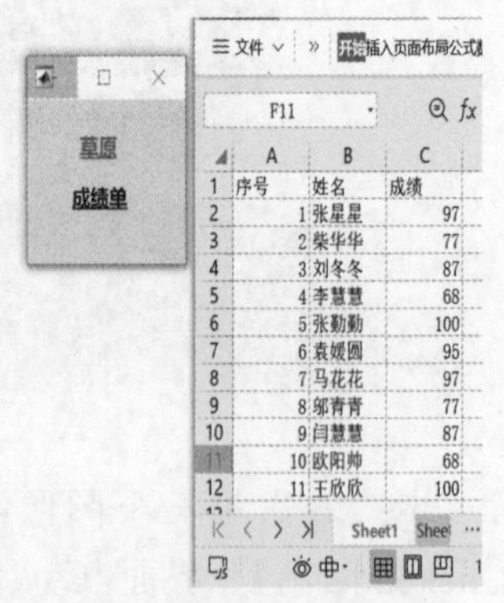

图 5-87　超链接打开表格

5.4.19 HTML

▶【例 5-33】创建一个 HTML 组件，用于显示指定的 HTML 文件。

创建 HTML 文件，新建记事本，在记事本中输入如下代码命令：

```
<html>
<head>
<title>App Designer</title>
</head>
<body>
<p> 这里是 App Designer 常用组件部分内容 </p>
</body>
<html>
```

将记事本文件扩展名改为 .html。然后添加 HTML 组件，并将组件的 HTML Source 属性改为网页 .html，如图 5-88 所示。运行程序，运行结果如图 5-89 所示。

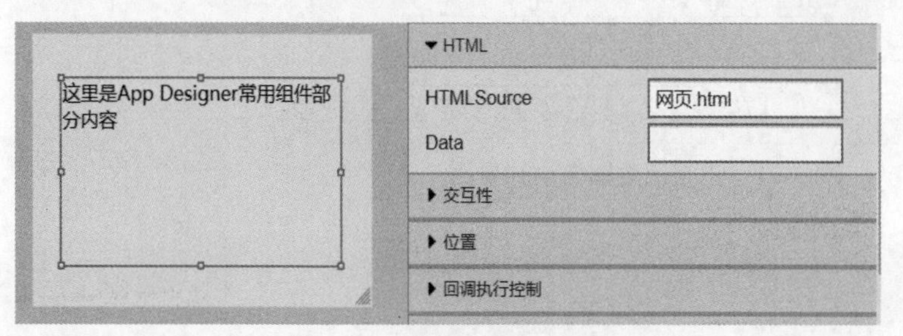

图 5-88　添加 HTML 文件

图 5-89　HTML 组件运行界面

本章小结

本章主要介绍了创建、搜索和删除回调函数的方法，以及常用组件的相关属性和创建，主要包括标签、按钮、坐标区、编辑字段、单选按钮组、下拉框、列表框、滑块、微调器、文本区域、表和树等，同时介绍了组件属性的设置及其动作的执行。

习　题

5-1　基于 MATLAB App Designer 实现两个数相加的加法器，界面布局如图 5-90 所示。

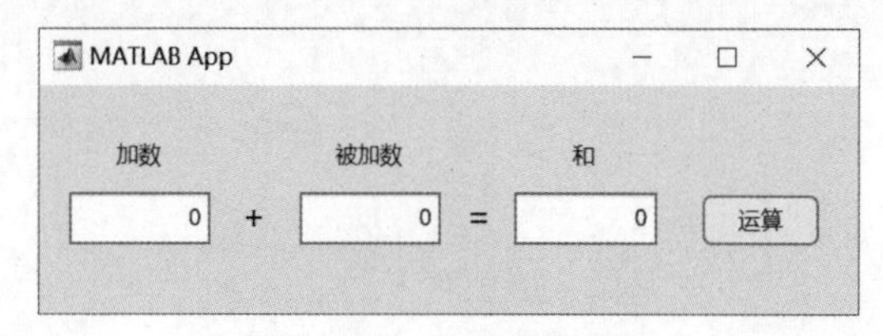

图 5-90　加法器界面

5-2　基于 MATLAB App Designer 实现通过单击按钮，文本框中出现“欢迎光临”字样。

5-3　基于 MATLAB App Designer 设计利息计算公式界面，其中利息 = 本金 × 存期 × 利率。

5-4　实现单击按钮，即可在坐标轴绘制曲线，所绘制曲线为绿色线条的正弦函数和红色线条的余弦函数。

5-5　实现通过日期选择器组件选择日期，并将所选日期显示在文本区域。

5-6　通过下拉框选择坐标区所显示的函数图像，有正弦函数和余弦函数两个选项。

5-7　通过两个微调器分别设置正弦函数的初始角频率和初始相位，单击【确定】按钮绘图，同时可通过滑块组件调整正弦函数横坐标的绘图范围，如图 5-91 所示。

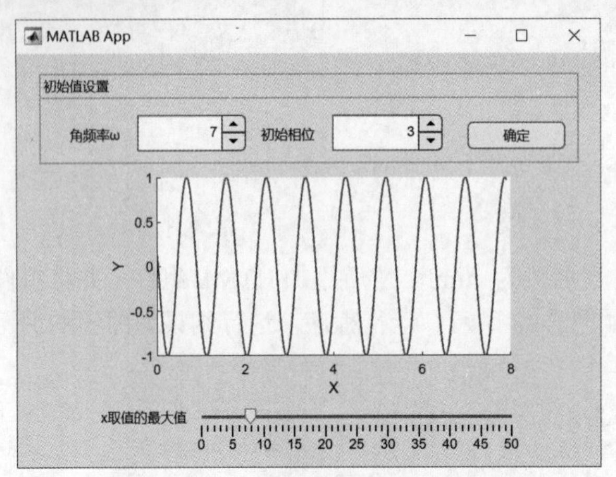

图 5-91　正弦函数图像绘制界面

第 6 章 仪器、容器和图窗工具组件

本章主要介绍仪器组件、容器组件和图窗工具组件的创建及回调函数的添加。

本章要点

（1）仪器组件。

（2）容器组件。

（3）图窗工具组件。

学习目标

（1）掌握仪器组件，包括信号灯、仪表、旋钮和开关组件的创建及回调函数的添加。

（2）掌握容器组件，包括选项卡组、面板和网格布局的创建及回调函数的添加。

（3）掌握图窗工具组件，包括上下文菜单、菜单栏和工具栏的创建及回调函数的添加。

6.1 仪器组件

6.1.1 信号灯

▶【例 6-1】信号灯循环从红色到绿色到蓝色变化。

第一步：设置布局及属性。添加一个信号灯和一个标签。

第二步：在组件浏览器，右击 e6_1，在弹出的快捷菜单中选择【回调】，选择【添加 StartupFcn 回调】，如图 6-1 所示，界面自动跳转到代码视图，在光标定位处输入如下程序命令：

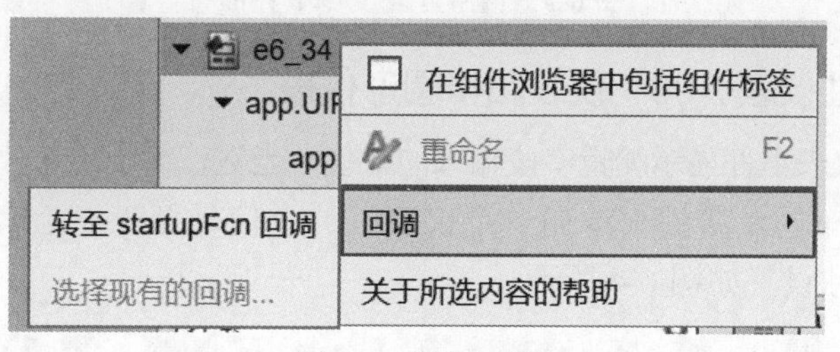

图 6-1 添加回调

```
for i=1:5
    app.Lamp.Color=[1,0,0];
    app.Label.Text='红灯亮';
    pause(2)
    app.Lamp.Color=[0,1,0];
    app.Label.Text='绿灯亮';
    pause(2)
    app.Lamp.Color=[0,0,1];
    app.Label.Text='蓝灯亮';
```

```
    pause(2)
end
```

运行程序，信号灯循环从红色到绿色到蓝色变化，如图 6-2 所示。

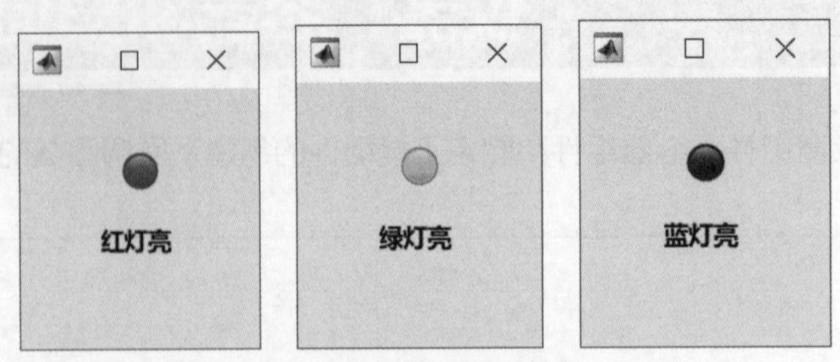

图 6-2　信号灯循环点亮

视频讲解

▶【例 6-2】通过滑块滑动调节信号灯的亮度。

第一步：设置布局及属性。添加一个滑块和一个信号灯。

第二步：右击滑块，在弹出的快捷菜单中选择【回调】，选择【添加 SliderValueChanged 回调】，界面自动跳转到代码视图，在光标定位处输入如下程序命令：

```
value = app.Slider.Value;
value=value*0.2;
app.Lamp.Color=[0,value,0];
```

运行程序，从左到右滑动滑块，信号灯逐渐变亮，如图 6-3 所示。

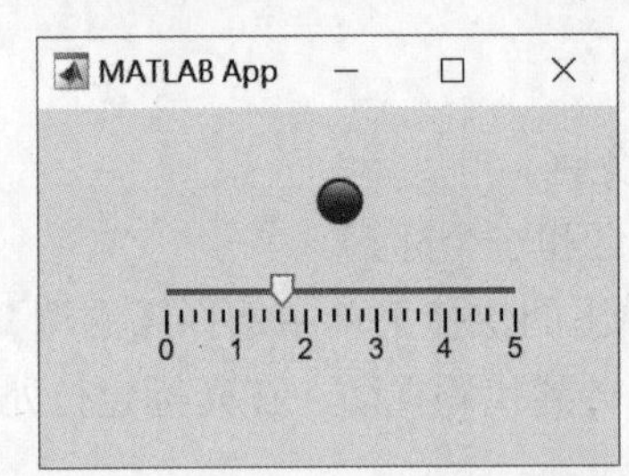

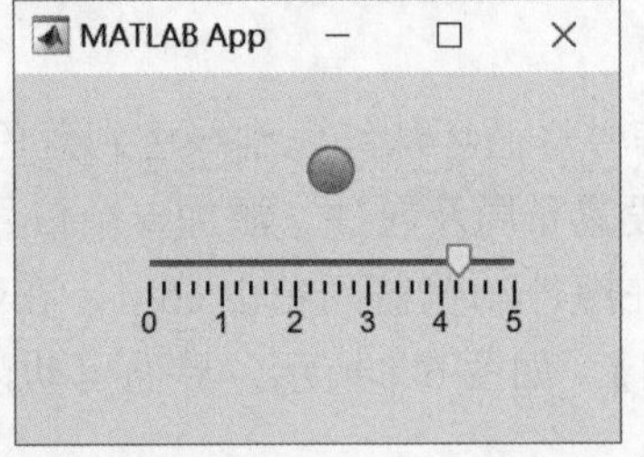

图 6-3　信号灯亮度调节界面

6.1.2　仪表、线性仪表、90° 仪表和半圆形仪表

▶【例 6-3】通过仪表组件显示编辑字段输入的数值，当数值大于 120 时，信号灯被点亮。

第一步：设置布局及属性。添加一个仪表、一个信号灯、一个编辑字段（数值）组件。仪表组件的属性设置如图 6-4 所示。

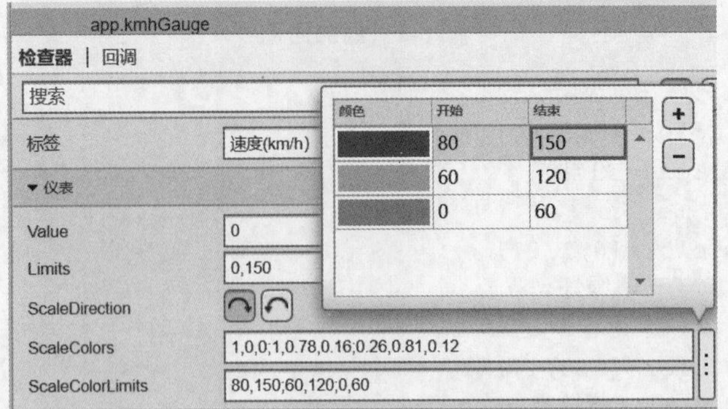

图 6-4　仪表组件的属性设置

第二步：右击编辑字段（数值），在弹出的快捷菜单中选择【回调】，选择【添加 EditFieldValueChanged 回调】，界面自动跳转到代码视图，在光标定位处输入如下程序命令：

```
value = app.EditField.Value;
app.kmhGauge.Value=value;
if value>120
   app.Lamp.Color=[1,0,0];
end
```

运行程序，当输入速度小于 120km/h 时，显示结果如图 6-5 所示；当速度大于 120km/h 时，显示结果如图 6-6 所示。

图 6-5　速度小于 120km/h

图 6-6　速度大于 120km/h

▶【例 6-4】利用滑块、仪表、线性仪表、90° 仪表和半圆形仪表组件显示摄氏度、开氏度、列氏度、华氏度和兰氏度，当温度超过 90℃，弹出对话框提示温度过高。

视频讲解

第一步：设置布局及属性。添加一个滑块、一个仪表、一个线性仪表、一个 90° 仪表和一个半圆形仪表组件。

第二步：右击滑块，在弹出的快捷菜单中选择【回调】，选择【添加 Slider ValueChanging 回调】，界面自动跳转到代码视图，在光标定位处输入如下程序命令：

```
changingValue = event.Value;
app.Gauge.Value=changingValue+273.15;
app.Gauge_3.Value=32+1.8*changingValue;
app.Gauge_4.Value=1.25*changingValue;
app.Gauge_5.Value=((changingValue+273.15)*5)/9;
if changingValue>90
   msgbox('温度过高！','警告');
end
```

运行程序，滑动摄氏度的滑块，其他仪表组件的数值也发生变化，如图 6-7 所示，当摄氏度温度超过 90℃时，弹出警告对话框，如图 6-8 所示。

6.1.3　旋钮和分档旋钮

▶【例 6-5】利用分档旋钮控制信号灯的颜色。

第一步：设置布局及属性。添加一个分档旋钮、一个信号灯组件。分档旋钮的 Items 属性设置为：Off，Red，Green，Blue。

第二步：右击分档旋钮，在弹出的快捷菜单中选择【回调】，选择【添加 Knob ValueChanged 回调】，界面自动跳转到代码视图，在光标定位处输入如下程序命令：

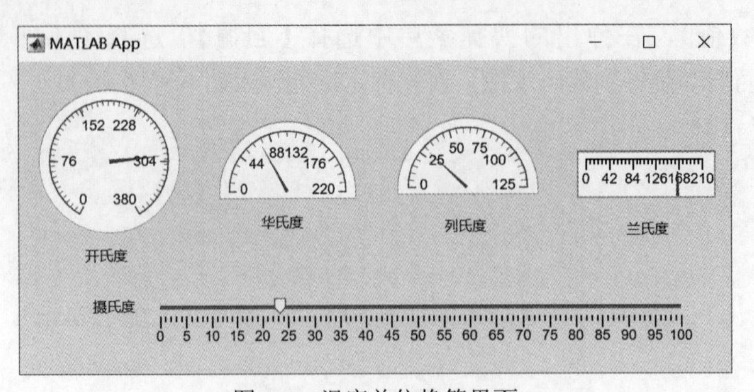

图 6-7　温度单位换算界面

图 6-8　警告对话框

```
value = app.Knob.Value;
switch value
    case 'Red'
        app.Lamp.Color=[1,0,0];
    case 'Green'
        app.Lamp.Color=[0,1,0];
    case 'Blue'
        app.Lamp.Color=[0,0,1];
    case 'Off'
        app.Lamp.Color=[0.5,0.5,0.5];
end
```

运行程序，调节分档旋钮位置，信号灯颜色发生改变，运行结果如图 6-9 所示。

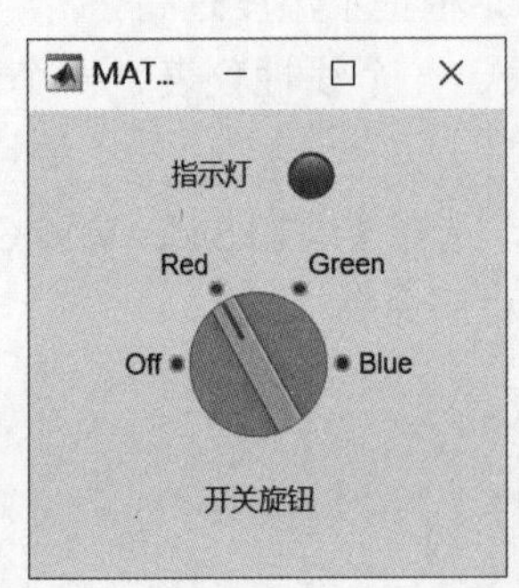

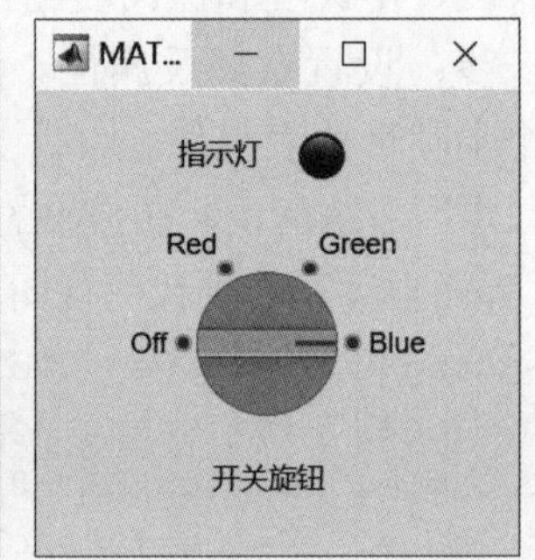

图 6-9　分档旋钮运行结果

视频讲解

▶【例 6-6】利用分档旋钮的 3 个档位，确定旋钮的取值范围，进而旋转旋钮确定具体数值，最终将数值显示在文本区域。数值显示分为实时显示方式和旋停显示方式。

第一步：设置布局及属性。添加一个分档旋钮、一个旋钮、两个文本区域组件。分档按钮的 Items 属性设置为：Off，Low，Medium，High。

第二步：右击分档旋钮，在弹出的快捷菜单中选择【回调】，选择【添加 Knob_2ValueChanged 回调】，界面自动跳转到代码视图，在光标定位处输入如下程序命令：

```
value = app.Knob_2.Value;
switch value
    case 'Low'
        app.Knob.Limits=[0,50];
    case 'Medium'
        app.Knob.Limits=[50,100];
```

```
    case 'High'
        app.Knob.Limits=[100,150];
end
```

右击旋钮，在弹出的快捷菜单中选择【回调】，选择【添加 KnobValueChanged 回调】，界面自动跳转到代码视图，在光标定位处输入如下程序命令：

```
value = app.Knob.Value;
app.TextArea_2.Value={'您选择的档位是 :',app.Knob_2.Value,['您选择的具体数值' ...
                '是 :'],num2str(app.Knob.Value)};
```

右击旋钮，在弹出的快捷菜单中选择【回调】，选择【添加 KnobValueChanging 回调】，界面自动跳转到代码视图，在光标定位处输入如下程序命令：

```
changingValue = event.Value;
app.TextArea.Value={'您选择的档位是 :',app.Knob_2.Value,['您选择的具体数值' ...
                '是 :'],num2str(changingValue)};
```

运行程序，分档旋钮选择“High”，右侧旋钮数值范围变为 100~150，旋转旋钮指针，数值将实时变化，右侧旋钮旋停后显示数值，运行结果如图 6-10 所示。

6.1.4 开关、拨动开关和跷板开关

▶【例 6-7】通过切换开关、拨动开关和跷板开关组件的开与关，控制信号灯的亮与灭。

视频讲解

第一步：设置布局及属性。添加一个开关、一个拨动开关、一个跷板开关和 3 个信号灯组件。

第二步：右击开关，在弹出的快捷菜单中选择【回调】，选择【添加 Switch2_2ValueChanged 回调】，界面自动跳转到代码视图，在光标定位处输入如下程序命令：

```
value = app.Switch2_2.Value;
if strcmp(value,'On')
    app.Lamp_4.Color=[1.00,0.41,0.16];
else
    app.Lamp_4.Color=[0.5,0.5,0.5];
end
```

右击拨动开关，在弹出的快捷菜单中选择【回调】，选择【添加 Switch_2ValueChanged 回调】，界面自动跳转到代码视图，在光标定位处输入如下程序命令：

```
value = app.Switch_2.Value;
if strcmp(value,'On')
    app.Lamp_5.Color=[1.00,1.00,0.00];
else
    app.Lamp_5.Color=[0.5,0.5,0.5];
end
```

右击跷板开关，在弹出的快捷菜单中选择【回调】，选择【添加 Switch3_2ValueChanged 回调】，界面自动跳转到代码视图，在光标定位处输入如下程序命令：

```
value = app.Switch3_2.Value;
if strcmp(value,'On')
    app.Lamp_6.Color=[0.00,1.00,1.00];
else
    app.Lamp_6.Color=[0.5,0.5,0.5];
end
```

运行程序，切换开关、拨动开关和跷板开关组件为开状态，运行结果如图 6-11 所示。

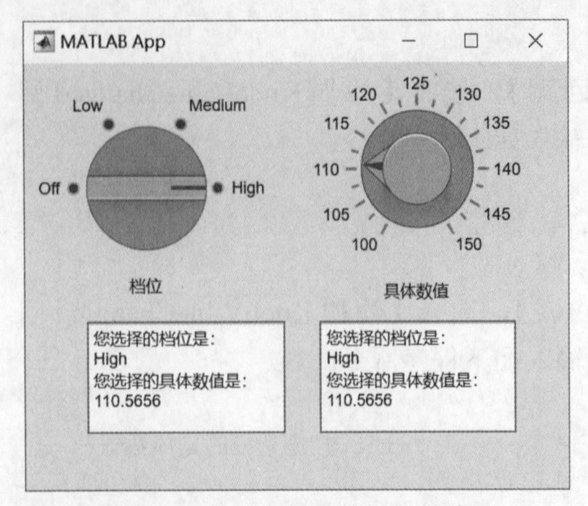

图 6-10　分档旋钮和旋钮运行结果

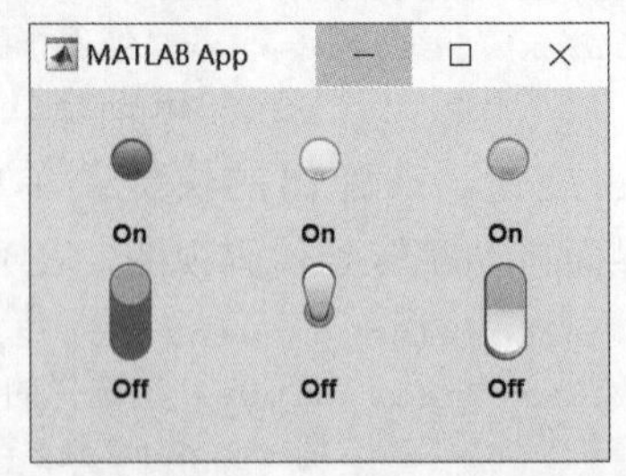

图 6-11　开关、拨动开关和跷板开关组件运行结果

6.2 容器组件

6.2.1　选项卡组

▶【例 6-8】利用选项卡组设计基本信息统计表，分为基本信息和奖励信息两页。

视频讲解

第一步：设置布局及属性。添加一个选项卡组，在选项卡组第 1 页添加 3 个编辑字段（文本）、两个下拉框、一个日期选择器和一个图像组件。在选项卡组第 2 页添加一个表和两个按钮。页面布局如图 6-12 所示。

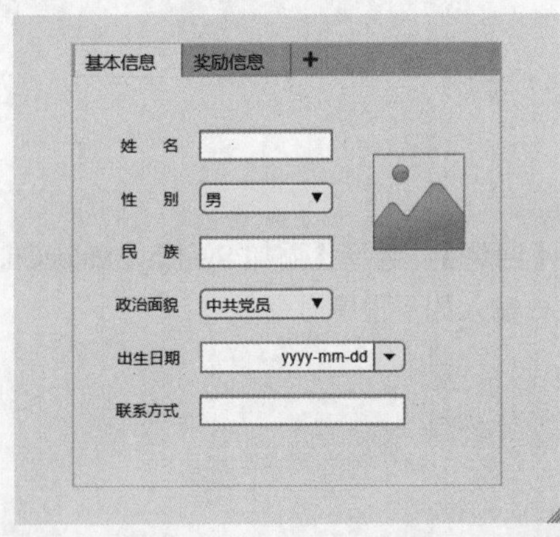

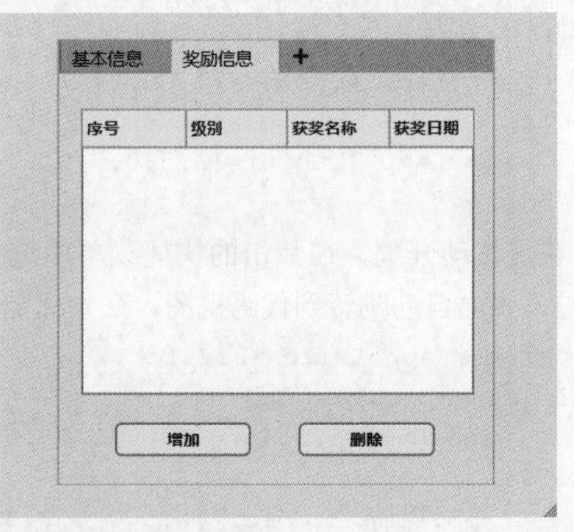

图 6-12　选项卡组界面布局

第二步：右击图像，在弹出的快捷菜单中选择【回调】，选择【添加 ImageClicked 回调】，界面自动跳转到代码视图，在光标定位处输入如下程序命令：

```
[file,path]=uigetfile('*.jpg')
if isequal(file,0)
   disp('User selected Cancel');
else
   disp(['User selected ', fullfile(path,file)]);
   app.Image.ImageSource=fullfile(path,file);
end
```

选项卡组第 2 页，用户可以通过【增加】和【删除】按钮，编辑表中的内容。

运行程序，单击图像组件，在本地选择图片添加，运行结果如图 6-13 所示。通过【增加】和【删除】按钮编辑表的内容，编辑效果如图 6-14 所示。

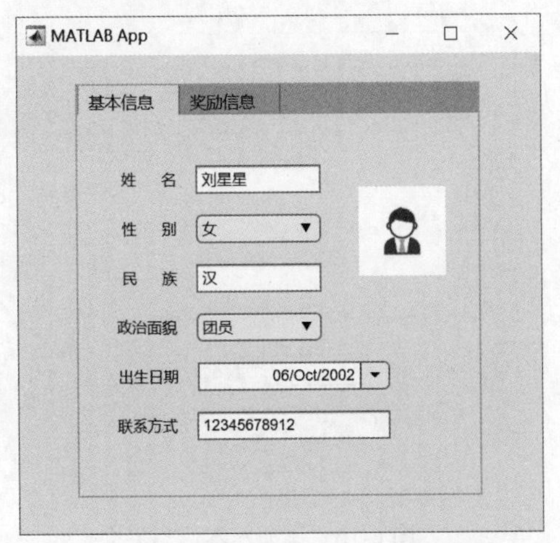

图 6-13 选项卡组第 1 页运行结果

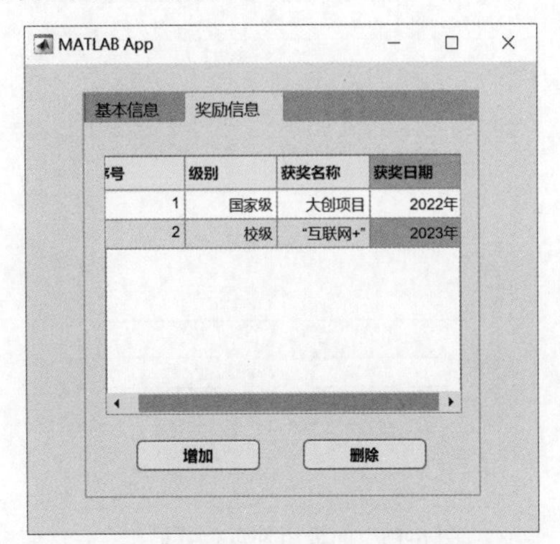

图 6-14 选项卡组第 2 页运行结果

6.2.2 面板

▶【例 6-9】创建一个面板组件，用于填写人员基本信息。将用户填写在编辑字段的信息添加到表中。

视频讲解

第一步：设置布局及属性。添加一个面板组件，在面板组件上添加一个表、一个编辑字段（文本）、一个编辑字段（数值）和一个按钮。

第二步：单击【属性】下拉按钮，选择【私有属性】，界面自动跳转到代码视图，在光标定位处输入如下程序命令：

```
properties (Access = private)
        t
end
```

右击按钮组件，在弹出的快捷菜单中选择【回调】，选择【添加 AddButtonPushedFcn 回调】，界面自动跳转到代码视图，在光标定位处输入如下程序命令：

```
name=app.NameEditField.Value;
age=app.AgeEditField.Value;
nr={name age};
app.UITable.Data=[app.t;nr];          % 将编辑字段内容添加到表组件
app.t=app.UITable.Data;
```

运行程序，如图 6-15 所示。通过在编辑框输入数据，并单击【Add】按钮，添加数据到表组件，如图 6-16 所示。

6.2.3 网格布局

运行 MATLAB App Designer，当调整界面大小时，界面中组件的尺寸并没有随之发生变化，可以通过网格布局组件解决这类问题，该组件可满足组件放大缩小与界面放大缩小同步。

视频讲解

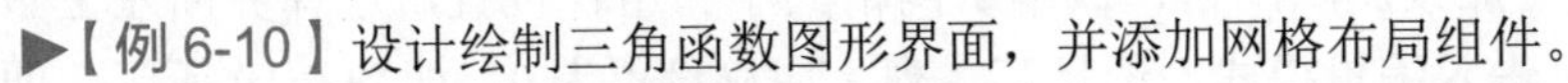
▶【例 6-10】设计绘制三角函数图形界面，并添加网格布局组件。

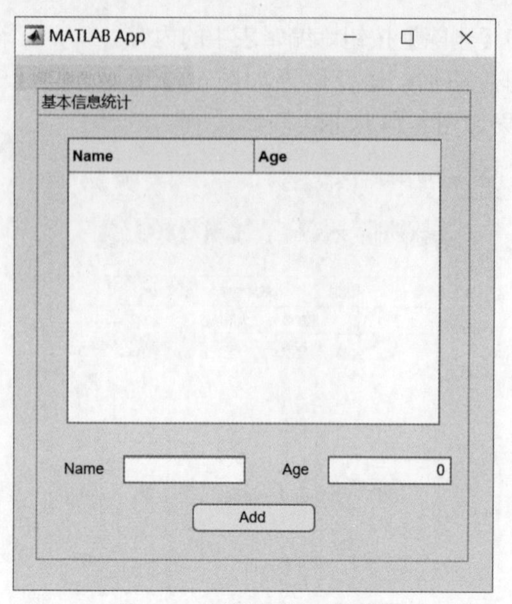

图 6-15　面板组件运行界面

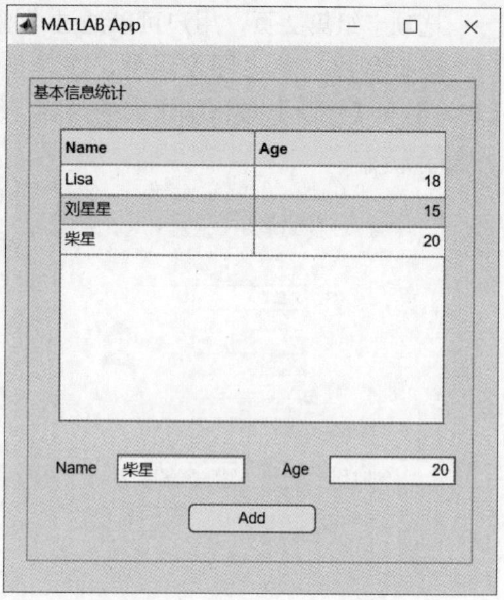

图 6-16　添加基本信息界面

第一步：设置布局及属性。添加一个下拉框、一个编辑字段（数值）、一个滑块、一个按钮和一个坐标区，界面布局如图 6-17 所示。添加网格布局组件，界面如图 6-18 所示。

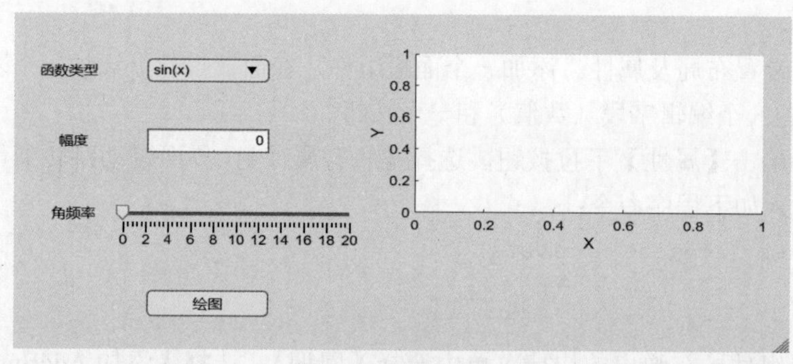

图 6-17　界面布局

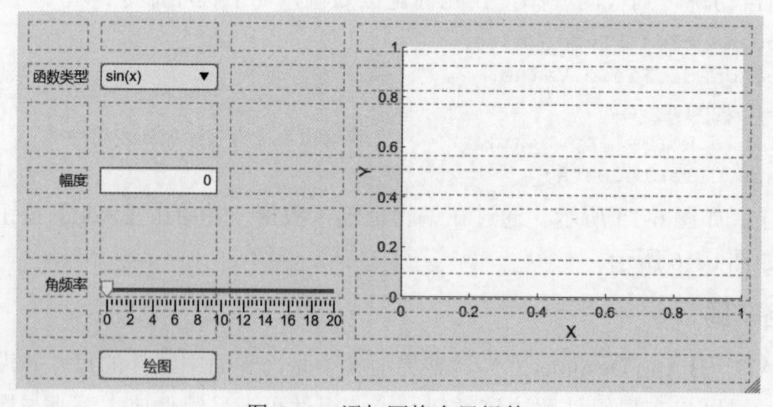

图 6-18　添加网格布局组件

此时，可根据情况增加或删除网格，或编辑网格大小和组件位置，选择界面左上角【配置网格布局】图标，进入编辑模式，选择第 3 列，加权设置为 0，如图 6-19 所示，即可删除第 3 列。可通过设置固定像素大小，如图 6-20 所示，改变网格大小，同时调整网格内组件的尺寸。单击左上角【关闭】按钮，退出编辑模式。

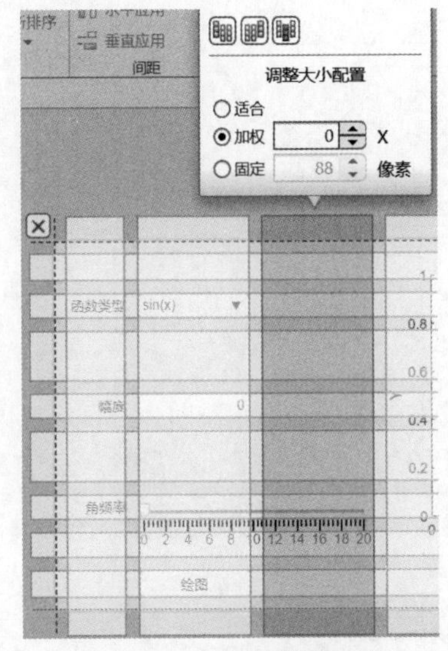

图 6-19　删除网格第 3 列

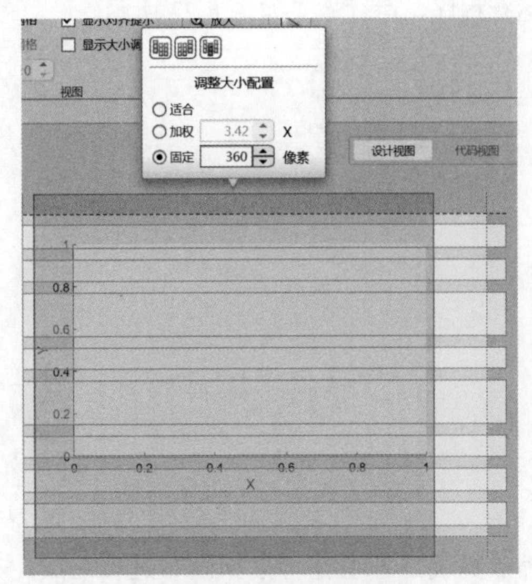

图 6-20　设置固定像素

此时，系统自动调整布局，布局效果如图 6-21 所示。

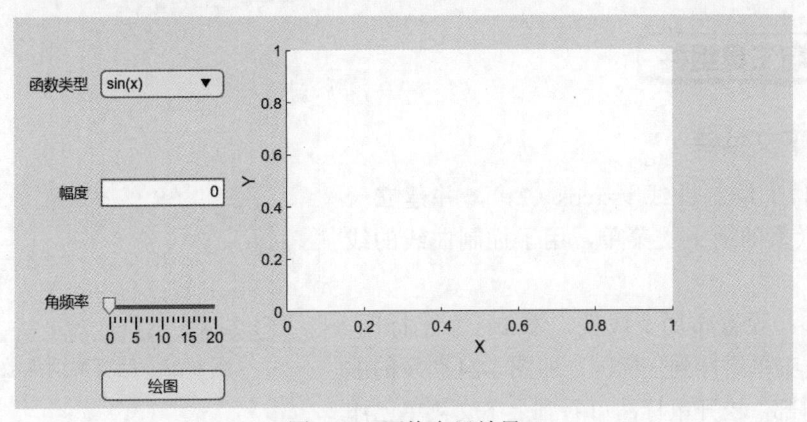

图 6-21　网格布局效果

第二步：右击【绘图】按钮组件，在弹出的快捷菜单中选择【回调】，选择【添加 ButtonPushedFcn 回调】，界面自动跳转到代码视图，在光标定位处输入如下程序命令：

```
value = app.DropDown.Value;
A=app.EditField.Value;
w=app.Slider.Value;
switch value
    case 'sin(x)'
        x=0:0.1:5*pi;
        y=A*sin(w*x);
        plot(x,y,app.UIAxes);
    case 'cos(x)'
        x=0:0.1:5*pi;
        y=A*cos(w*x);
```

```
        plot(app.UIAxes,x,y);
    end
```

运行程序，运行效果如图 6-22 所示。

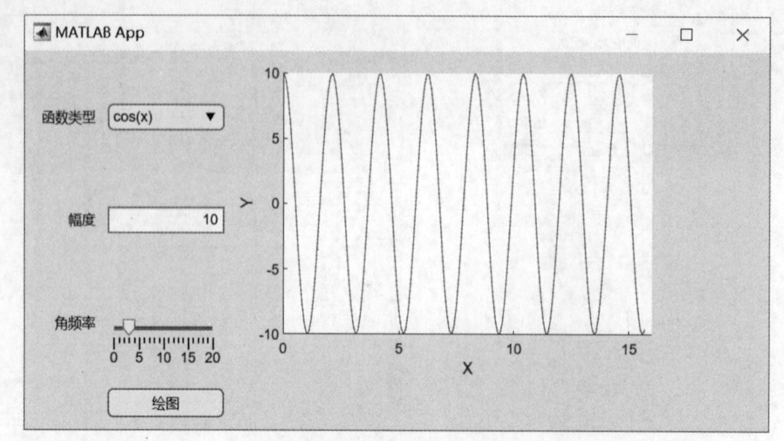

图 6-22　程序运行效果

缩放界面，各组件将根据画布进行缩放，其中坐标区是固定像素，故图像左右宽度不变，如图 6-23 所示。

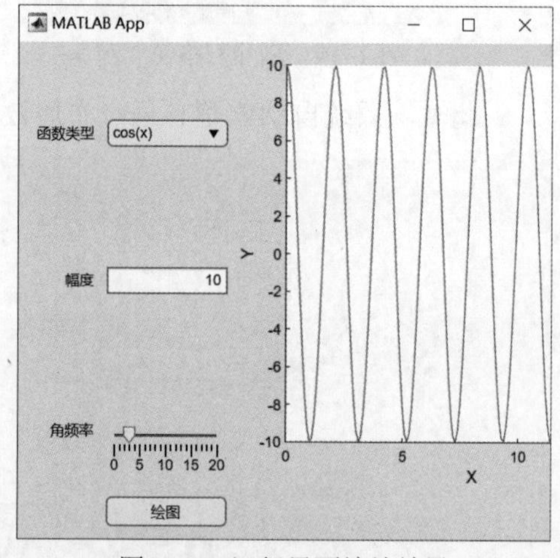

图 6-23　运行界面缩放效果

6.3 图窗工具组件

6.3.1　上下文菜单

视频讲解

▶【例 6-11】绘制曲线 $y=x\cos(2x)$，并建立一个与之相联系的上下文菜单，用于控制曲线的线宽和颜色。

第一步：设置布局及属性。添加一个坐标区，拖动上下文菜单组件到坐标区，即图 6-24 所示的虚线矩形框内部，松开鼠标，可看到上下文菜单已添加到界面，如图 6-25 所示。

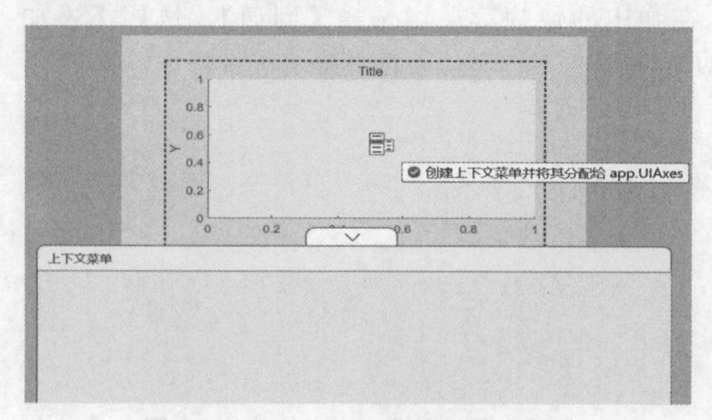

图 6-24　拖动上下文菜单组件到界面

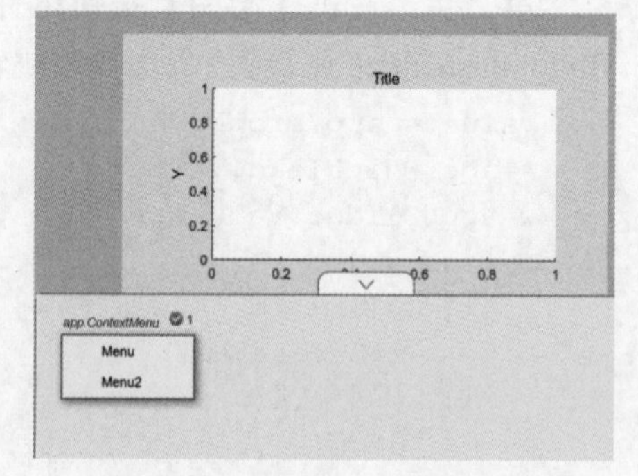

图 6-25　添加上下文菜单组件

双击 Menu 和 Menu2 进入上下文菜单编辑状态，如图 6-26 所示，Menu 右侧的加号用于添加 Menu 的子菜单，Menu2 下方的加号用于添加同级菜单。将 Menu 的 Text 属性改为

“颜色”，子菜单为“红色”和“蓝色”。将 Menu2 的 Text 属性改为“线宽”，子菜单为“细”“适中”和“宽”。

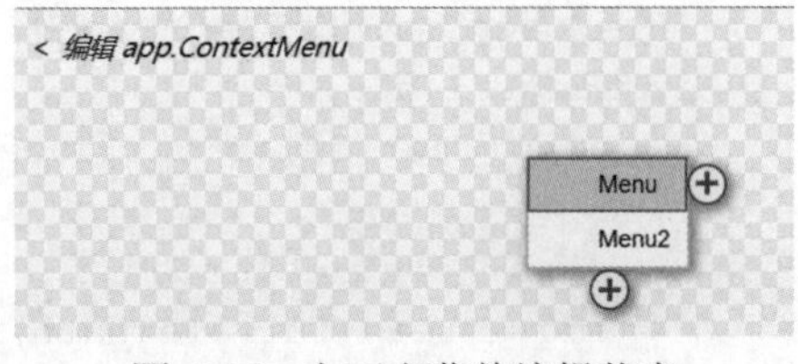

图 6-26　上下文菜单编辑状态

第二步：添加私有属性及回调。

单击【属性】下拉按钮，选择【私有属性】，在光标定位处输入如下程序命令：

```
properties (Access = private)
      hp
end
```

在组件浏览器中，右击 e6_11，在弹出的快捷菜单中选择【回调】，选择【添加 StartupFcn 回调】，界面自动跳转到代码视图，在光标定位处输入如下程序命令：

```
x=0:0.1:6*pi;
y=x.*cos(2*x);
app.hp=plot(app.UIAxes,x,y);
```

分别右击上下文子菜单中的“红色”“蓝色”“细”“适中”和“宽”子菜单，在弹出的快捷菜单中选择【回调】，选择【添加 MenuSelected 回调】，界面自动跳转到代码视图，在光标定位处分别输入程序命令，如图 6-27 所示。

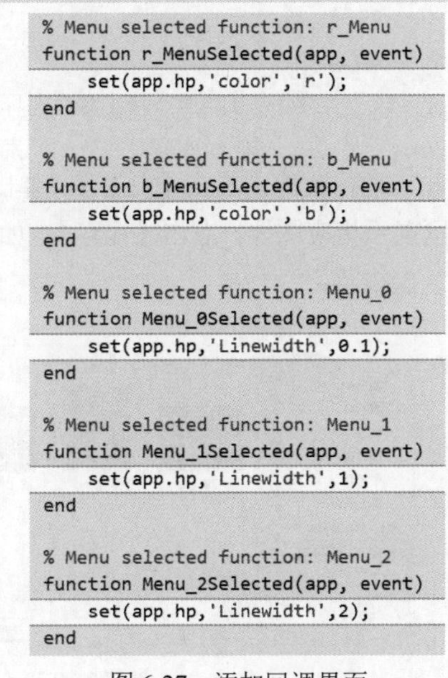

图 6-27　添加回调界面

运行程序，在坐标区组件区域右击，选择线宽为“宽”，选择颜色为“红色”，如图 6-28 所示，运行结果如图 6-29 所示。

▶【例 6-12】建立一个上下文菜单，用于控制保存和打开图像。

第一步：设置布局及属性。添加一个坐标区，并拖动上下文菜单组件到 UIFigure，设置保存和打开菜单。

第二步：右击【打开】菜单，在弹出的快捷菜单中选择【回调】，选择【添加 MenuSelected 回调】，界面自动跳转到代码视图，在光标定位处输入如下程序命令：

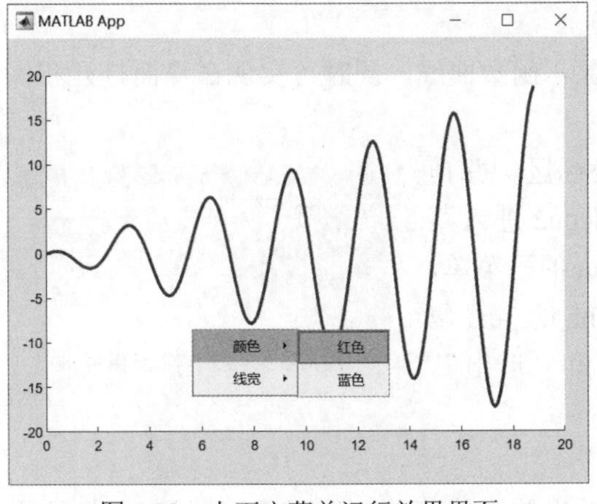

图 6-28　上下文菜单运行效果界面

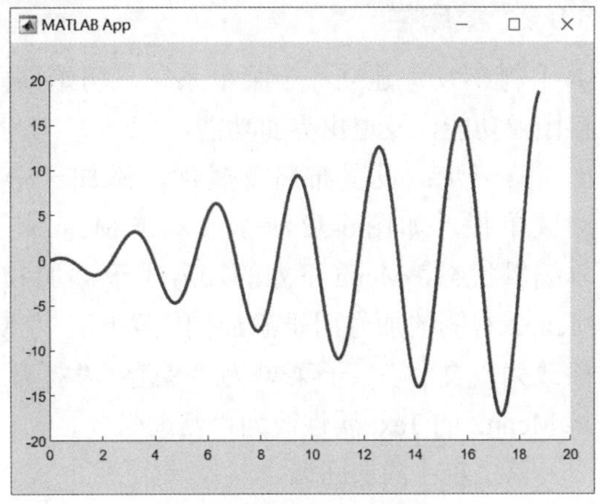

图 6-29　运行结果界面

```
[file,path]=uigetfile('*.jpg')
if isequal(file,0)
   disp('User selected Cancel');
else
   disp(['User selected ', fullfile(path,file)]);
   img=imread(fullfile(path,file));              % 读取图像
   imshow(img,'Parent',app.UIAxes)              % 将图像显示在指定坐标轴
end
```

右击【保存】菜单，在弹出的快捷菜单中选择【回调】，选择【添加 Menu_2Selected 回调】，界面自动跳转到代码视图，在光标定位处输入如下程序命令：

```
[FileName,PathName] = uiputfile({'*.jpg','JPEG(*.jpg)';…
                          '*.bmp','Bitmap(*.bmp)'; …
                           '*.gif','GIF(*.gif)';…
                           '*.*',  'All Files  (*.*)'},…
                           'Save Picture','Untitled');
if FileName==0
   return;
else
   exportgraphics(app.UIAxes,[PathName FileName],'resolution',300)
end
```

运行程序，右击【打开】，弹出如图 6-30 所示对话框，单击【打开】按钮，即可在坐标区显示相应图像。右击【保存】，如图 6-31 所示，可将坐标区图像保存到本地的指定位置。

图 6-30　图像打开界面

图 6-31　图像保存界面

6.3.2　菜单栏

▶【例 6-13】建立一个菜单系统，初始界面显示函数曲线，同时可实现在界面打开和保存图像功能，及退出界面功能。

第一步：设置布局及属性。添加一个坐标区，并拖动菜单栏，如图 6-32 所示。双击 Menu 和 Menu2 进入菜单编辑状态，Menu 下方的加号用于添加 Menu 的子菜单，Menu2 右侧的加号用于添加同级菜单。将 Menu 的 Text 属性改为“文件”，子菜单为“保存”“打开”和“退出”。将 Menu2 的 Text 属性改为“帮助”。

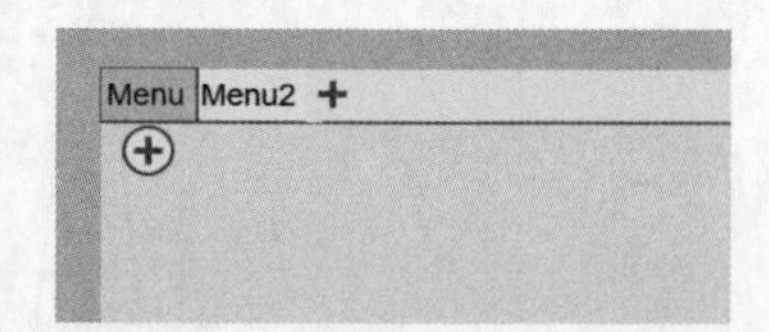

图 6-32　菜单栏编辑界面

第二步：添加回调。

分别右击【打开】和【保存】菜单，在弹出的快捷菜单中选择【回调】，分别选择

【添加 Menu_3Selected 回调】和【添加 Menu_4Selected 回调】，在光标定位处输入程序，程序命令参考例 6-12。

右击【退出】菜单，在弹出的快捷菜单中选择【回调】，选择【添加 Menu_5Selected 回调】，在光标定位处输入如下程序命令：

```
close(app.UIFigure)
```

右击【帮助】菜单，在弹出的快捷菜单中选择【回调】，选择【添加 Menu_2Selected 回调】，在光标定位处输入如下程序命令：

```
msgbox(['您可以打开或保存界面所显示的图像，' ...
        '或者退出界面。'],'帮助信息');
```

在组件浏览器中，右击 e6_13，在弹出的快捷菜单中选择【回调】，选择【添加 StartupFcn 回调】，界面自动跳转到代码视图，在光标定位处输入如下程序命令：

```
x=0:0.1:6*pi;
y=x.*sin(2*x+4);
plot(app.UIAxes,x,y,'LineWidth',1.5);
```

运行程序，可实现图像的保存和打开，及退出界面的功能，也可实现打开帮助窗口功能。

▶【例 6-14】实现通过菜单栏调整坐标区曲线的线宽和标记点形状。

视频讲解

第一步：设置布局及属性。添加一个坐标区，并添加菜单栏。

第二步：添加回调。在组件浏览器中，右击 e6_14，在弹出的快捷菜单中选择【回调】，选择【添加 StartupFcn 回调】，在光标定位处输入如下程序命令：

```
function startupFcn(app)
            x=0:0.2:5*pi;
            y=x.*cos(1.5*x);
            app.hp=plot(app.UIAxes,x,y);
end
```

单击【属性】下拉按钮，选择【私有属性】，在光标定位处输入如下程序命令：

```
properties (Access = private)
        hp % Description
end
```

选择【标记】菜单，右击【加号】，在弹出的快捷菜单中选择【回调】，选择【添加 Menu_6Selected 回调】，在光标定位处输入如下程序命令：

```
set(app.hp,'marker','+');
```

同理，右击【星号】，添加如下回调函数：

```
set(app.hp,'marker','*');
```

右击【三角形】，添加如下回调函数：

```
set(app.hp,'marker','v');
```

选择【线宽】菜单，右击【细】，添加如下回调函数：

```
set(app.hp,'linewidth',0.2);
```

右击【适中】，添加如下回调函数：

```
set(app.hp,'linewidth',1);
```

右击【宽】，添加如下回调函数：

```
set(app.hp,'linewidth',2);
```

运行程序，选择线型标记为星号，线宽为适中，运行结果如图 6-33 所示。

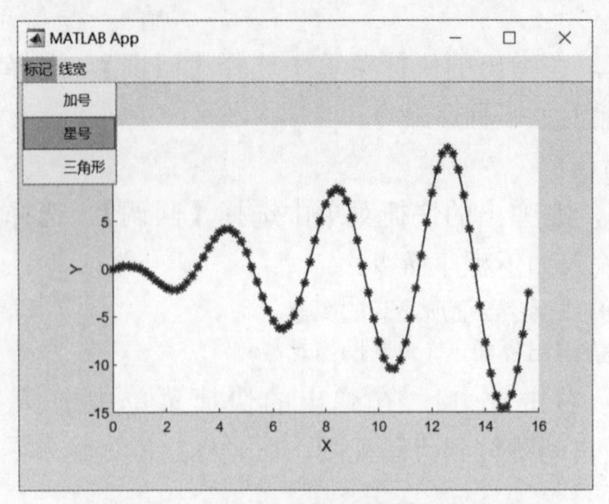

图 6-33　菜单栏调整线宽、线型效果

6.3.3　工具栏

视频讲解

▶【例 6-15】实现通过工具栏保存坐标轴图像，打开或关闭坐标轴网格，以及添加坐标区标题的功能。

第一步：设置布局及属性。添加一个坐标区，并添加工具栏，工具栏添加效果如图 6-34 所示。

文件 帮助 +

图 6-34　添加工具栏

第二步：添加回调。在组件浏览器中，右击 e6_15，在弹出的快捷菜单中选择【回调】，选择【添加 StartupFcn 回调】，在光标定位处输入如下程序命令：

```
function startupFcn(app)
      x=0:0.1:6*pi;
      y=x.^2.*sin(2*x);
      plot(app.UIAxes,x,y,'LineWidth',1);
end
```

右击保存工具栏图标，在弹出的快捷菜单中选择【回调】，选择【添加 PushToolClicked 回调】，在光标定位处输入如下程序命令：

```
function PushToolClicked(app, event)
   [FileName,PathName] = uiputfile({'*.jpg','JPEG(*.jpg)';…
              '*.bmp','Bitmap(*.bmp)';…
              '*.gif','GIF(*.gif)';…
              '*.*', 'All Files (*.*)'},…
              'Save Picture','Untitled');
   if FileName==0
      return;
   else
      exportgraphics(app.UIAxes,[PathName FileName],'resolution',300)
   end
end
```

右击网格工具栏图标，在弹出的快捷菜单中选择【回调】，选择【添加 ToggleToolOn 回调】，在光标定位处输入如下程序命令：

```
function ToggleToolOn(app, event)
    app.UIAxes.YGrid='on';app.UIAxes.XGrid='on';
end
```

右击网格工具栏图标，在弹出的快捷菜单中选择【回调】，选择【添加 ToggleToolOff 回调】，在光标定位处输入如下程序命令：

```
function ToggleToolOff(app, event)
      app.UIAxes.YGrid='off';app.UIAxes.XGrid='off';
end
```

右击坐标区标题工具栏图标，在弹出的快捷菜单中选择【回调】，选择【添加 PushTool3Clicked 回调】，在光标定位处输入如下程序命令：

```
function PushTool3Clicked(app, event)
      r=inputdlg('请输入图形标题 :','标题');
      app.UIAxes.Title.String=r;
end
```

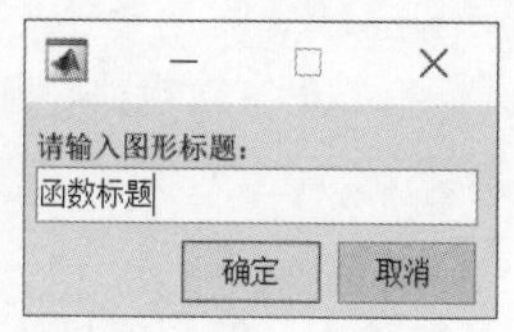

图 6-35　输入图形标题

运行程序，单击坐标区标题工具栏图标，弹出如图 6-35 所示对话框，单击【确定】按钮。单击网格工具栏，运行结果如图 6-36 所示。

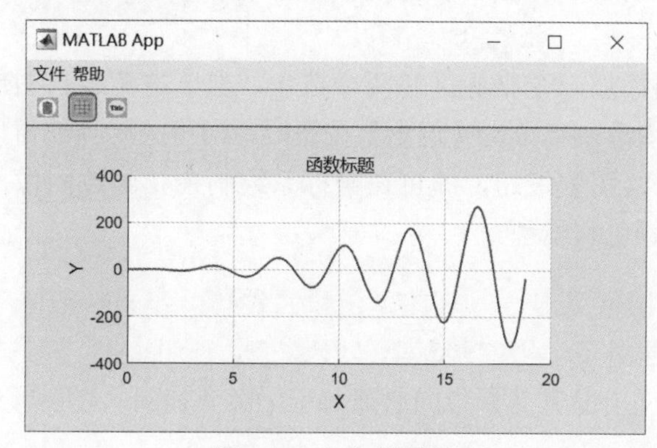

图 6-36　运行结果图

本章小结

本章介绍了仪器组件、容器组件和图窗工具组件的创建和回调函数的添加。选项卡组、面板和网格布局均为容纳组件的容器。图窗工具中的菜单栏和工具栏，一般位于图形窗口的上方，右击某对象时在屏幕上弹出的菜单为上下文菜单。

习　题

6-1　实现根据温度变换信号灯的颜色，如图 6-37 所示。当温度≤ 200℃时，显示灯为蓝色并提示温度过低；当 200℃ < 温度 <500℃时，显示灯为绿色并提示温度适中；当温度≥ 500℃时，显示灯为红色，并提示温度过高。

6-2　利用开关、拨动开关和跷板开关，分别控制各自信号灯的亮或灭。

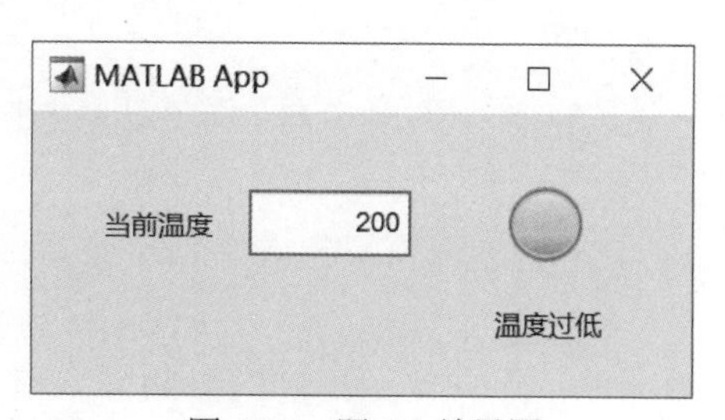

图 6-37　题 6-1 效果图

6-3　如图 6-38 所示，通过开关控制，当开关打开时，可通过旋钮组件实时控制空速指示器组件显示数值；当开关关闭时，不能实现控制功能。

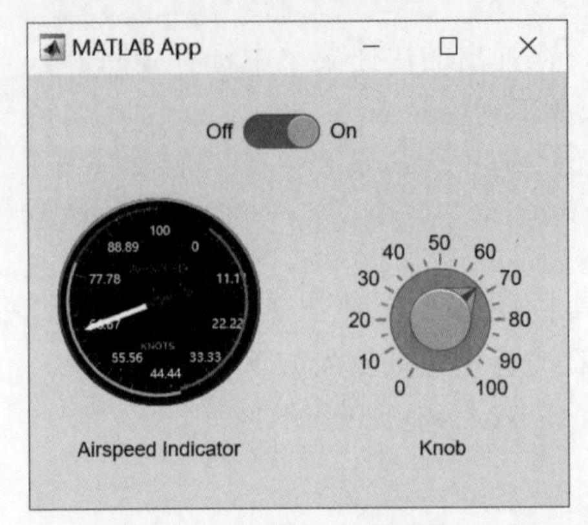

图 6-38　题 6-3 效果图

6-4　在菜单栏添加 Plot 菜单项，其子菜单分别为 mesh 函数、surf 函数和 sphere 函数，通过单击菜单项在坐标区绘制三维曲线图形。

6-5　在菜单栏分别添加调整窗口背景颜色和调整窗口尺寸的选项，并分别添加颜色选项和尺寸选项。

6-6　在界面布局添加一个坐标区和两个按钮，当单击【绘制图形】按钮时，即可在坐标区绘制余弦函数图形；当单击【退出】按钮时，即可关闭当前窗口。

6-7　通过单击【绘图】按钮，即可在坐标系绘制余弦函数图像，同时设置上下文菜单，用于改变曲线的颜色和线型。

第 7 章 预定义对话框

预定义对话框是重要的信息显示和获取用户输入数据的界面对象，它是用户与计算机之间交互的一种手段。

MATLAB 提供了两类预定义对话框，即公共对话框和自定义对话框。公共对话框是利用 Windows 资源建立的对话框，包括文件打开、文件保存、颜色设置、字体设置、打印设置等。自定义对话框包括进度条、帮助对话框、错误对话框等。

本章要点

（1）公共对话框调用函数。

（2）自定义对话框调用函数。

学习目标

（1）掌握创建公共对话框函数。

（2）熟悉公共对话框的外观控制语句，包括设置对话框的尺寸、标题和文本字体字等。

（3）掌握创建自定义对话框函数。

（4）熟悉自定义对话框的外观控制语句，包括设置对话框的尺寸、标题、按钮显示文本和图标等。

7.1 公共对话框

常见的 MATLAB 公共对话框与其调用函数的对应关系，如表 7-1 所示。

表 7-1　公共对话框与调用函数

函　数	含　义	函　数	含　义
uigetfile	文件打开对话框	printdlg	打印对话框
uiputfile	文件保存对话框	printpreview	打印预览对话框
uisetcolor	颜色设置对话框	pagesetupdlg	打印设置对话框
uisetfont	字体设置对话框		

7.1.1 文件打开对话框（uigetfile）

文件打开对话框由 uigetfile 函数创建，通过对话框获取用户的输入，返回选择的路径和文件名，并对该文件进行数据读取操作。uigetfile 函数的调用格式如下：

```
file=uigetfile
```

列出当前文件夹中的文件，用户可以选择或输入文件的名称。如果文件存在且有效，当用户单击打开时，将返回文件名，如果单击取消，则返回 0。

```
[file,path]=uigetfile
```

返回文件的名称和路径，若单击取消，两个输出参数都返回 0。

```
[file,path]=uigetfile(filter)
```

只显示 filter 指定扩展名的文件，根据该扩展名查找对话框中显示的文件。filter 为字符串或字符串数组，用来指定文件的扩展名。

```
[file,path]=uigetfile(filter,title)
```

检索文件，显示由 filter 指定扩展名的文件，并指定对话框标题为 title。

```
[file,path]=uigetfile(filter,title,defname)
```

检索文件，并显示默认文件名为 defname 的文件。

```
[file,path]=uigetfile(filter,title,defname,mode)
```

mode 指定用户是否可以选择多个文件。将 mode 设置为 'on'，允许进行多选。默认情况下，设置为 'off'。

▶【例 7-1】通过指定单个或多个扩展名，调用文件打开对话框。

输入程序命令如下：

```
[file,path]=uigetfile('*.jpg')
```

弹出如图 7-1 所示对话框。

选择 background.jpg 文件，则命令行结果如下：

```
file =
    'background.jpg'
path =
    'E:\Dell\ 实验项目 \ 数学实验室 \MATLAB 源程序 1\'
```

输入程序命令如下：

```
[file,path]=uigetfile({'*.jpg','*.bmp','*.gif'})
```

弹出如图 7-2 所示对话框。

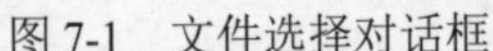

图 7-1　文件选择对话框

图 7-2　多种文件选择对话框

视频讲解

▶【例 7-2】通过指定扩展名、对话框标题和默认文件名，调用文件打开对话框。

输入程序命令如下：

```
[file,path]=uigetfile('*.mlapp','选择 MATLAB App Designer 文件','app1.mlapp')
```

运行结果如图 7-3 所示。再输入程序命令如下：

```
[file,path]=uigetfile('*.mlapp','选择 MATLAB App Designer 文件','app1.mlapp',
'Multiselect','on')
```

运行结果如图 7-4 所示，可以同时选择多个文件。

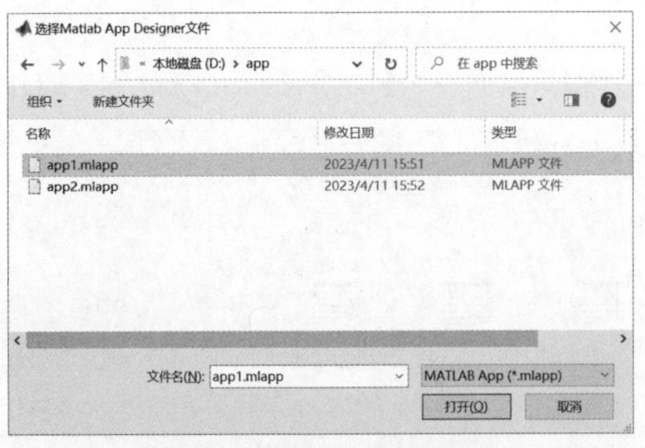

图 7-3　指定对话框名称

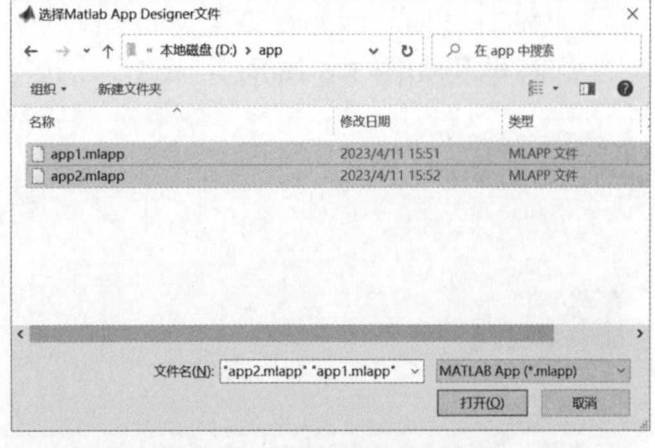

图 7-4　实现选择多个文件

文件名和路径分别存于 file 和 path，若要连接文件名和路径可以采用以下 3 种方法：

```
str=[file,path]
str=strcat(file,path)
str=fullfile(file,path)
```

7.1.2　文件保存对话框（uiputfile）

文件保存对话框由 uiputfile 函数创建，用于打开保存文件的对话框。uiputfile 的调用格式如下：

```
file=uiputfile
[file,path]=uiputfile
[file,path,indx]=uiputfile
```

在上述调用格式的基础上，等号右侧也可以采用如下方式调用：

```
___ = uiputfile(filter)
___ = uiputfile(filter,title)
___ = uiputfile(filter,title,defname)
```

其中，filter 指定扩展名，title 指定对话框标题，defname 指定默认文件名。

例如，输入程序命令如下：

```
>>[file,path,indx]=uiputfile({'*.bmp';'*.jpg'},'选择 MATLAB App Designer 文件')
```

命令行运行结果如下：

```
file =
    '1.bmp'
path =
    'D:\book\'
indx =
     1
```

文件保存对话框如图 7-5 所示。

例如，输入程序命令如下：

```
 [filename, pathname, filterindex] = uiputfile( …
{'*.m;*.fig;*.mat;*.slx;*.mdl', …
 'MATLAB Files (*.m,*.mlx,*.fig,*.mat,*.slx,*.mdl)';
 '*.m;*.mlx', 'program files (*.m,*.mlx)'; …
 '*.fig','Figures (*.fig)'; …
 '*.mat','MAT-files (*.mat)'; …
 '*.slx;*.mdl','Models (*.slx,*.mdl)'; …
```

```
    '*.*',  'All Files (*.*)'})
```

运行结果如图 7-6 所示。

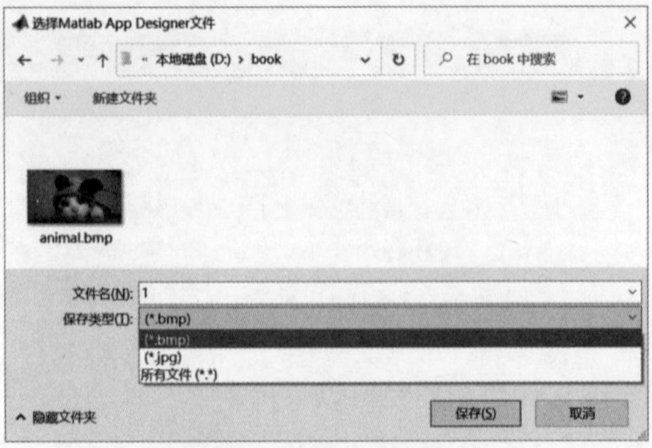

图 7-5　文件保存对话框

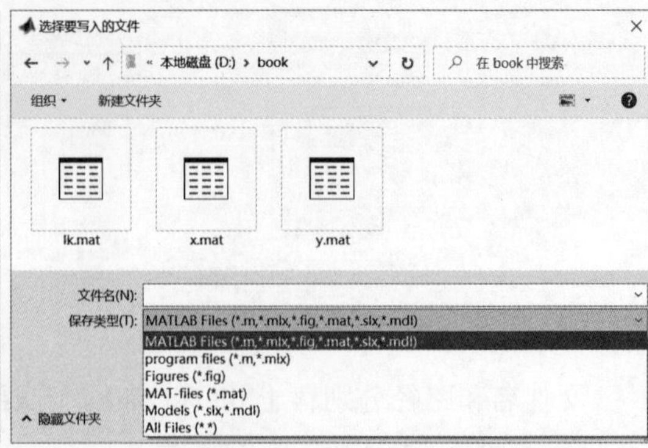

图 7-6　文件保存对话框示例

7.1.3　颜色设置对话框（uisetcolor）

颜色设置对话框由 uisetcolor 函数创建，调用系统内置的颜色设置对话框，返回用户选择的颜色数据，其调用格式如下：

```
c=uisetcolor
```

显示颜色选择器，并以 RGB 三元组形式返回所选颜色。其中，RGB 三元组是三元素行向量，其元素指定颜色的红、绿和蓝分量的强度，强度范围处于 [0，1] 之间。

```
c=uisetcolor(RGB)
c=uisetcolor(RGB,title)
```

其中，RGB 表示三元组的默认颜色数值，title 指定对话框标题。

例如，输入程序命令如下：

```
c = uisetcolor([0.5 0.5 0.5]);
c = uisetcolor([0.8 0.4 0],'请选择颜色');
```

分别弹出如图 7-7 和图 7-8 所示颜色选择对话框。

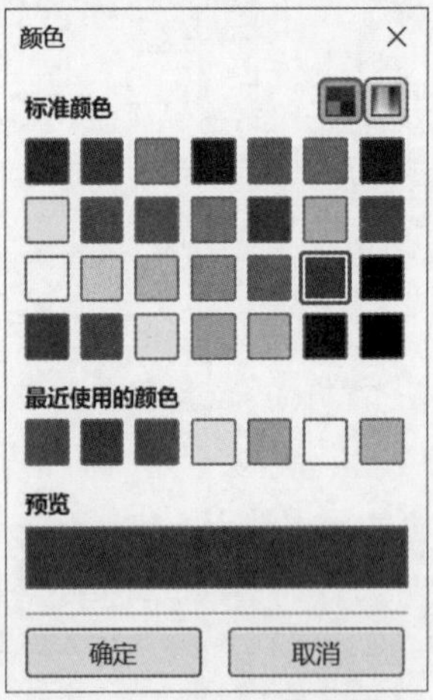

图 7-7　颜色选择对话框

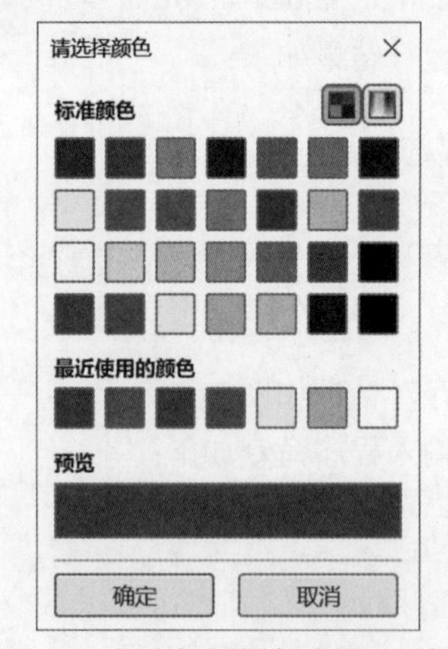

图 7-8　指定标题颜色选择对话框

▶【例 7-3】利用颜色选择对话框设置曲线颜色。

输入程序命令如下：

```
clc;clear;close all;
x=0:0.1:5*pi;
y=sin(x);
t=uisetcolor([0.8 0.4 0],'请选择曲线的颜色');
plot(x,y,'color',t,'linewidth',1.5);
```

运行程序，弹出如图 7-9 所示对话框，选择颜色后，单击【确定】按钮，绘制曲线如图 7-10 所示。

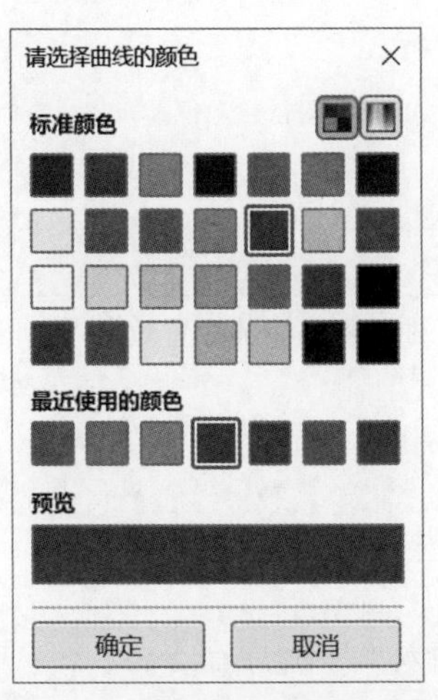

图 7-9　选择曲线颜色对话框

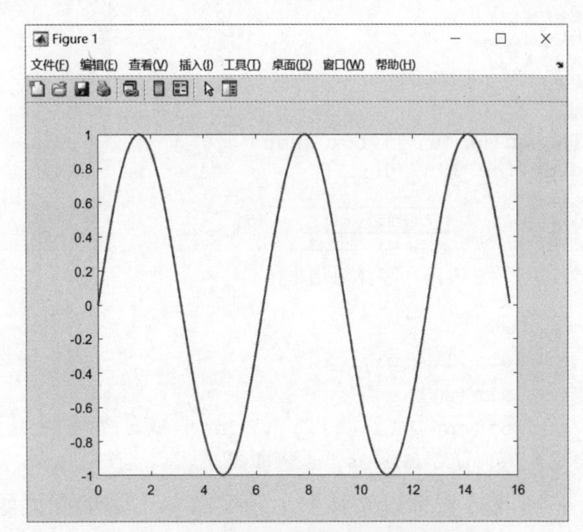

图 7-10　曲线颜色设置效果

7.1.4　字体设置对话框（uisetfont）

字体设置对话框由 uisetfont 函数创建，用来设置字符、字形和字体大小，调用格式如下：

```
uisetfont
uisetfont(h)
uisetfont(h,title)
```

▶【例 7-4】修改曲线标签的字体和字号。

输入程序命令如下：

```
clc;clear;close all;
x = 0:0.1:4*pi;
y = sin(x);
plot(x,y);
t = text(2*pi,0,'正弦曲线');
out=uisetfont(t);
```

运行程序，弹出如图 7-11 所示字体对话框，选择相应参数后，单击【确定】按钮，运行结果如图 7-12 所示。

▶【例 7-5】创建 MATLAB App Designer，实现通过上下文菜单组件，设置曲线的颜色和坐标区标题的字体。

视频讲解

第一步：设置布局及属性。添加一个坐标区、一个上下文菜单组件。

第二步：在组件浏览器，右击 e7_5，在弹出的快捷菜单中选择【回调】，选择【添加 StartupFcn 回调】，界面自动跳转到代码视图，在光标定位处输入如下程序命令：

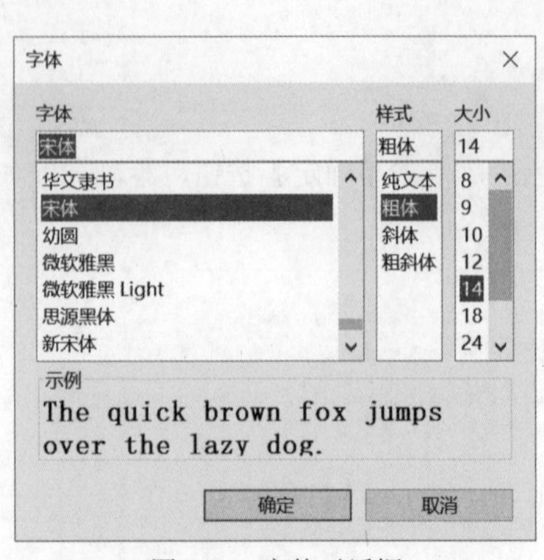

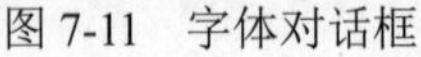

图 7-11　字体对话框

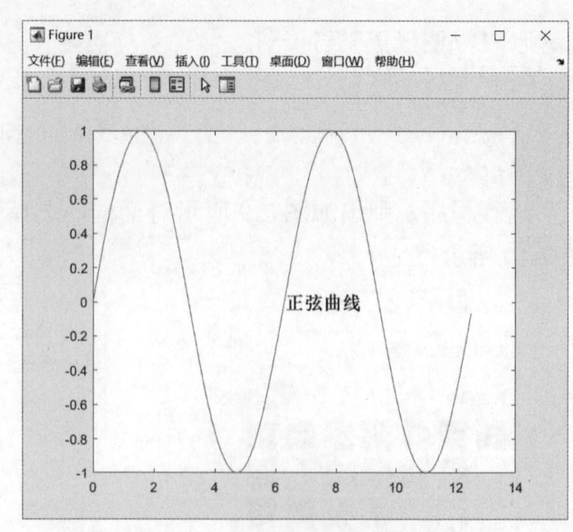

图 7-12　曲线标签字体设置效果

```
global h
x = 0:0.1:4*pi;
y = sin(x);
h=plot(app.UIAxes,x,y,'linewidth',1.5);
title(app.UIAxes,'正弦曲线');
```

右击【设置标题字体】上下文菜单，添加回调函数，输入如下程序命令：

```
t= app.UIAxes.Title;
uisetfont(t);
```

右击【设置曲线颜色】上下文菜单，添加回调函数，输入如下程序命令：

```
global h
t=uisetcolor([0.8 0.4 0],'请选择曲线的颜色');
set(h,'color',t)
```

运行程序，右击上下文菜单，如图 7-13 所示。选择【设置标题字体】，弹出如图 7-14 所示对话框，选择相应参数后，单击【确定】按钮。选择【设置曲线颜色】，弹出如图 7-15 所示对话框，选择相应参数后，单击【确定】按钮。运行结果如图 7-16 所示。

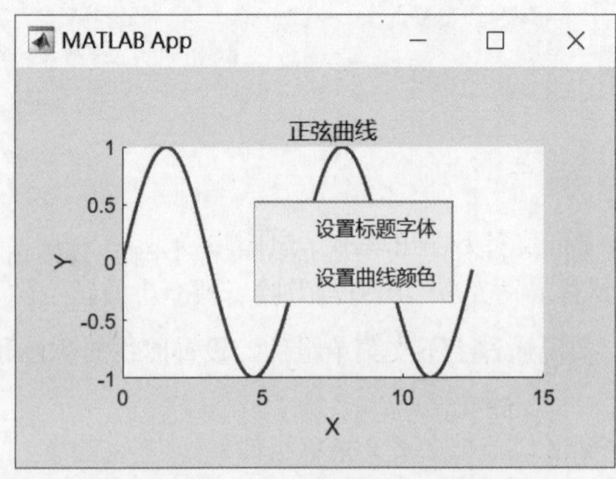

图 7-13　上下文菜单运行界面

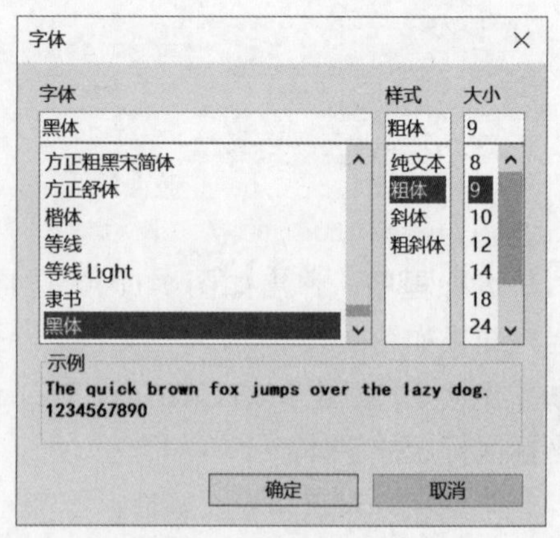

图 7-14　字体设置对话框

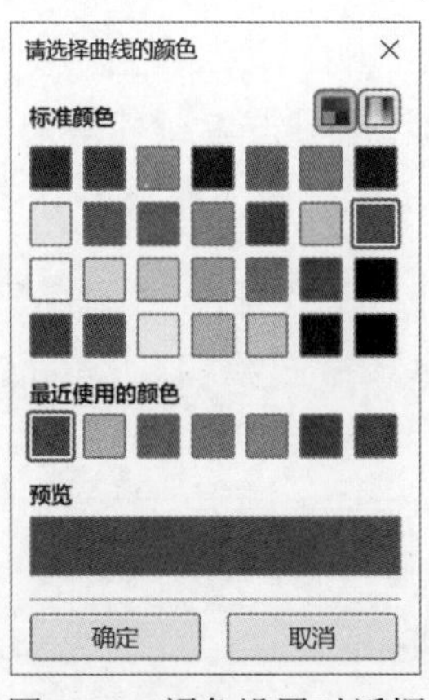

图 7-15　颜色设置对话框

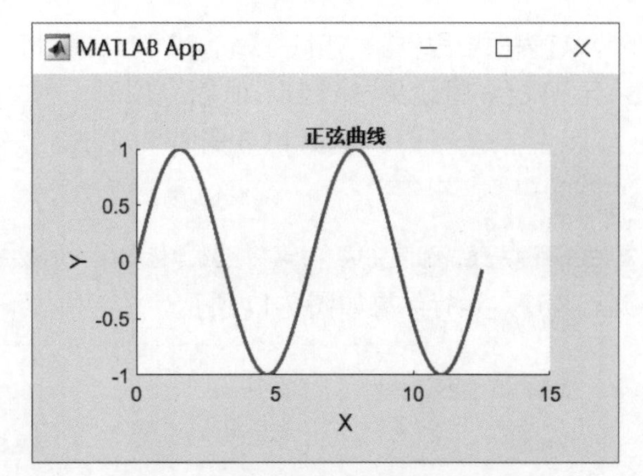

图 7-16　标题字体和曲线颜色设置效果

7.1.5　打印对话框、打印预览对话框和页面设置对话框

打印对话框由 printdlg 函数创建，其调用格式如下：

```
printdlg                        % 打印当前窗口
printdlg(fig)                   % 用于打印句柄为 fig 的窗口
```

打印预览对话框由 printpreview 函数创建，其调用格式如下：

```
printpreview                    % 显示当前窗口的打印预览
printpreview(fig)               % 显示窗口 fig 的打印预览对话框
```

打印设置对话框由 pagesetupdlg 函数创建，其调用格式如下：

```
dlg=pagesetupdlg(fig)           % 创建可以设置 fig 的页面布局窗口
```

7.2　自定义对话框

常见的 MATLAB 自定义对话框与其调用函数的对应关系，如表 7-2 所示。

表 7-2　自定义对话框与其调用函数的对应关系

函　数	含　义	函　数	含　义
waitbar	进度条	msgbox	信息对话框
menu	菜单选择对话框	questdlg	提问对话框
dialog	普通对话框	inputdlg	输入信息对话框
errordlg	错误对话框	uigetdir	目录选择对话框
warndlg	警告对话框	listdlg	列表选择对话框
helpdlg	帮助对话框		

7.2.1　进度条（waitbar）

进度条由 waitbar 函数创建，其调用格式如下：

```
waitbar(x)
waitbar(x,f)
waitbar(x,f,'title')
```

其中，x 表示进度条的长度，取值范围为 [0，1]；waitbar（x，f）表示将进度条 f 中的进度条位置更新到 x 位置处；'title' 为进度条的标题。例如，输入如下程序命令：

```
f=waitbar(0.2);
pause(1);
waitbar(0.5,f);                    % 将进度条 f 的进度条位置调整为 0.5 位置
pause(1);
waitbar(0.7,f);
pause(1);
waitbar(1,f,'加载完成');           % 添加标题为“加载完成”
```

运行程序，运行结果如图 7-17 所示。

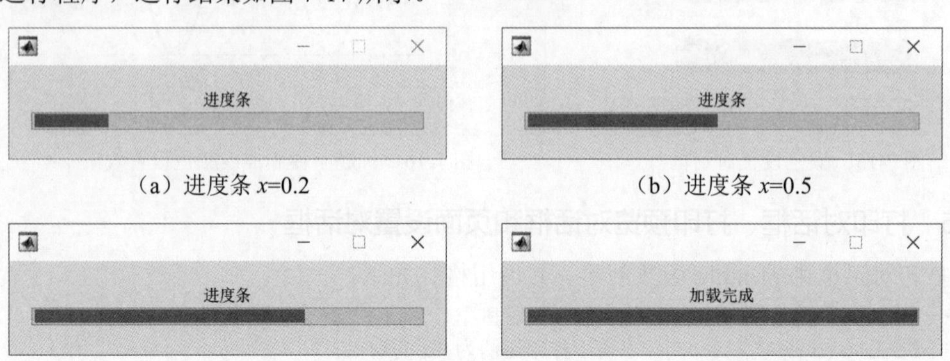

（a）进度条 x=0.2　（b）进度条 x=0.5

（c）进度条 x=0.7　（d）进度条 x=1

图 7-17　进度条动态显示效果

MATLAB App Designer 的 waitbar 函数可以设置多种属性，包括进度条的背景颜色、前景颜色等。例如：

```
clc
clear
h = waitbar(0, '请等待 ...', 'Color', [0.4 0.6 0.4]);     % 设置背景颜色为淡绿色
for i = 1:10000
    progress = i/10000;
    waitbar(progress,h,sprintf('%d%%',round(progress*100)));
end
close(h);
```

运行结果如图 7-18 所示。

▶【例 7-6】创建带有取消按钮的进度条，且进度条更新数据保留两位小数。

输入如下程序命令：

```
clear;
h = waitbar(0,'缓冲中 ...','CreateCancelBtn',...
'setappdata(gcbf,"canceling",1)');           % 创建进度为 0 的进度条
pause(0.2);
setappdata(h, 'canceling', 0);
steps = 80;
for i = 1:steps                              % 循环更新进度条显示
    pause(0.1);                              % 每隔一段时间完成进度条更新
    if getappdata(h, 'canceling')            % 若按下【取消】按钮，则退出循环
        break
    end
    waitbar(i/steps,h,sprintf('加载 %.2f%%…',i/steps*100));
end
delete(h);                                   % 退出循环后，关闭进度条
```

程序运行结果如图 7-19 所示。

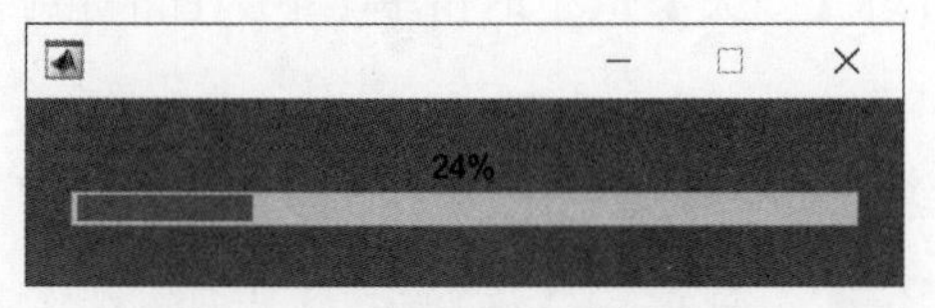

图 7-18　进度条背景色设置

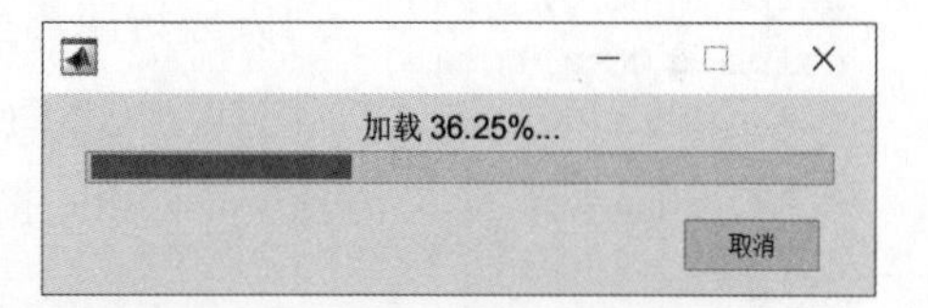

图 7-19　有【取消】按钮的进度条

▶【例 7-7】动态绘制正弦曲线，并用进度条显示绘制进度。

输入程序命令如下：

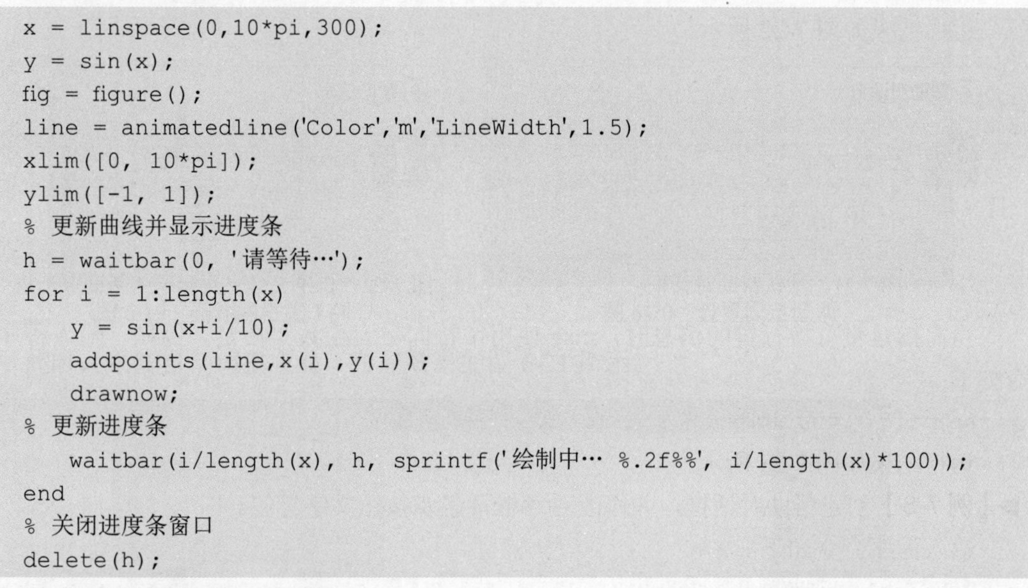

```
x = linspace(0,10*pi,300);
y = sin(x);
fig = figure();
line = animatedline('Color','m','LineWidth',1.5);
xlim([0, 10*pi]);
ylim([-1, 1]);
% 更新曲线并显示进度条
h = waitbar(0, '请等待…');
for i = 1:length(x)
    y = sin(x+i/10);
    addpoints(line,x(i),y(i));
    drawnow;
% 更新进度条
    waitbar(i/length(x), h, sprintf('绘制中… %.2f%%', i/length(x)*100));
end
% 关闭进度条窗口
delete(h);
```

程序运行结果如图 7-20 所示。

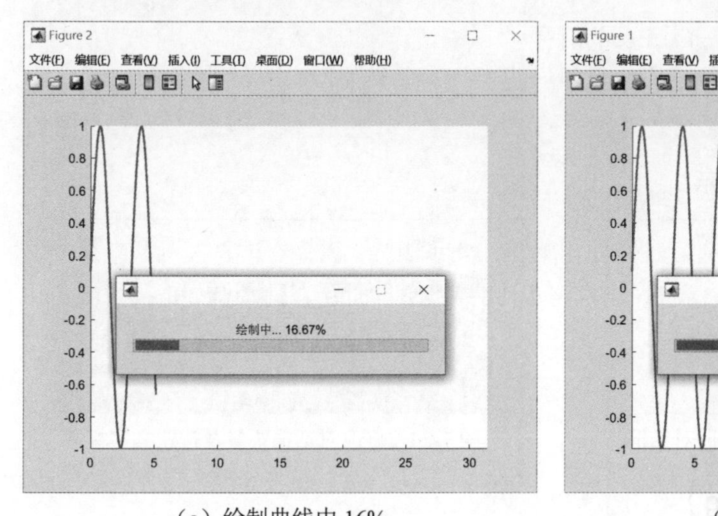

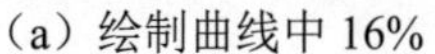

（a）绘制曲线中 16%

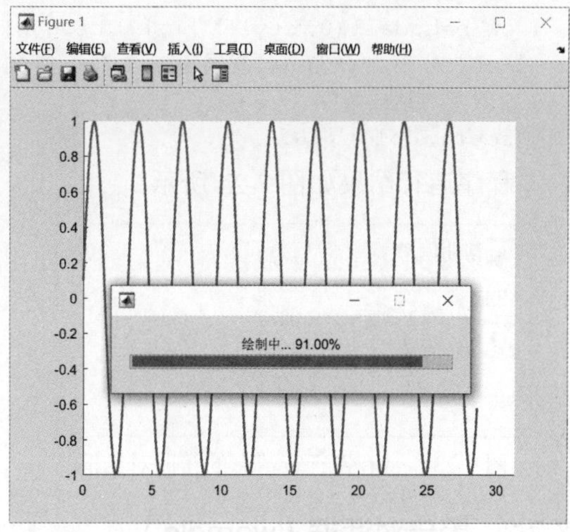

（b）绘制曲线中 91%

图 7-20　进度条显示动态绘制曲线进度

7.2.2　帮助对话框（helpdlg）

在 MATLAB App Designer 中 helpdlg 函数用于创建帮助对话框，其调用格式如下：

```
helpdlg
helpdlg(msg)
helpdlg(msg,title)
f=helpdlg(    )        %返回对话框句柄
```

其中，msg 指自定义消息文本，title 指自定义对话框标题。例如，输入程序命令如下：

```
helpdlg
```

运行结果如图 7-21 所示。

例如，输入程序命令如下：

```
helpdlg('矩形的面积公式为：长*宽','帮助信息');
```

运行结果如图 7-22 所示。

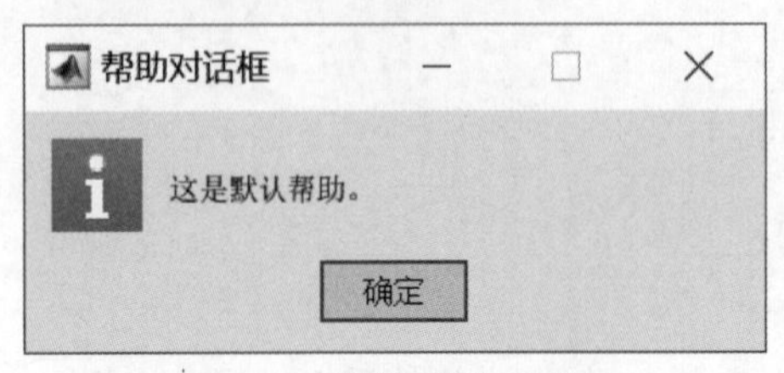

图 7-21　默认帮助对话框

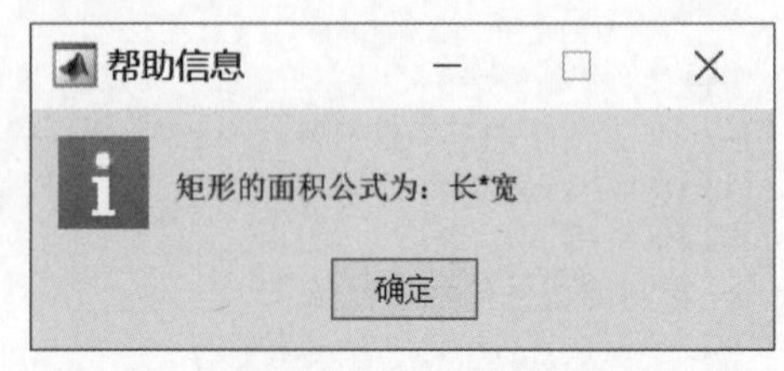

图 7-22　自定义信息及标题的帮助对话框

当需指定带有换行符的消息时，msg 使用字符向量元胞数组指定。例如，输入程序命令如下：

```
helpdlg({'矩形的面积公式为：','长*宽'},'帮助信息');
```

运行结果如图 7-23 所示。

▶【例 7-8】创建帮助对话框，并修改对话框背景及按钮文字标签。

视频讲解

输入程序命令如下：

```
h=helpdlg('调节颜色','帮助');
%改变按钮上的字样
ok_b=findall(0,'style','pushbutton');
set(ok_b,'string','我确定')          %将按钮的 string 属性改为“我确定”
%改变对话框颜色
set(h,'Color',[0.6 0.6 0.9])
```

程序运行结果如图 7-24 所示。

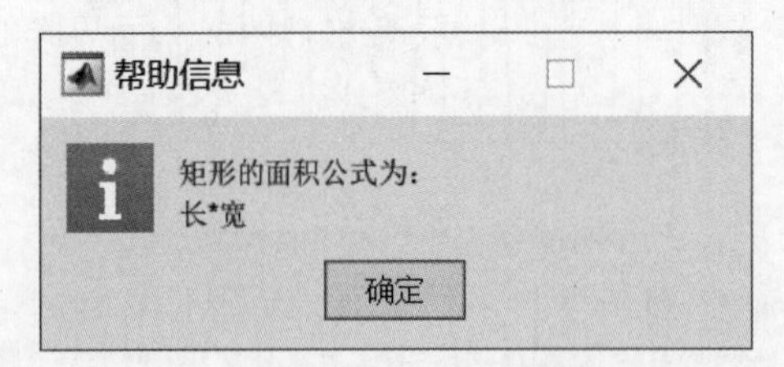

图 7-23　带有换行符消息的帮助对话框

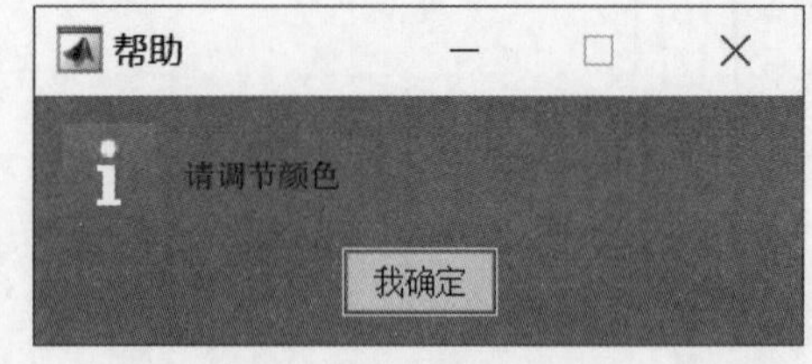

图 7-24　修改对话框背景及按钮文字标签

7.2.3　警告对话框（warndlg）

在 MATLAB App Designer 中使用 warndlg 函数创建警告对话框，用于显示警告信息，其调用格式如下：

```
f=warndlg
f=warndlg(msg)
```

```
f=warndlg(msg,title)
f=warndlg(msg,title,ops)
```

其中，msg 和 title 的含义与帮助对话框 helpdlg 函数的相同。ops 可以设置为 non-modal、modal、replace 或结构体数组，具体含义为：

non-modal：创建一个非模态警告对话框，此对话框不影响其他打开的对话框；

modal：指定警告对话框为模态对话框，将删除其他具有相同标题的错误、消息和警告对话框。被替代的可以是模态或非模态的警告对话框；

replace：指定警告对话框为非模态对话框，将删除其他具有相同标题的错误、消息和警告对话框。被替代的可以是模态或非模态的警告对话框；

结构体数组：需为警告对话框指定窗口样式和解释器，必须具有 WindowStyle 和 Interpreter 字段。WindowStyle 字段的值为 non-modal、modal 或 replace。Interpreter 字段的值为 tex 或 none，默认值为 none。若 Interpreter 值是 tex，将 message 值解释为 TeX。

▶【例 7-9】创建一个结构体，指定模态窗口样式和 TeX 解释器，并创建警告对话框，指定结构体作为输入参数。

输入程序命令如下：

```
opts = struct('WindowStyle','modal','Interpreter','tex');
f=warndlg('\color{red} 注意 :\gamma=\alpha^2+\beta^2','提示',opts);
```

程序运行结果如图 7-25 所示。

▶【例 7-10】设计一个程序，要求用户输入一个数字，如果该数字在 1~100 范围内，则输出这个数字；否则弹出一个警告对话框，提示用户重新输入，直到用户输入合法数字为止。

输入程序命令如下：

```
x = input('请输入一个数字 : ');
while x < 1 || x > 100
    h = warndlg('输入的数字必须在 1 到 100 之间。','警告');
    uiwait(h);                    % 阻止程序继续执行，直到用户关闭对话框
    x = input('请输入一个数字 : ');
end
disp(['您输入的数字是 :',num2str(x)]);
```

运行程序，命令行窗口输入 200，则弹出如图 7-26 所示对话框。当输入数字 5，则命令行结果如下：

```
e7_10
请输入一个数字 : 200
请输入一个数字 : 5
您输入的数字是 :5
```

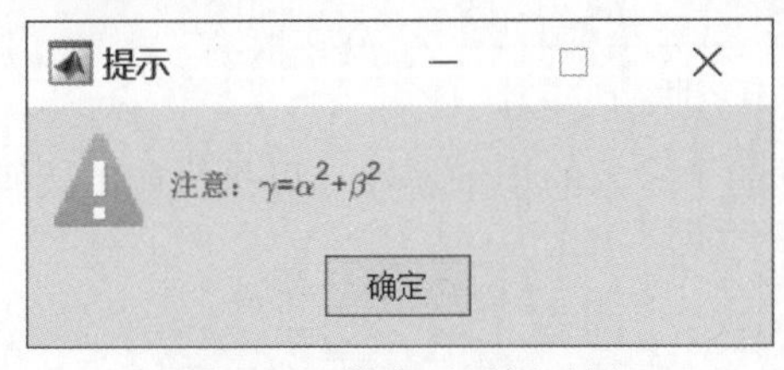

图 7-25　警告对话框示例

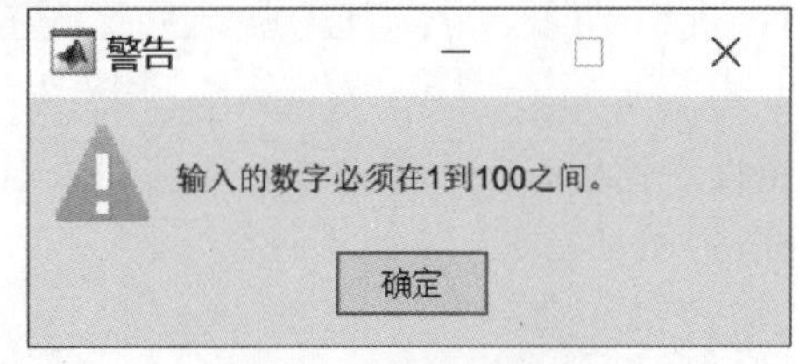

图 7-26　警告对话框

▶【例 7-11】用 MATLAB App Designer 实现在编辑框内输入 0 到 10 的数字，若不在此范围内，则弹出警告对话框。

第一步：设置布局及属性。添加一个按钮和一个编辑字段（数值）。

第二步：右击【确定】按钮，在弹出的快捷菜单中选择【回调】，选择【转至 ButtonPushed 回调】，界面自动跳转到代码视图，在光标定位处输入如下程序命令：

```
 x = app.EditField.Value;
while (x < 0 || x > 10)
    h = warndlg('输入的数字必须在 0 到 10 之间。','警告');
    uiwait(h);                          % 等待用户关闭警告对话框 h
    app.EditField.Value=0;
    x=0;
end
```

运行程序，当输入数字 5 时，运行结果如图 7-27 所示；当输入数字 25 时，则弹出如图 7-28 所示对话框。

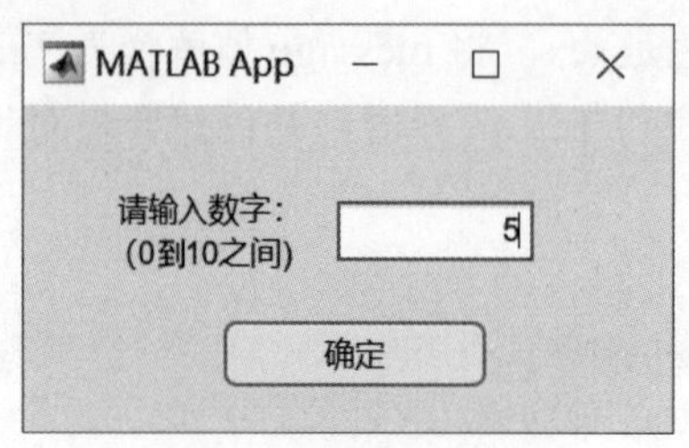

图 7-27　输入数字界面

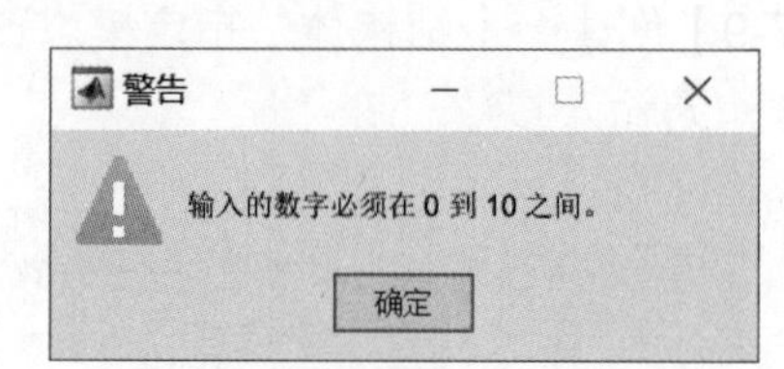

图 7-28　警告对话框

7.2.4　错误对话框（errordlg）

错误对话框用来提示程序运行过程中出现的错误，在 MATLAB App Designer 中，errordlg 函数用于提示错误信息，该函数的调用格式如下：

```
f=errordlg
f=errordlg(msg)
f=errordlg(msg,title)
f=errordlg(msg,title,ops)
```

例如，输入如下程序命令：

```
errordlg('文件不存在', '错误')
```

程序运行结果如图 7-29 所示。

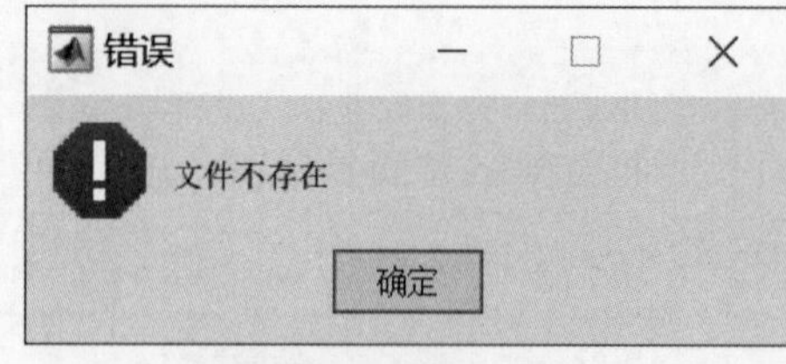

图 7-29　错误对话框

错误对话框有 3 个子对象，查看错误对话框的子对象的详细属性，可执行如下代码：

```
f=errordlg;
f1=get(f,'children');
for i=1:3
   get(f1(i))
end
```

错误对话框与 3 个子对象之间的关系如图 7-30 所示。

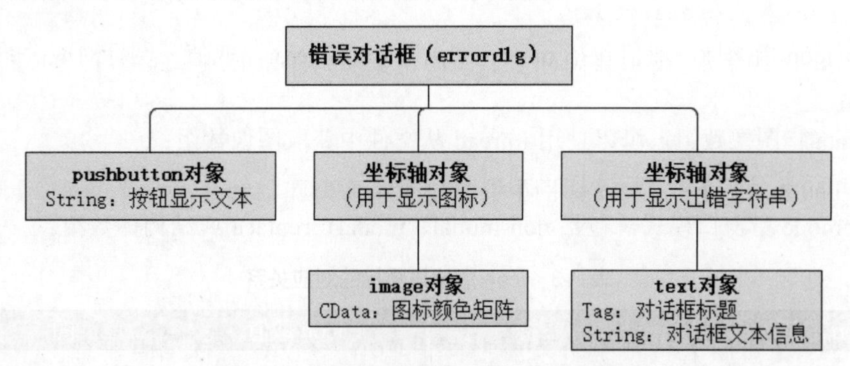

图 7-30 错误对话框与子对象关系示意图

▶【例 7-12】创建错误对话框，并自定义错误信息的字体、字号、按钮文字以及图标。

视频讲解

输入如下程序命令：

```
f = errordlg('输入格式不正确。', '错误');
f1= get(f, 'Children');                          %获取对话框 f 的所有子对象
f2=findall(allchild(f),'style','pushbutton');    %查找 f 所有子级的样式为'pushbutton'的对象
set(f2, 'string', 'OK');                         %将 f2 字符串属性（即按钮文字）改为 OK
f3= findall(f1, 'type', 'text');                 %在变量 f1 中查找所有类型为'text'的控件
set(f3, 'fontname', '黑体', 'color', 'b', 'fontsize', 14);
f4=findall(f,'type','image');
c=imread('1.jpg');
c=imresize(c,size(get(f4,'AlphaData')));         %imresize 调整图像大小，与 AlphaData 匹配
set(f4,'CData',c);
```

程序运行结果如图 7-31 所示。

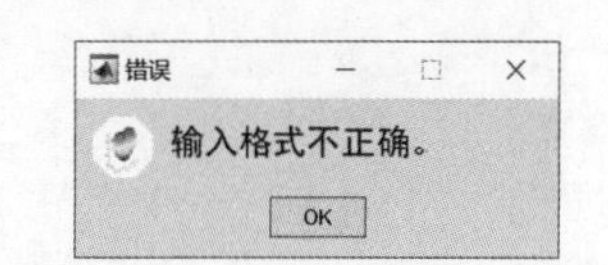

图 7-31 自定义错误对话框

错误对话框可以将其与其他程序结合使用，实现不同错误信息的提示。例如，当读取文件失败时，提示用户检查文件是否存在或文件权限等问题，输入如下程序命令：

```
if ~exist('file.txt', 'file')
    errordlg('无法找到文件，请检查文件路径是否正确。', '文件读取错误');
end
```

当试图访问无效的 URL 地址时，提示用户该链接不存在或无法访问，输入如下程序命令：

```
if ~exist('file.txt', 'file')
    errordlg('无法找到文件，请检查文件路径是否正确。', '文件读取错误');
end
```

上述程序在实际应用中需要根据具体情况进行调整。

7.2.5 信息对话框（msgbox）

在 MATLAB App Designer 中，msgbox 函数用于创建信息对话框，其调用格式如下：

```
f=msgbox(message)
f=msgbox(message,title)
f=msgbox(message,title,icon)
```

```
f=msgbox(message,title,custom,icondata,iconcmap)
f=msgbox(____,createmode)
```

其中，icon 指图标，取值包括 none、help、warn 和 error，取值与图标对应关系如表 7-3 所示；

icondata 指图像数组，可以使用 imread 从文件中获取图像数组；

iconcmap 指颜色图，为 RGB 三元组的三列矩阵；

createmode 指窗口模式，包括 non-modal、modal、replace 或结构体数组。

表 7-3　icon 取值与图标的对应关系

icon 取值	图　标	icon 取值	图　标
none	不显示任何图标	warn	
help		error	

例如，在信息对话框中显示多行文本，输入如下程序命令：

```
msgbox({'这里是第一行', '这里是第二行', '这里是第三行'}, '详细信息');
```

程序运行结果如图 7-32 所示。

例如，实现带有自定义标题的错误对话框，程序命令如下：

```
msgbox('非法输入！', '错误', 'error', 'modal');
```

程序运行结果如图 7-33 所示。

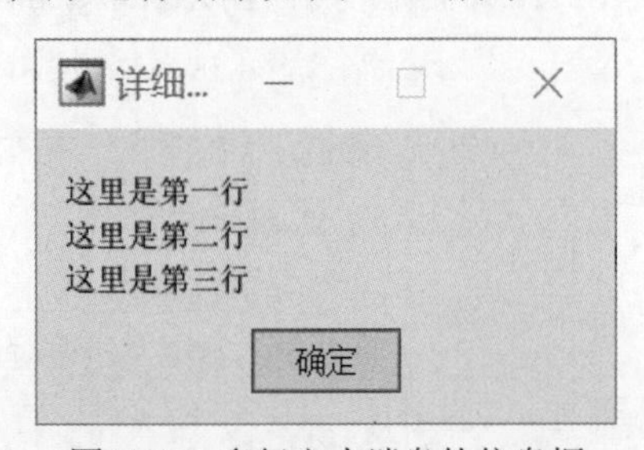

图 7-32　多行文本消息的信息框

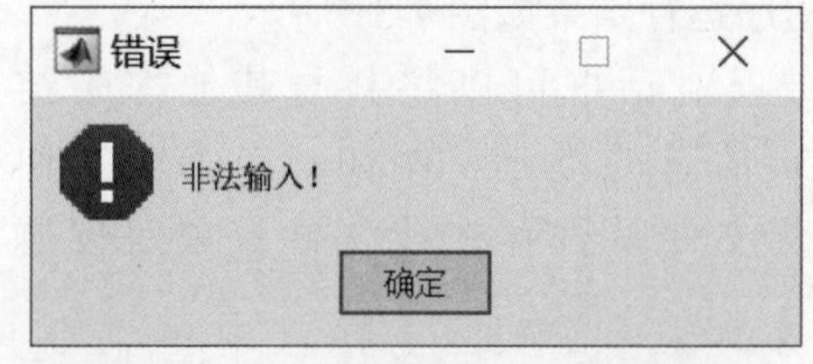

图 7-33　信息对话框实现的错误提示

例如，使用自定义图标对话框，输入如下程序命令：

```
myicon = imread("1.jpg");
h = msgbox("已成功加载","提示","custom",myicon);
```

程序运行结果如图 7-34 所示。

例如，使用 TeX 格式消息的模态消息对话框，程序命令如下：

```
CreateStruct.Interpreter = 'tex';
CreateStruct.WindowStyle = 'modal';
h = msgbox("y=ax^2+bx+c","二次函数",CreateStruct);
```

程序运行结果如图 7-35 所示。

7.2.6　提问对话框（questdlg）

在 MATLAB App Designer 中，用 questdlg 函数创建提问对话框，其调用格式如下：

```
answer=questdlg(quest)
answer=questdlg(quest,title)
```

```
answer=questdlg(quest,title,defbtn)
answer=questdlg(quest,title,btn1,btn2,defbtn)
answer=questdlg(quest,title,btn1,btn2,btn3,defbtn)
answer=questdlg(___,opts)
```

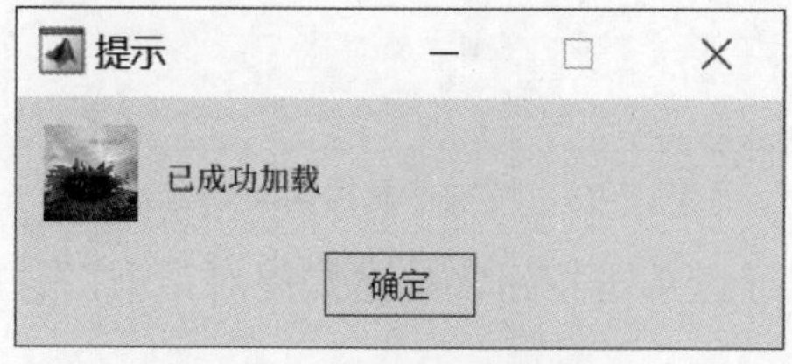

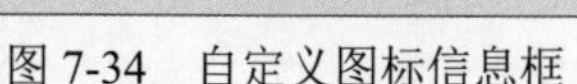

图 7-34　自定义图标信息框

图 7-35　使用 TeX 格式消息的模态消息对话框

在默认情况下，该对话框有 3 个标准按钮，其标签分别为是、否和取消。若用户按下其中一个按钮，则 answer 值与按下的按钮的标签相同；若用户按下【关闭】按钮或 Esc 键，则 answer 值为空字符向量；若用户按下 Return 键，则 answer 值与默认按钮的标签相同。其中，defbtn 指默认按钮；btn1、btn2 和 btn3 指自定义按钮的标签。

例如，输入如下程序命令：

```
>> questdlg('您确定要继续吗？', …
            '提示信息', …
            '是', '否', '取消', …
            '是');
```

程序运行结果如图 7-36 所示。

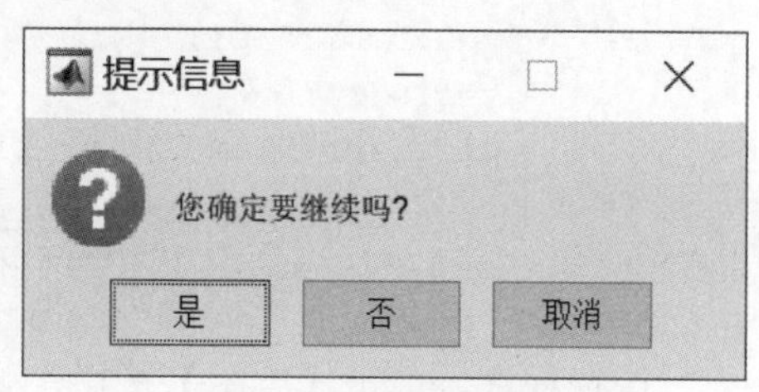

图 7-36　提问对话框

▶【例 7-13】创建提问对话框，提问用户是否满 18 周岁，如果回答是，则继续询问用户的性别信息，并在用户作出选择后在命令行窗口显示所选的选项。

输入如下程序命令：

```
answer = questdlg('您满 18 周岁了吗？','问题提示', ...
    'Yes','No','Cancel','Yes');
switch answer
    case 'Yes'
        answer2= questdlg('您的性别？','问题提示','男','女','男');
        switch answer2
            case '男'
                disp('先生，您已满 18 周岁');
            case '女'
                disp('女士，您已满 18 周岁');
        end
    case 'No'
        disp('您未满 18 周岁');
    case 'Cancel'
        disp('您选择的是其他');
end
```

程序运行结果如图 7-37 所示，当用户单击【Yes】按钮，则弹出性别信息提问对话框，如图 7-38 所示，单击【女】，则命令窗口输出结果如下：

```
女士，您已满 18 周岁
```

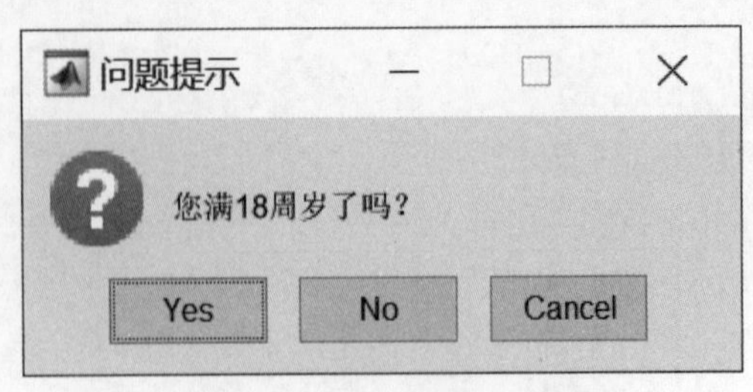

图 7-37　自定义提问对话框

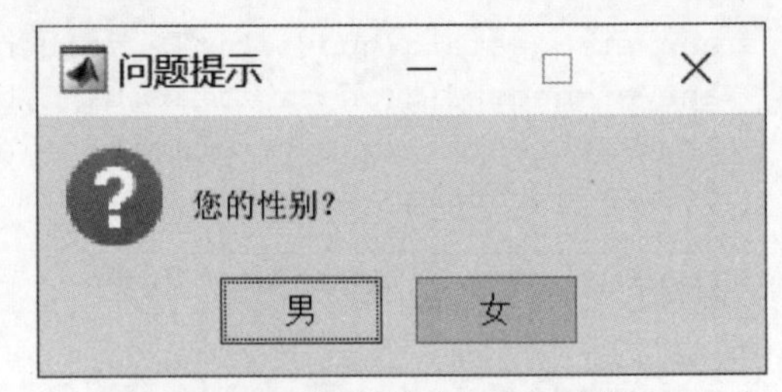

图 7-38　性别信息提问对话框

视频讲解

▶【例 7-14】基于 MATLAB App Designer，实现通过单击按钮，弹出提问对话框，进而选择是否在坐标区绘制曲线。

第一步：设置布局及属性。添加一个按钮、一个坐标区和一个标签。

第二步：右击【绘图】按钮，在弹出的快捷菜单中选择【回调】，选择【转至 ButtonPushed 回调】，界面自动跳转到代码视图，在光标定位处输入如下程序命令：

```
answer=questdlg('您确定要在坐标区绘制曲线吗？','提示','是','否','是');
switch answer
    case '是'
        x=0:0.01:5*pi;
        y=sin(x);
        plot(app.UIAxes,x,y,'LineWidth',1.5);
    case '否'
       delete(allchild(app.UIAxes));
end
```

运行程序，单击【绘图】按钮，弹出提问对话框，如图 7-39 所示，单击【是】按钮，即可在坐标区绘制曲线，如图 7-40 所示。

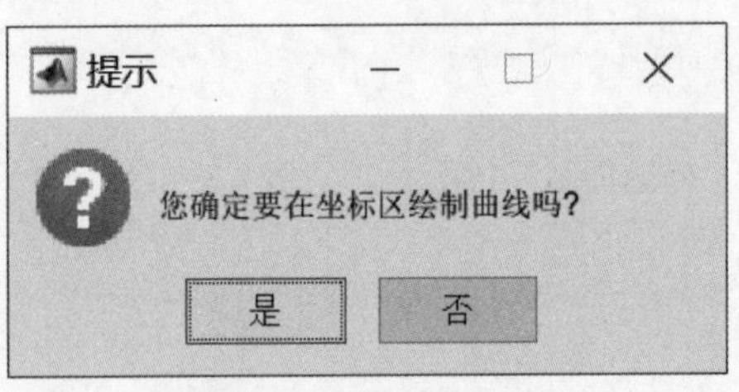

图 7-39　提问对话框

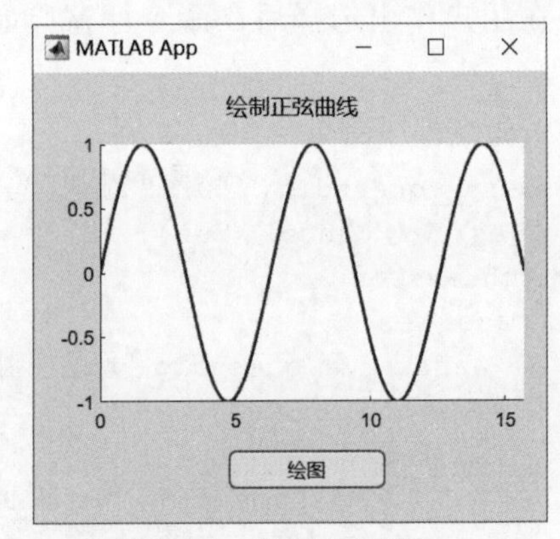

图 7-40　绘制曲线界面

7.2.7　菜单选择对话框（menu）

在 MATLAB App Designer 中，用 menu 函数创建菜单选择对话框，其调用格式如下：

```
f=menu('菜单标题','选项 1','选项 2',…,'选项 n')
```

创建一个可以从多个选项中选择某项的菜单选择对话框，返回选择的项对应的索引值，若没有选择任何值，返回 0。例如：

```
k=menu('请选择您喜欢的城市','深圳','北京','成都','上海')
```

程序运行结果如图 7-41 所示，当选择【成都】选项的，命令行输出结果如下：

```
k =
    3
```

▶【例 7-15】实现提问您最喜欢的科目，并将选择结果返回命令行窗口。

图 7-41　菜单选择对话框

视频讲解

方法 1：

输入如下程序命令：

```
choice= menu('请选择您最喜欢的科目', '语文', '数学',
'物理');
if choice==1
    disp('您选择的科目是语文');
elseif choice==2
    disp('您选择的科目是数学');
elseif choice==3
    disp('您选择的科目是物理');
else
    disp('您未做出选择');
end
```

方法 2：使用字符数组定义选项和返回值。

输入如下程序命令：

```
options = {'语文', '数学', '物理'};
values = {'培养语言文字表达和理解能力。',…
    '培养逻辑思维和问题解决能力。', …
    '研究自然界物质运动规律和现象。'};
choice = menu('请选择您最喜欢的科目', options);
if choice > 0
    disp(['您选择的是 :',options{choice},', 该课程主要',values{choice}]);
else
    disp('您未做出选择');
end
```

7.2.8 输入信息对话框（inputdlg）

在 MATLAB App Designer 中，用函数 inputdlg 创建输入信息对话框，主要用于返回用户输入的字符串或字符数组到一个字符串单元数组中，其调用格式如下：

```
answer=inputdlg(prompt)
answer=inputdlg(prompt,dlgtitle)
answer=inputdlg(prompt,dlgtitle,dims)
answer=inputdlg(prompt,dlgtitle,dims,definput)
answer=inputdlg(prompt,dlgtitle,dims,definput,opts)
```

其中，prompt 指文本编辑字段标签，其值指定为字符向量、字符向量元胞数组或字符串数组。

dlgtitle 指对话框标题。

dims 指文本编辑字段的高度和宽度。若 dims 是标量，则指定所有编辑字段的高度。若 dims 是列向量或行向量，则每个元素指定对话框中从上到下每个对应编辑字段的高度。若 dims 是数组，则其大小必须为 $m\times2$，其中 m 为对话框中的文本编辑字段数量，第一列指定高度，第二列指定宽度。

definput 指一个或多个文本编辑字段的默认值。

opts 指定为 'on' 或结构体。

answer 返回一个字符向量元胞数组，包含对话框从上到下每个编辑字段的输入。

▶【例 7-16】通过输入信息对话框，实现输入数字、字符串和逻辑值，并将其存储到变量中。

输入如下程序命令：

```
prompt = {'请输入一个数字：','请输入一个字符串：','请输入逻辑值 (true/false):'};
title = '多项输入';
dims = [1 20];
definput = {'100','abced','true'};
answer = inputdlg(prompt,title,dims,definput);
num=str2double(answer{1});                    %str2double 函数可以将字符串转换为数值
str=answer{2};
logic=logical(str2num(answer{3}));    %logical 函数可以将数值转换为逻辑值
```

程序运行界面如图 7-42 所示，单击【确定】按钮，返回结果如下：

```
num =
   100
str =
    'abced'
logic =
  logical
   1
```

视频讲解

▶【例 7-17】基于 MATLAB App Designer 设计，实现通过输入信息对话框添加图书信息到表组件。

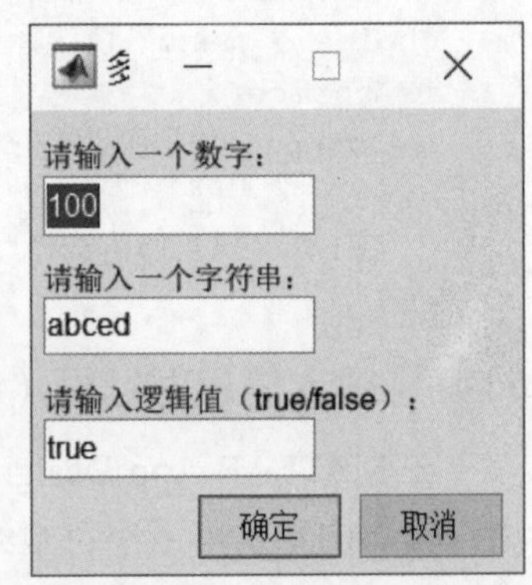

图 7-42　输入信息对话框

第一步：设置布局及属性。添加一个表、一个按钮和一个标签。

第二步：右击【添加】按钮，在弹出的快捷菜单中选择【回调】，选择【转至 ButtonPushed 回调】，界面自动跳转到代码视图，在光标定位处输入如下程序命令：

```
prompt = {'图书编号：','图书名称：','出版社：',
'价位（单位：元）：'};
title = '图书信息';
dims = [1 50];
answer = inputdlg(prompt,title,dims);
number=answer{1};
name=answer{2};
sg=answer{3};
score=str2double(answer{4});
new_data  = {number name sg score};
new_data = cell2table(new_data);
app.UITable.Data = [app.UITable.Data;new_data];
```

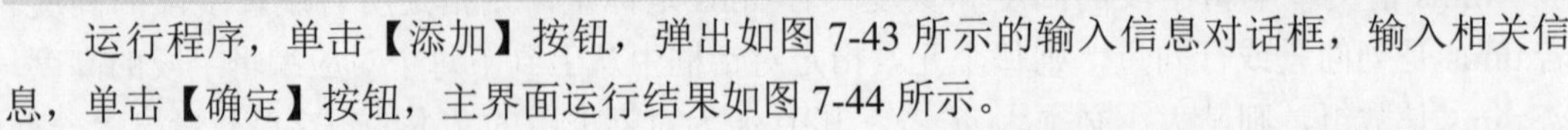

运行程序，单击【添加】按钮，弹出如图 7-43 所示的输入信息对话框，输入相关信息，单击【确定】按钮，主界面运行结果如图 7-44 所示。

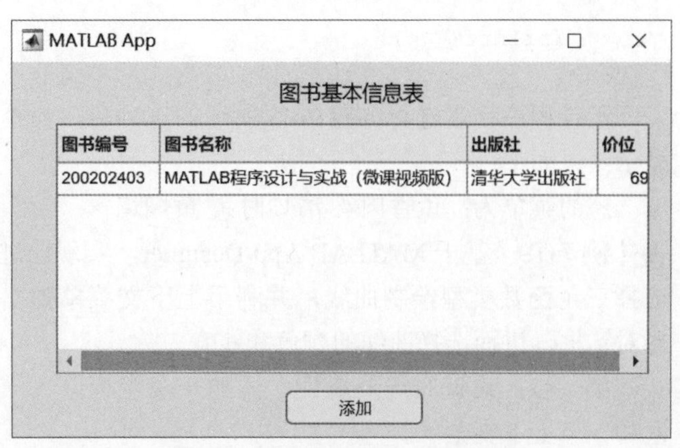

图 7-43　图书信息输入对话框　　　　图 7-44　图书基本信息表显示界面

7.2.9　列表选择对话框（listdlg）

在 MATLAB App Designer 中，用函数 listdlg 创建列表选择对话框，其调用格式如下：

```
[indx,tf]=listdlg('ListString',list)
[indx,tf]=listdlg('ListString',list,'PrompString',prompt)
[indx,tf]=listdlg('ListString',list,'PrompString',prompt, 'SelectionMode',mode)
[indx,tf]=listdlg('ListString',list,'PrompString',prompt, 'SelectionMode',
mode,'InitialValue',…defaultSelection)
```

其中，tf 指当单击 OK 按钮时，返回的值为 1，当单击 Cancel 按钮或关闭对话框时，返回的值为 0；

indx 表示选项的索引值，例如，当选择列表第 3 项时，返回 indx=3；

ListString 指定列表项目，list 指列表选择对话框中显示的项目列表；

PrompString 指定提示信息，prompt 值提示信息显示内容；

SelectionMode 确定模式，mode 取值可以是 single（单选）或 multiple（多选），默认为 single；

InitialValue 指定列表中默认选中的项目，defaultSelection 为指定项目，默认情况下，没有任何项目被选中。

▶【例 7-18】通过列表选择对话框，实现点菜功能，即实现 5 个选项的多选，并设置提示信息及按钮的文字。

输入如下程序命令：

```
List={'麻婆豆腐','鱼香肉丝','清炒时蔬','红烧鱼','黄焖鸡'};
prompt='请选择菜品 :';
OkButtonLabel='点单';
cancelButtonLabel='取消';
dialogTitle='菜单';
[indx,tf]=listdlg('ListString',List,'PromptString',prompt,'CancelString',
cancelButtonLabel,...
'OkString',OkButtonLabel,'Name',dialogTitle,'ListSize',[180 150]);
fprintf('您的菜单为 :');
if tf
    fprintf( '%s ',List{indx});
else
```

```
    fprintf('无');
end
```

运行程序，当选择如图 7-45 所示的选项后，命令行窗口显示结果如下：

您的菜单为：鱼香肉丝 清炒时蔬 黄焖鸡 >>

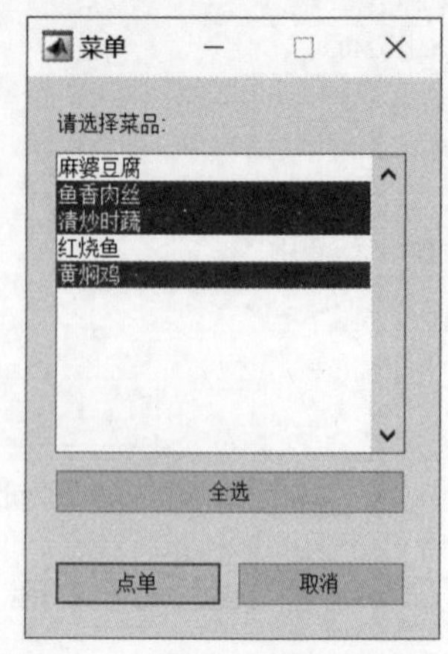

图 7-45　菜单列表选择对话框

视频讲解

▶【例 7-19】基于 MATLAB App Designer，实现通过下拉框选择三角函数类型绘制曲线，并利用上下文菜单弹出列表选择对话框，进而选择曲线的颜色和线宽。

第一步：设置布局及属性。添加一个坐标区、一个下拉框和一个上下文菜单。

第二步：右击下拉框组件，在弹出的快捷菜单中选择【回调】，选择【添加 DropDownValueChanged 回调】，界面自动跳转到代码视图，在光标定位处输入如下程序命令：

```
global h;
value = app.DropDown.Value;
x=0:0.01:5*pi;
switch value
    case '正弦函数'
        y=sin(x);
        h=plot(app.UIAxes,x,y);
        title(app.UIAxes,'正弦函数');
    case '余弦函数'
        y=cos(x);
        h=plot(app.UIAxes,x,y);
        title(app.UIAxes,'余弦函数');
    case '正切函数'
        y=tan(x);
        h=plot(app.UIAxes,x,y);
        title(app.UIAxes,'正切函数');
end
```

右击上下文菜单中的“颜色”子菜单，在弹出的快捷菜单中选择【回调】，选择【添加 MenuSelected 回调】，界面自动跳转到代码视图，在光标定位处输入如下程序命令：

```
global h;
List={'黄色', '红色', '绿色', '蓝色'};
prompt='请选择曲线颜色 :';
dialogTitle='颜色';
[indx,tf]=listdlg('ListString',List,'PromptString',prompt,'Name',dialogTitle, ...
    'SelectionMode','single','ListSize',[150 100]);
if  ~tf
    warndlg('您没有选择任何颜色','警告');
else
    switch indx
        case 1
            set(h,'color','y');
```

```
        case 2
           set(h,'color','r');
        case 3
           set(h,'color','g');
        case 4
           set(h,'color','b');
    end
end
```

右击上下文菜单中的“线宽”子菜单，在弹出的快捷菜单中选择【回调】，选择【添加 Menu_2Selected 回调】，界面自动跳转到代码视图，在光标定位处输入如下程序命令：

```
global h;
List={'宽', '中等', '细'};
prompt='请选择曲线线宽 :';
dialogTitle='线宽';
[indx,tf]=listdlg('ListString',List,'PromptString',prompt, 'Name',dialogTitle,…
   'SelectionMode','single','ListSize',[150 100]);
if ~tf
   warndlg('您没有选择线宽','警告');
else
   switch indx
      case 1
         set(h,'Linewidth',2);
      case 2
         set(h,'Linewidth',1);
      case 3
         set(h,'Linewidth',0.5);
   end
end
```

运行程序，选择【余弦函数】，即在坐标区绘制余弦函数曲线，右击【颜色】，弹出如图 7-46 所示列表选择对话框，选择“红色”。右击【线宽】，弹出如图 7-47 所示列表选择对话框，选择“宽”，运行结果如图 7-48 所示。

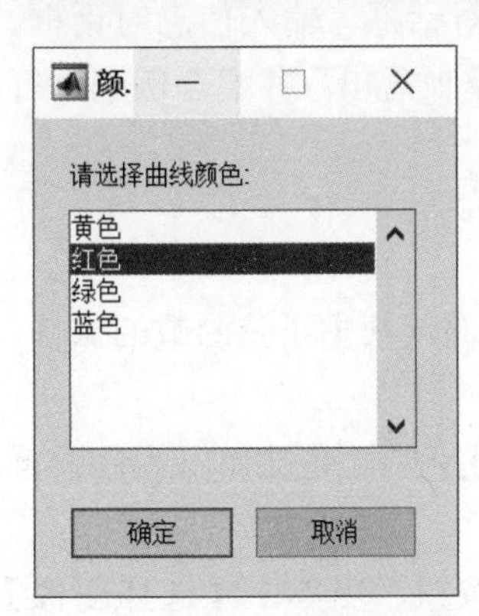

图 7-46　颜色列表选择对话框

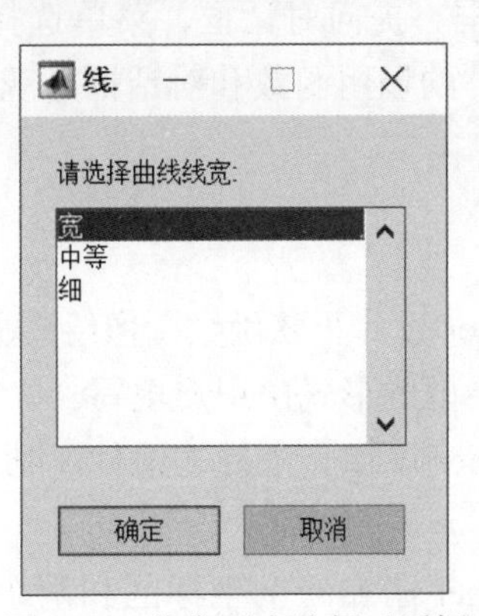

图 7-47　线宽列表选择对话框

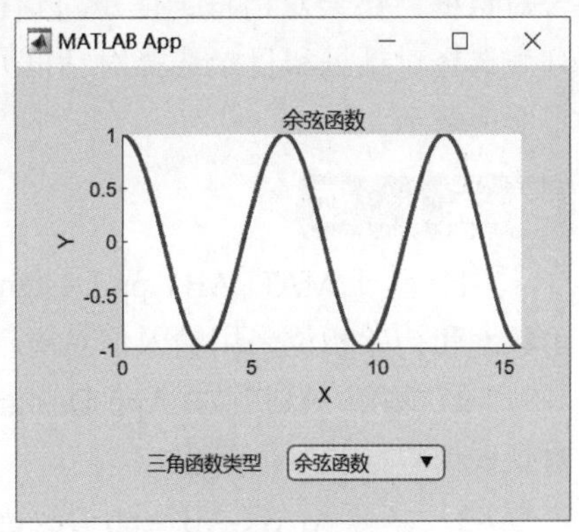

图 7-48　运行效果

7.2.10　目录选择对话框（uigetdir）

在 MATLAB App Designer 中，函数 uigetdir 用于创建目录选择对话框，其调用格式如下：

```
selpath=uigetdir
selpath=uigetdir(path)
selpath=uigetdir(path,title)
```

其中，path 指初始文件夹，即目录选择对话框打开时定位到的文件夹；title 指目录选择对话框的标题。例如，输入如下程序命令：

```
selectedPath = uigetdir(pwd);
```

运行结果为选择当前工作目录并返回路径，如图 7-49 所示。

例如，输入如下程序命令：

```
defaultPath = 'D:\MATLAB app designer\ 例题源代码';
selectedPath = uigetdir(defaultPath, '选择要保存文件的文件夹');
fprintf( '%s ',selectedPath);
```

程序运行结果如图 7-50 所示，命令行窗口显示结果如下：

```
D:\MATLAB app designer\ 例题源代码 \ 第 6 章 \e6_4 >>
```

图 7-49　选择当前工作目录

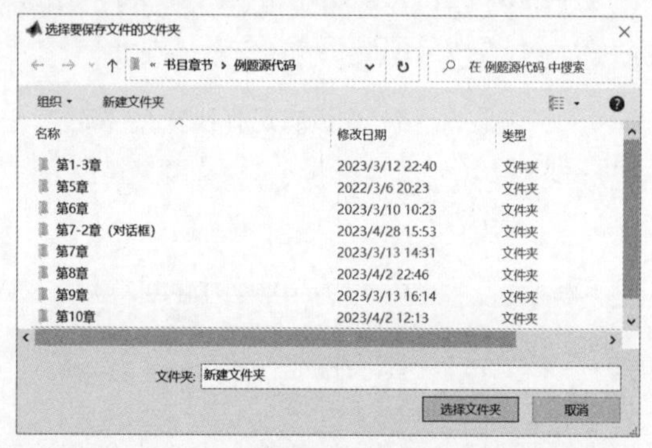

图 7-50　选择指定路径文件夹

本章小结

本章主要介绍了公共对话框（包括文件打开对话框、文件保存对话框、颜色设置对话框、字体设置对话框和打印设置对话框）和自定义对话框（包括进度条、帮助对话框、警告对话框、错误对话框、信息对话框、提问对话框、菜单选择对话框、输入信息对话框、列表选择对话框和目录选择对话框）的调用函数和对话框外观控制语句，并配合例题进行了实例演示。

习　题

7-1　基于 MATLAB App Designer 设计正弦函数图像绘制界面，其中正弦函数的振幅、角频率和初始相位采用输入信息对话框的形式由用户填写。

7-2　基于 MATLAB App Designer 添加一个标签组件，利用菜单栏通过弹出颜色设置对话框调整标签字体颜色。

7-3　基于 MATLAB App Designer 添加一个坐标区和两个按钮，当单击【选择图像】按钮时，弹出目录选择对话框，选择图像并显示在坐标区，当单击【退出】按钮时，弹出提问对话框，确定是否退出当前窗口。

7-4　基于 MATLAB App Designer 添加坐标区，并创建上下文菜单，当选择颜色选项时，弹出多选择项对话框，提示用户选择一种绘图颜色。

7-5　基于 MATLAB App Designer 设计用户登录界面，如图 7-51 所示。当输入的密码正确，将隐藏的图像组件显示出来；当输入的密码错误，弹出警告对话框，提示密码输入错误。

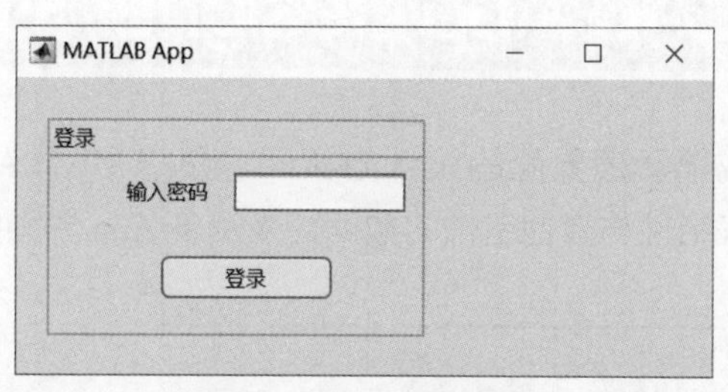

图 7-51　用户登录界面

7-6　如图 7-52 所示，基于 MATLAB App Designer 设计界面，当用户单击【运行】按钮时，计算 1 到 1000 的数字之和，并将计算进度通过进度条显示。

图 7-52　进度条效果

第8章 基于 MATLAB App Designer 的学生成绩管理

本章主要围绕学生成绩管理界面的设计与实现，介绍 MATLAB App Designer 表组件与 Excel 文件的数据交换、表组件与其他组件的数据交换及多 App 界面间的交互。

本章要点

（1）表组件与 Excel 文件的数据交换。
（2）表组件与其他组件的数据交换。
（3）多 App 界面在无数据和有数据传递下的交互方法。

学习目标

（1）掌握表组件与 Excel 文件数据交换的基本函数。
（2）掌握表组件与其他组件数据交换的基本方法。
（3）掌握多 App 界面在无数据和有数据传递下的交互方法。

8.1 MATLAB App Designer 表组件与 Excel 文件数据交换

MATLAB App Designer 表组件与 Excel 文件数据交换，主要包括：将 Excel 数据导入表组件、删除表组件数据、增加表组件数据和保存表组件数据到 Excel。其中，前面 3 种操作参考第 5 章常用组件的表组件部分内容。

保存表组件数据到 Excel 文件中，需要用到 xlswrite 函数，其调用方法如下：

```
xlswrite(filename,A)
```

其中，***A*** 为矩阵，filename 为表格地址。表示将矩阵 ***A*** 写入 filename 地址下表格中的第一个工作表，从单元格 A1 开始写入。

```
xlswrite(filename,A,sheet)
```

其中，sheet 为指定工作表，即将数据写入指定的工作表中。

```
xlswrite(filename,A,xlRange)
```

其中，xlRange 为矩形区域，即将数据写入工作簿的第一个工作表的指定矩形区域内。

```
xlswrite(filename,A,sheet,xlRange)
```

表示将数据写入指定的工作表和指定区域内。

例如，输入程序代码如下：

```
filename='test.xlsx';
A={'Number','Score';1,60;2,100;3,80};
sheet=2;
xlRange='B5';
xlswrite(filename,A,sheet,xlRange);
```

8.2 MATLAB App Designer 表组件与其他组件数据交换

8.2.1 其他组件读取表组件数据

▶【例 8-1】将 Excel 中的数据导入表组件，并选择绘制销售量和销售额的折线图、条形图或饼状图。

视频讲解

第一步：设置布局及属性。添加一个表、两个坐标区、两个单选按钮组和两个按钮组件，如图 8-1 所示。

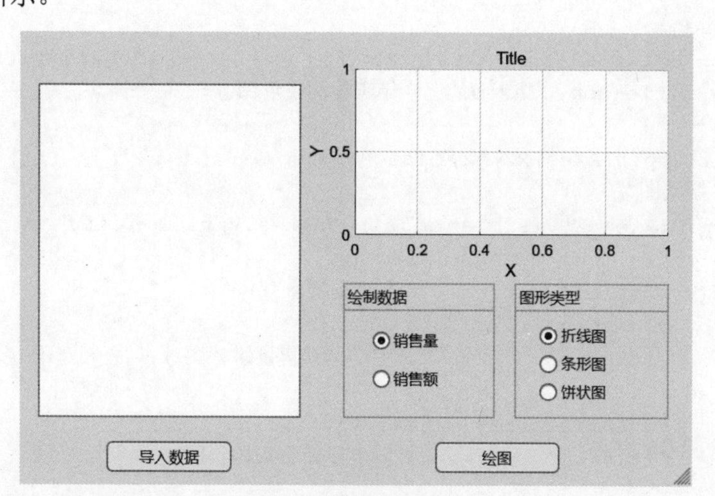

图 8-1　界面布局设计

第二步：右击【导入数据】按钮，在弹出的快捷菜单中选择【回调】，选择【转至 ButtonPushed 回调】，界面自动跳转到代码视图，在光标定位处输入如下程序命令：

```
global data
[excelfile, excelpath] = uigetfile({'*.xlsx';'*.xls';'*.mat';'*.*'},'导入数据');
excelfull = strcat(excelpath,excelfile);                          %获取所选文件的地址
data = readtable(excelfull);
app.UITable.Data=data;
VariableDescriptions = data.Properties.VariableDescriptions;  %复制 ColumnName
app.UITable.ColumnName=data.Properties.VariableNames;
```

右击【绘图】按钮，在弹出的快捷菜单中选择【回调】，选择【转至 Button_2Pushed 回调】，界面自动跳转到代码视图，在光标定位处输入如下程序命令：

```
global data
selButton = app.ButtonGroup.SelectedObject;
selButton_2 = app.ButtonGroup_2.SelectedObject;
switch selButton.Text
case '折线图'
        app.UIAxes_2.Visible='off';app.UIAxes.Visible='on';
        delete(allchild( app.UIAxes_2));title(app.UIAxes_2,'');
        if(strcmp(selButton_2.Text,'销售量'))                      %当选择销售量时
            x1=table2array(data(:,1:1)); y1=table2array(data(:,3:3));  %提取表第 1 列和第 3 列
            title(app.UIAxes,'上半年销售量折线图');                    %当选择销售额时
        else
            x1=table2array(data(:,1:1)); y1=table2array(data(:,4:4));  %提取表第 1 列和第 4 列
```

```
            title(app.UIAxes,'上半年销售额折线图');
        end
        plot(app.UIAxes,x1,y1,'linewidth',1.5,'Marker','o','color','b');
    case '条形图'
        app.UIAxes_2.Visible='off';app.UIAxes.Visible='on';
        delete(allchild( app.UIAxes_2));title(app.UIAxes_2,'');
        if(strcmp(selButton_2.Text,'销售量'))
            x2=table2array(data(:,1:1)); y2=table2array(data(:,3:3));
            title(app.UIAxes,'上半年销售量条形图');
        else
            x2=table2array(data(:,1:1)); y2=table2array(data(:,4:4));
            title(app.UIAxes,'上半年销售额条形图');
        end
        bar(app.UIAxes,x2,y2,'histc');
    case '饼状图'
        app.UIAxes_2.Visible='on';app.UIAxes.Visible='off';
        delete(allchild(app.UIAxes));
        if(strcmp(selButton_2.Text,'销售量'))
              y3=table2array(data(:,3:3));
              title(app.UIAxes_2,'上半年销售量饼状图');
        else
              y3=table2array(data(:,4:4));
              title(app.UIAxes_2,'上半年销售额饼状图');
        end
        labels = {'1 月份','2 月份','3 月份','4 月份','5 月份','6 月份'};  % 设置饼状图区域标签
        pie(app.UIAxes_2,y3,labels);
end
```

运行程序，单击【导入数据】按钮，将 Excel 文件中的数据导入表组件中，选择销售量，并选择折线图，单击【绘图】按钮，运行结果如图 8-2 所示。选择销售额，并选择饼状图，单击【绘图】按钮，运行结果如图 8-3 所示。

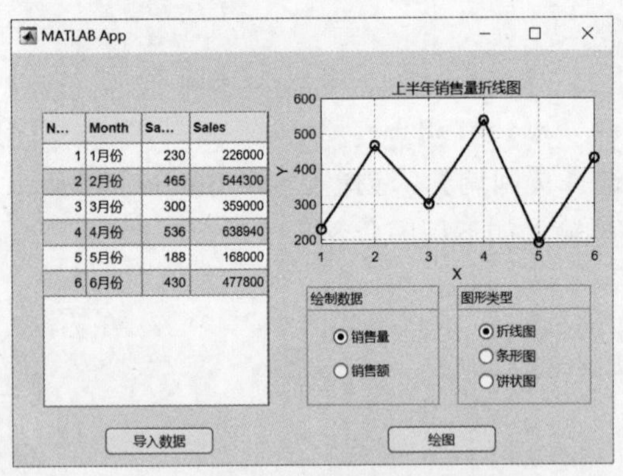

图 8-2　利用表组件数据绘制折线图

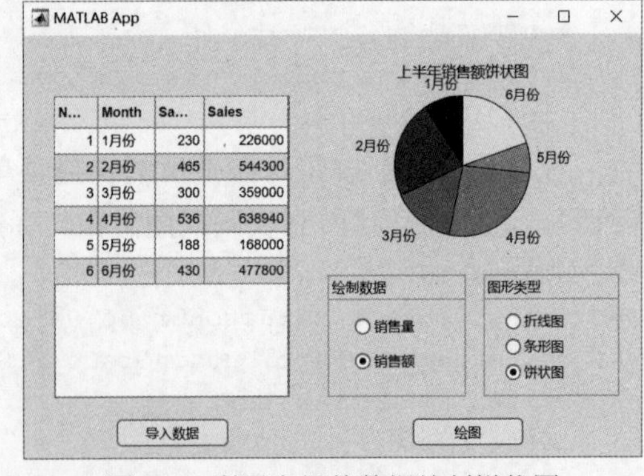

图 8-3　利用表组件数据绘制饼状图

视频讲解

▶【例 8-2】通过输入分数上下限调取表中在此分数线范围内的人员名单，并将名单显示在文本区域组件上。

第一步：设置布局及属性。添加一个表、两个编辑字段（数值）、一个面板、两个按钮和一个文本区域组件。

第二步：右击【导入数据】按钮，在弹出的快捷菜单中选择【回调】，选择【转至 Button_2Pushed 回调】，界面自动跳转到代码视图，在光标定位处输入如下程序命令：

```
global data
[excelfile, excelpath] = uigetfile({'*.xlsx';'*.xls';'*.mat';'*.*'},'导入数据');
excelfull = strcat(excelpath,excelfile);                    %获取所选文件的地址
data = readtable(excelfull);
app.UITable.Data=data;
VariableDescriptions '= data.Properties.VariableDescriptions;
%给 ColumnName 复制
app.UITable.ColumnName=data.Properties.VariableNames;
```

右击【确定】按钮，在弹出的快捷菜单中选择【回调】，选择【转至 ButtonPushed 回调】，界面自动跳转到代码视图，在光标定位处输入如下程序命令：

```
global data
max=app.EditField.Value;
min=app.EditField_2.Value;
[m, n] = size(data);%m 为行数 ,n 为列数
app.Label.Text=strcat(num2str(max),'分到',num2str(min),'分','学生姓名及成绩为:');
b='';
    for i = 1:1:m
%查询此分数线范围内的分数
        if((table2array(data(i,3))>min)&&(table2array(data(i,3))<max))
            name=table2array(data(i,2));      %调取此分数线范围的人员名单
            score=num2str(table2array(data(i,3)));
            a=strcat(name,'(',score,')');
            b=strcat(b,',',a);                %将所有人员名单拼接
            app.TextArea.Value=b;
        end
end
```

运行程序，单击【成绩导入】按钮，将 Excel 文件中的数据导入表组件中，如图 8-4 所示。输入分数下限及上限为：80 分和 95 分，运行结果如图 8-5 所示。输入分数下限及上限为：60 分和 85 分，运行结果如图 8-6 所示。

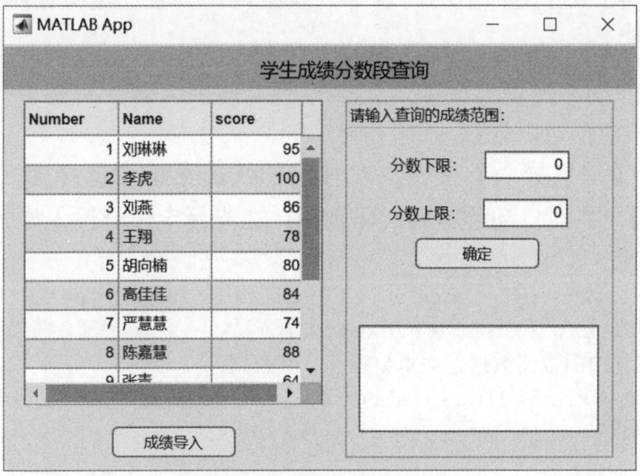

图 8-4　成绩导入表组件结果

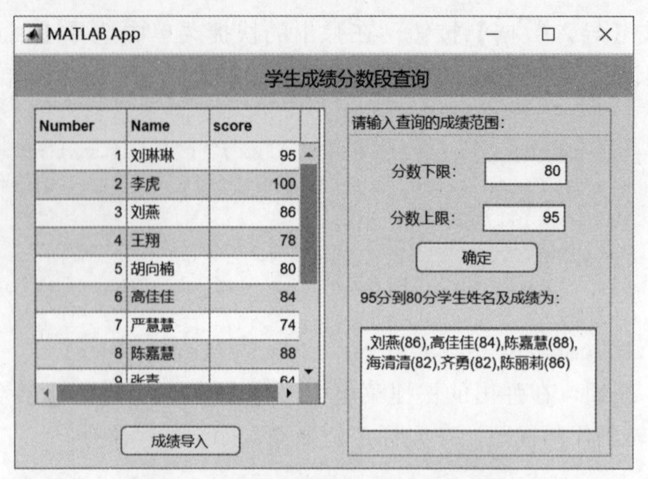

图 8-5　成绩在 80~95 分名单显示结果

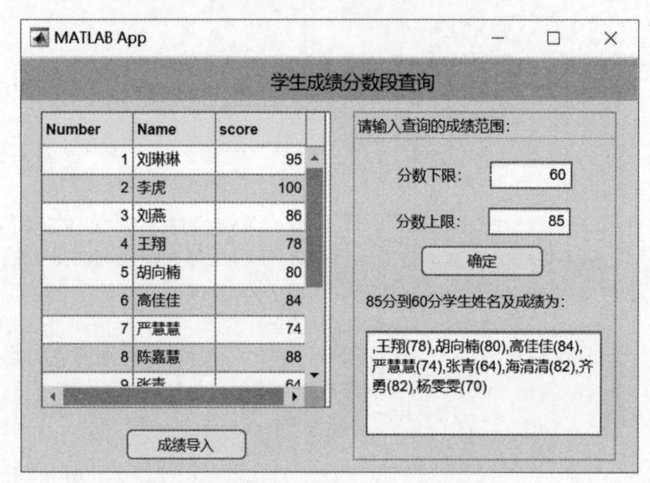

图 8-6　成绩在 60~85 分名单显示结果

8.2.2　利用其他组件编辑表组件数据

视频讲解

▶【例 8-3】实现将 Excel 文件中的内容导入表组件，并且通过按钮组件将编辑字段组件的内容写入表组件中。

第一步：设置布局及属性。添加一个表、两个编辑字段（文本）、两个编辑字段（数值）、一个面板和两个按钮组件。

第二步：右击【信息导入】按钮，在弹出的快捷菜单中选择【回调】，选择【转至 ButtonPushed 回调】，界面自动跳转到代码视图，在光标定位处输入如下程序命令：

```
global new2
[excelfile, excelpath] = uigetfile({'*.xlsx';'*.xls';'*.mat';'*.*'},'导入数据');
excelfull = strcat(excelpath,excelfile);                    %获取所选文件的地址
%读取 Excel 文件中的数值数据、文本数据和合并数据
[num,txt,new2] = xlsread(excelfull);[m, n] = size(new2); %计算合并数据的行数和列数
for i = 2:1:m
    for j=1:1:n
      app.UITable.Data{i-1,j}=num2str(cell2mat(new2(i,j)));
    end
```

```
    end
    app.t = app.UITable.Data;
```

右击【录入】按钮，在弹出的快捷菜单中选择【回调】，选择【转至 Button_2Pushed 回调】，界面自动跳转到代码视图，在光标定位处输入如下程序命令：

```
    Name=app.EditField_2.Value;
    xh=app.EditField_3.Value;
    bj=app.EditField.Value;
    cj=app.EditField_4.Value;
    new_data={Name xh bj cj};
    app.UITable.Data = [app.UITable.Data;new_data];% 拼接新录入的数据和表组件数据
```

程序运行结果如图 8-7 所示。单击【信息导入】按钮，将 Excel 文件中的数据导入表组件中，结果如图 8-8 所示。输入姓名、学号、班级和成绩，单击【录入】按钮，结果如图 8-9 所示。

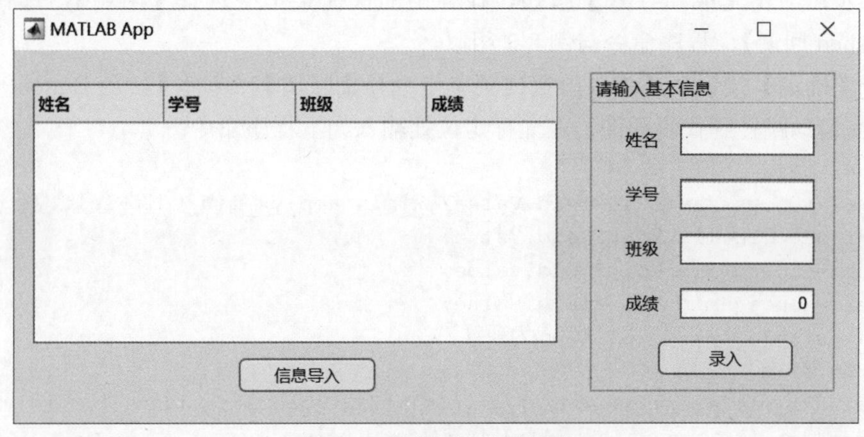

图 8-7　程序运行结果界面

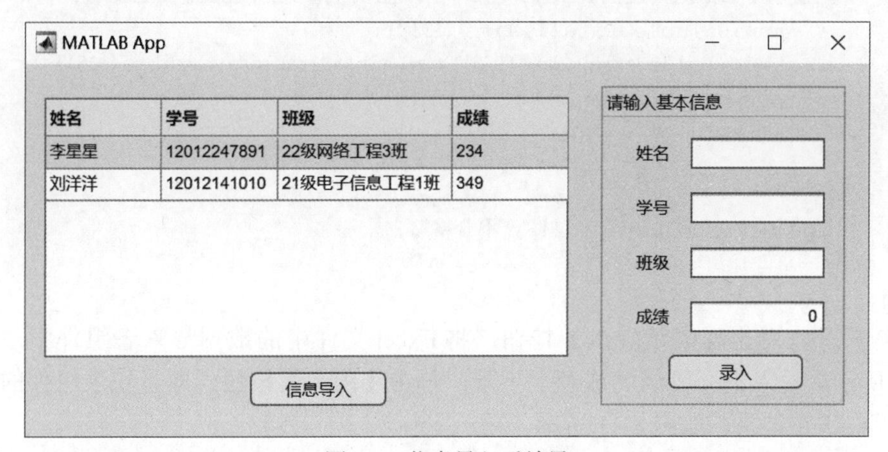

图 8-8　信息导入后效果

▶【例 8-4】通过输入不同等级的分数线，将表组件中所有学生的成绩划分等级，并将成绩等级写入表的最后一列。

视频讲解

第一步：设置布局及属性。添加一个表、一个标签、一个图像、10 个编辑字段（数值）、一个面板和两个按钮组件。

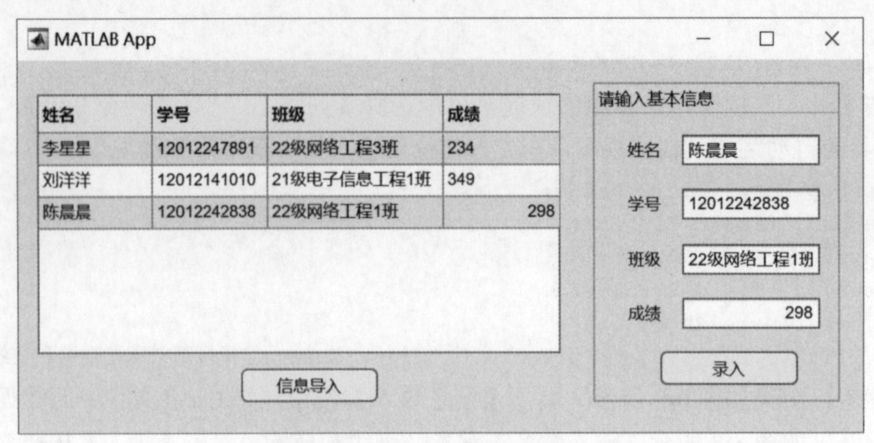

图 8-9　录入新数据后效果

第二步：右击【成绩导入】按钮，在弹出的快捷菜单中选择【回调】，选择【转至 ButtonPushed 回调】，程序命令与例 8-3 相似。

右击【确定】按钮，在弹出的快捷菜单中选择【回调】，选择【转至 ButtonPushed 回调】，界面自动跳转到代码视图，在光标定位处输入如下程序命令：

```
global data
yx_max=app.yx_max_EditField.Value;yx_min=app.yx_min_EditField.Value;
lh_min=app.lh_min_EditField.Value;
zd_min=app.zd_min_EditField.Value;
jg_min=app.jg_min_EditField.Value;
[m,n]=size(data);%m 为行数，n 为列数
for i=1:1:m
    if ((table2array(data(i,3))>=yx_min)&&(table2array(data(i,3))<=yx_max))
        app.UITable.Data{i,4}={'优秀'};
       elseif((table2array(data(i,3))>=lh_min)&&(table2array(data(i,3))<yx_min))
            app.UITable.Data{i,4}={'良好'};
          elseif((table2array(data(i,3))>=zd_min)&&(table2array(data(i,3))<lh_min))
                app.UITable.Data{i,4}={'中等'};
             elseif((table2array(data(i,3))>=jg_min)&&(table2array(data(i,3))<zd_min))
                    app.UITable.Data{i,4}={'合格'};
    else
        app.UITable.Data{i,4}={'不合格'};
    end
end
```

运行程序，单击【成绩导入】按钮，将 Excel 文件中的数据导入表组件中，结果如图 8-10 所示。输入不同等级的成绩上下限，单击【确定】按钮，即可在表组件的最后一列显示等级评定结果，如图 8-11 所示。

8.3 MATLAB App Designer 多 App 界面间的交互

8.3.1 不改变主 App 的交互

不改变主 App 的多界面交互，其功能通常是打开一个新的界面，不对主 App 进行任何改变。应用场景比如登录界面，单击【登录】按钮进入另一个窗口。

MATLAB App

考核成绩等级评定

Number	Name	score
1	刘琳琳	95
2	李虎	100
3	刘燕	86
4	王翔	78
5	胡向楠	80
6	高佳佳	84
7	严慧慧	74
8	陈嘉慧	88
9	张青	64
10	张艺凡	60
11	海清清	82
12	齐勇	82
13	杨雯雯	70
14	陈丽莉	86

"优秀"成绩范围：分数上限：(小于或等于) 0　分数下限：(大于或等于) 0

"良好"成绩范围：分数上限：(小于) 0　分数下限：(大于或等于) 0

"中等"成绩范围：分数上限：(小于) 0　分数下限：(大于或等于) 0

"及格"成绩范围：分数上限：(小于) 0　分数下限：(大于等于) 0

"不及格"成绩范围：分数上限：(小于) 0

成绩导入　确定

图 8-10　成绩导入效果

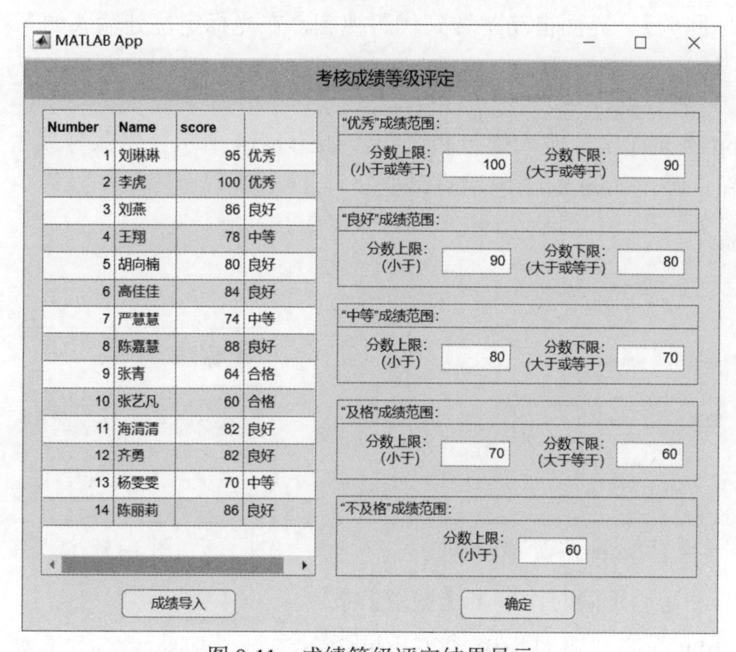

图 8-11　成绩等级评定结果显示

▶【例 8-5】主 App 界面有【登录】按钮组件，子 App 界面有【退出】按钮组件。

视频讲解

第一步：设置布局及属性。主 App 界面添加一个标签、两个编辑字段（文本）和一个按钮组件，如图 8-12 所示。

子 App 界面添加一个标签、一个图像、3 个编辑字段（文本）和一个按钮组件，如图 8-13 所示。

第二步：在主 App 界面中，右击【登录】按钮，在弹出的快捷菜单中选择【回调】，选择【转至 ButtonPushed 回调】，界面自动跳转到代码视图，在光标定位处输入如下程序命令：

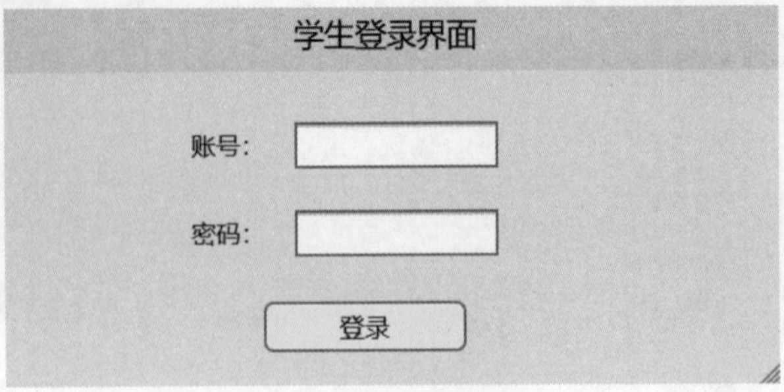

图 8-12　主 App 界面布局

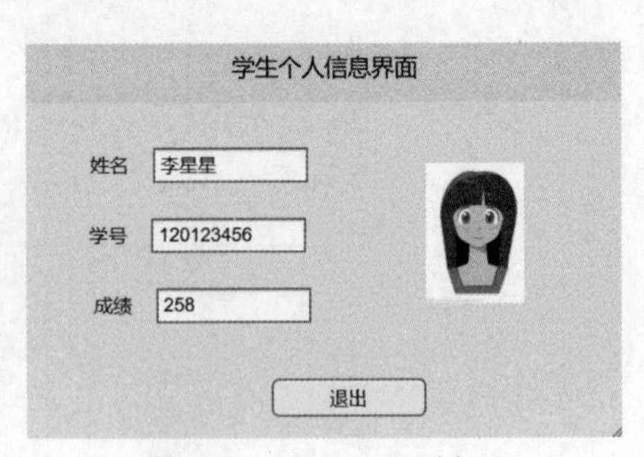

图 8-13　子 App 界面布局

```
zh=app.EditField.Value;
ma=app.EditField_2.Value;
if(strcmp(zh,'admin' )&&strcmp(ma,'admin123' ))
   run e8_5_zi_app.mlapp
   delete(app.UIFigure)
else
   msgbox('请重新输入账号和密码','账号和密码错误');
end
```

在子 App 界面中，右击【退出】按钮，在弹出的快捷菜单中选择【回调】，选择【转至 ButtonPushed 回调】，界面自动跳转到代码视图，在光标定位处输入如下程序命令：

```
run e8_5_zhu_app.mlapp
delete(app.UIFigure)
```

运行主 App 界面程序，输入账号和密码，如图 8-14 所示。当账号或密码错误时，单击【登录】按钮，弹出如图 8-15 所示对话框。

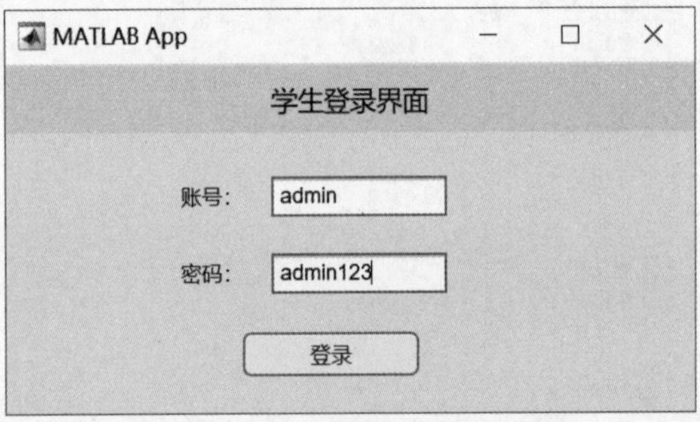

图 8-14　主 App 界面运行结果

图 8-15　错误警告

当输入账号和密码正确时，单击【登录】按钮，跳转到子 App 界面，如图 8-16 所示。单击子 App 界面的【退出】按钮，即可关闭子 App 界面，跳转到主 App 界面。

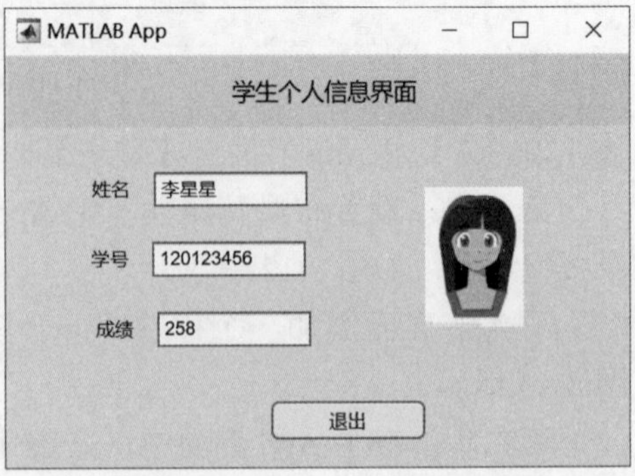

图 8-16　子 App 界面运行效果

8.3.2　对主 App 进行某种改变，无数据传递

多界面交互中，通过一个或多个新界面对主 App 进行某种改变，但 App 界面之间无数据传递。例如，通过子 App 界面对主 App 界面的表组件执行删除某行或某列数据的操作。

首先，介绍如何在同一界面下，实现删除表组件的某行或某列数据的操作。

▶【例 8-6】在同一界面下，实现删除表组件的某行或某列数据操作。

视频讲解

第一步：设置布局及属性。添加一个表组件和两个按钮组件。

第二步：右击表组件，在弹出的快捷菜单中选择【回调】，选择【转至 UITableCellSelection 回调】，界面自动跳转到代码视图，在光标定位处输入如下程序命令：

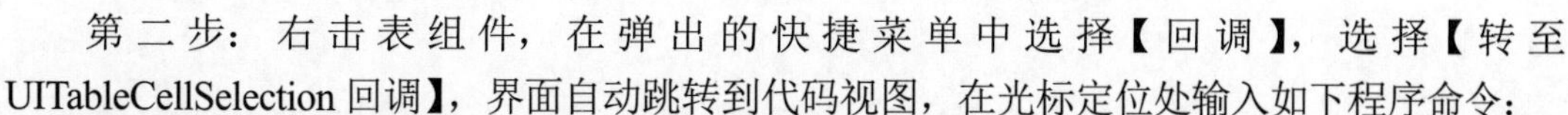

```
indices = event.Indices;
app.mouse_ind_hang=indices(1);
app.mouse_ind_lie=indices(2);
```

其中，第一行代码中的 indices，即为所选数据的行列数；indices（1）即为获取该矩阵的第一个数值，也就是所选数据的列数；indices（2）即为获取该矩阵的第二个数值，也就是所选数据的列数。

app.mouse_ind_hang 和 app.mouse_ind_lie 需要在属性中添加，即单击【属性】下拉按钮，选择【私有属性】，在光标定位处输入如下程序命令：

```
properties (Access = private)
        mouse_ind_hang;
        mouse_ind_lie;
end
```

右击【删除行】按钮，在弹出的快捷菜单中选择【回调】，选择【转至 hang_ButtonPushed 回调】，界面自动跳转到代码视图，在光标定位处输入如下程序命令：

```
app.UITable.Data(app.mouse_ind_hang,:)=[];    % 令表中该行数据为空
```

右击【删除列】按钮，在弹出的快捷菜单中选择【回调】，选择【转至 lie_ButtonPushed 回调】，界面自动跳转到代码视图，在光标定位处输入如下程序命令：

```
app.UITable.Data(:,app.mouse_ind_lie)=[];
```

右击【导入】按钮，添加回调与例 8-3 同理。

运行程序，单击【导入】按钮添加数据，如图 8-17 所示。选择表组件中某数据，单击【删除行】按钮，结果如图 8-18 所示。选择表组件中某数据，单击【删除列】按钮，结果如图 8-19 所示。

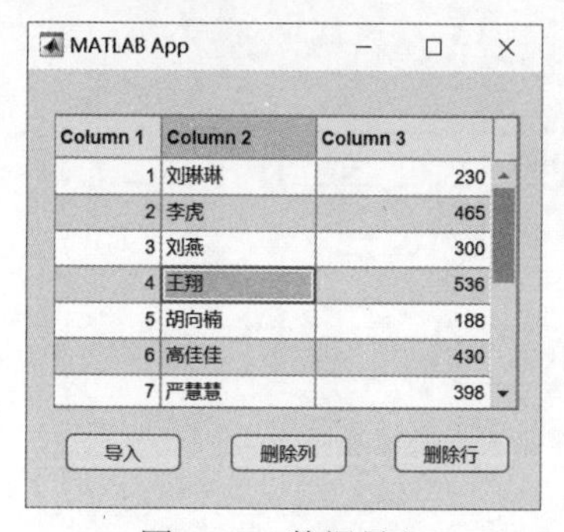

图 8-17　数据导入

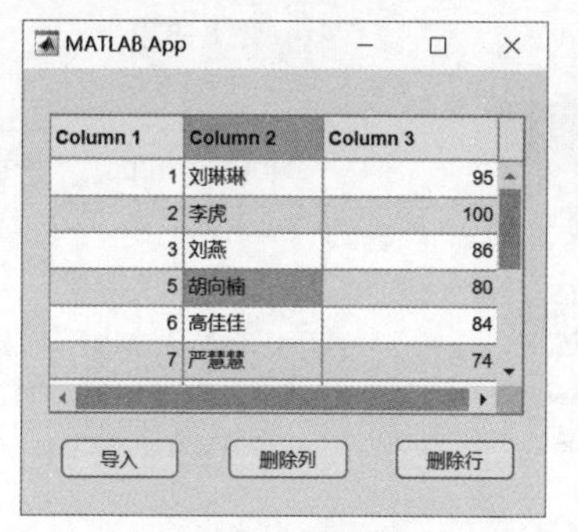

图 8-18　删除行

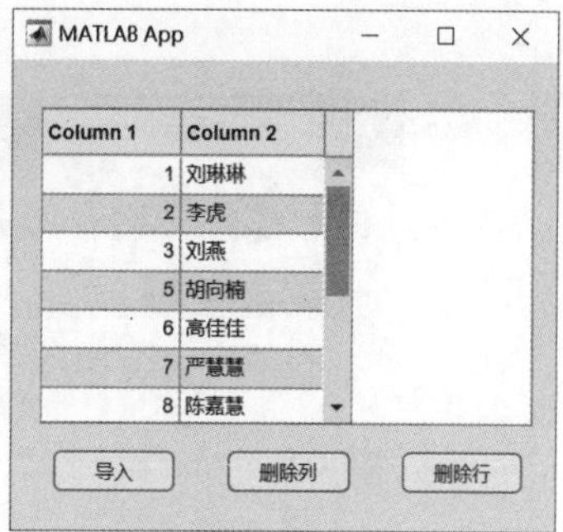

图 8-19　删除列

▶【例 8-7】在多界面下，实现添加和删除表组件的某行或某列数据操作。

视频讲解

第一步：设置布局及属性，共由一个主界面和两个子界面组成。主界面添加一个表和两个按钮；增加子界面添加一个标签和两个按钮；删除子界面添加一个单选按钮组和两个按钮，如图 8-20 所示。

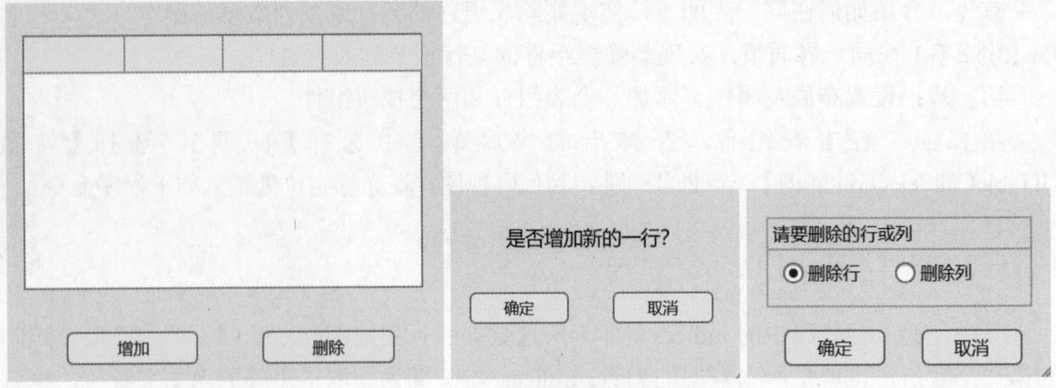

（a）主界面布局　（b）增加子界面布局　（c）删除子界面布局

图 8-20　多界面交互布局

第二步：添加回调函数、私有属性、公共函数和 App 输入参数。

1. 增加子界面

1）添加私有属性

在【编辑器】菜单栏选择【属性】，选择【私有属性】，在光标定位处输入如下程序命令：

```
properties (Access = private)
    CallingApp        % 存储主程序对象
end
```

2）添加 App 输入参数

在【编辑器】菜单栏选择【App 输入参数】，如图 8-21 所示，弹出 App 输入参数对话框，输入 mainapp，如图 8-22 所示，单击【确定】按钮，在光标定位处编写 startupFcn 函数，输入如下程序命令：

```
function startupFcn(app, mainapp)
        app.CallingApp=mainapp;
end
```

图 8-21　App 输入参数选项

图 8-22　App 输入参数窗口

3）添加回调函数

右击【确定】按钮，在弹出的快捷菜单中选择【回调】，选择【转至 ButtonPushed 回调】，界面自动跳转到代码视图，在光标定位处输入如下程序命令：

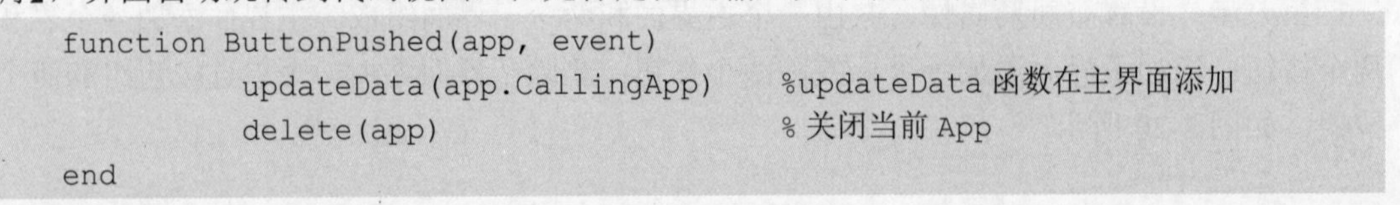

```
function ButtonPushed(app, event)
        updateData(app.CallingApp)      %updateData 函数在主界面添加
        delete(app)                     % 关闭当前 App
end
```

右击【取消】按钮，在弹出的快捷菜单中选择【回调】，选择【转至 Button_2Pushed 回调】，界面自动跳转到代码视图，在光标定位处输入如下程序命令：

```
function Button_2Pushed(app, event)
            delete(app)    % 关闭当前 App
end
```

2. 删除子界面

1）添加私有属性

在【编辑器】菜单栏选择【属性】，选择【私有属性】，在光标定位处输入如下程序命令：

```
properties (Access = private)
      CallingApp       % 存储主程序对象
end
```

2）添加 App 输入参数

在【编辑器】菜单栏选择【App 输入参数】，弹出 App 输入参数对话框，输入 mainapp，在光标定位处编写 startupFcn 函数，输入如下程序命令：

```
function startupFcn(app, mainapp)
            app.CallingApp=mainapp;
end
```

3）添加回调

右击【确定】按钮，在弹出的快捷菜单中选择【回调】，选择【转至 ButtonPushed 回调】，界面自动跳转到代码视图，在光标定位处输入如下程序命令：

```
function ButtonPushed(app, event)
selectedButton = app.ButtonGroup.SelectedObject;
    switch selectedButton.Text                          % 判断用户选择删除行还是删除列
        case '删除行'
            deleteData_hang(app.CallingApp)    %deleteData_hang 函数在主界面定义
        case '删除列'
            deleteData_lie(app.CallingApp)     %deleteData_lie 函数在主界面定义
    end
    delete(app)
end
```

右击【取消】按钮，在弹出的快捷菜单中选择【回调】，选择【转至 Button_4Pushed 回调】，界面自动跳转到代码视图，在光标定位处输入如下程序命令：

```
function Button_4Pushed(app, event)
            delete(app)
end
```

3. 主界面

1）添加公共属性

在【编辑器】菜单栏选择【属性】，选择【公共属性】，在光标定位处输入如下程序命令：

```
properties (Access = public)
        mouse_ind_hang
        mouse_ind_lie
```

```
        t
end
```

2）添加公共函数

在【编辑器】菜单栏选择【函数】，选择【公共函数】，在光标定位处输入添加数据函数 updateData，程序命令如下：

```
function updateData(app)                    % 增加功能公共函数
        app.t =app.UITable.Data;
        nr ={[],[],[],[]};                  %1 行 3 列的空白数据
        app.UITable.Data=[app.t;nr];        % 将空白数据添加到表中
end
```

添加删除行功能的 deleteData_hang 公共函数，程序命令如下：

```
function deleteData_hang(app)
      app.UITable.Data(app.mouse_ind_hang,:)=[];
end
```

添加删除列功能的 deleteData_lie 公共函数，程序命令如下：

```
function deleteData_lie(app)
      app.UITable.Data(:,app.mouse_ind_lie)=[];
end
```

3）添加回调函数

右击表组件，选择【回调】，在弹出的快捷菜单中选择【转至 UITableCellSelection 回调】，界面自动跳转到代码视图，在光标定位处输入如下程序命令：

```
indices = event.Indices;
app.mouse_ind_hang=indices(1);
app.mouse_ind_lie=indices(2);
```

右击【增加】按钮，在弹出的快捷菜单中选择【回调】，选择【转至 ButtonPushed 回调】，界面自动跳转到代码视图，在光标定位处输入如下程序命令：

```
app2(app)       % 增加子界面名称为 app2.mlapp
```

右击【删除】按钮，在弹出的快捷菜单中选择【回调】，选择【转至 Button_3Pushed 回调】，界面自动跳转到代码视图，在光标定位处输入如下程序命令：

```
app3(app)       % 删除子界面名称为 app3.mlapp
```

运行主界面程序，单击【增加】按钮，弹出增加子界面，如图 8-23 所示，单击【确定】按钮，即可在主界面中增加一行，如图 8-24 所示。

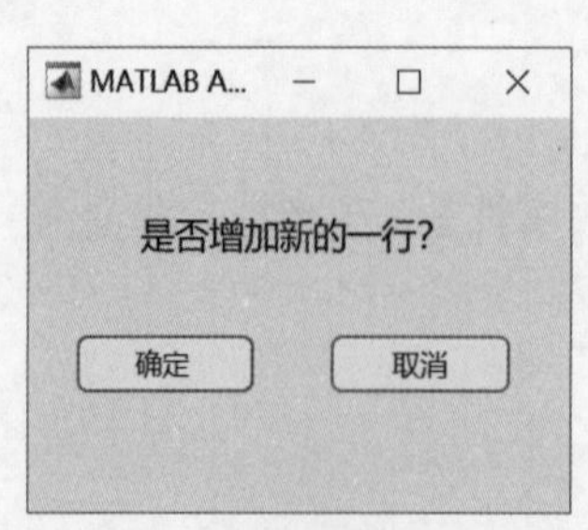

图 8-23　增加子界面运行效果

图 8-24　增加一行主界面效果

选择主界面任意一单元格，单击【删除】按钮，弹出删除子界面，选择【删除列】按钮，单击【确定】按钮，如图 8-25 所示，即可删除主界面中的一列，如图 8-26 所示。删除行操作同理。

图 8-25　删除子界面运行效果

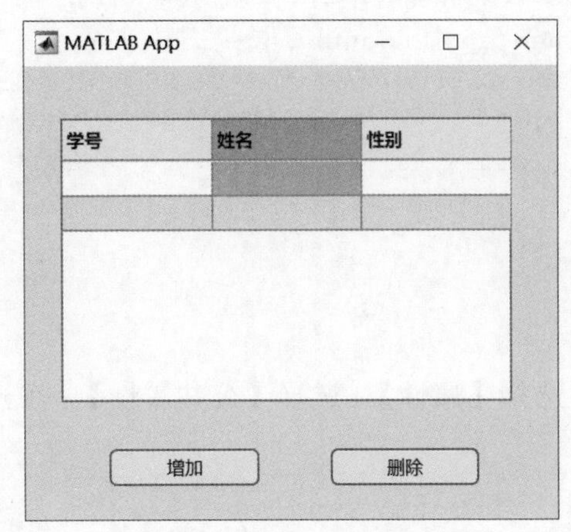

图 8-26　删除一列主界面效果

8.3.3　对主 App 进行某种改变，有数据传递

多界面交互中，存在对主 App 进行了某种改变，并且 App 界面之间有数据传递。例如，通过子界面的字段编辑组件输入数据，并将其保存到主界面的表组件中。

▶【例 8-8】在子界面输入学生姓名、学号、性别和成绩信息，保存到主界面的表组件中。

视频讲解

第一步：设置布局及属性，共由一个主界面和一个子界面组成。主界面添加一个表和一个按钮；子界面添加 3 个编辑字段（文本）、一个编辑字段（数值）和一个按钮。

第二步：添加回调函数、私有属性、公共函数和 App 输入参数。

1. 子界面

1）添加私有属性

在【编辑器】菜单栏选择【属性】，选择【私有属性】，在光标定位处输入如下程序命令：

```
properties (Access = private)
    CallingApp       % 存储主程序对象
end
```

2）添加 App 输入参数

在【编辑器】菜单栏选择【App 输入参数】，弹出 App 输入参数对话框，输入 mainapp，number，name，sg，score，并在光标定位处编写 startupFcn 函数，输入如下程序命令：

```
function startupFcn(app, mainapp, number, name, sg, score)
        app.CallingApp=mainapp;
        app.EditField.Value=number;
```

```
            app.EditField_2.Value=name;
            app.EditField_3.Value=sg;
            app.EditField_4.Value=score;
end
```

3）添加回调

右击【确定】按钮，在弹出的快捷菜单中选择【回调】，选择【转至 ButtonPushed 回调】，界面自动跳转到代码视图，在光标定位处输入如下程序命令：

```
function ButtonPushed(app, event)
      updateData(app.CallingApp, app.EditField.Value, ...
         app.EditField_2.Value,app.EditField_3.Value, ...
         app.EditField_4.Value)                %updateData 函数在主界面输入
end
delete(app)
```

2. 主界面

1）添加公共属性

在【编辑器】菜单栏选择【属性】，选择【公共属性】，在光标定位处输入如下程序命令：

```
properties (Access = public)
      numbervalue=''
      namevalue=''
      sgvalue=''
      scorevalue=0
end
```

2）添加公共函数

在【编辑器】菜单栏选择【函数】，选择【公共函数】，在光标定位处输入添加数据函数 updateData，程序命令如下：

```
function updateData(app,number,name,sg,score)
      app.numbervalue =number;
      app.namevalue=name;
      app.sgvalue=sg;
      app.scorevalue=score;
      new_data  = {number name sg score};
      new_data = cell2table(new_data);
      app.UITable.Data = [app.UITable.Data;new_data];
end
```

3）添加回调

右击【添加】按钮，在弹出的快捷菜单中选择【回调】，选择【转至 ButtonPushed 回调】，界面自动跳转到代码视图，在光标定位处输入如下程序命令：

```
function ButtonPushed(app, event)
         app.DialogApp=app2(app,app.numbervalue, ...
         app.namevalue,app.sgvalue,app.scorevalue);
end
```

运行主界面程序，单击【添加】按钮，弹出添加子界面，输入相应数据，如图 8-27 所示，单击【确定】按钮，主界面运行结果如图 8-28 所示。

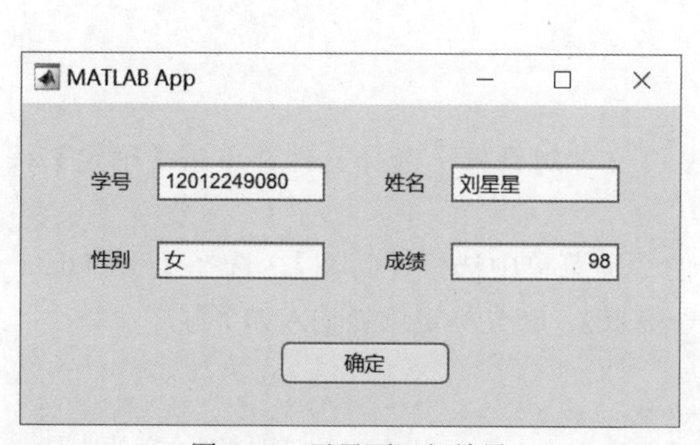

图 8-27 子界面运行结果

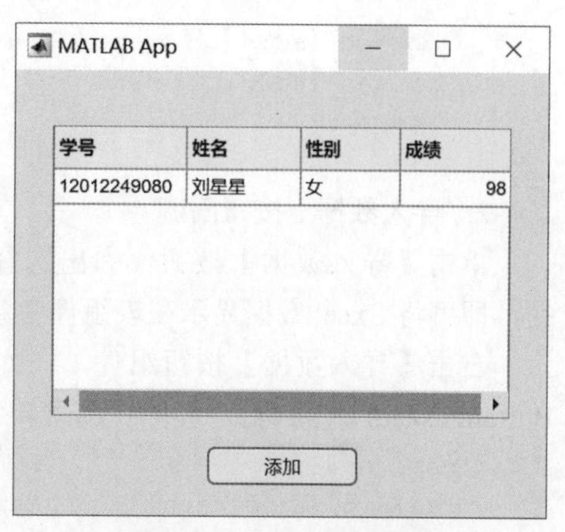

图 8-28 主界面运行结果

8.4 基于 MATLAB App Designer 的学生成绩管理的设计与实现

基于 MATLAB App Designer 的学生成绩管理设计与实现，分为界面布局设计、界面组件回调设计和界面运行结果显示 3 部分。

8.4.1 学生成绩管理界面布局设计

学生成绩管理界面布局设计，包括学生整体成绩表、学生整体成绩图和学生个人成绩分析 3 部分。需要添加 3 个面板、一个表、6 个按钮、一个单选按钮组、一个下拉框、一个编辑字段（数值）、19 个标签和一个坐标区组件，如图 8-29 所示。

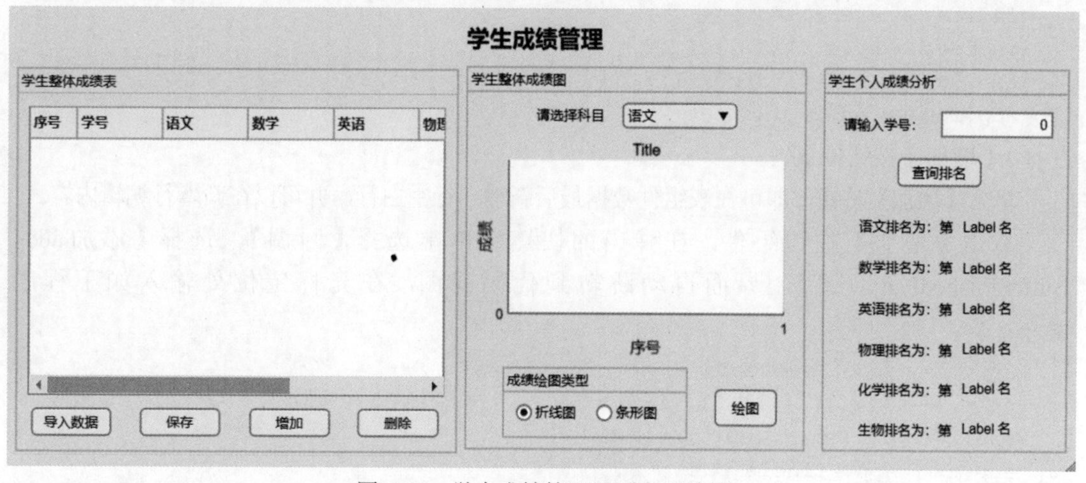

图 8-29 学生成绩管理界面布局效果

8.4.2 学生成绩管理界面组件回调设计

1. 添加私有属性

单击【属性】下按按钮，选择【私有属性】，输入如下程序命令：

```
properties (Access = private)
    t
    roperty % Description
```

```
    moused_ind;
    moused_ind2;
    NewData;
end
```

2.【导入数据】按钮回调

单击【导入数据】按钮，弹出选择 Excel 文件对话框，选择文件并单击【确定】按钮，即可将 Excel 数据显示在表组件中。

右击【导入数据】按钮组件，在弹出的快捷菜单中选择【回调】，选择【添加 data_ButtonPushedFcn 回调】，界面自动跳转到代码视图，在光标定位处输入如下程序命令：

```
global new2
[excelfile, excelpath] = uigetfile({'*.xlsx';'*.xls';'*.mat';'*.*'},'导入数据');
excelfull = strcat(excelpath,excelfile);                    %获取所选文件的地址
new2 = xlsread(excelfull);
[m, n] = size(new2);
for i = 1:1:m
    for j=1:1:n
        app.UITable.Data{i,j}= num2str(new2(i,j));
    end
end
app.t = app.UITable.Data;
```

3. 表组件回调

右击表组件，在弹出的快捷菜单中选择【回调】，选择【添加 UITableCellSelection 回调】，界面自动跳转到代码视图，在光标定位处输入如下程序命令：

```
indices = event.Indices;
indices = event.Indices;
app.moused_ind= indices(1);
app.moused_ind2= indices(2);
```

4.【增加】按钮回调

单击【增加】按钮，即可在表组件数据最后新增一行空白行，并可以在新增行编辑内容。

右击【增加】按钮组件，在弹出的快捷菜单中选择【回调】，选择【添加 add_ButtonPushedFcn 回调】，界面自动跳转到代码视图，在光标定位处输入如下程序命令：

```
app.t =  app.UITable.Data;
nr = {[],[],[],[],[],[],[],[]};          %本例中共 8 列数据
app.UITable.Data=[app.t;nr];
app.t =  app.UITable.Data;
newData1 = app.t;
set(app.UITable,'Data',newData1);
```

5.【删除】按钮回调

选择表组件中任一单元格，单击【删除】按钮，即可删除该单元格所在行的数据。

右击【删除】按钮组件，在弹出的快捷菜单中选择【回调】，选择【添加 del_ButtonPushedFcn 回调】，界面自动跳转到代码视图，在光标定位处输入如下程序命令：

```
app.UITable.Data(app.moused_ind,:) =[];
app.t=app.UITable.Data;
```

6.【保存】按钮回调

单击【保存】按钮，即可将编辑过的表组件数据保存到指定 Excel 文件。

右击【保存】按钮组件，在弹出的快捷菜单中选择【回调】，选择【添加 save_ButtonPushedFcn 回调】，界面自动跳转到代码视图，在光标定位处输入如下程序命令：

```
[excelfile, excelpath] = uigetfile({'*.xlsx';'*.xls';'*.mat';'*.*'},'选择表格');
excelfull = strcat(excelpath,excelfile);    % 获取要写入数据的 .xlsx 文件位置
xlswrite(excelfull,app.UITable.Data);       % 数据写入 .xlsx 文件
```

7.【绘图】按钮回调

在下拉框中选择课程，在单选按钮组选择成绩绘图类型，单击【绘图】按钮，即可显示相应课程成绩的折线图或柱状图。

右击【绘图】按钮组件，在弹出的快捷菜单中选择【回调】，选择【添加 plot_ButtonPushedFcn 回调】，界面自动跳转到代码视图，在光标定位处输入如下程序命令：

```
global new2
selButton = app.ButtonGroup.SelectedObject;
switch app.DropDown.Value
    case '语文'
        x =new2(:,1:1);y = new2(:,3:3);
        if(strcmp(selButton.Text,'折线图'))
            plot(app.UIAxes,x,y,'linewidth',1.5,'Marker','o','color','b');
        else
            bar(app.UIAxes,x,y,'histc');
        end
        title(app.UIAxes,'语文成绩分布图');
    case '数学'
        x =new2(:,1:1);y = new2(:,4:4);
        if(strcmp(selButton.Text,'折线图'))
         plot(app.UIAxes,x,y,'linewidth',1.5,'Marker','o','color','b');
         else
            bar(app.UIAxes,x,y,'histc');
        end
         title(app.UIAxes,'数学成绩分布图');
   case '英语'
       x =new2(:,1:1);y = new2(:,5:5);
       if(strcmp(selButton.Text,'折线图'))
        plot(app.UIAxes,x,y,'linewidth',1.5,'Marker','o','color','m');
        else
            bar(app.UIAxes,x,y,'histc');
        end
        title(app.UIAxes,'英语成绩分布图');
   case '物理'
       x =new2(:,1:1);y = new2(:,6:6);
       if(strcmp(selButton.Text,'折线图'))
        plot(app.UIAxes,x,y,'linewidth',1.5,'Marker','o','color','g');
        else
           bar(app.UIAxes,x,y,'histc');
        end
        title(app.UIAxes,'物理成绩分布图');
```

```
    case '化学'
        x =new2(:,1:1);y = new2(:,7:7);
        if(strcmp(selButton.Text,'折线图'))
        plot(app.UIAxes,x,y,'linewidth',1.5,'Marker','o','color','y');
        else
           bar(app.UIAxes,x,y,'histc');
        end
        title(app.UIAxes,'化学成绩分布图');
    case '生物'
        x =new2(:,1:1);y = new2(:,8:8);
        if(strcmp(selButton.Text,'折线图'))
        plot(app.UIAxes,x,y,'linewidth',1.5,'Marker','o','color','c');
        else
           bar(app.UIAxes,x,y,'histc');
        end
        title(app.UIAxes,'生物成绩分布图');
end
```

8.【查询排名】按钮回调

输入学生学号，单击【查询排名】按钮，即可在下方看到各科成绩排名。

右击【查询排名】按钮组件，在弹出的快捷菜单中选择【回调】，选择【添加 rank_ButtonPushedFcn 回调】，界面自动跳转到代码视图，在光标定位处输入如下程序命令：

```
global new2
xh=new2(:,2:2);                                   % 提取原数据表中的学号列
xh_ss=app.EditField.Value;                        % 获取用户编辑框内的学号
k=find(xh==xh_ss)                                 % 确定学号位于原数据的第 k 行
a3= new2(:,3:3);a4= new2(:,4:4);a5= new2(:,5:5); % 提取原数据中各门课程的成绩列
a6= new2(:,6:6);a7= new2(:,7:7); a8= new2(:,8:8);
[~,ia3,ic3] = unique(a3);[~,ia4,ic4] = unique(a4);[~,ia5,ic5] = unique(a5);
[~,ia6,ic6] = unique(a6);[~,ia7,ic7] = unique(a7);[~,ia8,ic8] = unique(a8);
[~,b3]=sort(a3,'descend');                        % 对成绩降序排序 ,'descend' 表示降序
[~,b4]=sort(a4,'descend');[~,b5]=sort(a5,'descend');[~,b6]=sort(a6,'descend');
[~,b7]=sort(a7,'descend');[~,b8]=sort(a8,'descend');
b3(b3) = (1:numel(a3))';b4(b4) = (1:numel(a4))';b5(b5) = (1:numel(a5))';
b6(b6) = (1:numel(a6))';b7(b7) = (1:numel(a7))';b8(b8) = (1:numel(a8))';
b3=b3(ia3(ic3));b4=b4(ia4(ic4));b5=b5(ia5(ic5)); % 将排名次序按照原始数据列顺序输出
b6=b6(ia6(ic6));b7=b7(ia7(ic7));b8=b8(ia8(ic8));
c3=b3(k);c4=b4(k);c5=b5(k);                       % 获取各门课程排名
c6=b6(k);c7=b7(k);c8=b8(k);
app.Label_ch.Text=num2str(c3);                    % 将排序显示在对应标签组件上
app.Label_ma.Text=num2str(c4);app.Label_eng.Text=num2str(c5);
app.Label_p.Text=num2str(c6);app.Label_c.Text=num2str(c7);
app.Label_py.Text=num2str(c8);
```

8.4.3 运行结果显示

1. 学生整体成绩表面板运行结果

单击【导入数据】按钮，在弹出对话框查找 Excel 文件路径，单击【确定】按钮，即可在表组件显示 Excel 文件的数据，显示效果如图 8-30 所示。单击【增加】按钮，即可新增一行可编辑的空白行，如图 8-31 所示。

学生整体成绩表

序号	学号	语文	数学	英语	物理	化学	生物
1	1201241810	90	80	70	65	89	100
2	1201241811	85	76	90	76	87	90
3	1201241812	88	56	95	79	88	98
4	1201241813	76	90	98	89	80	97
5	1201241814	56	95	100	55	76	95
6	1201241815	67	82	96	60	74	91
7	1201241816	79	67	87	61	72	88
8	1201241817	80	80	74	63	70	87

导入数据　保存　增加　删除

图 8-30　导入 Excel 数据效果

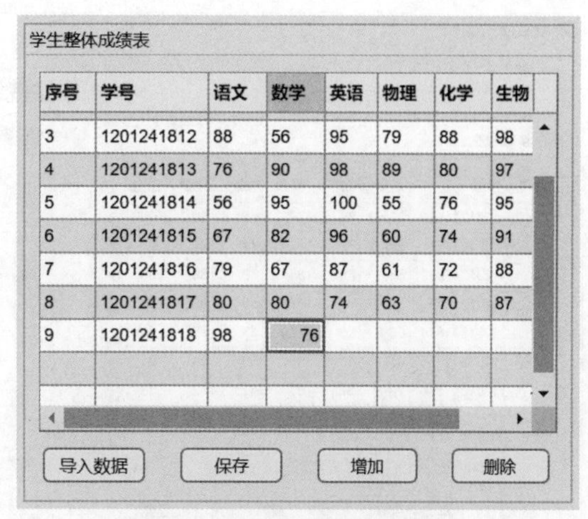

学生整体成绩表

序号	学号	语文	数学	英语	物理	化学	生物
3	1201241812	88	56	95	79	88	98
4	1201241813	76	90	98	89	80	97
5	1201241814	56	95	100	55	76	95
6	1201241815	67	82	96	60	74	91
7	1201241816	79	67	87	61	72	88
8	1201241817	80	80	74	63	70	87
9	1201241818	98	76				

图 8-31　新增并编辑数据效果

选择第 6 行的“82”数据，单击【删除】按钮，即可删除该数据所在行，删除效果如图 8-32 所示。

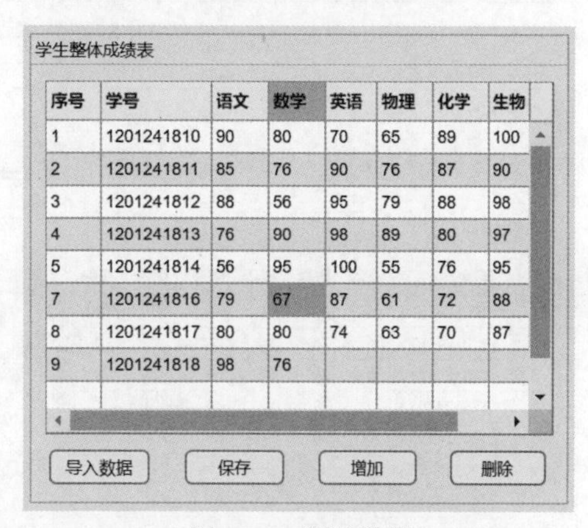

学生整体成绩表

序号	学号	语文	数学	英语	物理	化学	生物
1	1201241810	90	80	70	65	89	100
2	1201241811	85	76	90	76	87	90
3	1201241812	88	56	95	79	88	98
4	1201241813	76	90	98	89	80	97
5	1201241814	56	95	100	55	76	95
7	1201241816	79	67	87	61	72	88
8	1201241817	80	80	74	63	70	87
9	1201241818	98	76				

图 8-32　删除效果

单击【保存】按钮，可将编辑过的数据，保存到指定 Excel 文件的 Sheet1 表中。

2. **学生整体成绩图面板运行结果**

在下拉框中选择【数学】科目，并在单选按钮组选择【折线图】，单击【绘图】按钮，运行结果如图 8-33 所示。选择【物理】科目，选择【条形图】，单击【绘图】按钮，运行结果如图 8-34 所示。

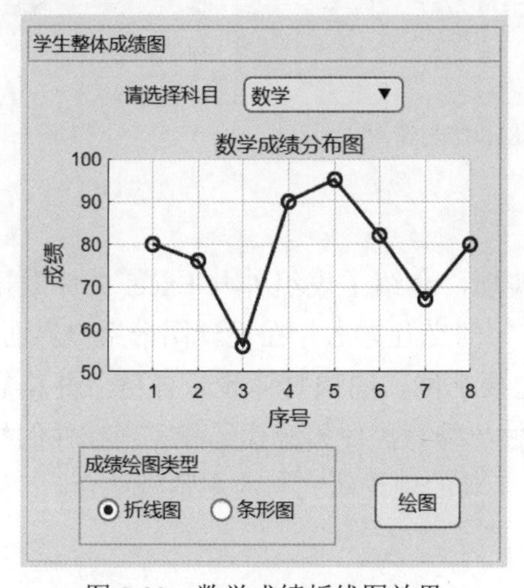

图 8-33　数学成绩折线图效果

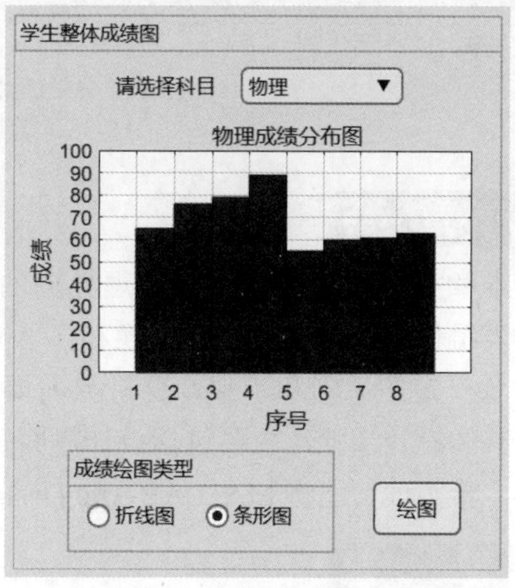

图 8-34　物理成绩条形图效果

3. **学生个人成绩分析面板运行结果**

分别输入学号 1201241811 和 1201241816，单击【查询排名】按钮，运行结果如图 8-35 和图 8-36 所示。

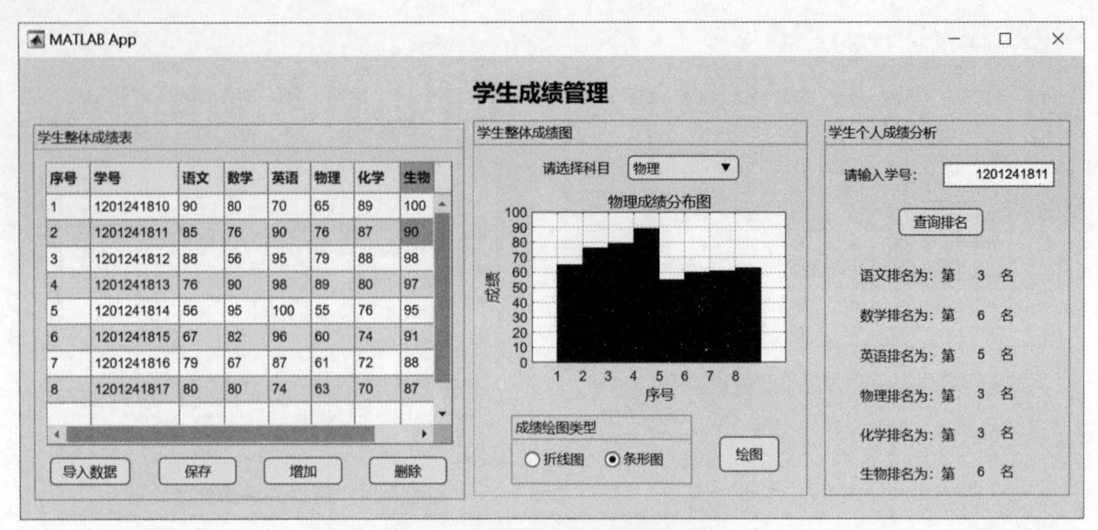

图 8-35　学号 1201241811 排名情况

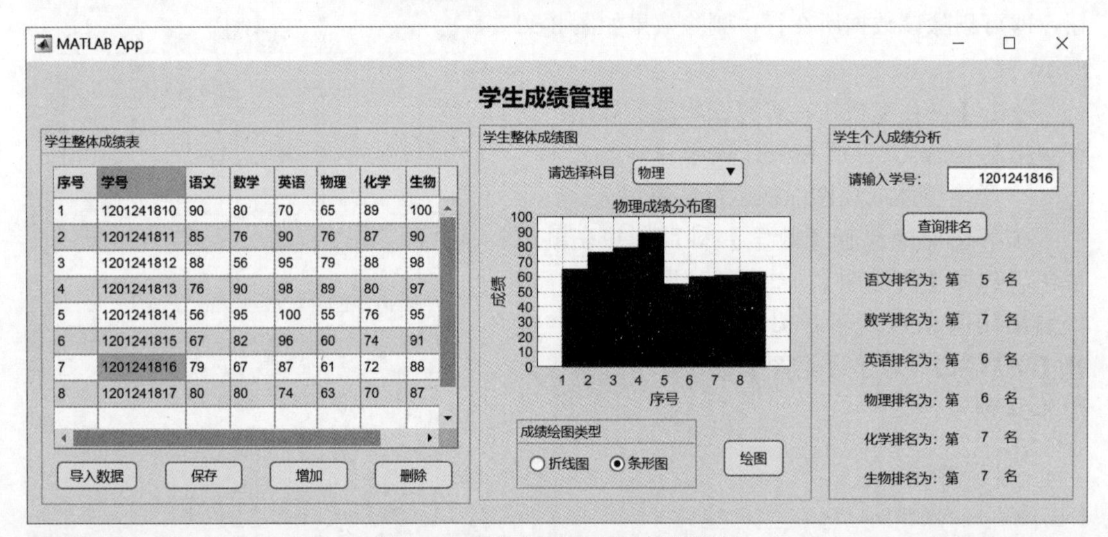

图 8-36　学号 1201241816 排名情况

本章小结

本章主要围绕学生成绩管理界面的设计与实现，介绍了表组件与 Excel 文件数据交换、表组件与其他组件数据交换和多 App 界面之间的交互方法。在设计图形用户界面时，要注意一定的原则和步骤，分析界面要实现的主要功能，明确具体设计任务，并构思草图。具体设计步骤，主要包括设计界面及相关属性、编写控件相应代码和实现控件的相互调用。希望读者能将 MATLAB App Designer 设计工具的理论研究与应用紧密结合。

习　题

8-1　如图 8-37 所示，通过单击【读取数据】按钮，将 Excel 表格中的数据显示在表组件中，同时将第一列数据作为横坐标，第二列数据作为列坐标进行函数图像绘制，并显示在坐标区组件中。

8-2　如图 8-38 所示，基于 MATLAB App Designer 添加表控件，并添加颜色列，给该

列设置相应选项的下拉菜单。（提示：此时表组件的 ColumnEditable 属性应为 true）

8-3　基于 MATLAB App Designer 添加表控件，并设置逻辑数据，即逻辑值显示为复选框，true 值表示选中，false 值表示未选中。

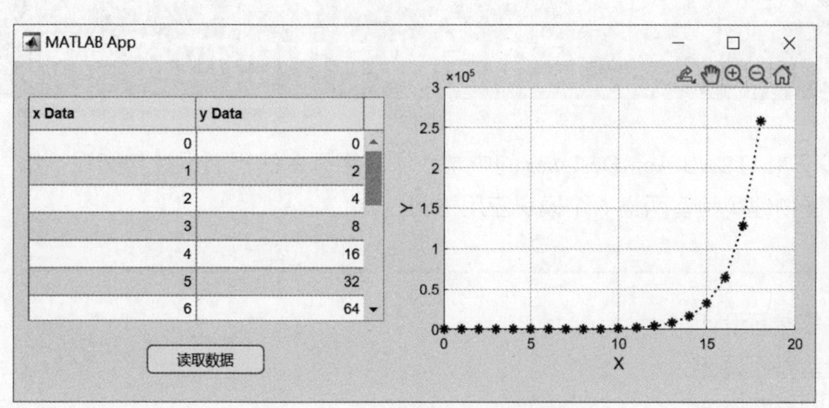

图 8-37　基于表组件绘制图像

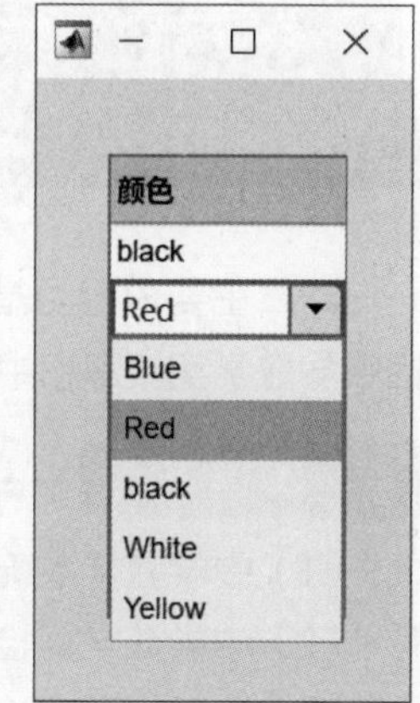

图 8-38　题 8-2 运行界面

第9章 MATLAB App Designer 在中学教学中的应用举例

本章主要内容为基于 MATLAB App Designer 的中学教学应用举例的界面设计与实现，包括中学数学实验室和中学物理实验室两类 6 个模块应用举例。

本章要点

（1）中学教学系统总界面设计。

（2）中学数学实验室界面设计。

（3）中学物理实验室界面设计。

学习目标

（1）了解中学教学系统总界面设计。

（2）掌握中学数学实验室界面设计方法。

（3）掌握中学物理实验室界面设计方法。

9.1 中学教学系统总界面设计

中学教学系统总界面由两部分组成，分别为中学数学实验室和中学物理实验室，每个实验室各包含 3 个实验示例。中学教学系统总界面主要功能是可以跳转到任意模块，界面布局设计如图 9-1 所示，菜单栏设置如图 9-2 所示。

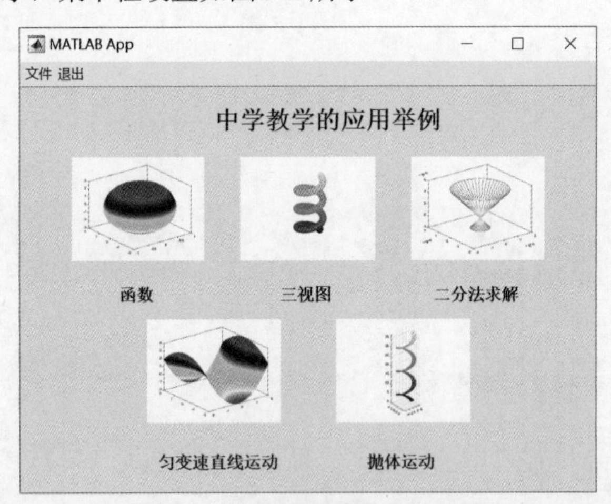

图 9-1　中学教学系统界面布局

通过对菜单项和图像组件添加回调函数的方式，实现界面的跳转。例如在 MATLAB App Designer 中打开函数界面的程序命令如下：

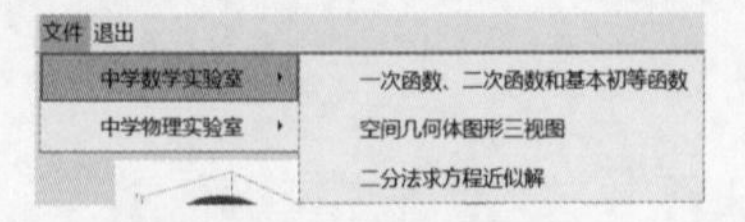

图 9-2　菜单栏设置

```
run e9_1                    % 打开命名为 e9_1.mlapp 的界面
```

同理，可以添加其余 4 个图像组件回调函数。同时在各个子界面设置菜单项，同理可实现从子界面跳转到主界面的功能。

关闭当前界面的程序命令如下：

```
close(app.UIFigure);        % 关闭当前界面
```

9.2 中学数学实验室界面设计

9.2.1 一次函数、二次函数和基本初等函数

▶【例 9-1】实现下列函数类型曲线绘制，包括一次函数、二次函数、指数函数、对数函数和幂函数。

视频讲解

第一步：设置布局及属性。添加两个标签、5 个下拉框、一个按钮、一个编辑字段（文本）、一个坐标区、一个单选按钮组、两个面板和一个图像。

第二步：添加回调函数。

（1）右击 e9_1 文件，在弹出的快捷菜单中选择【回调】，选择【添加 startupFcn 回调】，界面自动跳转到代码视图，在光标定位处输入如下程序命令：

```
app.Panel.Enable='off';                     % 禁止对数函数选项面板组件
```

（2）右击函数类型下拉框，在弹出的快捷菜单中选择【回调】，选择【添加 DropDownValueChanged 回调】，界面自动跳转到代码视图，在光标定位处输入如下程序命令：

```
global H
value = app.DropDown.Value;
switch value
    case '一次函数'
        app.Image.ImageSource='一次函数 .png';
        p=inputdlg({'a','b'},'设置参数',1,{'2','5'});       % 创建输入信息对话框
        a=str2double(p{1});
        b=str2double(p{2});             % 将用户所填参数由字符串转换为双精度值
        x=0:0.1:100;y=a*x+b;
        H=plot(app.UIAxes,x,y);title(app.UIAxes,'一次函数');
    case '二次函数'
        app.Image.ImageSource='二次函数 .png';
        p=inputdlg({'a','b','c'},'设置参数',1,{'2','2','5'});
        a=str2double(p{1});b=str2double(p{2});c=str2double(p{3});
        x=0:0.1:100;y=a.*x.*x+b.*x+c;
        H=plot(app.UIAxes,x,y);title(app.UIAxes,'二次函数');
    case '指数函数'
        app.Image.ImageSource='指数函数 .png';
        p=inputdlg({'a'},'设置参数',1,{'3'});
        a=str2double(p{1});
        x=0:0.1:100;y=a.^x;
        H=plot(app.UIAxes,x,y);title(app.UIAxes,'指数函数');
    case '对数函数'
        app.Image.ImageSource='对数函数 .png';
```

```
        app.Panel.Enable='on';                          % 启用对数函数选项面板组件
    case '幂函数'
        app.Image.ImageSource='幂函数 .png';
        p=inputdlg({'a'},'设置参数',1,{'3'});
        a=str2double(p{1});
        x=0:0.1:100;y=x.^a;
        H=plot(app.UIAxes,x,y);title(app.UIAxes,'幂函数');
end
```

（3）右击【确定】按钮，在弹出的快捷菜单中选择【回调】，选择【添加 Button_3 Pushed 回调】，界面自动跳转到代码视图，在光标定位处输入如下程序命令：

```
global H
selectedButton = app.ButtonGroup.SelectedObject;
x=0:0.1:100;
switch selectedButton.Text
    case '以 2 为底'
        y=log2(x);
    case '以 10 为底'
        y=log10(x);
    case '以 e 为底'
        y=log(x);
end
H=plot(app.UIAxes,x,y);title(app.UIAxes,strcat('对数函数 (',selectedButton.Text,')'));
app.Panel.Enable='off';
```

（4）右击颜色下拉框，在弹出的快捷菜单中选择【回调】，选择【添加 DropDown_2ValueChanged 回调】，界面自动跳转到代码视图，在光标定位处输入如下程序命令：

```
function DropDown_2ValueChanged(app, event)
    value = app.DropDown_2.Value;
    global H
    switch value
        case '红色'
            set(H,'Color','r');
        case '黄色'
            set(H,'Color','y');
        case '蓝色'
            set(H,'Color','b');
        case '粉色'
            set(H,'Color','m');
        case '绿色'
            set(H,'Color','g');
    end
end
```

（5）右击线型下拉框，在弹出的快捷菜单中选择【回调】，选择【添加 DropDown_3ValueChanged 回调】，界面自动跳转到代码视图，在光标定位处输入如下程序命令：

```
function DropDown_3ValueChanged(app, event)
    value = app.DropDown_3.Value;
```

```
        global H
        switch value
            case '点线'
                set(H,'LineStyle',':');
            case '点横线'
                set(H,'LineStyle','-.');
            case '实线'
                set(H,'LineStyle','-');
            case '虚线'
                set(H,'LineStyle','--');
        end
    end
```

(6) 右击线宽下拉框，在弹出的快捷菜单中选择【回调】，选择【添加 DropDown_4ValueChanged 回调】，界面自动跳转到代码视图，在光标定位处，输入如下程序命令：

```
    function DropDown_4ValueChanged(app, event)
        value = app.DropDown_4.Value;
        global H
        switch value
            case '粗'
                set(H,'LineWidth',2);
            case '中'
                set(H,'LineWidth',1);
            case '细'
                set(H,'LineWidth',0.5);
        end
    end
```

(7) 右击栅格下拉框，在弹出的快捷菜单中选择【回调】，选择【添加 DropDown_5ValueChanged 回调】，界面自动跳转到代码视图，在光标定位处，输入如下程序命令：

```
    function DropDown_5ValueChanged(app, event)
        value = app.DropDown_5.Value;
        switch value
            case '有'
               app.UIAxes.XGrid='on';app.UIAxes.YGrid='on';
            case '无'
               app.UIAxes.XGrid='off';app.UIAxes.YGrid='off';
        end
    end
```

运行程序，函数类型下拉框选择【二次函数】选项，弹出如图 9-3 所示对话框设置相关参数，单击【确定】按钮，在图形设置栏选择相关设置，运行结果如图 9-4 所示。

函数类型下拉框选择【对数函数】选项，选择【以 10 为底】选项，单击【确定】按钮，运行结果如图 9-5 所示。

9.2.2 空间几何体图形三视图

视频讲解

▶【例 9-2】实现基本空间几何体图形（长方体、正方体、圆柱体、圆台、圆锥、棱柱、棱锥和棱台）和组合空间几何体图形的三视图。

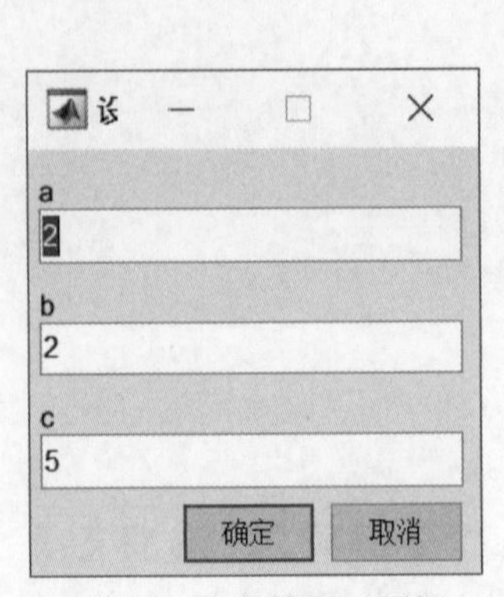

图 9-3　参数设置对话框

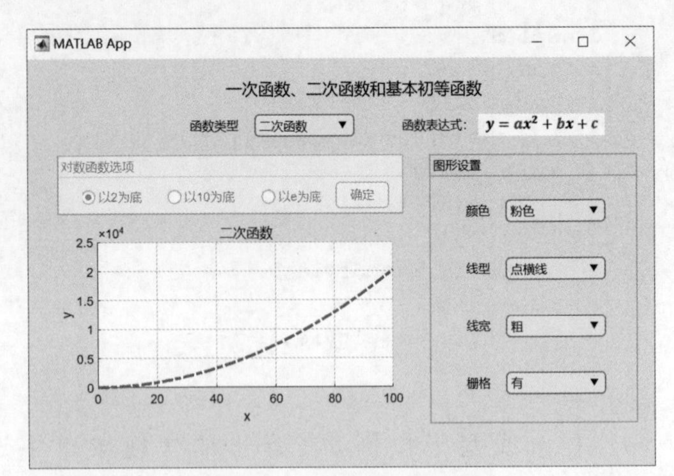

图 9-4　二次函数曲线运行界面

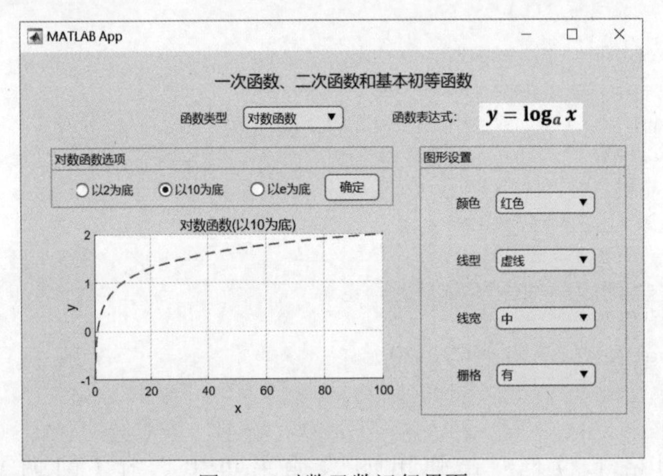

图 9-5　对数函数运行界面

第一步：设置布局及属性。添加一个标签、两个下拉框、一个按钮和一个坐标区。

第二步：添加回调函数。

（1）右击空间几何体下拉框，在弹出的快捷菜单中选择【回调】，选择【添加 DropDownValueChanged 回调】，界面自动跳转到代码视图，在光标定位处，输入如下程序命令：

```
function DropDownValueChanged(app, event)
    value = app.DropDown.Value;
    switch value
        case '长方体'
            delete(allchild(app.axes_box));
            vertex_matrix=[0 0 0; 1 0 0;1 2 0;0 2 0;0 0 3;1 0 3;1 2 3;0 2 3];
            face_matrix=[1 2 6 5;2 3 7 6;3 4 8 7;4 1 5 8;1 2 3 4;5 6 7 8];
            %patch 函数利用矩阵参数绘制三维立体
            patch(app.axes_box,'Vertices',vertex_matrix,'Faces',…
            face_matrix,'FaceVertexCData',hsv(8),'FaceColor','interp');
            view(app.axes_box,3);                          % 设立视角
        case '正方体'
            delete(allchild(app.axes_box));
```

```
            vertex_matrix=[0 0 0; 1 0 0;1 1 0;0 1 0;0 0 1;1 0 1;1 1 1;0 1 1];
            face_matrix=[1 2 6 5;2 3 7 6;3 4 8 7;4 1 5 8;1 2 3 4;5 6 7 8];
            patch(app.axes_box,'Vertices',vertex_matrix,'Faces', …
            face_matrix,'FaceVertexCData',hsv(8),'FaceColor','interp');
    view(app.axes_box,3);
        case '圆柱体'
            cla(app.axes_box);
            cylinder(app.axes_box,[2 2],90);
            colormap(app.axes_box,[1,1,0;0.5,0,0;1,0,0]);
        case '圆锥'
            cla(app.axes_box);
            cylinder(app.axes_box,[2 0],90);
            colormap(app.axes_box,[1,1,0;0.5,0,0;1,0,0]);
        case '圆台'
            cylinder(app.axes_box,[4 2],90);
            colormap(app.axes_box,[1,1,0;0.5,0,0;1,0,0]);
        case '棱柱'
            cla(app.axes_box);
            % 弹出输入框获取数据
            N=inputdlg({'输入几棱柱（请填写数字，至少等于 3):'},'',1,{'3'});
            cylinder(app.axes_box,[3,3],str2double(N));
            colormap(app.axes_box,[1,1,0;0.5,0,0;1,0,0]);
        case '棱锥'
            cla(app.axes_box);
            cs=inputdlg({'输入几棱锥（请填写数字，至少等于 3):'},'Input',1,{'3'});
            N=str2double(cs{1});
            cylinder(app.axes_box,[5,0],N);
            colormap(app.axes_box,[1,1,0;0.5,0,0;1,0,0]);
        case '棱台'
            cla(app.axes_box);
            cs=inputdlg({'输入几棱台（请填写数字，至少等于 3):'},'Input',1,{'3'});
            N=str2double(cs{1});
            cylinder(app.axes_box,[5,2],N);
            colormap(app.axes_box,[1,1,0;0.5,0,0;1,0,0]);
        case '组合体 1'
            cla(app.axes_box);
            m=30;
            z=1.2*(0:m)/m;
            r=ones(size(z));
            theta=(0:m)/m*2*pi;
            x1=r'*cos(theta);y1=r'*sin(theta);z1=z'*ones(1,m+1);
            x=(-m:2:m)/m;
            x2=x'*ones(1,m+1);y2=r'*cos(theta);z2=r'*sin(theta);
            surf(app.axes_box,x1,y1,z1);
            hold(app.axes_box, 'on');
            surf(app.axes_box,x2,y2,z2);
            colormap(app.axes_box,'default');
        case '组合体 2'
            cla(app.axes_box);
            t=0:pi/20:2*pi;
```

```
            [x,y,z]=cylinder(2+sin(t),60);
            surf(app.axes_box,x,y,z);
            colormap(app.axes_box,'default');
        end
        axis(app.axes_box,'square');
        axis(app.axes_box,'off');
    end
```

（2）右击三视图下拉框，在弹出的快捷菜单中选择【回调】，选择【添加 DropDown_2ValueChanged 回调】，界面自动跳转到代码视图，在光标定位处，输入如下程序命令：

```
function DropDown_2ValueChanged(app, event)
    value = app.DropDown_2.Value;
    switch value
        case '俯视图'
            app.axes_box.View = [0, 90];
        case '侧视图'
            app.axes_box.View = [90, 0];
        case '正视图'
            app.axes_box.View = [0, 0];
        case '直视图'
            app.axes_box.View =[-37.5,30];
    end
end
```

（3）右击【动画】按钮，在弹出的快捷菜单中选择【回调】，选择【添加 ButtonPushed 回调】，界面自动跳转到代码视图，在光标定位处，输入如下程序命令：

```
function ButtonPushed(app, event)
    for i=1:360
        camorbit(app.axes_box,1,0,'data',[1 1 1])
        drawnow
    end
end
```

运行程序，单击【空间几何体】下拉框，选择【圆台】，如图 9-6 所示，选择【正视图】，运行结果如图 9-7 所示。

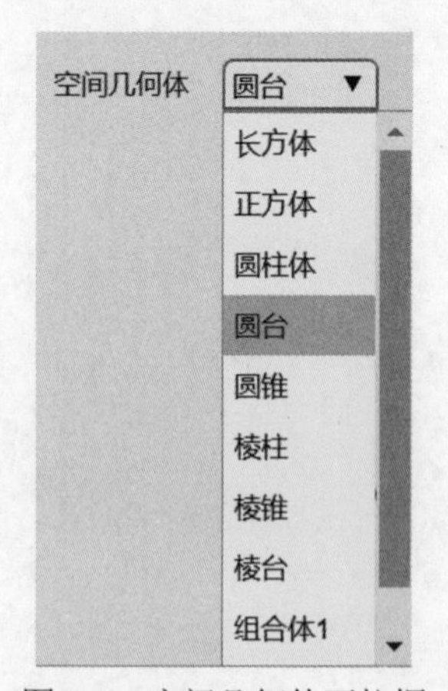

图 9-6　空间几何体下拉框

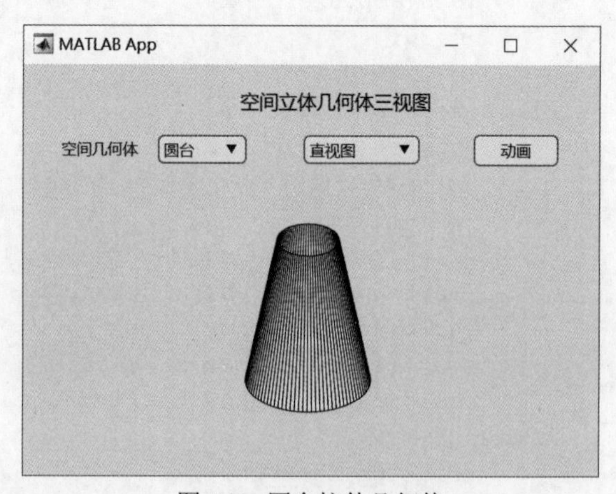

图 9-7　圆台控件几何体

当选择【棱柱】选项，弹出如图 9-8 所示对话框，输入数字 6，并选择【俯视图】，运行结果如图 9-9 所示。

当选择【组合体 1】选项，选择【侧视图】，运行结果如图 9-10 所示，单击【动画】按钮，三维图形旋转 360 度，如图 9-11所示。

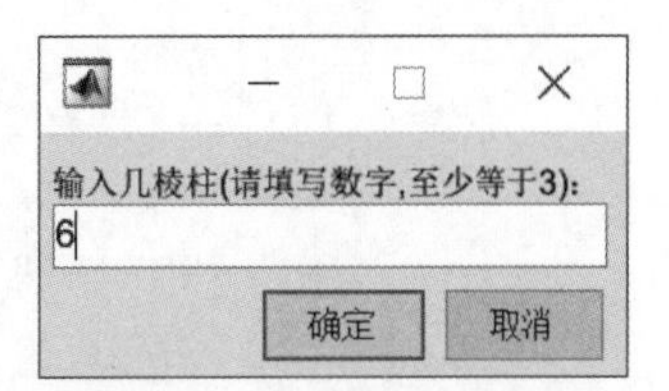

图 9-8 输入信息对话框

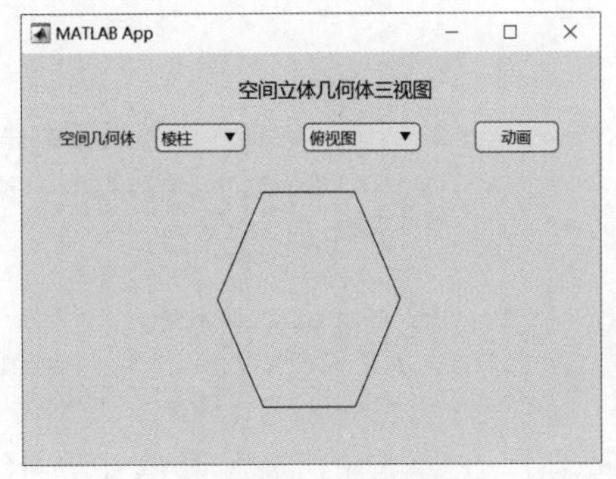

图 9-9 棱柱俯视图

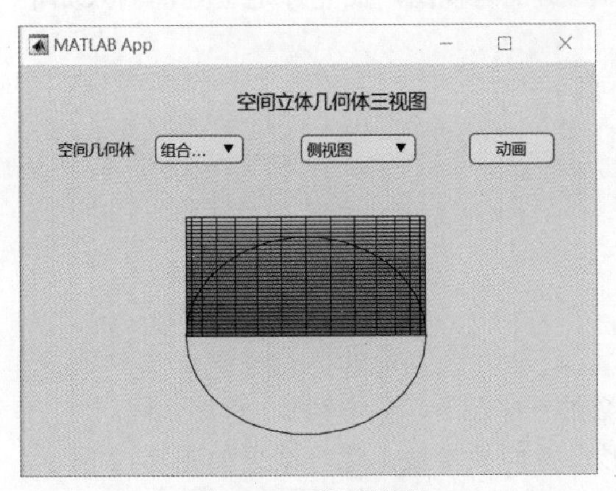

图 9-10 侧视图效果

图 9-11 动画效果

9.2.3 二分法求方程近似解

▶【例 9-3】利用二分法求方程近似解，并绘图。

视频讲解

第一步：设置布局及属性。添加 3 个标签、一个坐标区、4 个下拉框、3 个编辑字段（数值）、一个编辑字段（文本）、两个按钮和两个面板。

第二步：添加回调函数。

（1）右击【确定】按钮，在弹出的快捷菜单中选择【回调】，选择【添加 ButtonPushed 回调】，界面自动跳转到代码视图，在光标定位处，输入如下程序命令：

```
global H
f=eval(app.EditField_hanshu.Value);
%获取初始区间和精度
a = app.EditField_zuoqujian.Value;
b = app.EditField_youqujian.Value;
tolerance =app.EditField_wucha.Value;
%进行二分法迭代求解
while (b-a)/2>tolerance
```

```
        c = (a+b)/2;
        if f(c)==0 % 如果达到精确解，则结束
            break;
        elseif sign(f(c))==sign(f(a))
            a = c;
        else
            b = c;
        end
    end
    app.Label_jinsijie.Text=num2str(c,'%.6f');  % 标签组件显示最终结果
    x1=app.EditField_zuoqujian.Value;x2=app.EditField_youqujian.Value;
    x=linspace(x1,x2,100);
    y=f(x);
    H=line(app.UIAxes, x, y, 'Color', 'blue', 'LineStyle', '-');           % 绘制函数图像
    line(app.UIAxes, [x1,x2], [0,0], 'Color', 'red', 'LineStyle', '--');% 绘制红色虚线
    line(app.UIAxes, c, 0, 'Color', 'red', 'Marker', 'o');                 % 绘制红色圆点
```

（2）右击【重置】按钮，在弹出的快捷菜单中选择【回调】，选择【添加 DropDown_4ValueChanged 回调】，界面自动跳转到代码视图，在光标定位处，输入如下程序命令：

```
    function Button_chongzhiPushed(app, event)
        app.EditField_hanshu.Value='@(x)x.^3 - x.^2 - 1';
        app.EditField_wucha.Value=0.000001;
        app.EditField_zuoqujian.Value=1;
        app.EditField_youqujian.Value=3;
        delete(allchild(app.UIAxes));
        app.Label_jinsijie.Text='';
    end
```

颜色、线型、线宽和栅格下拉框的回调函数的程序命令，参考例 9-1 程序代码。

运行程序，单击【确定】按钮，调整图形设置面板参数，运行结果如图 9-12 所示。当输入函数为 cos（x）$-x$ 时，单击【确定】按钮，运行结果如图 9-13 所示。

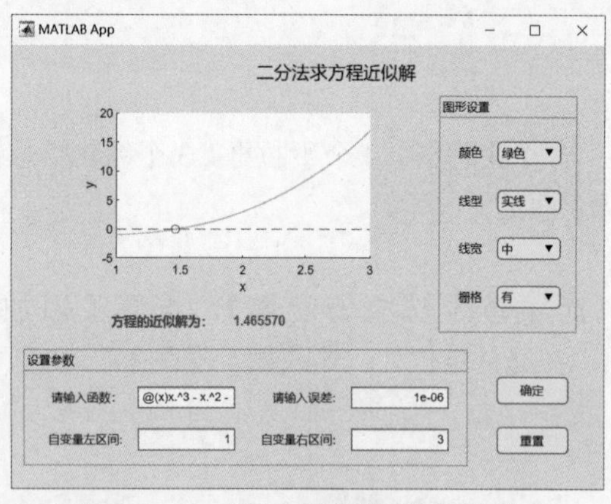

图 9-12　二分法求解方程近似解结果 1

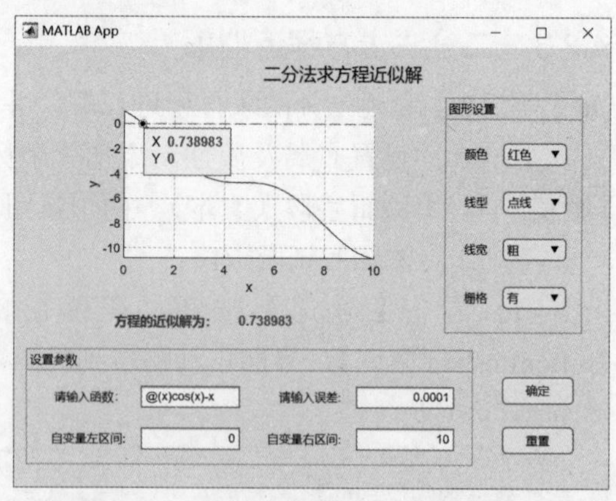

图 9-13　二分法求解方程近似解结果 2

9.3 中学物理实验室界面设计

9.3.1 力的合成

▶【例 9-4】通过输入两个力的大小和两力夹角，绘制力的合成图形。

第一步：设置布局及属性。添加一个坐标区、两个面板、4 个下拉框、3 个编辑字段（数值）、3 个滑块、4 个标签和一个按钮。

第二步：添加回调函数。

（1）右击【力 F1 大小】编辑字段，在弹出的快捷菜单中选择【添加回调】，选择【添加 F1EditFieldValueChanged 回调】，回调函数程序命令如下：

```
function F1EditFieldValueChanged(app, event)
      app.Slider.Value=app.F1EditField.Value;
end
```

（2）右击【力 F1 大小】的滑块，在弹出的快捷菜单中选择【添加回调】，选择【添加 SliderValueChanged 回调】，回调函数程序命令如下：

```
function SliderValueChanged(app, event)
      app.F1EditField.Value=app.Slider.Value;
end
```

力 F2 大小和两力的夹角组件的回调函数同理添加。

（3）右击【确定】按钮，在弹出的快捷菜单中选择【回调】，选择【添加 ButtonPushed 回调】，界面自动跳转到代码视图，在光标定位处，输入如下程序命令：

```
global T1
delete(allchild(app.UIAxes));
f1=app.F1EditField.Value;
f2=app.F2EditField.Value;
theta=app.thetaEditField.Value;
th=theta*pi/180;
f=sqrt(f1^2+f2^2+2*f1*f2*cos(th));          %合力的大小
phi=atan2(f2*sin(th),f1+f2*cos(th));        %合力的方向
fx=[f1,f2*cos(th),f*cos(phi)];
fy=[0,f2*sin(th),f*sin(phi)];
T1=quiver(app.UIAxes,[0,0,0],[0,0,0],fx,fy,0,'LineWidth',2);      %画力矢量
hold(app.UIAxes, 'on');
plot(app.UIAxes,[f1,fx(3)],[0,fy(3)],'--','LineWidth',1);
hold(app.UIAxes, 'on');
plot(app.UIAxes,[fx(2),fx(3)],[fy(2),fy(3)],'--','LineWidth',1);
hold(app.UIAxes, 'on');
app.Label_heli.Text=num2str(f);
app.Label_theta.Text=num2str(rad2deg(phi));
```

（4）右击【线宽】下拉框，在弹出的快捷菜单中选择【回调】，选择【添加 DropDown_3ValueChanged 回调】，界面自动跳转到代码视图，在光标定位处，输入如下程序命令：

```
value = app.DropDown_3.Value;
global T1
switch value
```

```
        case '细'
            set(T1,'LineWidth',1);
        case '中'
            set(T1,'LineWidth',1.5);
        case '粗'
            set(T1,'LineWidth',2);
    end
```

（5）右击【颜色】下拉框，在弹出的快捷菜单中选择【回调】，选择【添加DropDown_4ValueChanged回调】，界面自动跳转到代码视图，在光标定位处，输入如下程序命令：

```
    value = app.DropDown_4.Value;
    global T1
    switch value
        case '黄色'
            set(T1,'Color','y');
        case '洋红色'
            set(T1,'Color','m');
        case '蓝绿色'
            set(T1,'Color','c');
    end
```

（6）右击【栅格】下拉框，在弹出的快捷菜单中选择【回调】，选择【添加DropDownValueChanged回调】，界面自动跳转到代码视图，在光标定位处，输入如下程序命令：

```
    value = app.DropDown.Value;
    switch value
        case '有'
            app.UIAxes.XGrid='on';app.UIAxes.YGrid='on';
        case '无'
            app.UIAxes.XGrid='off';app.UIAxes.YGrid='off';
    end
```

（7）右击【坐标轴】下拉框，在弹出的快捷菜单中选择【回调】，选择【添加DropDown_2ValueChanged回调】，界面自动跳转到代码视图，在光标定位处，输入如下程序命令：

```
    value = app.DropDown_2.Value;
    switch value
        case '有'
            app.UIAxes.Visible='on';
        case '无'
            app.UIAxes.Visible='off';
    end
```

运行程序，输入力F1大小、力F2大小和两力的夹角参数，单击【确定】按钮，并选择相关图形设置，运行结果如图9-14所示。

视频讲解

9.3.2 匀变速直线运动

▶【例9-5】实现木块在斜面上运行的均变速直线运动分析。通过微调器输入木块质量、平行于斜面的力、斜面倾角和运动时间，计算加速度、末速度和路程，并能绘制加速度与时间和路程与时间的曲线。

第一步：设置布局及属性。添加 1 个标签、2 个面板、4 个微调器、3 个编辑字段（数值）、3 个按钮、1 个坐标区和 1 个图像。其中加速度标签文本设置如图 9-15 所示。

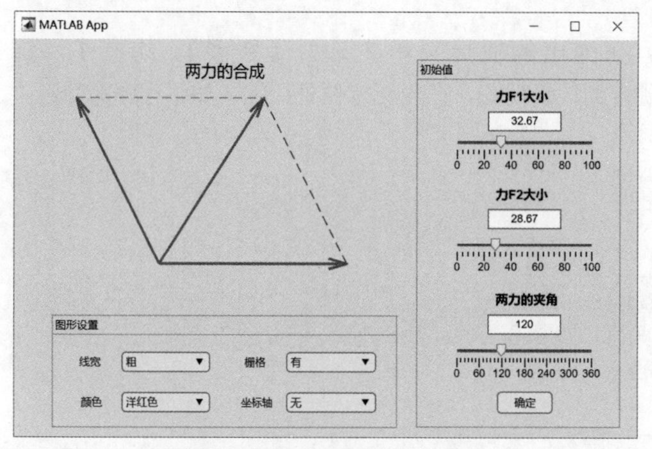

图 9-14　两力合成运行效果

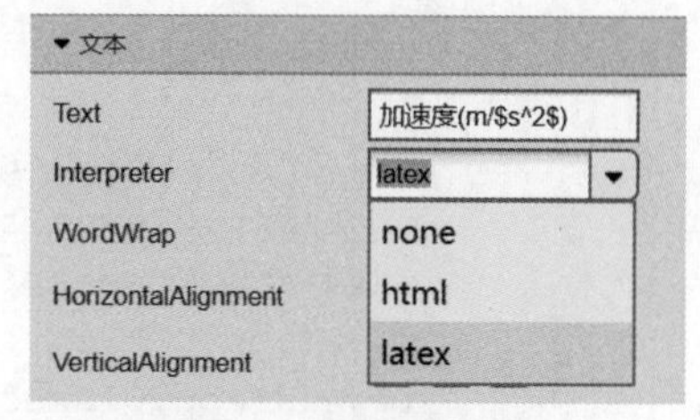

图 9-15　标签文本设置

第二步：添加回调函数。

（1）右击 e9_5 文件，在弹出的快捷菜单中选择【回调】，选择【添加 startupFcn 回调】，界面自动跳转到代码视图，在光标定位处，输入如下程序命令：

```
function startupFcn(app)
     app.UIAxes.Visible='off';
end
```

（2）右击【计算】按钮，在弹出的快捷菜单中选择【回调】，选择【添加 jisuanButtonPushed 回调】，界面自动跳转到代码视图，在光标定位处，输入如下程序命令：

```
global m theta f
app.Image.Visible='on';
o=app.oSpinner.Value;
m=app.mkgSpinner.Value;
t=app.tsSpinner.Value;
f=app.FNSpinner.Value;
g=9.8;
if f<=0
   msgbox('请选择力 F 的大小（大于或等于 0 的值）','温馨提示');
elseif m<=0
   msgbox('请选择质量 m 的大小（大于或等于 0 的值）','温馨提示');
elseif o<=0
   msgbox('请选择斜坡倾角 θ 的大小（大于或等于 0 的值）','温馨提示');
elseif t<=0
    msgbox('请选择运动时间 t 的大小（大于或等于 0 的值）','温馨提示');
elseif (f-m*g)<0
    msgbox('木块受到沿斜面向下的力，木块会下滑，请重新输入初始值','温馨提示');
else
   theta=(o/180)*pi;
   a=(f-m*g*sin(theta))/m;
```

```
    v=a*t;
    x=0.5*a*t.^2;
    app.aEditField.Value=a;
    app.vEditField.Value=v;
    app.xEditField.Value=x;
end
```

（3）右击【运动曲线】按钮，在弹出的快捷菜单中选择【回调】，选择【添加 quxianButtonPushed 回调】，界面自动跳转到代码视图，在光标定位处，输入如下程序命令：

```
global  m theta f
        app.UIAxes.Visible='on';
        app.Image.Visible='off';
        t=0:0.1:10;
        v=((f-m*9.8*sin(theta))/m)*t;
        x=0.5*((f-m*9.8*sin(theta))/m)*t.^2;
        plot(app.UIAxes,t,v,'Color','blue','LineStyle', '-');
        hold(app.UIAxes, 'on');
        plot(app.UIAxes,t,x,'Color','red','LineStyle', '--');
        legend(app.UIAxes,'v—t 函数','x—t 函数');
end
```

（4）右击【重置】按钮，选择【回调】，在弹出的快捷菜单中选择【添加 resetButtonPushed 回调】，界面自动跳转到代码视图，在光标定位处，输入如下程序命令：

```
app.FNSpinner.Value=20;
app.mkgSpinner.Value=2;
app.tsSpinner.Value=10;
app.oSpinner.Value=30;
app.aEditField.Value=0;
app.vEditField.Value=0;
app.xEditField.Value=0;
delete(allchild(app.UIAxes));
app.UIAxes.Visible='off';
app.Image.Visible='on';
```

运行程序，调节木块质量、平行于斜面的力、斜面倾角和运动时间的值，单击【计算】按钮，运行结果，如图 9-16 所示。单击【运动曲线】按钮，运行结果，如图 9-17 所示。单击【重置】按钮，即可清空坐标区内容，并重置编辑字段内容。

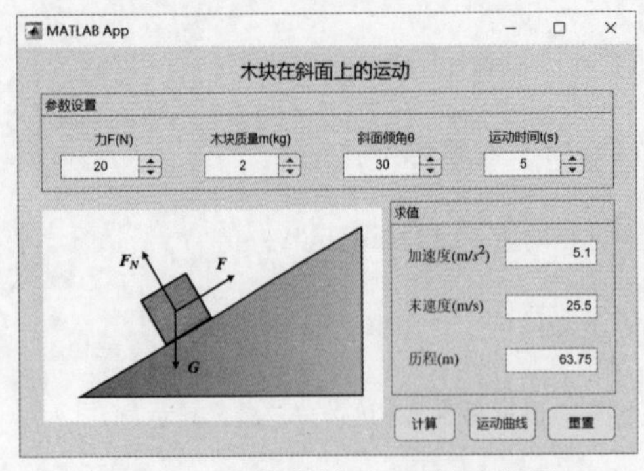

图 9-16　木块在斜面运动计算结果

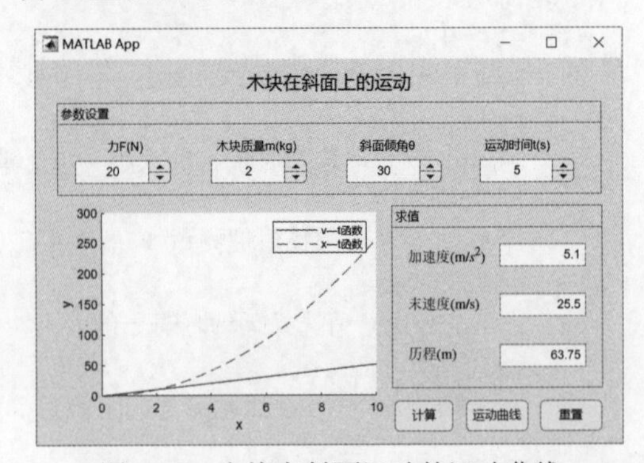

图 9-17　木块在斜面运动的运动曲线

9.3.3 抛体运动

抛体运动分为平抛运动、斜抛运动和竖直上抛运动。

▶【例 9-6】基于 MATLAB App Designer 实现抛体运动界面，分为平抛运动、斜抛运动和竖直上抛运动，并绘制抛体运动的运动曲线。

视频讲解

添加选项卡组件，设置平抛运动、斜抛运动和竖直上抛运动 3 个选项卡，具体设计方法如下：

1. 平抛运动

第一步：设置布局及属性。添加两个坐标区、两个面板、两个按钮和 4 个编辑字段（数值）。

第二步：添加回调函数。

（1）右击【开始】按钮，在弹出的快捷菜单中选择【回调】，选择【添加 start_ButtonPushed 回调】，界面自动跳转到代码视图，在光标定位处，输入如下程序命令：

```
H=app.H_EditField.Value;
v0=app.v0_EditField.Value;
if H<=0
    warndlg('抛出高度 (m) 为大于或等于 0 的值。','温馨提示');
elseif v0<=0
    warndlg('抛出水平速度 (m/s) 为大于或等于 0 的值。','温馨提示');
else
    g=9.8;
    T=sqrt(2*H/g);        %落地时间 T
    t=0:0.01:T;
    xt=v0.*t;             %水平位移
    h=H-1/2.*g*t.^2;      %垂直位移
    title(app.UIAxes_guiji,'小球运行轨迹');
    xlabel(app.UIAxes_guiji,'水平位移 (m)');
    ylabel(app.UIAxes_guiji,'高度 (m)');
    comet(app.UIAxes_guiji,xt,h);
    vx=v0;
    vy=g.*t;
    v=sqrt(vx.^2+vy.^2);
    plot(app.UIAxes_v_t,t,v);
    title(app.UIAxes_v_t,'小球速度和时间');
    xlabel(app.UIAxes_v_t,'时间 (s)');
    ylabel(app.UIAxes_v_t,'速度 (m/s)');
    app.luodis_EditField.Value=T;
    X=v0*T;
    app.s_EditField.Value=X;
end
```

（2）右击【重置】按钮，在弹出的快捷菜单中选择【回调】，选择【添加 start_ButtonPushed 回调】，界面自动跳转到代码视图，在光标定位处，输入如下程序命令：

```
app.H_EditField.Value=0;
app.v0_EditField.Value=0;
app.luodis_EditField.Value=0;
app.H_EditField_xiepao.Value=0;
```

```
delete(allchild(app.UIAxes_guiji));
delete(allchild(app.UIAxes_v_t));
```

运行程序，当输入抛出高度或抛出水平初速度数值小于或等于 0 时，弹出提示对话框，如图 9-18 所示。当输入抛出高度为 10m，抛出水平初速度为 1m/s 时，运行结果如图 9-19 所示。

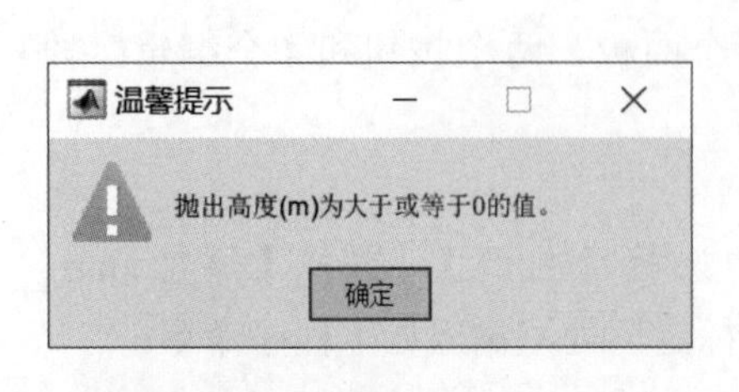

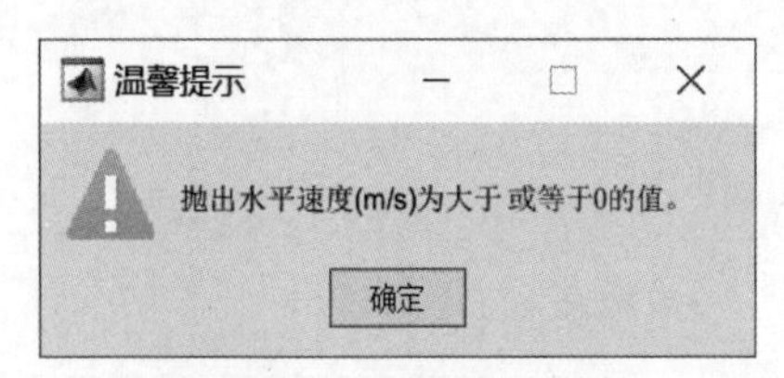

图 9-18　信息提示对话框

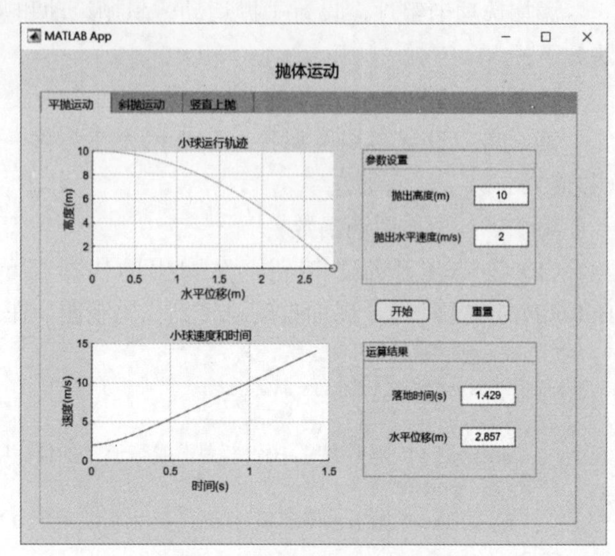

图 9-19　平抛运动运行结果

2. 斜抛运动

第一步：设置布局及属性。添加两个坐标区、两个面板、两个按钮和 5 个编辑字段（数值）。

第二步：添加回调函数。

右击【开始】按钮，在弹出的快捷菜单中选择【回调】，选择【添加 start_ButtonPushed_xiepao 回调】，界面自动跳转到代码视图，在光标定位处，输入如下程序命令：

```
v0=app.v0_EditField_xiepao.Value;
theta=app.theta_EditField.Value;
if v0<=0
   warndlg('初速度 (m/s) 为大于或等于 0 的值。','温馨提示');
elseif  (theta>=90)||(theta<=0)
   warndlg('斜抛角度为 0—90 度。','温馨提示');
else
   g=9.8;
   T=2*v0*sind(theta)/g;
   t=0:0.01:T;
   x=cosd(theta)*v0.*t;
   y=sind(theta)*v0.*t-1/2*g*t.^2;
   title(app.UIAxes_guiji_2,'小球运行轨迹');
   xlabel(app.UIAxes_guiji_2,'水平位移 (m)');
   ylabel(app.UIAxes_guiji_2,'高度 (m)');
   comet(app.UIAxes_guiji_2,x,y);
   vx=cosd(theta)*v0;                  %水平方向速度
   vy=sind(theta)*v0-g*t;              %垂直方向速度
```

```
    v=sqrt(vx.^2+vy.^2);
    plot(app.UIAxes_v_t_2,t,v);
    title(app.UIAxes_v_t_2,'小球速度和时间');
    xlabel(app.UIAxes_v_t_2,'时间 (s)');
    ylabel(app.UIAxes_v_t_2,'速度 (m/s)');
    X=cosd(theta)*v0.*T;
    Y=sind(theta)*v0.*(T/2)-1/2*g*(T/2).^2;
    app.x_EditField_xiepao.Value=X;
    app.H_EditField_xiepao.Value=Y;
    app.luodis_EditField_xiepao.Value=T;
end
```

【重置】按钮的回调函数与平抛运动同理。

运行程序，输入初速度和角度，单击【开始】按钮，运行结果如图 9-20 所示。

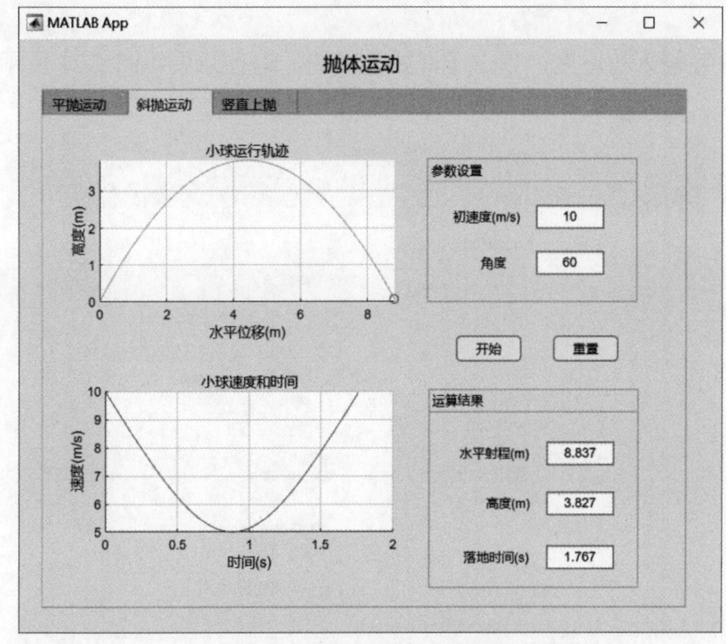

图 9-20　斜抛运动运行结果

3. 竖直上抛运动

第一步：设置布局及属性。添加两个坐标区、两个面板、两个按钮和 3 个编辑字段（数值）。

第二步：添加回调函数。

右击【开始】按钮，在弹出的快捷菜单中选择【回调】，选择【添加 start_ButtonPushed_shuzhi 回调】，界面自动跳转到代码视图，在光标定位处，输入如下程序命令：

```
v0=app.v0_EditField_shuzhi.Value;
if v0<=0
    warndlg('初速度 (m/s) 为大于或等于 0 的值。','温馨提示');
else
    v0=app.v0_EditField_shuzhi.Value;
    g=9.8;
    T=2*v0/g;
```

```
    t=0:0.01:T;
    v=v0-g*t;
    plot(app.UIAxes_v_t_3,t, v);
    xlabel(app.UIAxes_v_t_3,'时间 (s)');
    ylabel(app.UIAxes_v_t_3,'速度 (m/s)');
    title(app.UIAxes_v_t_3,'小球速度与时间');
    h=v0*t-0.5*g*t.^2;
    plot(app.UIAxes_h_t_3,t, h);
    xlabel(app.UIAxes_h_t_3,'时间 (s)');
    ylabel(app.UIAxes_h_t_3,'高度 (m)');
    title(app.UIAxes_h_t_3,'小球高度与时间');
    Hm=v0.^2/(2*g);
    app.H_EditField_shuzhi.Value=Hm;
    app.luodis_EditField_shuzhi.Value=T;
end
```

运行程序，并输入初速度，单击【开始】按钮，运行结果如图 9-21 所示。

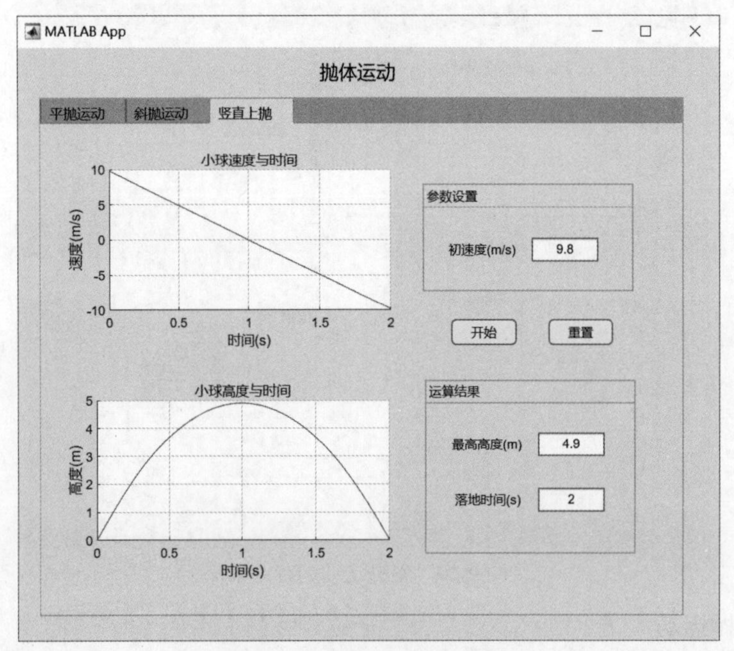

图 9-21　竖直上抛运行结果

本章小结

通过基于 MATLAB App Designer 的中学教学系统设计可以形象地说明数学中的一些抽象问题，使用图形技术可以让读者更深入地理解数学中的抽象概念。

图形用户界面是人机交互的重要途径，需要一定的知识储备和必要的经验技巧才能熟练掌握。需要了解函数句柄等基础知识，熟悉各个组件的基本属性及方法操作，熟知不同组件的特点，能够根据不同的需求选取合适的组件，并能使用不同方法实现相同功能。

习　题

9-1　如图 9-22 所示，实现多项式的四则运算。用户在编辑框分别输入两个多项式的系数，通过下拉框选择运算方式，单击【计算】按钮显示运算结果。

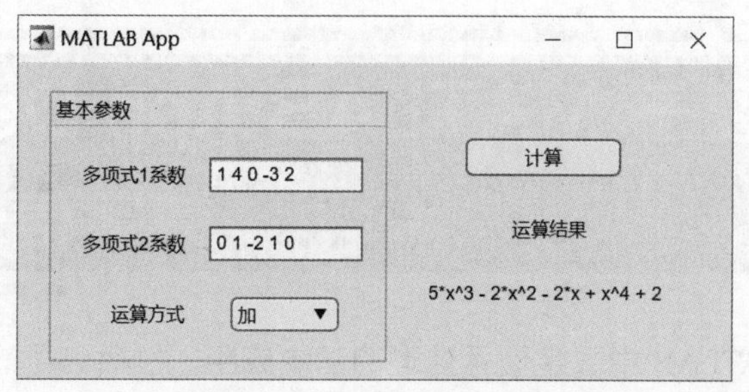

图 9-22　多项式四则运算

9-2　如图 9-23 所示，求矩阵的转置和旋转。用户在编辑框输入矩阵 A，单击【计算】按钮，分别得到矩阵 A 的转置、矩阵 A 旋转 180°、矩阵 A 左右翻转和矩阵 A 上下翻转运算结果。

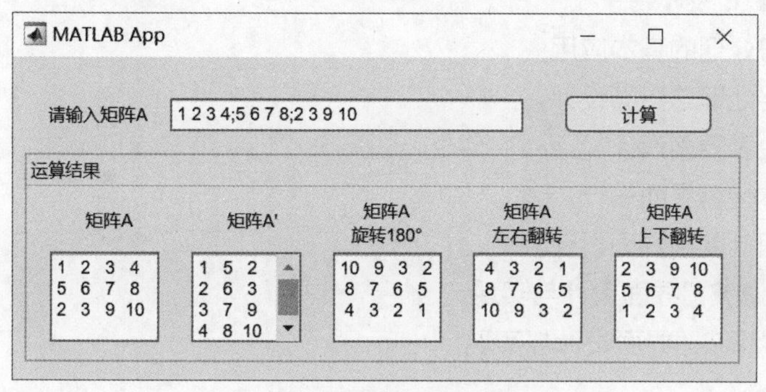

图 9-23　矩阵的转置和旋转

第10章 基于 MATLAB App Designer 的数字信号处理系统

本章首先介绍 MATLAB 中数字信号处理的基本应用，包括信号的产生、序列的基本运算、离散傅里叶变换、IIR 数字滤波器和 FIR 数字滤波器，然后设计并实现基于 MATLAB App Designer 的数字信号处理系统，主要包括信号发生器界面、序列基本运算界面、离散傅里叶变换界面、IIR 数字滤波器界面和 FIR 数字滤波器界面。

本章要点

（1）数字信号处理的基本应用。

（2）数字信号处理总界面设计。

（3）信号发生器界面设计。

（4）序列基本运算界面设计。

（5）离散傅里叶变换界面设计。

（6）IIR 数字滤波器界面设计与实现。

（7）FIR 数字滤波器界面设计与实现。

学习目标

（1）了解数字信号处理的基本方法和原理。

（2）掌握基本信号的产生方法。

（3）掌握序列相加相乘、序列平移、序列折叠和卷积运算的函数。

（4）掌握离散傅里叶变换函数。

（5）掌握基于 MATLAB App Designer 的数字滤波器设计。

10.1 MATLAB 中数字信号处理的基本应用

10.1.1 信号的产生

数字信号处理是以数字运算方法实现信号变换、滤波、检测、估值、调制解调以及快捷算法等处理的一门学科。MATLAB 强大的图形处理功能，为实现信号的可视化提供了强有力的工具，可以实现利用 MATLAB 的绘图命令绘制出直观的信号波形。

利用 MATLAB 软件的信号处理工具箱（Signal Processing Toolbox）中的专用函数产生信号并绘出波形。在 MATLAB 中，函数 square 用于产生方波，其调用格式如下：

```
x=quare(t);            % 生成周期为 2π 的方波
x=quare(x,duty);       % 生成占空比为 duty 的方波
```

在 MATLAB 中，函数 sawtooth 用于产生三角波或锯齿波，其调用格式如下：

```
x=sawtooth(t);          %生成锯齿波
x=sawtooth(x,xmax);     %生成修正三角波，xmax 设置为 0.5 时，生成标准三角波
```

▶【例 10-1】分别产生正弦波、余弦波、Sinc 函数、方波、三角波和锯齿波信号波形。

输入程序命令如下：

```
x=0:0.01:6*pi;
%正弦信号波形
y1=sin(x);
subplot(2,3,1);plot(x,y1,'linewidth',1,'color','m');title('正弦信号波形');
%余弦信号波形
y2=cos(x);
subplot(2,3,2);plot(x,y2,'linewidth',1,'color','m');title('余弦信号波形');
%sinc 函数
y3=sinc(x);
subplot(2,3,3);plot(x,y3,'linewidth',1,'color','m');title('sinc 函数');
%方波
y4=square(x,50);
subplot(2,3,4);plot(x,y4,'linewidth',1,'color','b');title('方波');
%锯齿波
T=10*(1/50);
fs=1000;
t=0:1/fs:T-1/fs;
y5=sawtooth(pi*30*t);
subplot(2,3,5);plot(t,y5,'linewidth',1,'color','b');title('锯齿波');
%三角波
y6=sawtooth(pi*30*t,1/2);
subplot(2,3,6);plot(t,y6,'linewidth',1,'color','b');title('三角波');
```

程序运行结果，如图 10-1 所示。

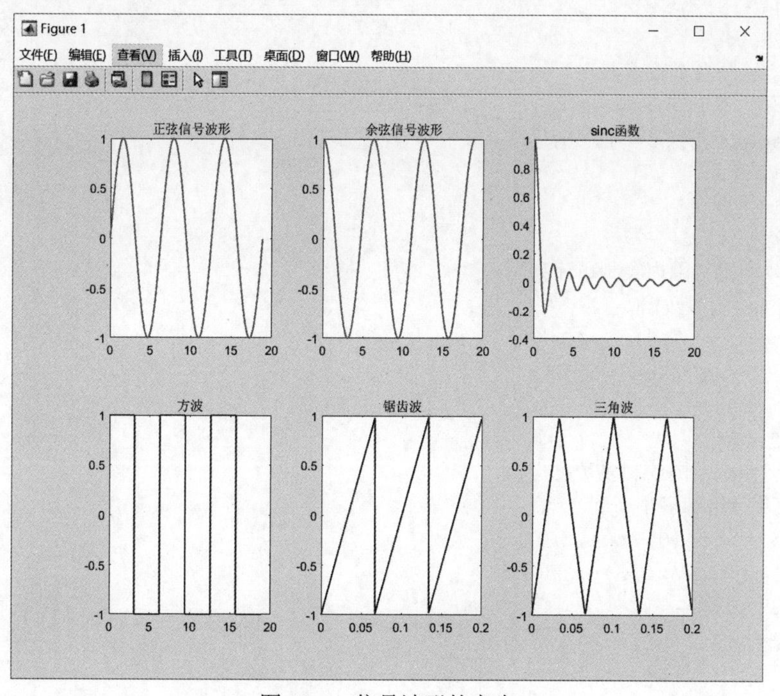

图 10-1　信号波形的产生

在 MATLAB 中，用函数 stem 绘制离散序列数据，其调用格式如下：

```
stem(Y)
```

当 ***Y*** 为向量时，*x* 轴的刻度范围是从 1 至 length（Y），当 ***Y*** 为矩阵时，则根据相同的 *x* 值绘制行中的所有元素。

```
stem(X,Y)
```

当 ***X*** 和 ***Y*** 都是向量时，则根据 ***X*** 中的对应项绘制 ***Y*** 中的各项；当 ***X*** 是向量，***Y*** 是矩阵时，则根据 ***X*** 指定的值集绘制 ***Y*** 的每列；当 ***X*** 和 ***Y*** 都是矩阵时，则根据 ***X*** 的对应列绘制 ***Y*** 的列。

▶【例 10-2】利用 stem 函数不同的调用方式，分别绘制不同的序列。

输入程序命令如下：

```
clear;clc;
%绘制单数据序列
figure
y1=-2*pi:0.2:2*pi;
subplot(2,3,1);
stem(y1);
title("在2π到-2π之间，绘制间隔为0.1的序列");
x2=linspace(0,4*pi,50);
y2=sin(x2);
subplot(2,3,2);
stem(y2);
title("单数据序列");
%绘制多个数据系列
x3= linspace(0,2*pi,50)';
y3=[2*cos(x3),0.5*sin(x3)];
subplot(2,3,3);
stem(y3);
title("绘制多个数据系列");
%指定范围内绘制单序列
x4=linspace(pi,3*pi,60)';
y4=cos(x4);
subplot(2,3,4);
stem(x4,y4);
title("指定范围内绘制单序列");
%指定范围绘制多数据
x5= linspace(0,2*pi,40)';
y5= [sinc(x5),sin(x5)];
subplot(2,3,5);
stem(x5,y5);
title("指定范围绘制多数据");
%在x值集处绘制多个序列
x61= linspace(0,2*pi,50)';
x62= linspace(pi,3*pi,50)';
x6=[x61,x62];
y6=[0.2*cos(2*x61),sinc(x62)];
subplot(2,3,6);
stem(x6,y6);
```

```
title("在 x 值集绘制多个序列");
```

程序运行结果，如图 10-2 所示。

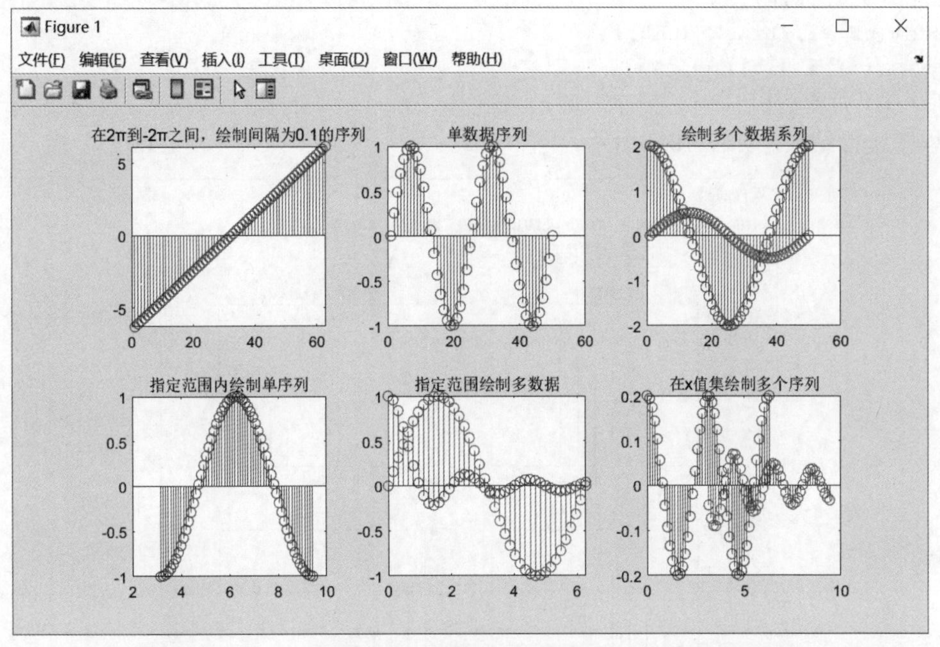

图 10-2　函数 stem 的使用

10.1.2　序列的基本运算

序列的基本运算，包括序列的移位、折叠、序列相加、序列相乘和序列的卷积和等运算。

1. 序列的移位和折叠

▶【例 10-3】实现给定序列的移位和折叠。

输入程序命令如下：

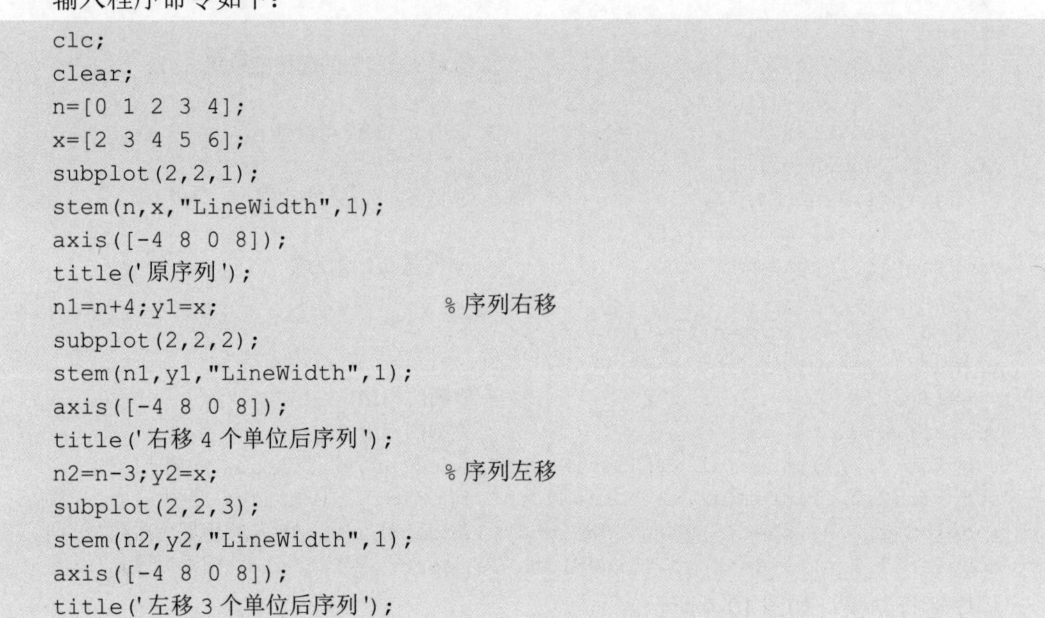

```
clc;
clear;
n=[0 1 2 3 4];
x=[2 3 4 5 6];
subplot(2,2,1);
stem(n,x,"LineWidth",1);
axis([-4 8 0 8]);
title('原序列');
n1=n+4;y1=x;                         %序列右移
subplot(2,2,2);
stem(n1,y1,"LineWidth",1);
axis([-4 8 0 8]);
title('右移 4 个单位后序列');
n2=n-3;y2=x;                         %序列左移
subplot(2,2,3);
stem(n2,y2,"LineWidth",1);
axis([-4 8 0 8]);
title('左移 3 个单位后序列');
```

```
y3=fliplr(x);
n3=-max(n):-min(n);                    %序列翻转
subplot(2,2,4);
stem(n3,y3,"LineWidth",1);
axis([-4 8 0 8]);
title('折叠后序列');
```

程序运行结果，如图 10-3 所示。

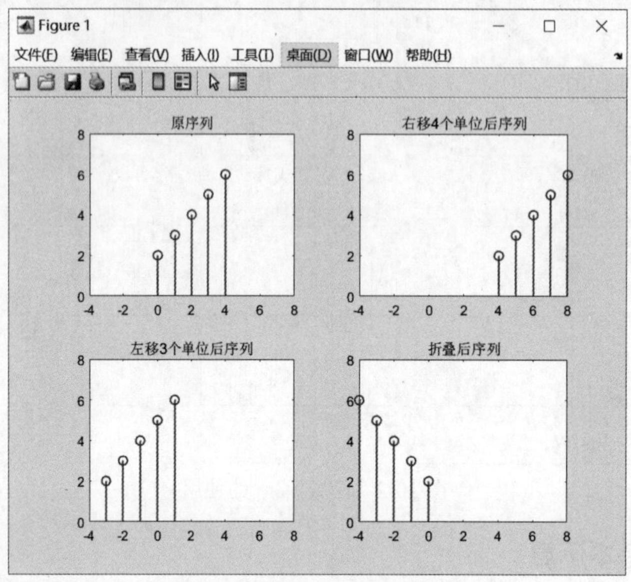

图 10-3　序列的移位和折叠

2. 序列的相加和相乘

▶【例 10-4】实现两个有限长序列的相加和相乘运算。

输入程序命令如下：

```
clc;
clear;
x1=[1,3,5,7,6,4,2,1];ns1=-3;                %给定 x1 和它的起始点位置 ns1
x2=[4,0,2,1,-1,3];ns2=1;
nf1=ns1+length(x1)-1;                        %求出 x1 的终点位置 nf1
nf2=ns2+length(x2)-1;
n1=ns1:nf1;n2=ns2:nf2;                       %定义 n1 和 n2 的范围
n=min(ns1,ns2):max(nf1,nf2);
y1=zeros(1,length(n));                       % y 向量初始化为零
y2=y1;
y1(find((n>=ns1)&(n<=nf1)==1))=x1;
y2(find((n>=ns2)&(n<=nf2)==1))=x2;
yj=y1+y2;                                    %序列的相加
yc=y1.*y2;                                   %序列的相乘
subplot(2,2,1),stem(n1,x1,"LineWidth",1,'color','b'),title('序列 x1(n)');
subplot(2,2,2),stem(n2,x2,"LineWidth",1,'color','r'),title('序列 x2(n)');
subplot(2,2,3),stem(n,yj,"LineWidth",1,'color','m'),title('相加后序列');
subplot(2,2,4),stem(n,yc,"LineWidth",1,'color','g'),title('相乘后序列');
```

程序运行结果，如图 10-4 所示。

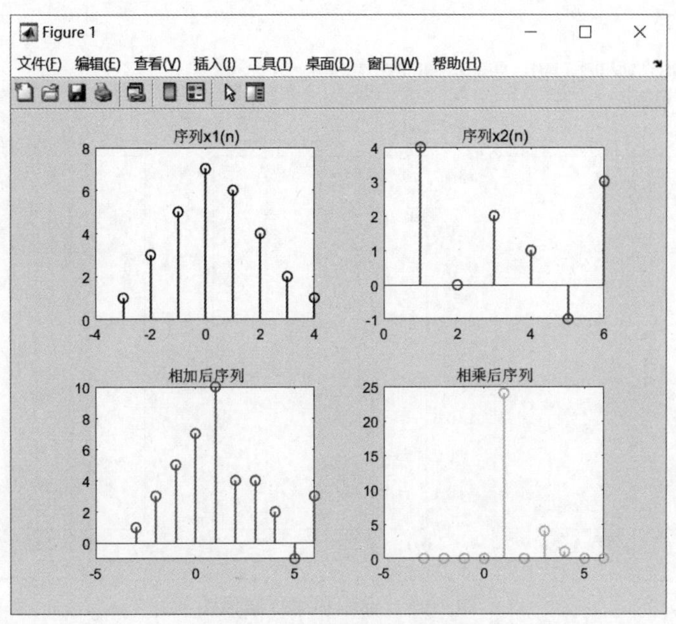

图 10-4 序列基本运算结果

3. 序列的卷积和

序列的卷积和就是将两个离散序列中的数，按照规则，两两相乘再相加的操作。在 MATLAB 中，用函数 conv 进行卷积运算，其调用格式如下：

```
w=conv(u,v)
```

返回 u 和 v 的卷积运算结果。

▶【例 10-5】实现两个有限长序列的卷积和运算。

输入程序命令如下：

```
clc;
clear;
nx=0:4;x=[1 2 4 8 16];
nh=0:4;h=[1 1 1 1 1];
nyb=nx(1)+nh(1);                              %卷积的起始点
nye=nx(length(x))+nh(length(h));              %卷积的结束点
ny=nyb:nye;
y=conv(x,h);                                  %实现卷积和
subplot(1,3,1);stem(nx,x,"LineWidth",0.6,'color','m');title('x(n)');
subplot(1,3,2);stem(nh,h,"LineWidth",0.6,'color','m');title('h(n)');
subplot(1,3,3);stem(ny,y,"LineWidth",0.6,'color','g');title('y(n)=x(n)*h(n)');
```

程序运行结果如图 10-5 所示。

10.1.3 离散傅里叶变换

离散傅里叶变换（DFT）是数字信号处理中非常有用的一种变换，其时域和频域都离散化了，这样使计算机对信号的时域、频域都能进行计算，并且离散傅里叶变换有多种快速算法，使得信号处理速度有非常大的提高。其中快速傅里叶变换（FFT）就是离散傅里叶变换的快速算法。

在 MATLAB 中提供了实现快速傅里叶变换的函数 fft，其调用格式如下：

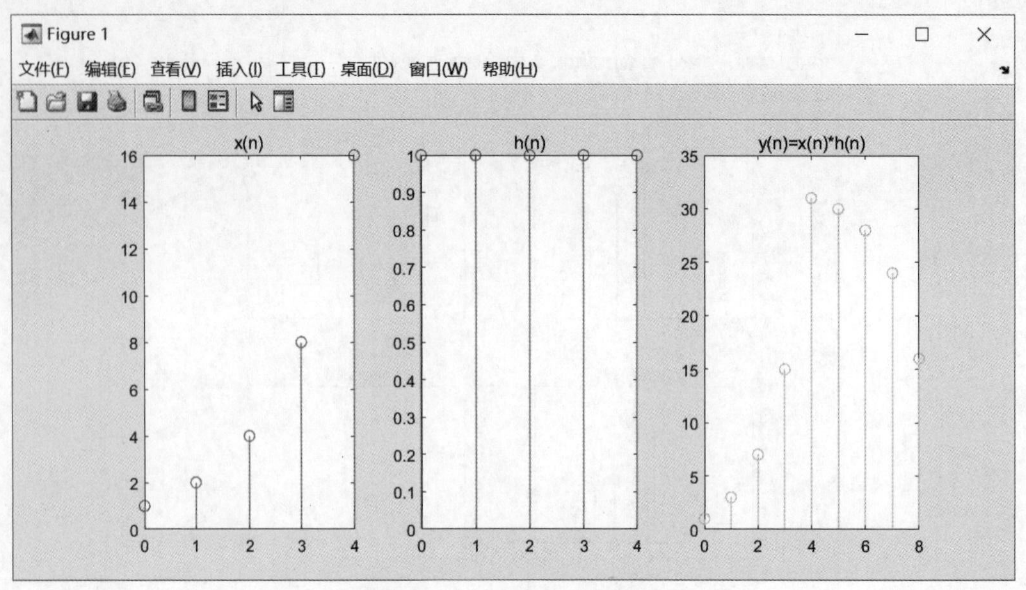

图 10-5　卷积和运行结果图

```
X=fft(x)            %计算 N 点的快速傅里叶变换，N 为序列 x[k] 的长度，即 N=length(x)
X=fft(xN)           %计算序列 x[k] 的 N 点快速傅里叶变换；
```

▶【例 10-6】利用函数 fft 分别得到 8 点和 16 点傅里叶变换的幅频特性图和相频特性图。

输入程序命令如下：

```
xn=[1 1 1 1 0 1 1 1 1 1 1];         %输入时域序列
Xk16=fft(xn,16);                    %计算 xn 的 16 点快速傅里叶变换
Xk8=fft(xn,8);                      %计算 xn 的 8 点快速傅里叶变换
k=0:7;
wk=2*k/8;                           %计算 8 点离散傅里叶变换对应的采样点频率
subplot(2,2,1);
stem(wk, abs(Xk8), '.');            %绘制 8 点离散傅里叶变换的幅频特性图
title('8 点 DFT 的幅频特性图');
xlabel('w/π');
ylabel('幅度');
subplot(2,2,2);
stem(wk, angle(Xk8), '.');          %绘制 8 点离散傅里叶变换的相频特性图
line([0,2], [0,0]);
title('8 点 DFT 的相频特性图');
xlabel('w/π');
ylabel('相位');
k=0:15;
wk=2*k/16;                          %计算 16 点离散傅里叶变换对应的采样点频率
subplot(2,2,3);
stem(wk, abs(Xk16), '.');           %绘制 16 点离散傅里叶变换的幅频特性图
title('16 点 DFT 的幅频特性图');
xlabel('w/π');
ylabel('幅度');
subplot(2,2,4);
stem(wk, angle(Xk16), '.');         %绘制 16 点离散傅里叶变换的相频特性图
title('16 点 DFT 的相频特性图');
```

```
xlabel('w/π');
ylabel('相位');
```

程序运行结果，如图 10-6 所示。

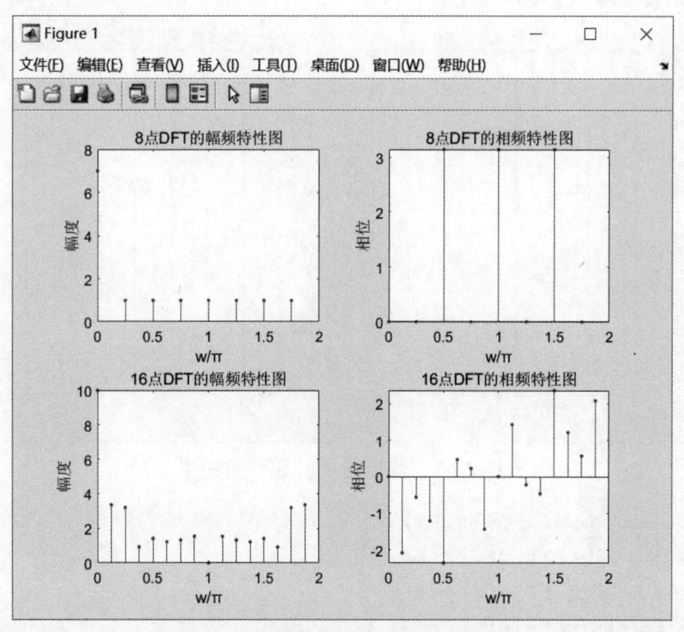

图 10-6　离散傅里叶变换运行结果

在 MATLAB 中，ifft 函数用于实现快速傅里叶逆变换，其调用格式如下：

```
X=ifft(Y)          %计算 Y 的离散傅里叶逆变换。X 与 Y 的大小相同。
X=ifft(Y,n)        %通过填充零以达到长度 n，返回 Y 的 n 点傅里叶逆变换。
```

例如，输入程序命令如下：

```
clc;
clear;
t=1:1:8;
xn=[1 1 1 1 0 1 1 1];                %输入时域序列
subplot(1,2,1);
stem(t,xn);
title('原序列');
Xk8=fft(xn,8);                       %计算 xn 的 8 点 fft
xifft = ifft(Xk8);                   %ifft 计算傅里叶逆变换
subplot(1,2,2);
stem(xifft);
title('快速傅里叶逆变换后序列');
```

程序运行结果，如图 10-7 所示。

10.1.4　IIR 数字滤波器

经典的 IIR 数字滤波器包括 Butterworth（巴特沃斯）、Chebyshev（切比雪夫）Ⅰ类和Ⅱ类、Cauer（椭圆函数）滤波器。在 MATLAB 工具箱中，提供了设计 IIR 数字滤波器（低通、高通、带通和带阻）的设计函数。

1. 确定阶次及截止频率

下列 4 种函数用于确定经典的 IIR 数字滤波器阶次 N 及截止频率 wn：

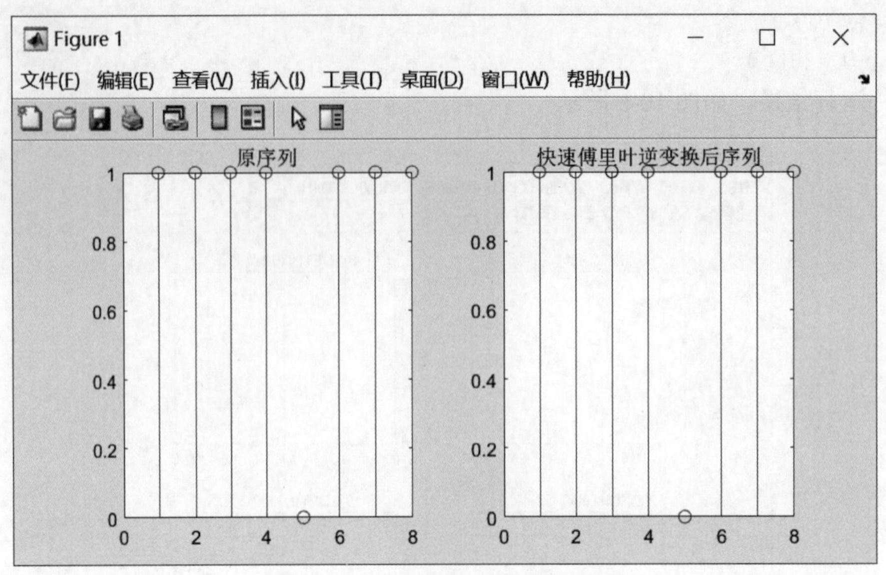

图 10-7　快速傅里叶逆变换结果

```
[N,wn]=buttord(wp,ws,Rp,Rs,As,'s')
[N,wn]=cheb1ord(wp,ws,Rp,Rs,As,'s')
[N,wn]=cheb2ord(wp,ws,Rp,Rs,As,'s')
[N,wn]=ellipord(wp,ws,Rp,Rs,As,'s')
```

其中 wp 为通带截止频率，ws 为阻带截止频率，Rp 为通带纹波，Rs 为阻带最小衰减（巴特沃斯滤波器 ws 为 3dB 衰减处的截止频率），'s' 表示模拟滤波器。

（1）低通滤波器时，wp<ws。

（2）高通滤波器时，wp>ws。

（3）带通滤波器及带阻滤波器时，wp、ws 和 wn 都是二元向量。

wp=[wp1,wp2]

ws=[ws1,ws2]

当为带通滤波器时，ws1<wp1<wp2<ws2，当为带阻滤波器时，wp1<ws1<ws2<wp2。

2. 低通、高通、带通和带阻滤波器

设置巴特沃斯、切比雪夫 I 型、切比雪夫 II 型和椭圆函数 4 种滤波器的低通、高通、带通、带阻类型的 MATLAB 函数如下：

```
[b,a]=butter(N,wn,'type','s')
[b,a]=cheby1(N,Rp,wn,'type','s')
[b,a]=cheby2(N,As,ws,'type','s')
[b,a]=ellip(N,Rp,As,wn,'type','s')
```

其中，type 决定滤波器类型，type=high，设计高通 IIR 滤波器，type=stop，设计带阻 IIR 滤波器。

3. 用 freqz 函数验证设计结果

在 MATLAB 中，freqz 函数用于返回数字滤波器的频率响应，其调用格式如下：

```
[h,w]=freqz(b,a,n)          % 返回数字滤波器的 n 点频率响应向量 h 和对应的角频率向量 w
[h,f]=freqz(b,a,n,fs)       % 可以对以速率 fs 采样的信号进行滤波。
```

▶【例 10-7】设计 IIR 的巴特沃斯低通滤波器，其中 Fs=2000Hz，Fp1=300Hz，Fs1=

500Hz，Rp=2dB，Rs=20dB。

输入程序命令如下：

```
clc;clear;close;
fs=2000;
Rp=2;Rs=20;
fp1=300;fs1=500;
wp1=2*fp1/fs;
ws1=2*fs1/fs;
Nn=128;
[n,wn]=buttord(wp1,ws1,Rp,Rs);
[b,a]=butter(n,wn);
[h,f]=freqz(b,a,Nn,fs);
figure(1);
plot(f,abs(h));title('幅频响应图');grid;
figure(2);
plot(f,angle(h));title('相频响应图');grid;
```

程序运行结果如图 10-8 所示。

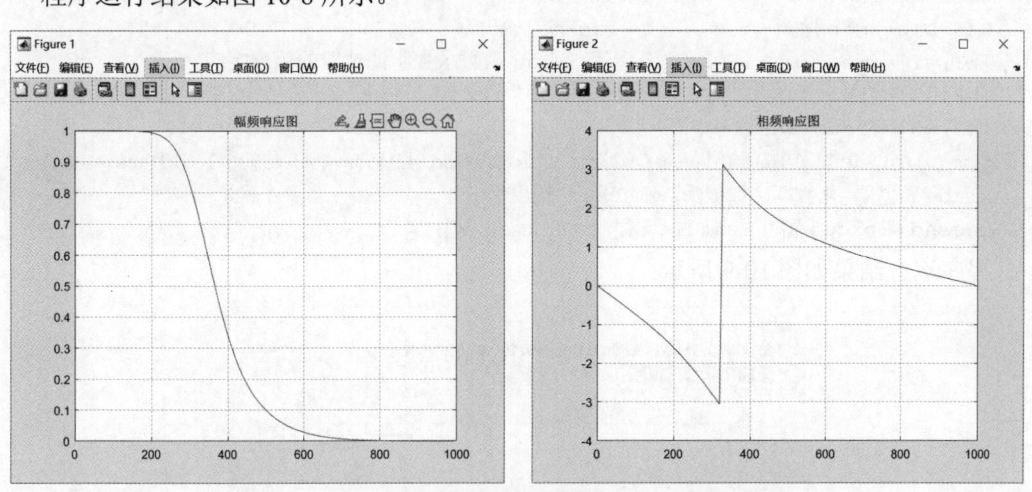

图 10-8　巴特沃斯低通滤波器幅频响应和相频响应图

10.1.5　FIR 数字滤波器

MATLAB 可以使用 fir1 函数设计具有严格线性相位特性的 FIR 数字滤波器（包括低通、高通、带通、带阻）。fir1 函数的调用格式如下：

```
b=fir1(n,wn);
b=fir1(n,wn,'ftype');
b=fir1(n,wn,'ftype',window)
b=fir1(...,'noscale')
```

n：滤波器的阶数，设计出的滤波器长度为 *n*+1。

wn：滤波器的截止频率。当设计低通 / 高通滤波器时，wn 是单个值，即截至频率，ftype 参数是 low/high；当设计带通 / 带阻滤波器时，wn 是由两个数组成的向量 [wn1 wn2]，ftype 参数是 bandpass/stop。

noscale：指定归一化滤波器的幅度。

window：指定使用的窗函数，默认是 Hamming（汉明窗），最常用的还有 Hanning（汉宁窗）、Blackman（布莱克曼窗）、Kaiser（凯泽窗），在 MATLAB 中有相应的子程序实现各类窗函数。

```
wd=boxcor(N)                  %返回 N 点矩形窗列向量
wd=triang(N)                  %返回 N 点三角形窗列向量
wd=hanning(N)                 %返回 N 点汉宁窗列向量
wd=hamming(N)                 %返回 N 点海明窗列向量
wd=blackman(N)                %返回 N 点布莱克曼窗列向量
wd=kaiser(N,beta)             %返回 N 点凯泽窗列向量，以 beta(β)为参数
```

输出是中心值归一化为 1 的窗函数序列 wd，它是列向量，可利用 stem（[1：N]'，wd）语句画出窗函数序列的形状。

▶【例 10-8】当 N=45 时，画出 Boxcar 窗、Hamming 窗、Blackman 窗归一化的幅度谱。

输入程序命令如下：

```
clear all;
N=45;
wn1=boxcar(N);                %Boxcar 窗
wn2=hamming(N);               %Hamming 窗
wn3=blackman(N);              %Blackman 窗
[h1,w1]=freqz(wn1,1);         %调用 freqz 函数求数字滤波器的幅频响应
[h2,w2]=freqz(wn2,1);
[h3,w3]=freqz(wn3,1);
plot(w1/pi,20*log10(abs(h1)),'r-',w2/pi,20*log10(abs(h2)),'m--',w3/pi,20*log10(abs(h3)),'b-.');
xlabel('归一化频率 /\pi'); ylabel('幅度 /db');
legend('Boxcar 窗','Hamming 窗','Blackman 窗');
```

程序运行结果如图 10-9 所示。

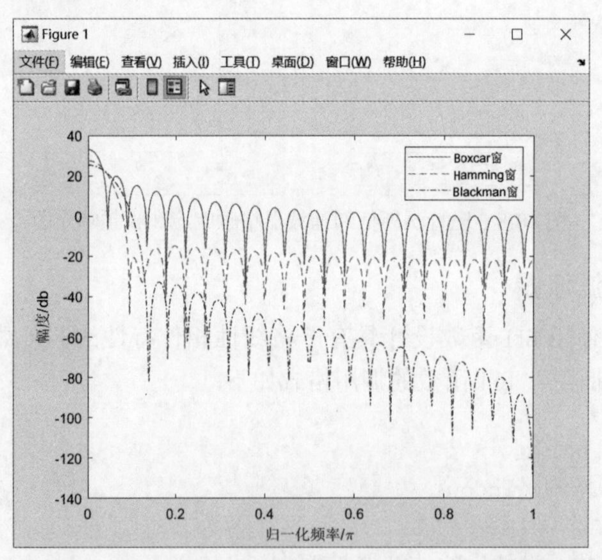

图 10-9 Boxcar 窗、Hamming 窗和 Blackman 窗幅度谱

▶【例 10-9】设计 FIR 的 Boxcar 窗、Bartlett 窗、Blackman 窗、Hanning 窗、Hamming 窗和 Kaiser 窗的带通滤波器，并且观察其幅频响应。其中 Fs=4000Hz，Fp1=800Hz，Fp2=1400Hz，Fs1=700Hz，Fs2=1600Hz，Rp=2dB，Rs=20dB。

输入程序命令如下：

```
clc;clear all
fs=4000;fp1=800;fp2=1400;
fs1=700;fs2=1600;Rs=20;Rp=2;Nn=128;
wp1=2*fp1/fs;wp2=2*fp2/fs;
ws1=2*fs1/fs;ws2=2*fs2/fs;
wp=[wp1,wp2];ws=[ws1,ws2];
[n,Wn]=buttord(wp,ws,Rp,Rs);                                    %带通带阻滤波器
w1=boxcar(n+1);b1=fir1(n,Wn,w1);[h1,f1]=freqz(b1,1,Nn,fs);      %Boxcar 窗
w2=bartlett(n+1);b2=fir1(n,Wn,w2);[h2,f2]=freqz(b2,1,Nn,fs);    %Bartlett 窗
w3=blackman(n+1);b3=fir1(n,Wn,w3);[h3,f3]=freqz(b3,1,Nn,fs);    %Blackman 窗
w4=hanning(n+1);b4=fir1(n,Wn,w4);[h4,f4]=freqz(b4,1,Nn,fs);     %Hanning 窗
w5=hamming(n+1);b5=fir1(n,Wn,w5);[h5,f5]=freqz(b5,1,Nn,fs);     %Hamming 窗
w6=kaiser(n+1);b6=fir1(n,Wn,w6);[h6,f6]=freqz(b6,1,Nn,fs);      %Kaiser 窗
subplot(2,3,1);plot(f1,20*log10(abs(h1)));title('Boxcar 窗带通滤波器');grid on;
subplot(2,3,2);plot(f2,20*log10(abs(h2)));title('Bartlett 窗带通滤波器');grid on;
subplot(2,3,3);plot(f3,20*log10(abs(h3)));title('Blackman 窗带通滤波器');grid on;
subplot(2,3,4);plot(f4,20*log10(abs(h4)));title('Hanning 窗带通滤波器');grid on;
subplot(2,3,5);plot(f5,20*log10(abs(h5)));title('Hamming 窗带通滤波器');grid on;
subplot(2,3,6);plot(f6,20*log10(abs(h6)));title('Kaiser 窗带通滤波器');grid on;
```

程序运行结果如图 10-10 所示。

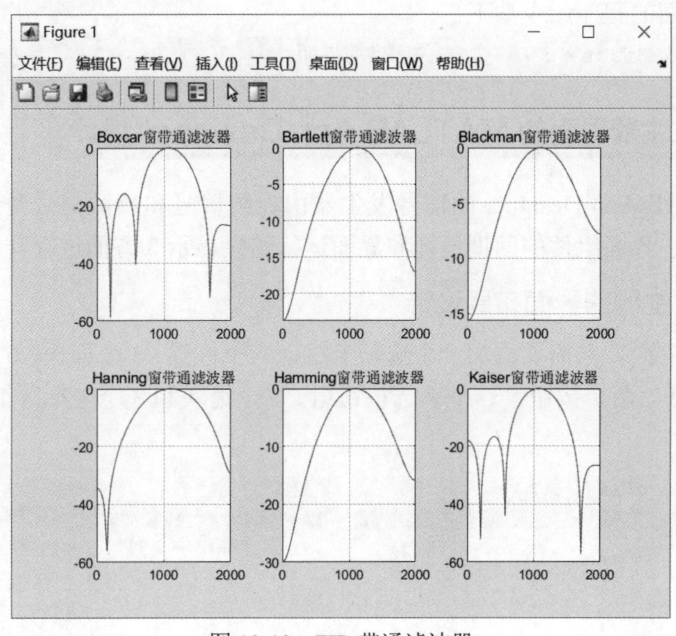

图 10-10 FIR 带通滤波器

10.2 数字信号处理总界面的 MATLAB App Designer 设计

视频讲解

数字信号处理系统共分为 5 个模块，包括信号发生器、序列基本运算、离散傅里叶变换、IIR 数字滤波器和 FIR 数字滤波器。数字信号处理总界面采用 5 个图像组件实现跳转到任意模块的功能，界面布局设计如图 10-11 所示，菜单栏设置如图 10-12 所示。

通过对菜单项和图像组件添加回调函数的方式，实现界面的跳转。例如在 MATLAB App Designer 中打开信号发生器界面的程序命令如下：

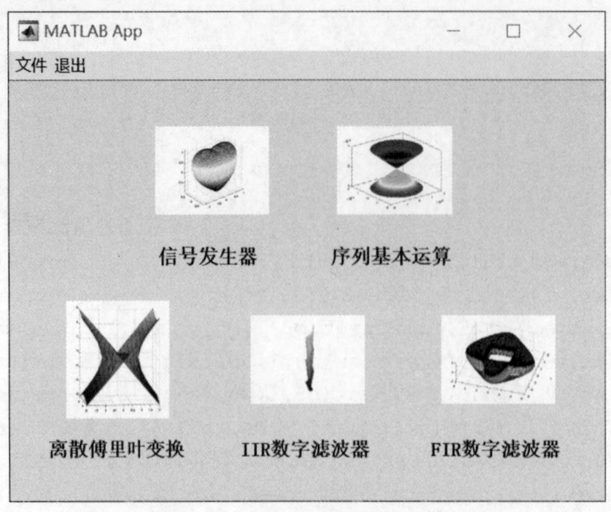

图 10-11　数字信号处理界面布局

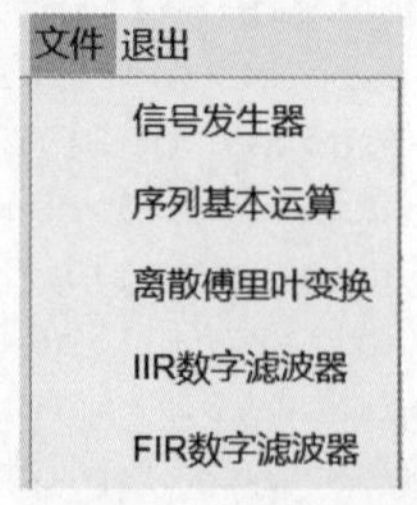

图 10-12　菜单栏设置

```
run singal                    % 打开命名为 singal.mlapp 的界面
```

其余 4 个图像组件添加回调函数方法同理。同时在各个子界面设置菜单项，同理可实现从子界面跳转到主界面的功能。

关闭当前界面的程序命令如下：

```
close(app.UIFigure);          % 关闭当前界面
```

视频讲解

10.3　信号发生器界面的 MATLAB App Designer 设计

基于 MATLAB App Designer 的信号发生器由连续信号和离散信号两部分组成。下面从界面布局设计、界面组件的回调设计和界面运行结果显示 3 方面进行介绍。

10.3.1　信号发生器的界面布局设计

信号发生器界面，共需要添加一个选项卡组、一个标签、3 个面板、6 个编辑字段（数值）、一个下拉框、两个按钮、一个单选按钮组、3 个滑块和 3 个坐标区组件，如图 10-13 所示。

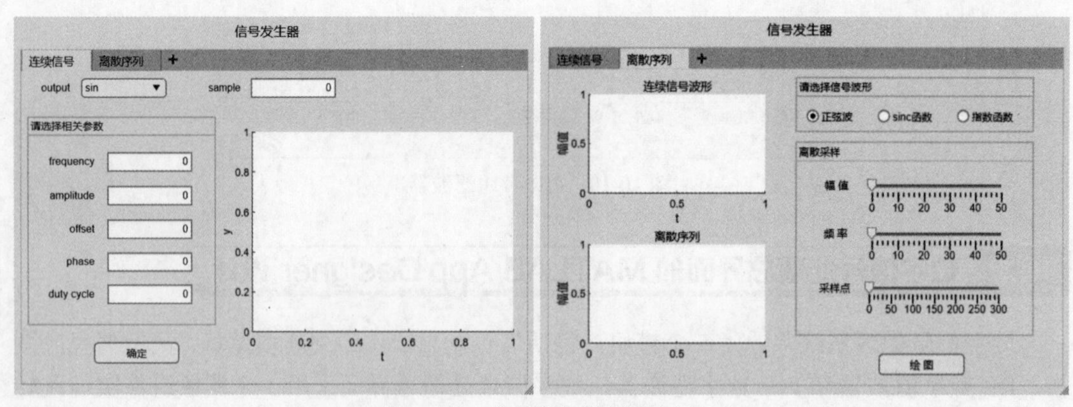

图 10-13　信号发生器界面布局

10.3.2 信号发生器界面组件的回调设计

1. 连续信号选项卡下 output 下拉框组件

在连续信号选项卡下，当 output 下拉框组件选择 sin 或 sinc 时，duty cycle 编辑字段组件不能执行编辑操作；当选择 square 时，phase 编辑字段组件不能执行编辑操作；当选择 triangle 或 tooth 时，phase 和 duty cycle 编辑字段组件不能执行编辑操作。

右击单选按钮组组件，在弹出的快捷菜单中选择【回调】，选择【转至 outputDropDownValueChanged 回调】，界面自动跳转到代码视图，在光标定位处，输入如下程序命令：

```
value = app.outputDropDown.Value;
switch value
    case 'sin'
        app.dutycycleEditField.Enable='off';
        app.phaseEditField.Enable='on';
    case 'sinc'
        app.dutycycleEditField.Enable='off';
        app.phaseEditField.Enable='on';
    case 'square'
        app.phaseEditField.Enable='off';
        app.dutycycleEditField.Enable='on';
    case 'triangle'
        app.phaseEditField.Enable='off';
        app.dutycycleEditField.Enable='off';
    case 'tooth'
        app.phaseEditField.Enable='off';
        app.dutycycleEditField.Enable='off';
end
```

上述程序运行效果如图 10-14 所示。

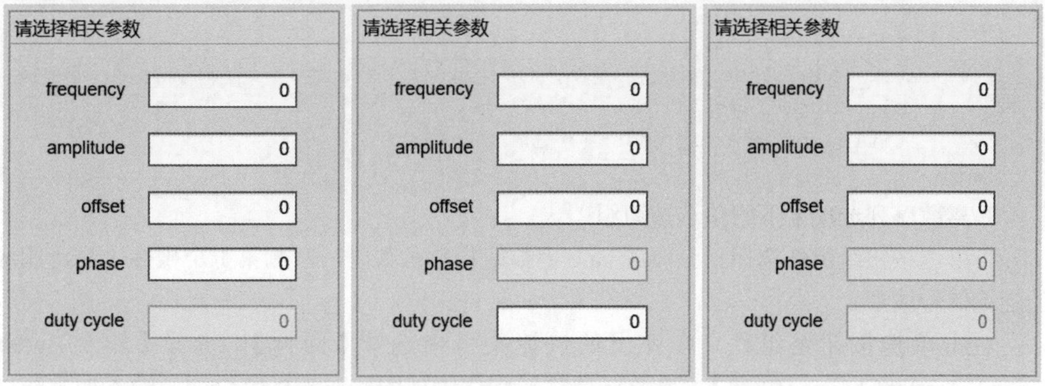

图 10-14 output 下拉框组件选择不同参数时显示效果

2. 连续信号选项卡下的【确定】按钮

选择 output 类型，并输入相关参数 sample、frequenc、amplitude、offset、phase 和 duty cycle，单击【确定】按钮，即可在右侧坐标区绘制出相应图形。

右击按钮组件，在弹出的快捷菜单中选择【回调】，选择【添加 ButtonPushedFcn 回调】，界面自动跳转到代码视图，在光标定位处，输入如下程序命令：

```
samp=app.sampleEditField.Value;
frequency=app.frequencyEditField.Value;
amplitude=app.amplitudeEditField.Value;
offset=app.offsetEditField.Value;
phase=app.phaseEditField.Value;
duty=app.dutycycleEditField.Value;
value = app.outputDropDown.Value;
switch value
    case 'sin'
        t=0:(1/samp):1;
        y=offset + amplitude *sin(2*pi*frequency*t+phase*pi/180);
        plot(app.UIAxes,t,y);
        title(app.UIAxes,'sin');
    case 'sinc'
        t=0:(1/samp):1;
y=offset+amplitude*sin(2*pi*frequency*t+phase*pi/180+eps)./(2*pi*frequency*t+...
...phase*pi/180+eps);
        plot(app.UIAxes,t,y);
        title(app.UIAxes,'sinc');
    case 'square'
        t=0:(1/samp):1;
        y= offset + amplitude* sign(duty/100/ frequency -mod(t, 1/frequency));
        plot(app.UIAxes,t,y);
        title(app.UIAxes,'square');
    case 'triangle'
        t=0:(1/samp):1;
y=(4*amplitude*frequency*mod(t,1/frequency)-2*amplitude).*sign(mod(t,1/frequency)...
...-1/frequency/2)-amplitude+offset;
        plot(app.UIAxes,t,y);
        title(app.UIAxes,'triangle');
    case 'tooth'
        t=0:(1/samp):1;
        y=2 *amplitude *frequency *mod(t,1/ frequency)- amplitude+ offset;
        plot(app.UIAxes,t,y);
        title(app.UIAxes,'tooth');
end
```

3. 离散序列选项卡下的单选按钮组

当单选按钮组组件选择正弦波或 sinc 函数或指数函数时，左侧第 1 个坐标区显示相应的连续信号波形。

右击单选按钮组组件，在弹出的快捷菜单中选择【回调】，选择【转至 ButtonGroupSelectionChanged 回调】，界面自动跳转到代码视图，在光标定位处，输入如下程序命令：

```
selectedButton = app.ButtonGroup.SelectedObject;
t=0:0.1:4*pi;
switch selectedButton.Text
    case '正弦波'
        y=sin(t);
    case 'sinc 函数'
```

```
        y=sinc(t);
    case '指数函数'
        y=exp(t);
end
plot(app.UIAxes_2,t,y);
```

4. 离散序列选项卡下【确定】按钮

在单选按钮组组件选择信号，并拖动滑动条，选择幅值、频率和采样点参数，单击【确定】按钮，即可在左侧第 2 个坐标区显示离散序列。

右击按钮组件，在弹出的快捷菜单中选择【回调】，选择【添加 Button_4PushedFcn 回调】，界面自动跳转到代码视图，在光标定位处，输入如下程序命令：

```
fs=1000;
a=app.Slider_fuzhi.Value;
f=app.Slider_pinlv.Value;
n=app.Slider_caiyangdian.Value;
t=0:1/fs:(n-1)/fs;
switch app.ButtonGroup.SelectedObject.Text
    case '正弦波'
        y1=a*sin(2*pi*f*t);
        stem(app.UIAxes_3,t,y1);
    case 'sinc 函数'
        y1=a*sinc(2*pi*f*t);
        stem(app.UIAxes_3,t,y1);
    case '指数函数'
        y1=a*exp(2*pi*f*t);
        stem(app.UIAxes_3,t,y1);
end
```

10.3.3 信号发生器界面运行结果显示

在连续信号选项卡下，当 output 下拉框分别选择 sinc、square 或 triangle 时，并输入相应参数，单击【确定】按钮，运行结果如图 10-15、图 10-16、图 10-17 所示。

在离散序列选项卡下，当单选按钮组组件分别选择正弦波、sinc 函数或指数函数时，并拖动滑块选择幅值、频率和采样点信号，单击确定按钮，运行结果如图 10-18~ 图 10-20 所示。

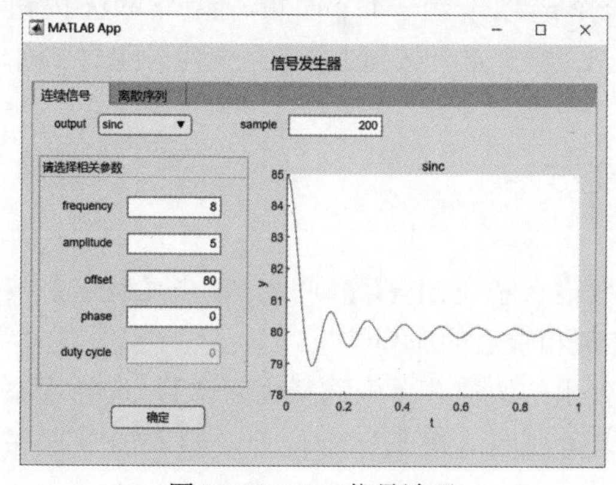

图 10-15 sinc 信号波形

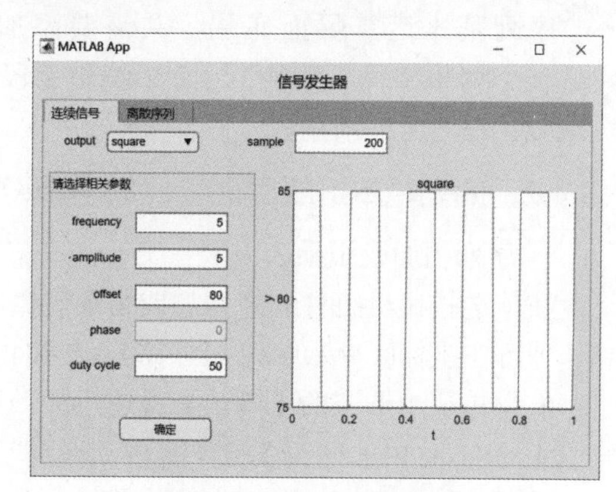

图 10-16 square 信号波形

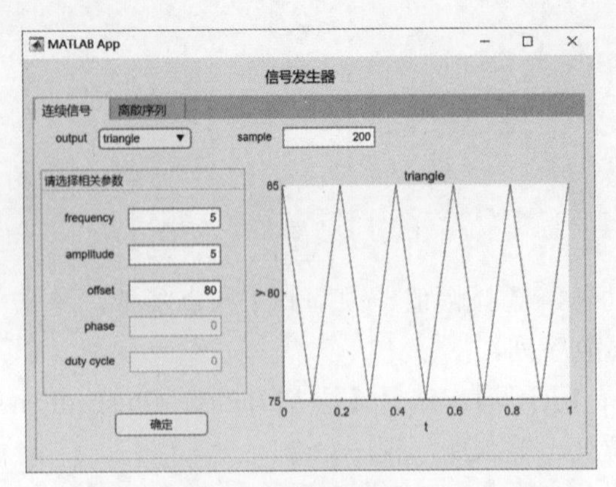

图 10-17　triangle 信号波形

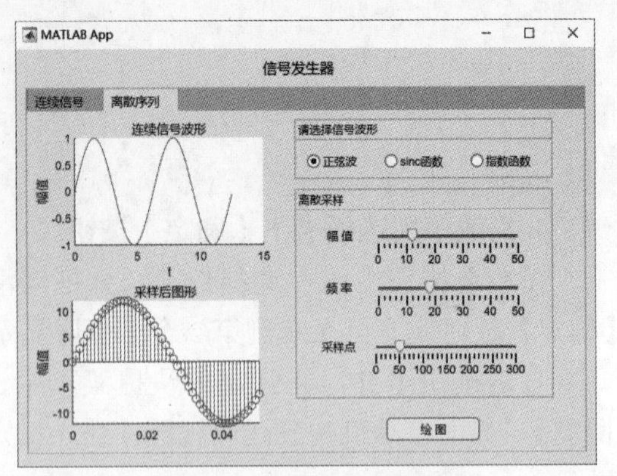

图 10-18　正弦序列信号

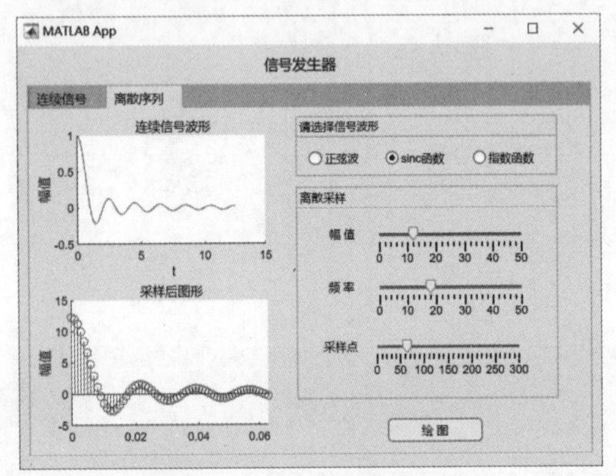

图 10-19　sinc 序列信号

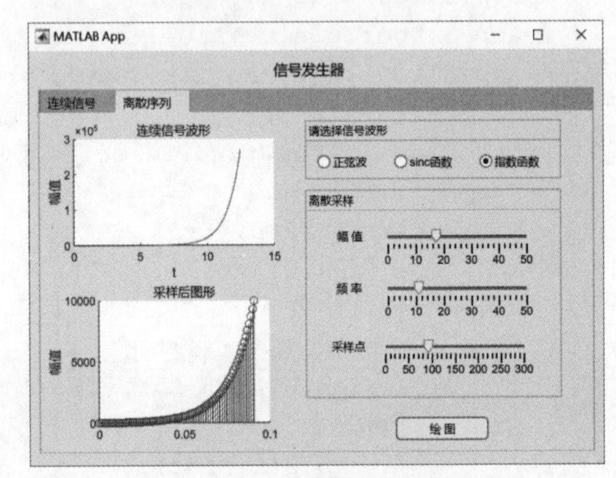

图 10-20　指数序列信号

视频讲解

10.4　序列基本运算界面的 MATLAB App Designer 设计

基于 MATLAB App Designer 的序列基本运算由序列相加或相乘、序列平移、序列折叠和序列卷积和 4 部分组成。下面从界面布局设计、界面组件回调设计和界面运行结果显示 3 方面进行介绍。

10.4.1　序列基本运算的界面布局设计

序列基本运算界面布局，共需要添加一个选项卡组、4 个面板、两个单选按钮组、一个编辑字段（数值）、12 个编辑字段（文本）、4 个按钮和 10 个坐标区组件，如图 10-21~图 10-24 所示。

10.4.2　序列基本运算界面组件的回调设计

1. 序列相加或相乘选项卡

在单选按钮组组件选择相加或相乘运算，并输入序列 x1 和序列 x2，单击【确定】按钮，即可在坐标区显示序列 x1、序列 x2 和相加或相乘后的序列结果。

右击该选项卡下的【确定】按钮组件，在弹出的快捷菜单中选择【回调】，选择【添加 ButtonPushedFcn 回调】，界面自动跳转到代码视图，在光标定位处，输入如下程序命令：

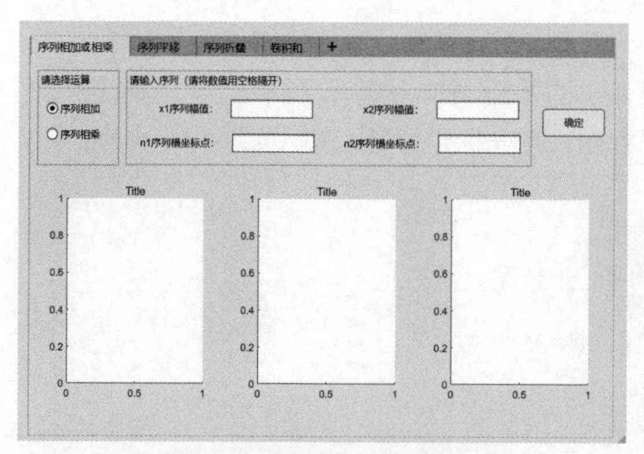

图 10-21　序列相加或相乘选项卡

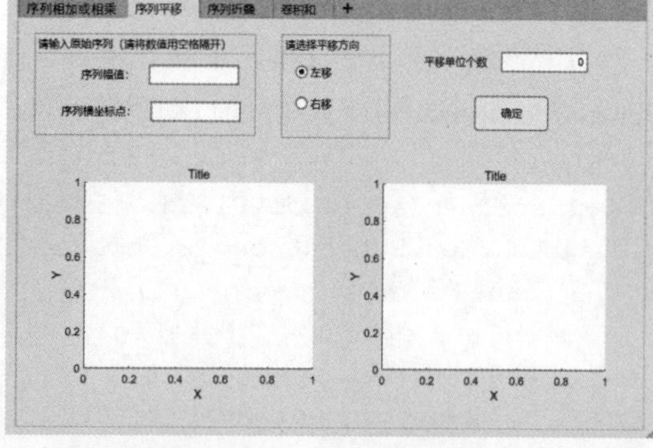

图 10-22　序列平移选项卡

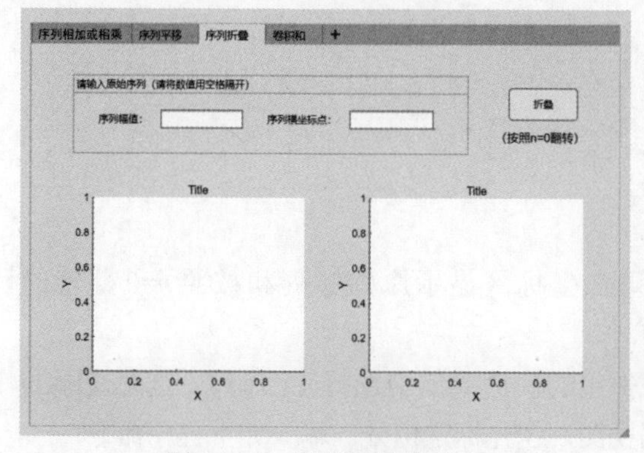

图 10-23　序列折叠选项卡

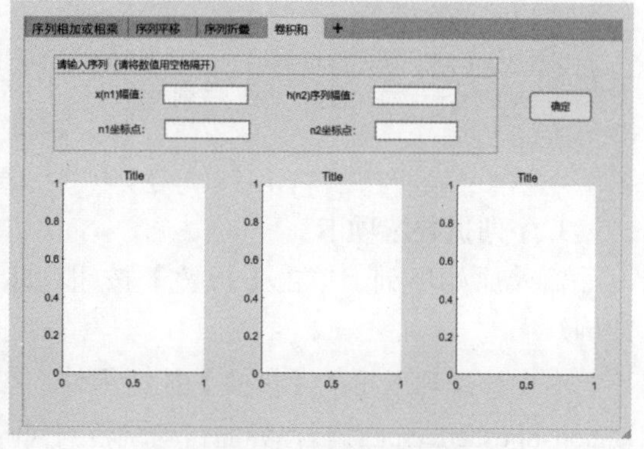

图 10-24　序列卷积和选项卡

```
n1=str2num(app.n1EditField.Value);
x1=str2num(app.x1EditField.Value);
n2=str2num(app.n2EditField.Value);
x2=str2num(app.x2EditField.Value);
stem(app.UIAxes,n1,x1,"LineWidth",1);
title(app.UIAxes,'x1 序列');
stem(app.UIAxes_2,n2,x2,"LineWidth",1);
title(app.UIAxes_2,'x2 序列');
n = min(min(n1),min(n2)):max(max(n1),max(n2));
y1 = zeros(1,length(n));
y2=y1;
y1 (find( (n>=min (n1) ) & (n<=max (n1) )==1) )=x1 ;
y2 (find( (n>=min (n2) ) & (n<=max (n2) )==1) )=x2 ;
switch app.ButtonGroup.SelectedObject.Text
    case '序列相加'
        y=y1+y2;
        title(app.UIAxes_3,'相加后序列');
    case '序列相乘'
        y=y1.*y2;
        title(app.UIAxes_3,'相乘后序列');
end
stem(app.UIAxes_3,n,y,"LineWidth",1);
```

2. 序列平移选项卡

输入原始序列，选择左移或右移操作，并输入平移单位个数，单击【确定】按钮，即可在坐标区显示原始序列和平移后的序列。

右击该选项卡下的【确定】按钮组件，在弹出的快捷菜单中选择【回调】，选择【添加 Button_7PushedFcn 回调】，界面自动跳转到代码视图，在光标定位处，输入如下程序命令：

```
n1=str2num(app.nEditField.Value);
x1=str2num(app.xEditField.Value);
switch app.ButtonGroup_2.SelectedObject.Text
    case '左移'
        a=-app.danwei_EditField.Value;
    case '右移'
        a=app.danwei_EditField.Value;
end
n=n1+a;
y=x1;
stem(app.UIAxes2,n1,x1,"LineWidth",1);
title(app.UIAxes2,'x1 序列');
stem(app.UIAxes2_2,n,y,"LineWidth",1);
title(app.UIAxes2_2,'移位后序列');
```

3. 序列折叠选项卡

输入原始序列，单击【折叠】按钮，即可在坐标区显示原始序列和按照 n=0 翻转的序列。

右击该选项卡下的【折叠】按钮组件，在弹出的快捷菜单中选择【回调】，选择【添加 Button_8PushedFcn 回调】，界面自动跳转到代码视图，在光标定位处，输入如下程序命令：

```
n1=str2num(app.nzhedieEditField.Value);
x1=str2num(app.xzhedieEditField.Value);
stem(app.UIAxes2_3,n1,x1,"LineWidth",1);
title(app.UIAxes2_3,'x1 序列');
stem(app.UIAxes2_4,-n1,x1,"LineWidth",1);
title(app.UIAxes2_4,'折叠后序列');
```

4. 序列卷积和选项卡

输入序列 x1 和序列 x2，单击【确定】按钮，即可在坐标区显示序列 x1、序列 x2 和卷积和结果。

右击该选项卡下的【确定】按钮组件，在弹出的快捷菜单中选择【回调】，选择【添加 Button_9PushedFcn 回调】，界面自动跳转到代码视图，在光标定位处，输入如下程序命令：

```
xn1=str2num(app.xn1EditField.Value);
n1=str2num(app.n1EditField_2.Value);
hn2=str2num(app.hn2EditField.Value);
n2=str2num(app.n2EditField_2.Value);
nyb=n1(1)+n2(1);                              %卷积的起始点
nye=n1(length(xn1))+n2(length(hn2));          %卷积的结束点
ny=nyb:nye;
y=conv(xn1,hn2);                              %实现卷积和
stem(app.UIAxes_4,n1,xn1,"LineWidth",0.6,'color','b');title(app.UIAxes_4,'x(n)');
stem(app.UIAxes_5,n2,hn2,"LineWidth",0.6,'color','b');title(app.UIAxes_5,'h(n)');
stem(app.UIAxes_6,ny,y,"LineWidth",0.6,'color','r');title(app.UIAxes_6,'y(n)=x(n)*h(n)');
```

10.4.3 运行结果显示

1. 序列相加或相乘选项卡

选择序列相加，输入 x1=[2 3 4 5 7]，n1=[0 1 2 3 4]，x2=[−1 2 2 −2 −4 −2]，n2=[1 2 3 4 5 6]，单击【确定】按钮，运行结果如图 10-25 所示。

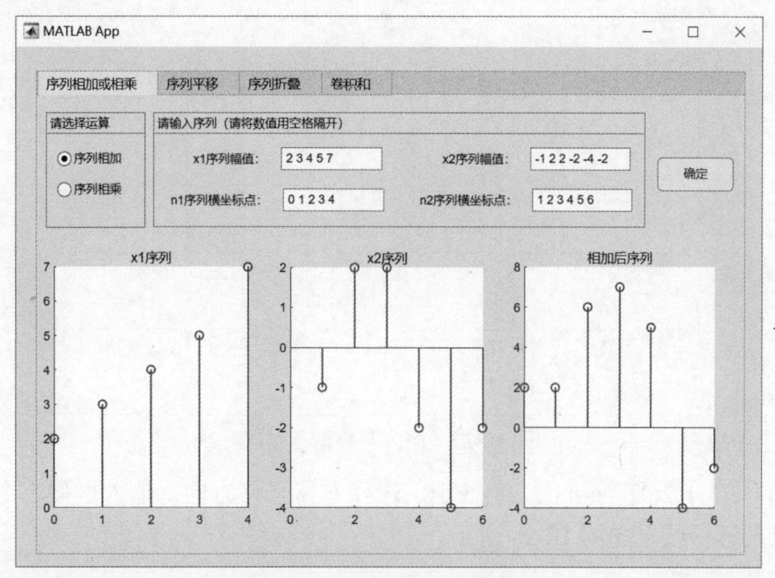

图 10-25 序列相加运行结果

选择序列相乘，输入 x1=[1 2 0 1 1 3]，n1=[−2 −1 0 1 2 3]，x2=[3 2 −3 4 2]，n2=[0 1 2 3 4]，单击【确定】按钮，运行结果如图 10-26 所示。

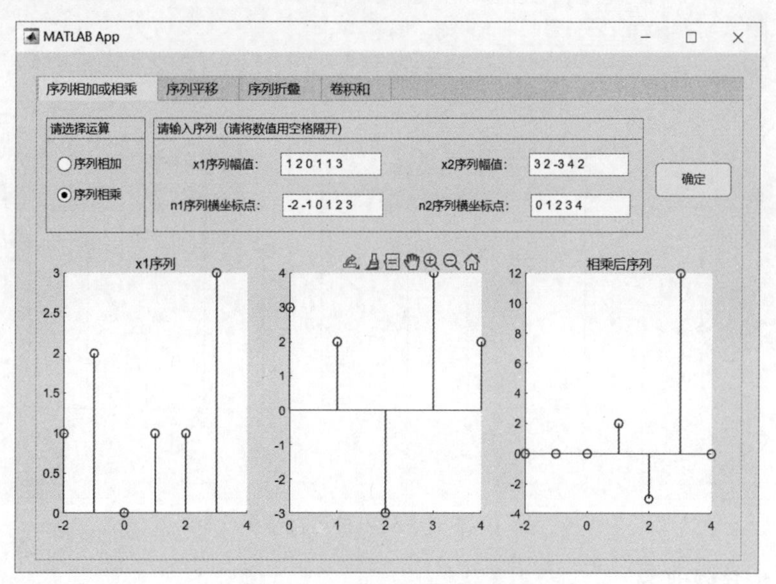

图 10-26 序列相乘运行结果

2. 序列平移选项卡

输入 x=[−3 4 5 6 2]，n=[−1 0 1 2 3]，选择左移平移方向，输入平移 3 个单位，单击【确定】按钮，运行结果如图 10-27 所示。

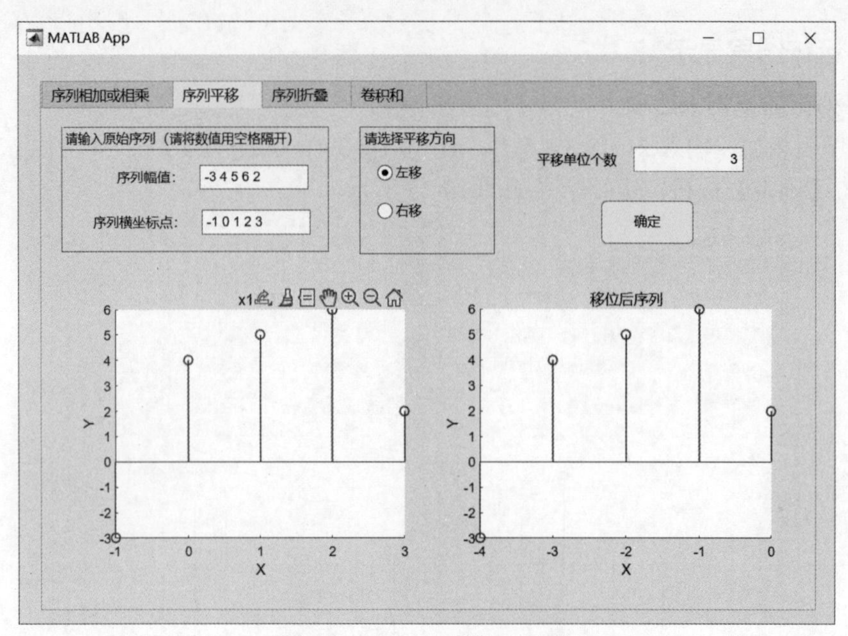

图 10-27　序列左移运行结果

输入 x=[1 2 3 1 2 3]，n=[1 2 3 4 5 6]，选择右移平移方向，输入平移 5 个单位，单击【确定】按钮，运行结果如图 10-28 所示。

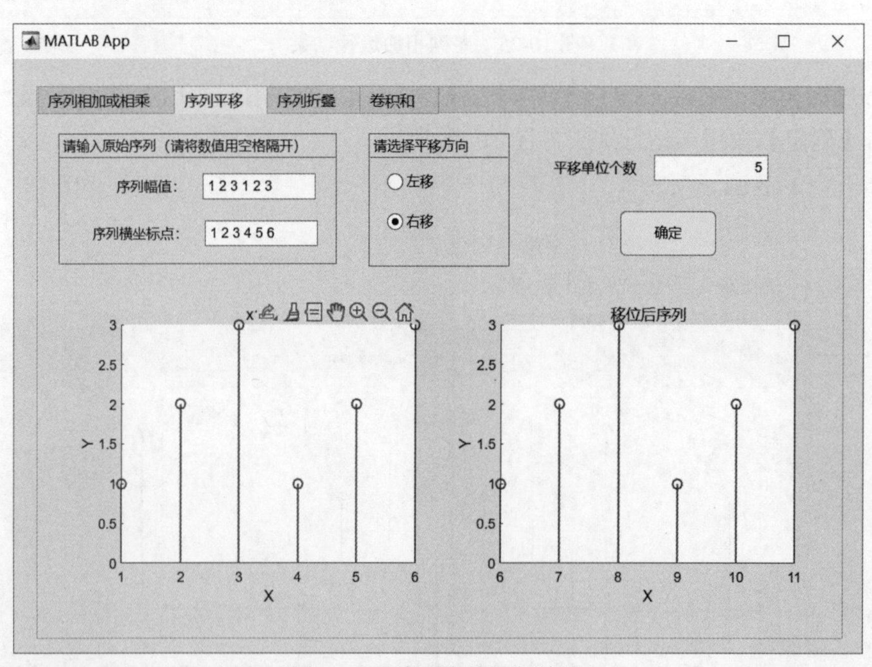

图 10-28　序列右移运行结果

3. **序列折叠选项卡**

输入 x=[-3 -2 -1 1 2 3]，n=[-1 0 1 2 3 4]，单击【折叠】按钮，运行结果如图 10-29 所示。

4. **序列卷积和选项卡**

输入 x1=[1 2 3 4 5]，n1=[0 1 2 3 4]，x2=[1 2 3 4 5]，n2=[1 2 3 4 5]，单击【确定】按钮，运行结果如图 10-30 所示。

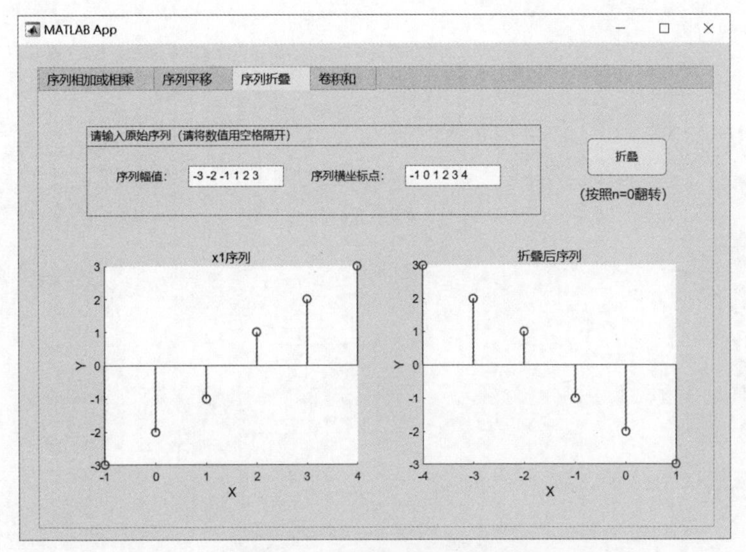

图 10-29　序列折叠运行结果

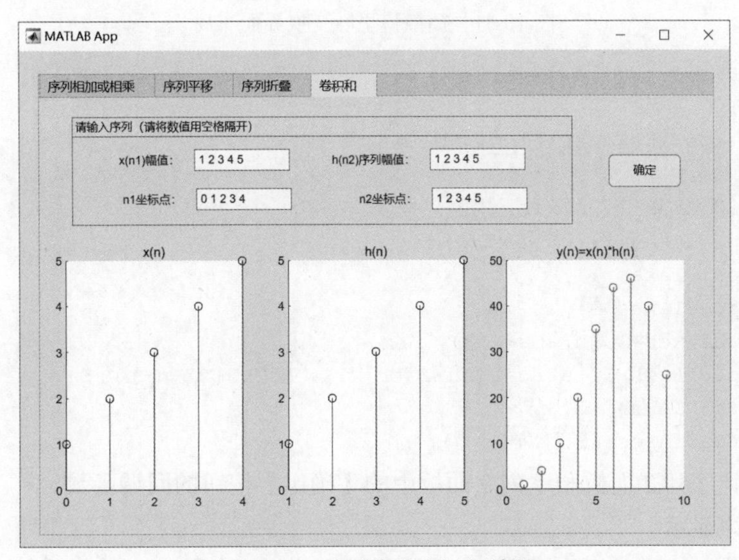

图 10-30　序列卷积和运行结果

10.5 离散傅里叶变换界面的 MATLAB App Designer 设计

视频讲解

基于 MATLAB App Designer 的离散傅里叶变换设计与实现，包括界面布局设计、界面组件回调设计和界面运行结果显示 3 部分完成。

1. 离散傅里叶变换的界面布局

离散傅里叶变换的界面设计，共需要添加一个标签、3 个面板、3 个编辑字段（数值）、3 个编辑字段（文本）、3 个按钮和 6 个坐标区组件，如图 10-31 所示。

2. 离散傅里叶变换界面组件的回调设计

在序列 1 面板中，当输入信号函数和 N 的数值，单击【确定】按钮，即可显示原序列和 N 点 DFT 结果。右击按钮组件，在弹出的快捷菜单中选择【回调】，选择【添加 Button_1PushedFcn 回调】，界面自动跳转到代码视图，在光标定位处，输入如下程序命令：

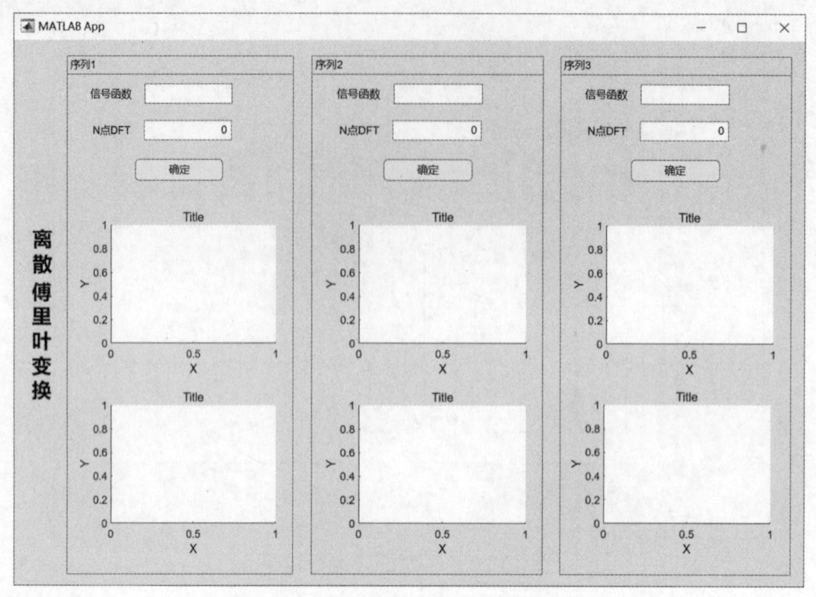

图 10-31　离散傅里叶变换界面布局

```
N1=app.NDFTEditField_1.Value;
n=0:N1-1;
x1n=eval(app.xh_EditField_1.Value);
X1k=fft(x1n,N1);
stem(app.UIAxes_11,n,x1n,'.');
title(app.UIAxes_11,'序列 x1(n)');
xlabel(app.UIAxes_11,'k');
ylabel(app.UIAxes_11,'x1(n)');
stem(app.UIAxes_12,n,abs(X1k),'.');
title(app.UIAxes_12,strcat(num2str(N1),'点 DFT[x1(n)]'));
xlabel(app.UIAxes_12,'k');
ylabel(app.UIAxes_12,'|X1(k)|');
```

同理可设计序列 2 面板和序列 3 面板中的【确定】按钮的回调函数。

3. 运行结果显示

在序列 1 面板，输入信号函数：exp（j*pi*n/8），16 点 DFT，单击【确定】按钮；在序列 2 面板，输入信号函数：sin（n），128 点 DFT，单击【确定】按钮；在序列 3 面板，输入信号函数：cos（n），8 点 DFT，单击【确定】按钮。运行结果如图 10-32 所示。

视频讲解

10.6　基于 MATLAB App Designer 的 IIR 数字滤波器的界面设计与实现

基于 MATLAB App Designer 的 IIR 数字滤波器设计与实现，包括界面设计、界面组件回调设计和界面运行结果显示 3 部分。

10.6.1　IIR 数字滤波器的界面设计

IIR 数字滤波器的界面，包括基本参数选择和图形显示两个区域，共需要添加一个标签、3 个面板、7 个编辑字段（数值）、一个编辑字段（文本）、两个下拉框、3 个按钮和 8 个坐标区组件，如图 10-33 所示。

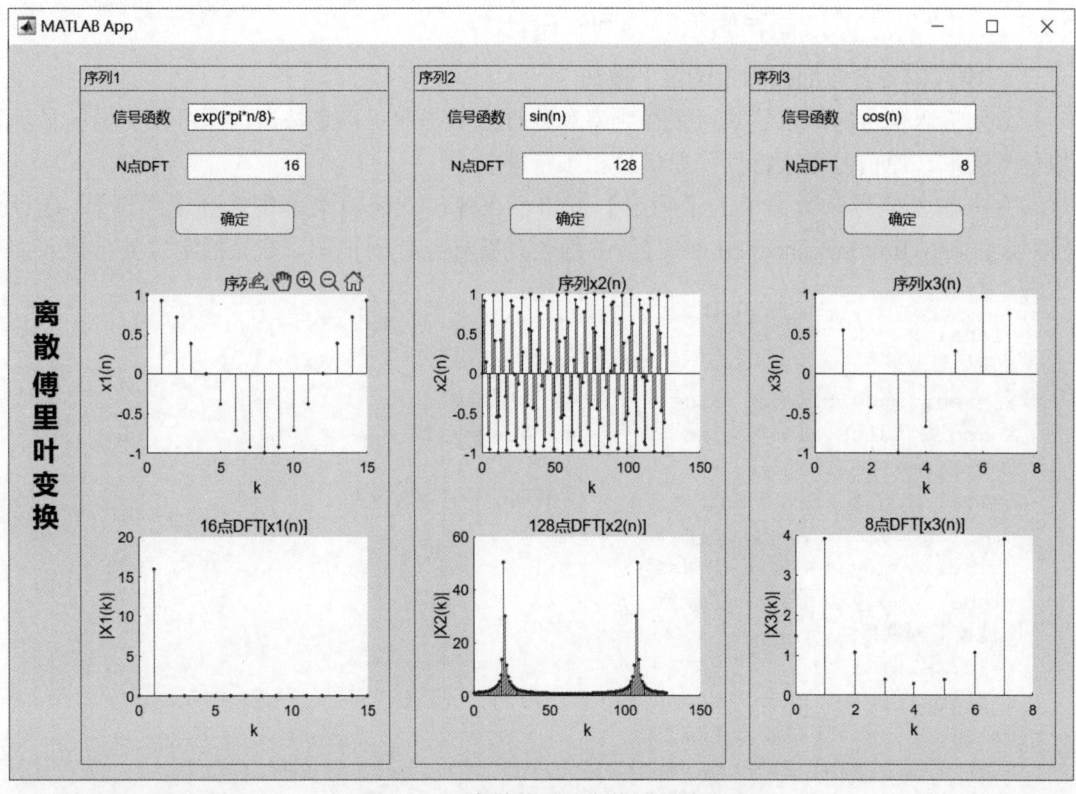

图 10-32　离散傅里叶变换运行结果

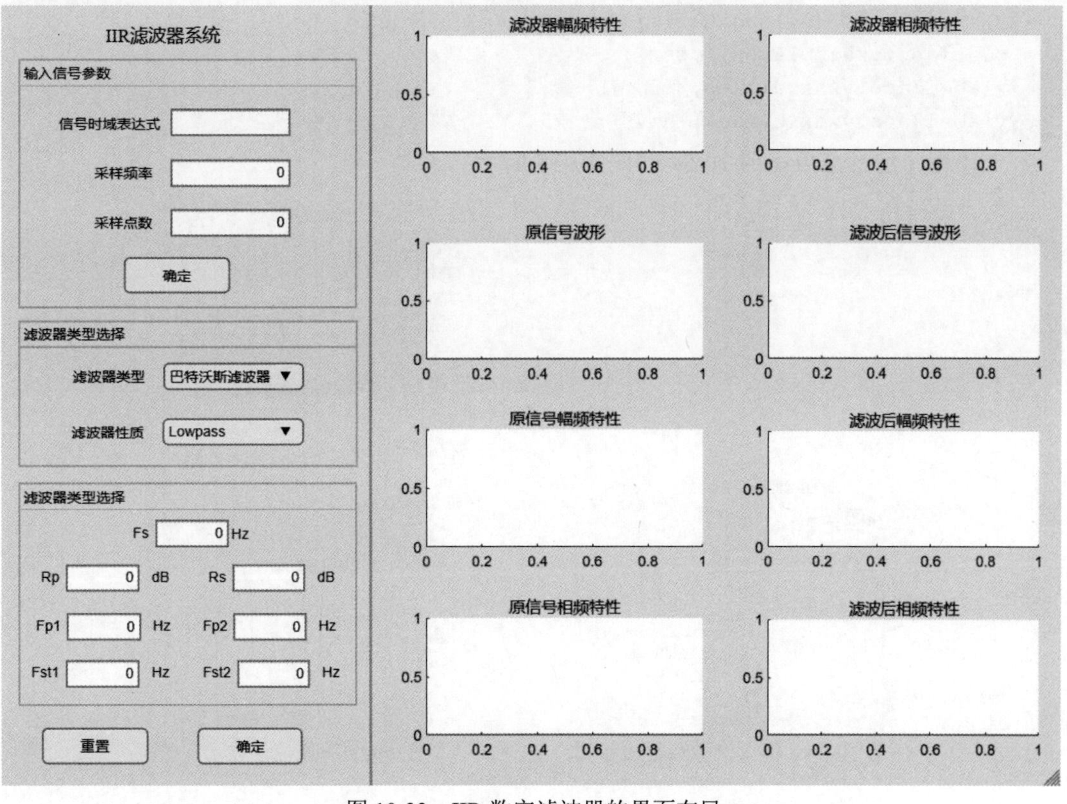

图 10-33　IIR 数字滤波器的界面布局

10.6.2 IIR数字滤波器界面组件的回调设计

1. 输入信号参数面板的【确定】按钮

分别输入信号时域表达式、采样频率和采样点数，单击确定按钮，即可在坐标区显示原信号波形、原信号幅频特性和原信号相频特性。

右击输入信号参数面板的【确定】按钮，在弹出的快捷菜单中选择【回调】，选择【添加 xinhao_ButtonPushedFcn 回调】，界面自动跳转到代码视图，在光标定位处，输入如下程序命令：

```
global s t N Fs
%原信号波形
Fs=app.fs_EditField.Value;        %获取采样频率
N=app.N_EditField.Value;          %获取采样点数
t=0:1/Fs:(N-1)/Fs;
s=eval(app.s_EditField.Value);    %获取信号时域表达式
plot(app.yxh_UIAxes,t,s);
xlabel(app.yxh_UIAxes,'t(s)');
ylabel(app.yxh_UIAxes,'幅值');
%滤波前幅频特性
f=(0:N-1)*Fs/N;
s_f=abs(fft(s,length(s))/(length(s)/2));%幅值
plot(app.yxhf_UIAxes,f,s_f);
xlabel(app.yxhf_UIAxes,'f(hz)');
ylabel(app.yxhf_UIAxes,'幅值');
%滤波前相频特性
s_x=angle(fft(s,length(s))/(length(s)/2));%相位
plot(app.yxhx_UIAxes,f,s_x);
xlabel(app.yxhx_UIAxes,'f(hz)');
ylabel(app.yxhx_UIAxes,'相位');
```

上述程序运行结果如图10-34和图10-35所示。

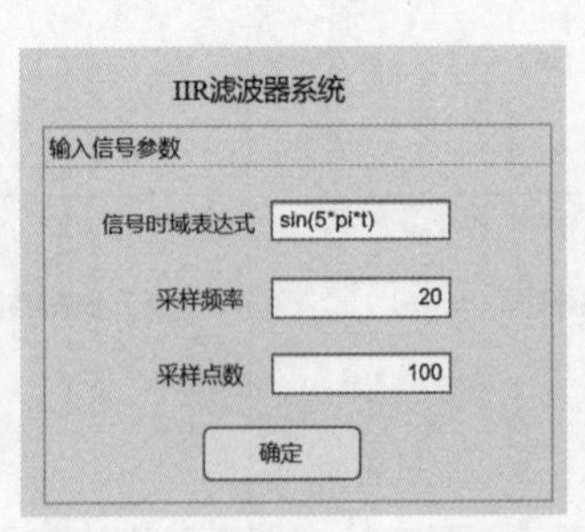

图10-34 输入信号参数显示

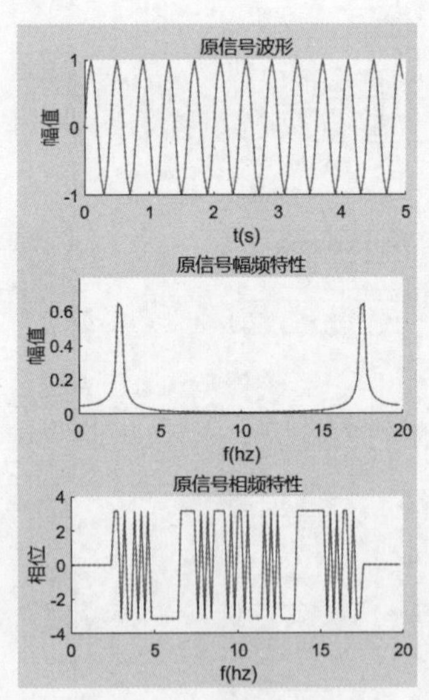

图10-35 原信号显示

2. 滤波器性质下拉框

滤波器性质下拉框有 Lowpass、Highpass、Bandpass 和 Bandstop 选项，当选择 Lowpass 或 Highpass 选项时，Fp2 和 Fst2 编辑字段组件不能执行编辑操作。

右击滤波器性质下拉框组件，在弹出的快捷菜单中选择【回调】，选择【添加 DropDown_3ValueChanged 回调】，界面自动跳转到代码视图，在光标定位处，输入如下程序命令：

```
value_type = app.DropDown_3.Value;
switch value_type
    case 'Bandpass'
        app.Fp2EditField.Enable='on';
        app.Fst2EditField.Enable='on';
    case 'Bandstop'
        app.Fp2EditField.Enable='on';
        app.Fst2EditField.Enable='on';
    case 'Lowpass'
        app.Fp2EditField.Enable='off';
        app.Fst2EditField.Enable='off';
    case 'Highpass'
        app.Fp2EditField.Enable='off';
        app.Fst2EditField.Enable='off';
end
```

运行上述程序，当选择 Lowpass 或 Highpass 选项时，效果图如图 10-36 所示。当选择 Bandpass 和 Bandstop 选项时，效果图如图 10-37 所示。

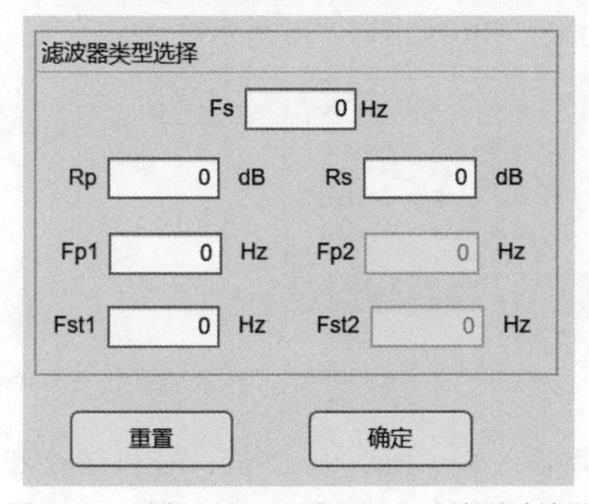

图 10-36　选择 Lowpass 或 Highpass 选项时效果

图 10-37　选择 Bandpass 和 Bandstop 选项时效果

3. Fp1、Fp2、Fst1 和 Fst2 编辑字段（数值）组件

当输入 Fp1、Fp2、Fst1 和 Fst2 数值后，判断归一化频率是否在 [0，1] 范围内，若不在该范围内，则弹出报错对话框。

右击 Fp1 编辑字段（数值）组件，在弹出的快捷菜单中选择【回调】，选择【添加 Fp1EditFieldValueChanged 回调】，界面自动跳转到代码视图，在光标定位处，输入如下程序命令：

```
fs=app.FsEditField.Value;
fp1=app.Fp1EditField.Value;
wp1=2*fp1/fs;
```

```
if(wp1>=1)
    errordlg('wp1=2*fp1/fs, 归一化频率不在 [0,1] 范围内，请输入正确的参数','错误信息')
end
```

Fp2 编辑字段（数值）组件回调函数程序如下：

```
fs=app.FsEditField.Value;
fp2=app.Fp2EditField.Value;
wp2=2*fp2/fs;
if(wp2>=1)
    errordlg('wp2=2*fp2/fs, 归一化频率不在 [0,1] 范围内，请输入正确的参数','错误信息')
end
```

Fst1 编辑字段（数值）组件回调函数程序如下：

```
fs=app.FsEditField.Value;
fs1=app.Fst1EditField.Value;
ws1=2*fs1/fs;
if(ws1>=1)
    errordlg('ws1=2*fs1/fs, 归一化频率不在 [0,1] 范围内，请输入正确的参数','错误信息')
end
```

Fst2 编辑字段（数值）组件回调函数程序如下：

```
fs=app.FsEditField.Value;
fs2=app.Fst2EditField.Value;
ws2=2*fs2/fs;
if(ws2>=1)
    errordlg('ws2=2*fs2/fs, 归一化频率不在【0,1】范围内，请输入正确的参数','错误信息')
end
```

运行程序，当归一化频率不在 [0，1] 范围内时候，弹出如图 10-38 所示对话框。

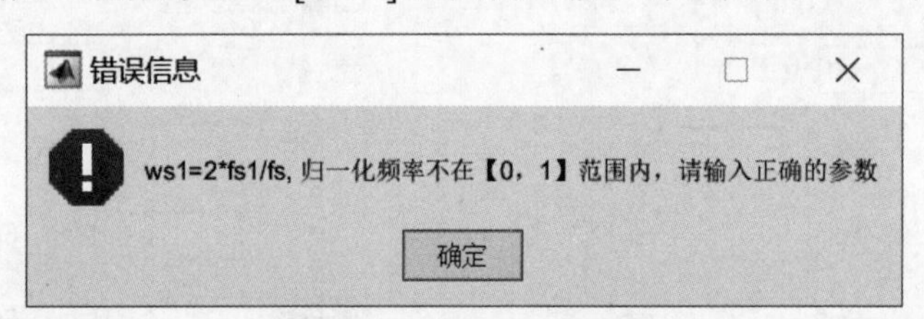

图 10-38　报错对话框效果

4. 滤波器类型选择的【确定】按钮

分别选择滤波器类型和滤波器性质后，并按需输入 Fs、Rp、Rs、Fp1、Fst1、Fp2 和 Fst2 参数后，单击确定，即可显示滤波器幅频特性、滤波器相频特性、滤波后信号波形、滤波后幅频特性和滤波后相频特性。

右击滤波器类型选择的【确定】按钮组件，在弹出的快捷菜单中选择【回调】，选择【添加 zong_ButtonPushedFcn 回调】，界面自动跳转到代码视图，在光标定位处，输入如下程序命令：

```
global s t n wn Nn N Fs
Nn=128;
Rp=app.RpEditField.Value;
Rs=app.RsEditField.Value;
fs=app.FsEditField.Value;
fp1=app.Fp1EditField.Value;
```

```
fp2=app.Fp2EditField.Value;
fs1=app.Fst1EditField.Value;
fs2=app.Fst2EditField.Value;
wp1=2*fp1/fs;wp2=2*fp2/fs;
ws1=2*fs1/fs;ws2=2*fs2/fs;
wp=[wp1,wp2];ws=[ws1,ws2];
switch app.DropDown_2.Value
    case '巴特沃斯滤波器'
if (strcmp(app.DropDown_3.Value,'Highpass' )||strcmp(app.DropDown_3.Value,'Lowpass' ))
            [n,wn]=buttord(wp1,ws1,Rp,Rs);
        else
if(strcmp(app.DropDown_3.Value,'Bandpass' )||strcmp(app.DropDown_3.Value,'Bandstop' ))
            [n,wn]=buttord(wp,ws,Rp,Rs);
            end
        end
        switch app.DropDown_3.Value
            case 'Lowpass'
              [b,a]=butter(n,wn);
              [h,f]=freqz(b,a,Nn,fs);
            case 'Highpass'
              [b,a]=butter(n,wn,'high');
              [h,f]=freqz(b,a,Nn,fs);
            case 'Bandpass'
              [b,a]=butter(n,wn);
              [h,f]=freqz(b,a,Nn,fs);
            case 'Bandstop'
             [b,a]=butter(n,wn,'stop');
              [h,f]=freqz(b,a,Nn,fs);
        end
    case '切比雪夫 I 滤波器'
         if
(strcmp(app.DropDown_3.Value,'Highpass' )||strcmp(app.DropDown_3.Value,'Lowpass' ))
             [n,wn]=cheb1ord(wp1,ws1,Rp,Rs);
         else
if(strcmp(app.DropDown_3.Value,'Bandpass' )||strcmp(app.DropDown_3.Value,'Bandstop' ))
                [n,wn]=cheb1ord(wp,ws,Rp,Rs);
            end
             end
          switch app.DropDown_3.Value
            case 'Lowpass'
             [b,a]=cheby1(n,Rp,wn);
              [h,f]=freqz(b,a,Nn,fs);
            case 'Highpass'
                [b,a]=cheby1(n,Rp,wn,'high');
              [h,f]=freqz(b,a,Nn,fs);
            case 'Bandpass'
              [b,a]=cheby1(n,Rp,wn);
              [h,f]=freqz(b,a,Nn,fs);
            case 'Bandstop'
              [b,a]=cheby1(n,Rp,wn,'stop');
```

```
                [h,f]=freqz(b,a,Nn,fs);
            end
    case '切比雪夫Ⅱ滤波器'
        if
(strcmp(app.DropDown_3.Value,'Highpass' )||strcmp(app.DropDown_3.Value,'Lowpass' ))
                [n,wn]=cheb2ord(wp1,ws1,Rp,Rs);
        else
if(strcmp(app.DropDown_3.Value,'Bandpass' )||strcmp(app.DropDown_3.Value,'Bandstop' ))
                [n,wn]=cheb2ord(wp,ws,Rp,Rs);
            end
        end
            switch app.DropDown_3.Value
             case 'Lowpass'
               [b,a]=cheby2(n,Rp,wn);
               [h,f]=freqz(b,a,Nn,fs);
             case 'Highpass'
               [b,a]=cheby2(n,Rp,wn,'high');
               [h,f]=freqz(b,a,Nn,fs);
             case 'Bandpass'
               [b,a]=cheby2(n,Rp,wn);
               [h,f]=freqz(b,a,Nn,fs);
             case 'Bandstop'
               [b,a]=cheby2(n,Rp,wn,'stop');
               [h,f]=freqz(b,a,Nn,fs);
            end
     case '椭圆滤波器'
         if
(strcmp(app.DropDown_3.Value,'Highpass' )||strcmp(app.DropDown_3.Value,'Lowpass' ))
                [n,wn]=ellipord(wp1,ws1,Rp,Rs);
         else
if(strcmp(app.DropDown_3.Value,'Bandpass' )||strcmp(app.DropDown_3.Value,'Bandstop' ))
                [n,wn]=ellipord(wp,ws,Rp,Rs);
             end
         end
            switch app.DropDown_3.Value
             case 'Lowpass'
               [b,a]=ellip(n,Rp,Rs,wn);
               [h,f]=freqz(b,a,Nn,fs);
             case 'Highpass'
               [b,a]=ellip(n,Rp,Rs,wn,'high');
               [h,f]=freqz(b,a,Nn,fs);
             case 'Bandpass'
               [b,a]=ellip(n,Rp,Rs,wn);
               [h,f]=freqz(b,a,Nn,fs);
             case 'Bandstop'
               [b,a]=ellip(n,Rp,Rs,wn,'stop');
               [h,f]=freqz(b,a,Nn,fs);
            end
end
plot(app.lbqf_UIAxes,f,abs(h));              %滤波器幅频特性曲线
```

```
plot(app.lbqx_UIAxes,f,angle(h));        % 滤波器相幅频特性曲线
%% 滤波后信号波形
sf=filter(b,a,s);
plot(app.lbhxh_UIAxes,t,sf);
%% 滤波后幅频特性
f=(0:N-1)*Fs/N;
Sf_amp=abs(fft(sf,length(sf))/(length(sf)/2));    % 幅值
plot(app.lbhf_UIAxes,f,Sf_amp,'r');
xlabel(app.lbhf_UIAxes,'f(Hz)');
ylabel(app.lbhf_UIAxes,'幅值');
%% 滤波后相频特性
Sf_pha=angle(fft(sf,length(sf))/(length(sf)/2));  % 相位
plot(app.lbhx_UIAxes,f,Sf_pha,'r');
xlabel(app.lbhx_UIAxes,'f(Hz)');
ylabel(app.lbhx_UIAxes,'相位');
```

5.【重置】按钮

单击【重置】按钮，即可清空编辑字段和坐标区组件的内容。

右击按钮组件，在弹出的快捷菜单中选择【回调】，选择【添加 reset_ButtonPushedFcn 回调】，界面自动跳转到代码视图，在光标定位处，输入如下程序命令：

```
app.Fp1EditField.Value=0;
app.Fp2EditField.Value=0;
app.FsEditField.Value=0;
app.Fst1EditField.Value=0;
app.Fst2EditField.Value=0;
app.RpEditField.Value=0;
app.RsEditField.Value=0;
app.N_EditField.Value=0;
app.s_EditField.Value='';
app.fs_EditField.Value=0;
delete(allchild(app.yxh_UIAxes));
delete(allchild(app.yxhf_UIAxes));
delete(allchild(app.yxhx_UIAxes));
delete(allchild(app.lbqf_UIAxes));
delete(allchild(app.lbqx_UIAxes));
delete(allchild(app.lbhxh_UIAxes));
delete(allchild(app.lbhf_UIAxes));
delete(allchild(app.lbhx_UIAxes));
```

10.6.3 运行结果显示

当输入信号时域表达式为 sin（10*pi*t），采样频率为 50，采样点数为 100，并选择巴特沃斯低通滤波器类型，输入 Fs=1000Hz，Fp1=200Hz，Fs1=500Hz，Rp=2dB，Rs=15dB 参数时，运行结果如图 10-39 所示。

当选择切比雪夫 I 型低通滤波器类型，其他参数不变时，运行结果如图 10-40 所示。

当选择切比雪夫 II 型低通滤波器类型，其他参数不变时，运行结果如图 10-41 所示。

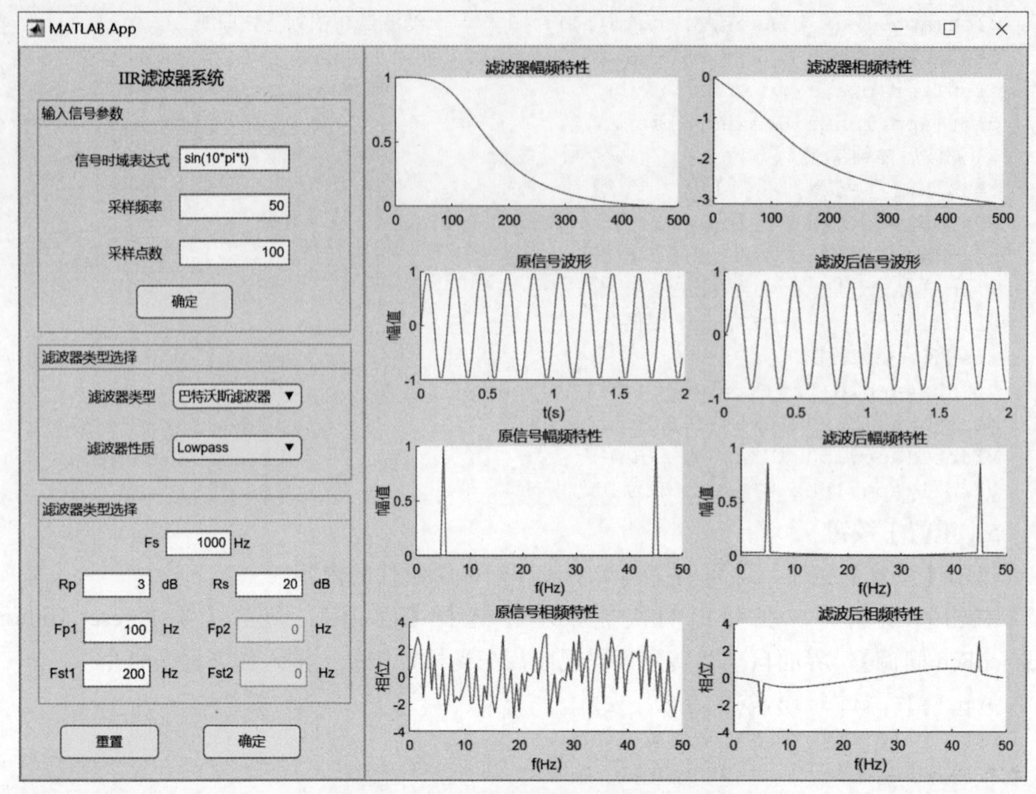

图 10-39　巴特沃斯低通滤波器运行结果

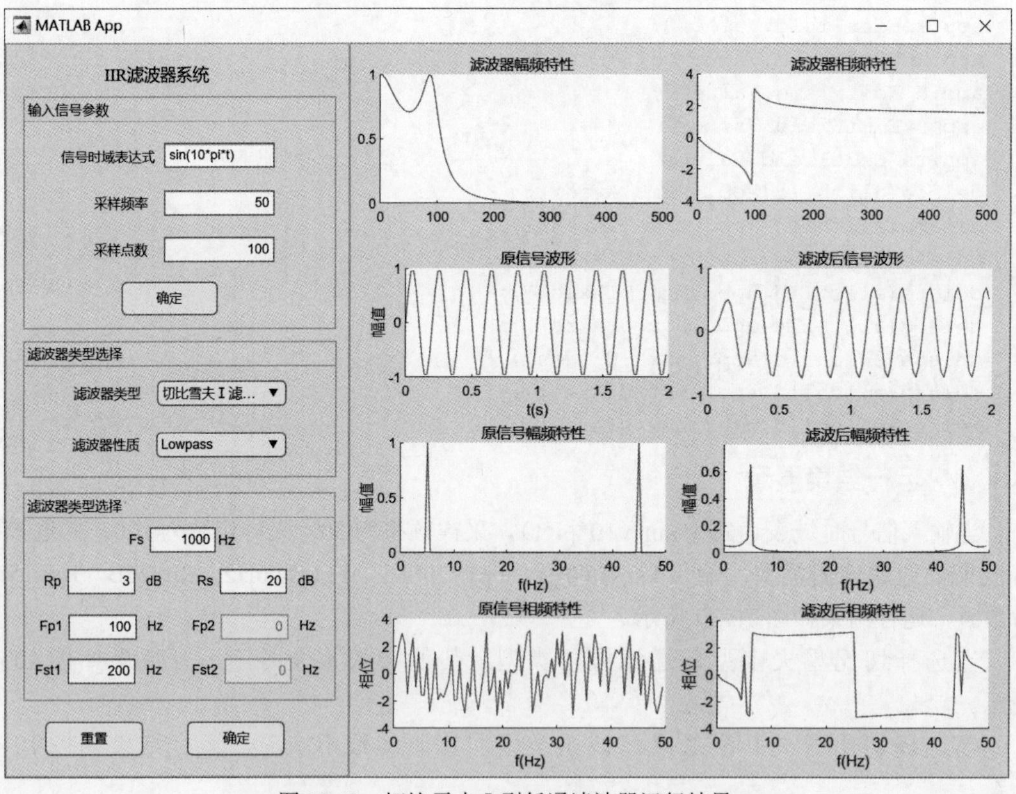

图 10-40　切比雪夫 I 型低通滤波器运行结果

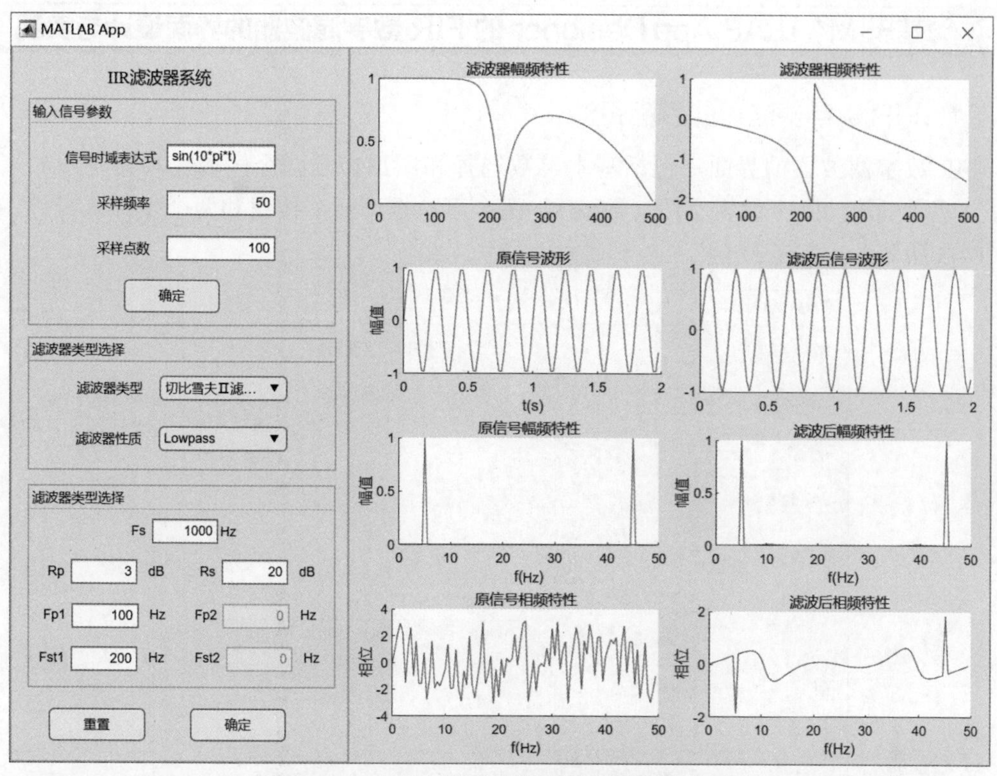

图 10-41　切比雪夫 II 型低通滤波器运行结果

当选择椭圆函数低通滤波器类型，其他参数不变时，运行结果如图 10-42 所示。

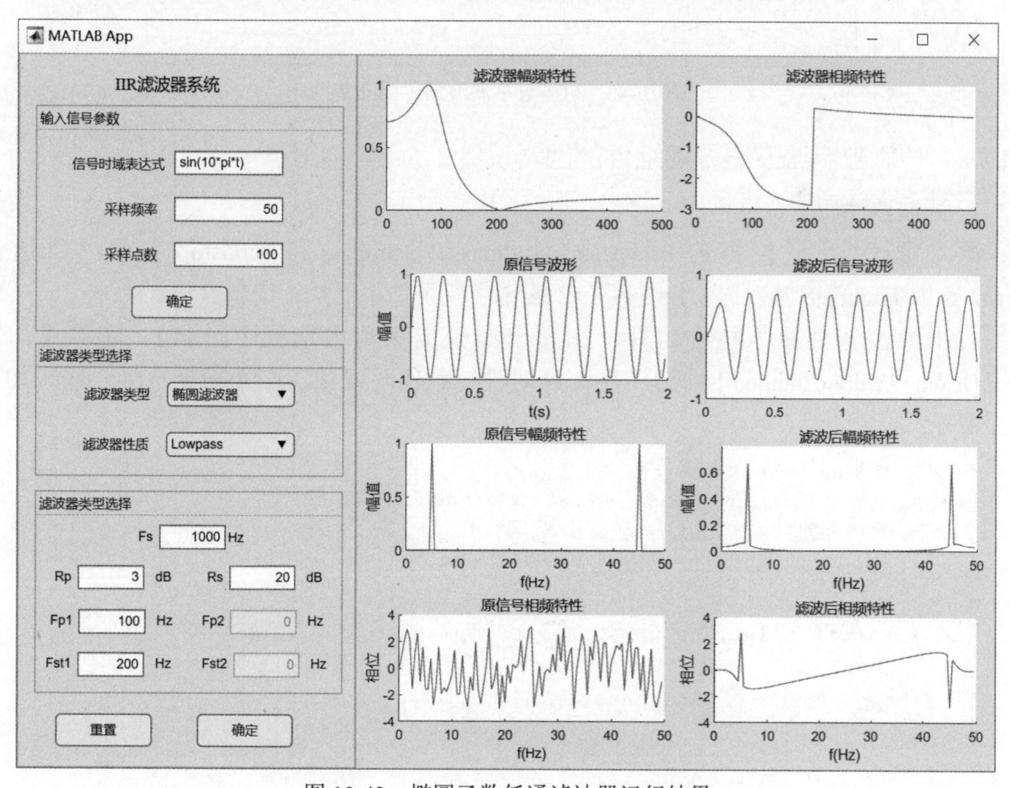

图 10-42　椭圆函数低通滤波器运行结果

视频讲解

10.7 基于MATLAB App Designer的FIR数字滤波器的界面设计与实现

10.7.1 FIR数字滤波器的界面设计

FIR数字滤波器的界面，包括基本参数选择和图形显示两个区域，共需要添加一个标签、两个面板、7个编辑字段（数值）、两个下拉框、两个按钮和两个坐标区组件，如图10-43所示。

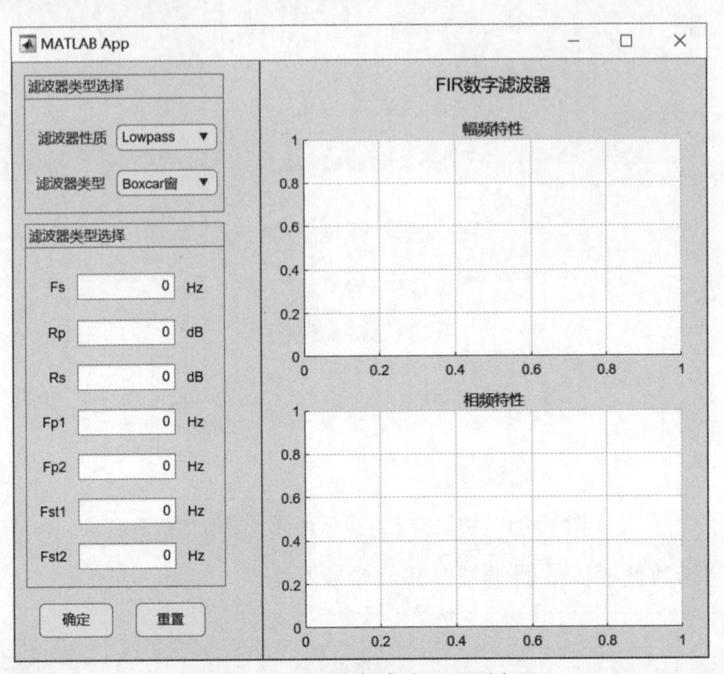

图10-43　FIR数字滤波器界面布局

10.7.2 FIR数字滤波器界面组件的回调设计

1. 滤波器性质下拉框

滤波器性质下拉框有Lowpass、Highpass、Bandpass和Bandstop选项，当选择Lowpass或Highpass选项时，Fp2和Fst2编辑字段组件不能执行编辑操作。

右击滤波器性质下拉框组件，在弹出的快捷菜单中选择【回调】，选择【添加DropDown_2ValueChanged回调】，界面自动跳转到代码视图，在光标定位处，输入如下程序命令：

```
value = app.DropDown_2.Value;
if (strcmp(value,'Highpass' )||strcmp(value,'Lowpass' ))
     app.Fp2EditField.Enable='off';
     app.Fst2EditField.Enable='off';
else
    if(strcmp(value,'Bandpass' )||strcmp(value,'Bandstop' ))
       app.Fp2EditField.Enable='on';
       app.Fst2EditField.Enable='on';
    end
end
```

上述程序运行结果如图 10-44 和图 10-45 所示。

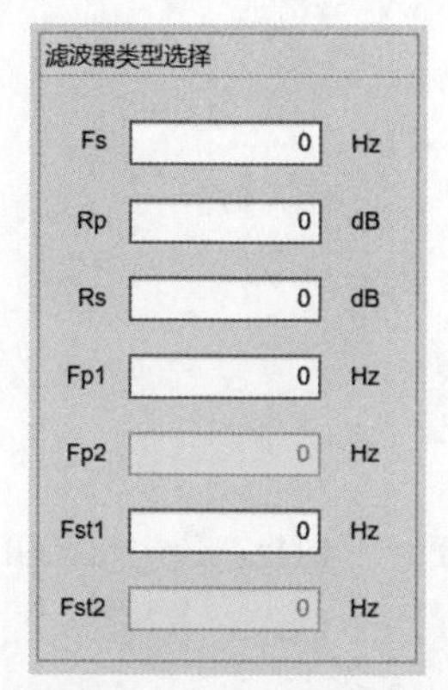

图 10-44 选择 Lowpass 或 Highpass 选项时效果

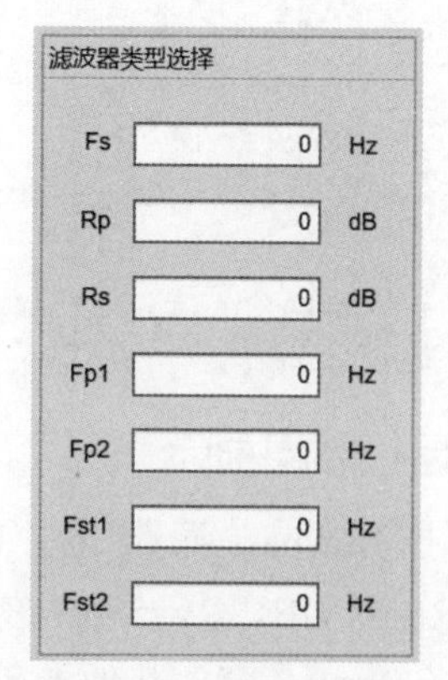

图 10-45 选择 Bandpass 和 Bandstop 选项时效果

2. 滤波器类型选择的【确定】按钮

分别选择滤波器性质和窗函数，并按需输入 Fs、Rp、Rs、Fp1、Fst1、Fp2 和 Fst2 参数后，单击确定，即可显示滤波器幅频特性、滤波器相频特性、滤波后波形、滤波后波形幅频特性和滤波后波形相频特性。

右击滤波器类型选择的【确定】按钮组件，在弹出的快捷菜单中选择【回调】，选择【添加 zong_ButtonPushedFcn 回调】，界面自动跳转到代码视图，在光标定位处，输入如下程序命令：

```
Nn=128;
Rp=app.RpEditField.Value;
Rs=app.RsEditField.Value;
fs=app.FsEditField.Value;
fp1=app.Fp1EditField.Value;
fp2=app.Fp2EditField.Value;
fs1=app.Fst1EditField.Value;
fs2=app.Fst2EditField.Value;
wp1=2*fp1/fs;wp2=2*fp2/fs;
ws1=2*fs1/fs;ws2=2*fs2/fs;
wp=[wp1,wp2];ws=[ws1,ws2];
if (strcmp(app.DropDown_2.Value,'Highpass')||strcmp(app.DropDown_2.Value,'Lowpass'))
   [n,Wn]=buttord(wp1,ws1,Rp,Rs);
else
if(strcmp(app.DropDown_2.Value,'Bandpass')||strcmp(app.DropDown_2.Value,'Bandstop'))
      [n,Wn]=buttord(wp,ws,Rp,Rs);
   end
end
switch app.DropDown.Value
   case 'Boxcar 窗'
      w=boxcar(n+1);b=fir1(n,Wn,w);[h,f]=freqz(b,1,Nn,fs);
   case 'Bartlett 窗'
      w=bartlett(n+1);b=fir1(n,Wn,w);[h,f]=freqz(b,1,Nn,fs);
   case 'Blackman 窗'
      w=blackman(n+1);b=fir1(n,Wn,w);[h,f]=freqz(b,1,Nn,fs);
   case 'Hanning 窗'
```

```
        w=hanning(n+1);b=fir1(n,Wn,w);[h,f]=freqz(b,1,Nn,fs);
    case 'Hamming 窗'
        w=hamming(n+1);b=fir1(n,Wn,w);[h,f]=freqz(b,1,Nn,fs);
    case 'Kaiser 窗'
       w=kaiser(n+1);b=fir1(n,Wn,w);[h,f]=freqz(b,1,Nn,fs);
end
plot(app.UIAxes,f,20*log10(abs(h)));
plot(app.UIAxes_2,f,angle(h));
```

10.7.3 运行结果显示

当选择 Lowpass 滤波器，Boxcar 窗函数，并输入 Fs=20kHz，Fp1=3000Hz，Fs1=6000Hz，Rp=0.3dB，Rs=55dB 参数时，运行结果如图 10-46 所示。

当选择 Bartlett 窗，其他参数不变时，运行结果如图 10-47 所示。

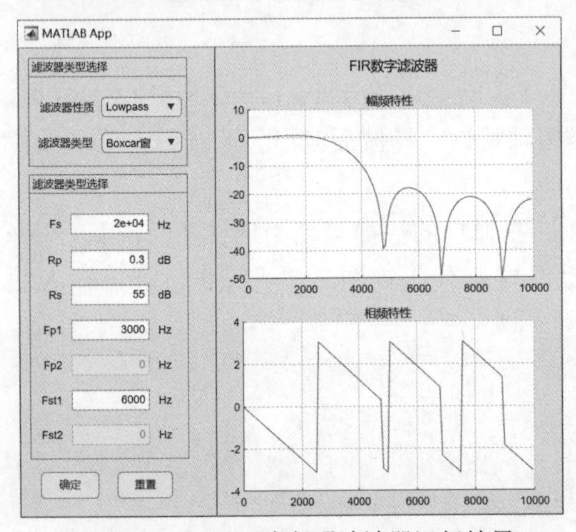

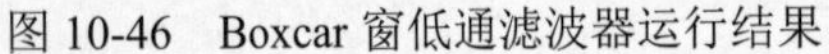
图 10-46 Boxcar 窗低通滤波器运行结果

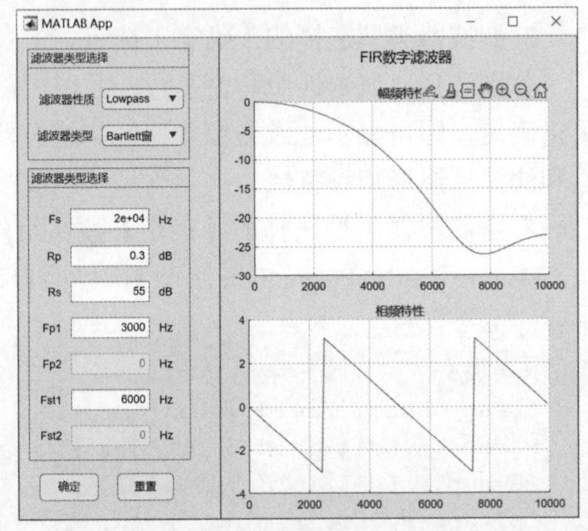

图 10-47 Bartlett 窗低通滤波器运行结果

当选择 Blackman 窗，其他参数不变时，运行结果如图 10-48 所示。

当选择 Hanning 窗，其他参数不变时，运行结果如图 10-49 所示。

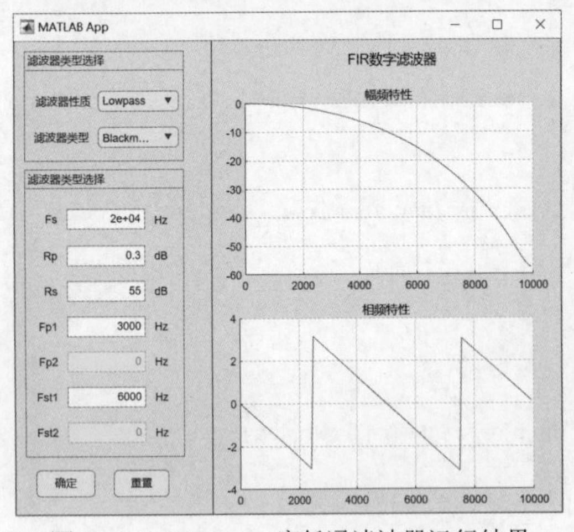

图 10-48 Blackman 窗低通滤波器运行结果

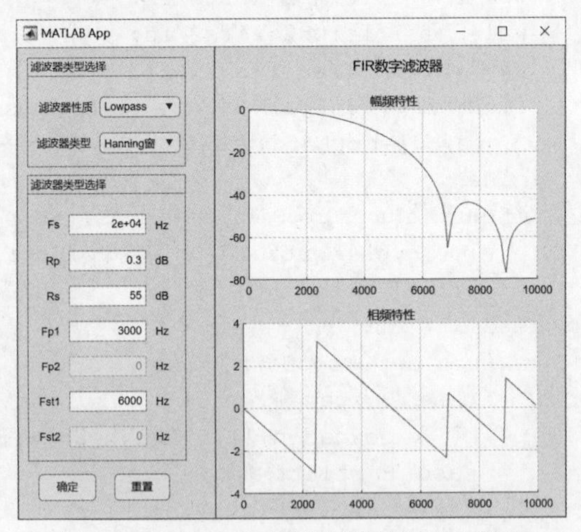

图 10-49 Hanning 窗低通滤波器运行结果

当选择 Hamming 窗，其他参数不变时，运行结果如图 10-50 所示。

当选择 Kaiser 窗，其他参数不变时，运行结果如图 10-51 所示。

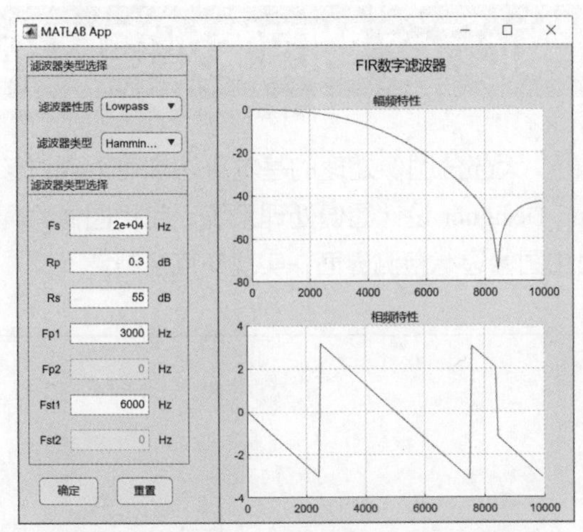

图 10-50　Hamming 窗低通滤波器运行结果

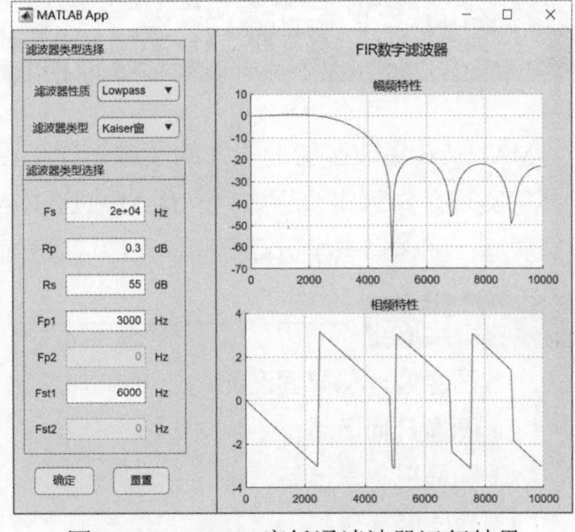

图 10-51　Kaiser 窗低通滤波器运行结果

本章小结

设计基于 MATLAB App Designer 的数字信号处理系统时，需要掌握数字信号处理的相关知识，并运用程序代码实现。在设计图形用户界面时，需要熟练掌握回调函数的运用，主要包括 CreateFcn 和 Callback，其中 CreateFcn 中的语句在运行程序时会自动执行，而 Callback 中的语句需用户在图形用户界面完成相应操作时才会执行。

习　题

10-1　分别用 Laplace 函数和 ilaplace 函数求：

（1）$f(t)=\mathrm{e}^{-t}\sin(at)\mathrm{u}(t)$ 的拉普拉斯变换；

（2）$F(s)=\dfrac{s^2}{s^2+1}$的拉普拉斯反变换。

10-2　如图 10-52 所示，基于 MATLAB App Designer 设计信号处理系统。已知系统函数，画出其零极点分布图，求系统的单位冲激响应 $h(t)$ 和频率响应 $H(j\omega)$。

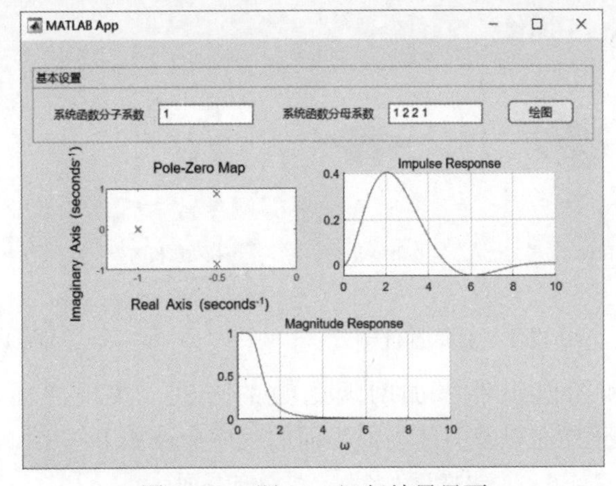

图 10-52　题 10-2 运行结果界面

第 11 章 基于 MATLAB App Designer 的图像处理系统

MATLAB 集成了功能强大的图像处理工具箱，大部分图像处理的基本算法都可以通过该工具箱实现。本章将介绍如何利用 MATLAB App Designer 设计图像处理系统，包括图像几何运算界面、图像形态学运算界面、图像增强界面和图像边缘检测界面，实现交互控制。

本章要点

（1）图像处理总界面设计。
（2）图像几何运算。
（3）图像形态学运算。
（4）数字图像增强。
（5）图像边缘检测。

学习目标

（1）了解图形几何运算、形态学运算、图像增强和图像边缘检测基本知识。
（2）掌握图像缩放、旋转和剪裁函数。
（3）掌握图像腐蚀、膨胀、开运算和闭运算函数。
（4）掌握图像增强和图像边缘检测常见算法的函数调用格式。

视频讲解

11.1 图像处理总界面设计

图像处理系统包括 4 个模块，即图像几何运算、图像形态学运算、图像增强和图像边缘检测。图像处理总界面能够通过 4 个图像组件实现模块的跳转，同时菜单栏也可实现相同功能。界面布局设计如图 11-1 所示，菜单栏设置如图 11-2 所示。

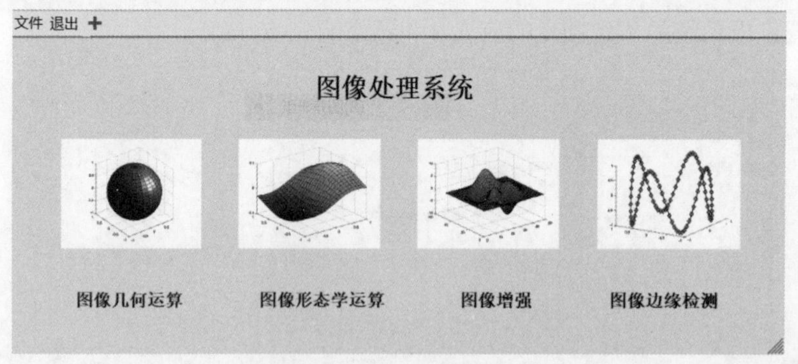

图 11-1　主界面布局

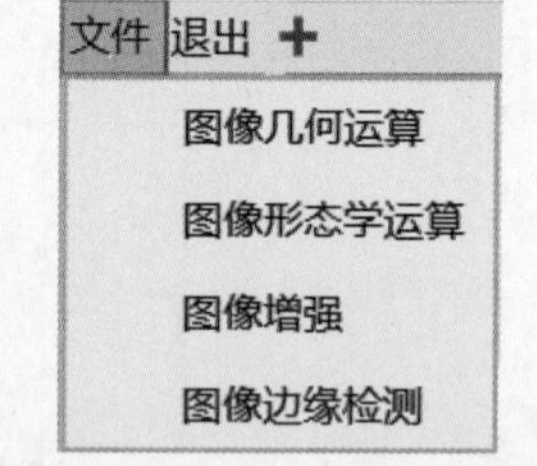

图 11-2　主界面菜单栏设置

通过对菜单栏和图像组件添加回调函数的方式，实现界面的跳转。打开新的 MATLAB App Designer 界面以及关闭当前界面的程序命令如下：

```
run e11_3;                    %打开命名为e11_3的界面
```

```
close(app.UIFigure);          % 关闭当前界面
```

依次对 4 个图像组件添加回调函数，即打开图像所对应的模块，同时关闭当前界面，也就是关闭主界面。并在各个子界面设置菜单栏，实现从子界面跳转到主界面的功能。

11.2 图像几何运算

几何运算是指改变图像中物体对象之间的空间关系，从变换性质来分，几何变换可以分为图像位置变换、形状变换和复合变换。图像形状变换包括图像的放大和缩小，图像位置变换包括图像的旋转和平移等。本节将介绍如何利用 MATLAB App Designer 实现图像缩放、图像旋转和图像剪裁。

11.2.1 菜单选项设计

菜单项包括：读取图像、保存、退出和返回主界面。

1. 读取图像

右击【读取图像】菜单，在弹出的快捷菜单中选择【回调】，选择【添加 Menu_3 Selected 回调】，在光标定位处添加如下程序命令：

```
global img
[file,path]=uigetfile('*.jpg');
if isequal(file,0)
   disp('User selected Cancel');
else
   disp(['User selected ', fullfile(path,file)]);
   img=imread(fullfile(path,file));                 % 读取图像
   imshow(img,'Parent',app.UIAxes)                  % 将图像显示在指定坐标轴
end
```

单击【读取图像】菜单，运行结果如图 11-3 所示。

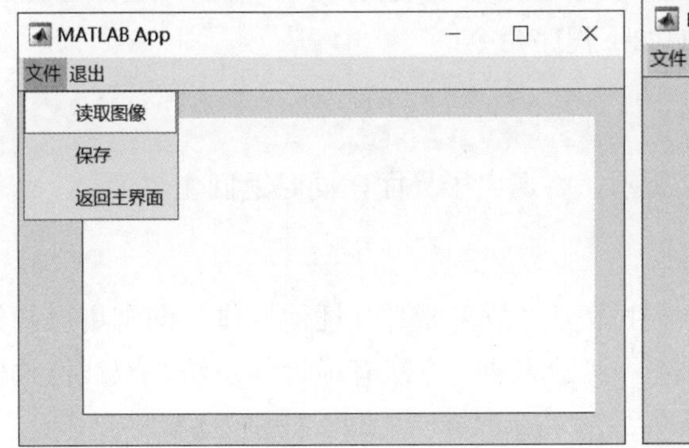

图 11-3　读取图像运行界面

2. 保存

右击【保存】菜单，在弹出的快捷菜单中选择【回调】，选择【添加 Menu_4Selected 回调】，在光标定位处添加如下程序命令：

```
[FileName,PathName] = uiputfile({'*.jpg','JPEG(*.jpg)';...
                        '*.bmp','Bitmap(*.bmp)';...
                         '*.gif','GIF(*.gif)';...
```

```
                    '*.*',  'All Files (*.*)'},...
                    'Save Picture','Untitled');
if FileName==0
    return;
else
exportgraphics(app.UIAxes_2,[PathName FileName],'resolution',300)
end
```

单击【保存】菜单，运行结果如图 11-4 所示。

图 11-4　保存图像运行界面

3. **退出**

右击【退出】菜单，在弹出的快捷菜单中选择【回调】，选择【添加 Menu_2Selected 回调】，在光标定位处添加如下程序命令：

```
close(app.UIFigure);
```

单击【退出】菜单，将退出 MATLAB App Designer 设计系统。

4. **子界面的返回主界面菜单**

右击【返回主界面】菜单，在弹出的快捷菜单中选择【回调】，选择【添加 Menu_5Selected 回调】，在光标定位处添加如下程序命令：

```
run zhujiemian;
close(app.UIFigure);
```

单击【返回主界面】菜单，如图 11-5 所示，将退出子界面，同时返回主界面。

11.2.2　图像缩放

对图像进行几何变换时，像素坐标将发生改变，故需要进行插值操作，即利用已知位置的像素值生成未知位置的像素点的像素值，常见的插值方法有最近邻点法、双线性插值法和三次内插法。

在 MATLAB 中，函数 imresize 主要用于对图像做缩放变换，其调用格式如下：

```
B=imresize(A,m)
```

返回的图像 B 的长宽是图像 A 的长宽的 m 倍。m 大于 1，则放大图像；m 小于 1，则缩小图像。

```
B=imresize(A,m,method)
```

其中 method 参数用于指定在改变图像尺寸时所使用的算法，包括：nearest 为最近邻点法、bilinear 为双线性插值法、bicubic 为三次内插法。

▶【例 11-1】通过输入缩放比例和选择插值算法，对图像进行缩放变换。

视频讲解

第一步：设置布局及属性。添加两个坐标区、一个单选按钮组、一个编辑字段（数值）和一个按钮。如图 11-6 所示。

图 11-5 返回主界面菜单

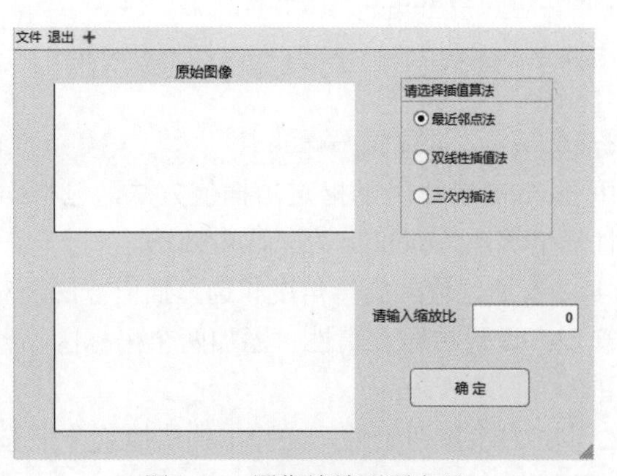

图 11-6 图像缩放页面布局

第二步：右击按钮组件，在弹出的快捷菜单中选择【回调】，选择【转至 Button Pushed 回调】，界面自动跳转到代码视图，在光标定位处，输入如下程序命令：

```
global img
selectedButton = app.ButtonGroup.SelectedObject;
switch selectedButton.Text                          % 通过单选按钮组选择插值方法
    case '最近邻点法'
        method='nearest';
    case '双线性插值法'
        method='bilinear';
    case '三次内插法'
        method='bicubic';
end
per=app.EditField.Value;                            % 获取编辑字段输入的缩放参数
im_per=imresize(img,per,method);                    % 缩放图像
imshow(im_per,'parent',app.UIAxes_2);               % 显示缩放后的图片到坐标轴
title(app.UIAxes_2,{strcat('缩放比为',num2str(per),'的图像')},'FontSize',13);
```

运行程序，单击【文件】菜单下的【获取图像】选项，运行结果如图 11-7 所示。选择双线性插值法，并输入缩放比例为 0.1，单击【确定】按钮，运行结果如图 11-8 所示。

图 11-7 获取图像运行界面

图 11-8 缩放图像后效果界面

11.2.3 图像旋转

在 MATLAB 中，函数 imrotate 主要用于对图像做旋转变换，其调用格式如下：

```
J=imrotate(I,angle)
```

将图像 I 围绕其中心点逆时针方向旋转 angle 度，当顺时针旋转图像时，angle 应指定为负值。

```
J=imrotate(I,angle,method)
```

其中 method 参数用于指定的插值方法，包括：nearest 为最近邻点插值算法、bilinear 为双线性插值算法、bicubic 为三次内插法。

视频讲解

▶【例 11-2】通过输入旋转角度和选择插值方法，对图像进行旋转变换。

第一步：设置布局及属性。添加两个坐标区、一个编辑字段（数值）、一个下拉框和一个按钮。

第二步：右击按钮组件，在弹出的快捷菜单中选择【回调】，选择【转至 ButtonPushed 回调】，界面自动跳转到代码视图，在光标定位处，输入如下程序命令：

```
global img
switch app.DropDown.Value;              % 通过下拉框选择插值方法
    case '最近邻点插值'
        method='nearest';
    case '双线性插值'
        method='bilinear';
    case '双三次插值'
        method='bicubic';
end
ang=app.EditField.Value;
B=imrotate(img,ang,method);             % 旋转图像
imshow(B,'parent',app.UIAxes_2);
title(app.UIAxes_2,{strcat('旋转',num2str(ang),'度的图像')},'FontSize',13);
```

运行程序，单击【文件】菜单下的【获取图像】选项，运行结果如图 11-9 所示。选择三次内插法，并输入旋转角度为 30 度，单击【确定】按钮，运行结果如图 11-10 所示。

图 11-9 获取原图像

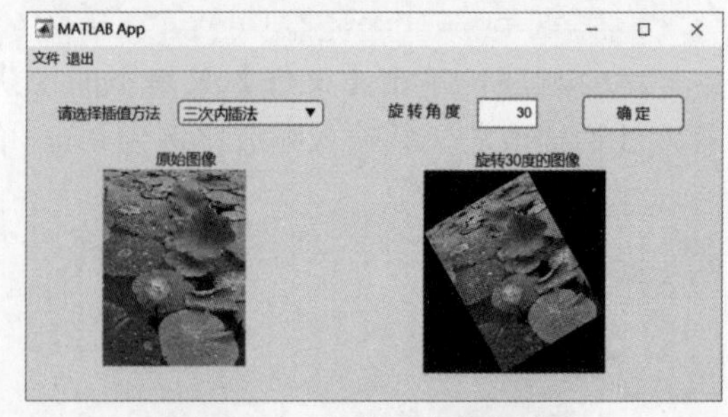

图 11-10 旋转图像变换效果

11.2.4 图像剪裁

在 MATLAB 中，对图像进行剪裁操作，采用 imcrop 函数。

视频讲解

▶【例 11-3】实现对图像任意位置进行剪裁并显示。

第一步：设置布局及属性。添加两个坐标区和一个按钮。

第二步：右击按钮组件，在弹出的快捷菜单中选择【回调】，选择【转至 ButtonPushed

回调】，界面自动跳转到代码视图，在光标定位处，输入如下程序命令：

```
im_jc=imcrop(app.UIAxes);
imshow(im_jc,'parent',app.UIAxes_2);       % 显示图片到坐标轴
title(app.UIAxes_2,'剪裁后图像','FontSize',13);
```

运行程序，单击【文件】菜单下的【获取图像】选项，获取原图像。单击【剪裁】按钮，光标形状变为十字，在原图像任意位置拖动，然后右击选择【剪裁图像】，如图 11-11 所示，运行结果如图 11-12 所示。

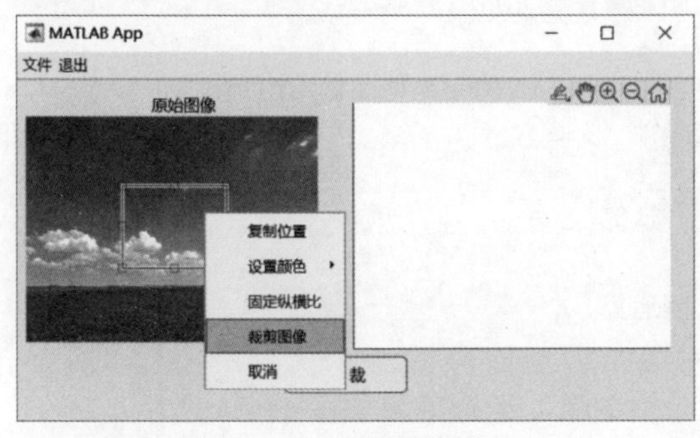

图 11-11　剪裁图像选项

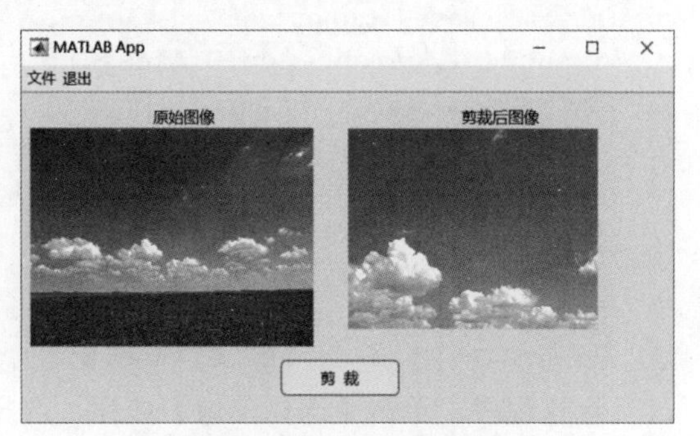

图 11-12　剪裁图像效果

11.3 图像形态学运算

形态学是基于形状处理图像的，图像中的每个像素都基于其邻域中其他像素的值进行调整，通过选择邻域的大小和形状，可以构造对输入图像中的特定形状敏感的形态学运算，基本的形态学操作包括腐蚀、膨胀、开运算和闭运算。

在 MATLAB 中，函数 imdilate 主要用于膨胀图像，其调用格式如下：

```
J=imdilate(I,SE)
```

函数 imerode 主要用于腐蚀图像，其调用格式如下：

```
J=imerode(I,SE)
```

其中 SE 为结构元素，用于膨胀或腐蚀灰度图像、二值图像或压缩二值图像 I。

先腐蚀后膨胀称为开运算，先膨胀后腐蚀称为闭运算，用结构元素 SE 实现灰度图像或二值图像 I 的形态开运算或闭运算，其调用格式如下：

```
IM1=imopen(I,SE)     % 开运算
IM2=imclose(I,SE)    % 闭运算
```

▶【例 11-4】设计两栏式 App，实现图像的腐蚀、膨胀、开运算和闭运算。

视频讲解

第一步：设置布局及属性，单击【新建】，选择两栏式 App，如图 11-13 所示。再添加 5 个坐标区和一个按钮组件。

第二步：右击按钮，在弹出的快捷菜单中选择【回调】，选择【转至 ButtonPushed 回调】，界面自动跳转到代码视图，在光标定位处，输入如下程序命令：

```
global img
[file,path]=uigetfile('*.jpg');
if isequal(file,0)
   disp('User selected Cancel');
else
```

```
    disp(['User selected ', fullfile(path,file)]);
    img=imread(fullfile(path,file));             %读取图像
    img_hui=rgb2gray(img);
    imshow(img_hui,'Parent',app.UIAxes);
end
B=[0 1 0
   1 1 1
   0 1 0];
A1=imdilate(img_hui ,B);                 %图像被结构元素 B 膨胀
imshow(A1,'parent',app.UIAxes_3);
sel=strel('disk',5);                     %创建半径为 5 的平坦型圆盘结构元素
A2=imerode(img_hui,sel);                 %腐蚀
imshow(A2,'parent',app.UIAxes_2);
A3=imopen(img_hui,sel);                  %开运算
imshow(A3,'parent',app.UIAxes_4);
A4=imclose(img_hui,sel);                 %闭运算
imshow(A4,'parent',app.UIAxes_5);
```

运行程序，单击【选择图像】按钮，选择原始图像，运行效果如图 11-14 所示。

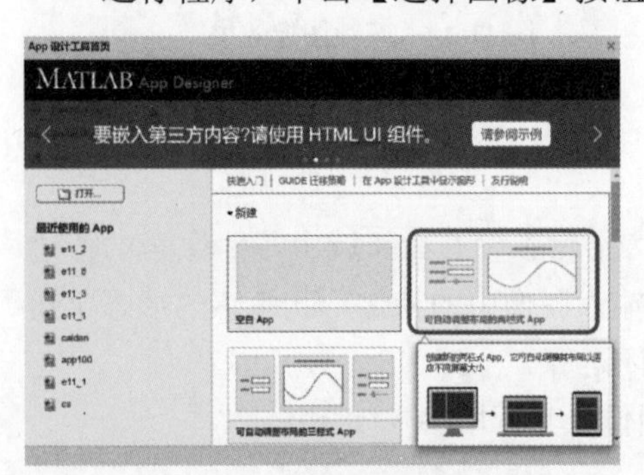

图 11-13　新建两栏式 App

图 11-14　形态学运算运行效果

11.4 数字图像增强

图像增强方法根据增强处理过程所在的空间不同，可分为基于空域的方法和基于频域的方法。基于空域的方法直接对图像进行处理，基于频域的方法是在图像的某种变换域内对图像的变换系数进行修正，然后再反变换到原来的空域，得到增强的图像。本节介绍的数字图像增强方法主要包括图像直接灰度变换、图像直方图均衡、图像平滑和图像锐化。

11.4.1 图像直接灰度变换

在 MATLAB 中，通过函数 imadjust() 进行图像的灰度变换，即调节灰度图像的亮度或彩色图像的颜色矩阵，该函数调用格式如下：

```
J=imadjust(I)
J=imadjust(I,[low_in;high_in],[low_out;high_out])
g=imadjust(f,[low_in;high_in],[low_out;high_out],gamma)
```

即对图像 I 进行灰度调整，其中 [low_in; high_in] 为原图像中要变换的灰度范围，[low_out; high_out] 为变换后的灰度范围。

gamma 指定描述值 f 和值 g 关系的曲线形状。如果 gamma 小于 1，此映射偏重更

高数值（明亮）输出；如果 gamma 大于 1，此映射偏重更低数值（灰暗）输出；默认 gamma 为 1（线性映射）。

▶【例 11-5】实现调整灰度图像的亮度并显示图像。

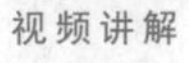

输入程序命令如下：

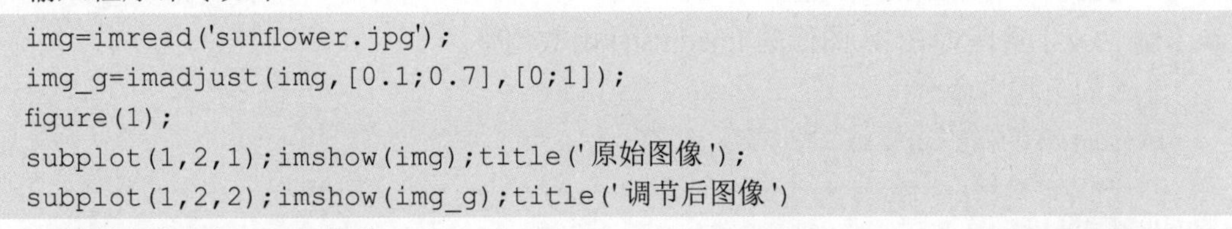

```
img=imread('sunflower.jpg');
img_g=imadjust(img,[0.1;0.7],[0;1]);
figure(1);
subplot(1,2,1);imshow(img);title('原始图像');
subplot(1,2,2);imshow(img_g);title('调节后图像')
```

运行结果如图 11-15 所示。

在 MATLAB 中，可通过函数 stretchlim() 计算灰度图像的最佳输入区间，利用 stretchlim() 和 imadjust() 函数共同调整灰度图像的灰度范围。

```
img=imread('sunflower.jpg');
s=stretchlim(img);       %计算灰度图像的最佳输入区间
g=imadjust(img,s,[0,1]);
figure(1);
subplot(1,2,1);imshow(img);title('原始图像');
subplot(1,2,2);imshow(g);title('最佳输入区间的图像变换');
```

运行结果如图 11-16 所示。

图 11-15　灰度图像变换效果

图 11-16　计算灰度图像的最佳输入区间后变换图像

▶【例 11-6】对比 gamma 数值小于 1、大于 1 和等于 1，3 种情况下的图像变换效果。

输入如下程序命令：

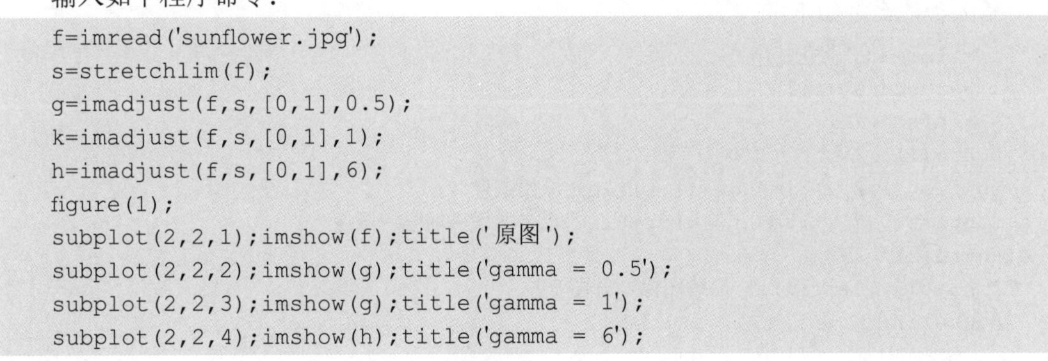

```
f=imread('sunflower.jpg');
s=stretchlim(f);
g=imadjust(f,s,[0,1],0.5);
k=imadjust(f,s,[0,1],1);
h=imadjust(f,s,[0,1],6);
figure(1);
subplot(2,2,1);imshow(f);title('原图');
subplot(2,2,2);imshow(g);title('gamma = 0.5');
subplot(2,2,3);imshow(g);title('gamma = 1');
subplot(2,2,4);imshow(h);title('gamma = 6');
```

运行结果如图 11-17 所示。

```
Img_RGB=imadjust(RGB1,…)
```

对 RGB 图像 Img_RGB 的红、绿、蓝调色板分别进行调整，随着颜色矩阵的调整，每一个调色板都有唯一的映射值。

视频讲解

▶【例 11-7】实现对 RGB 图像的 imadjust() 函数调整。

输入如下程序命令：

```
f=imread('荷花.jpg');
g=imadjust(f,[0.1 0.2 0.2;0.7 0.8 0.9],[],0.5);%imadjust 对 RGB 图像进行处理
figure(1);
subplot(1,2,1);imshow(f);title('RGB 原始图像');
subplot(1,2,2);imshow(g);title('处理后的图像')
```

运行结果如图 11-18 所示。

图 11-17　不同 gamma 数值下的图像变换

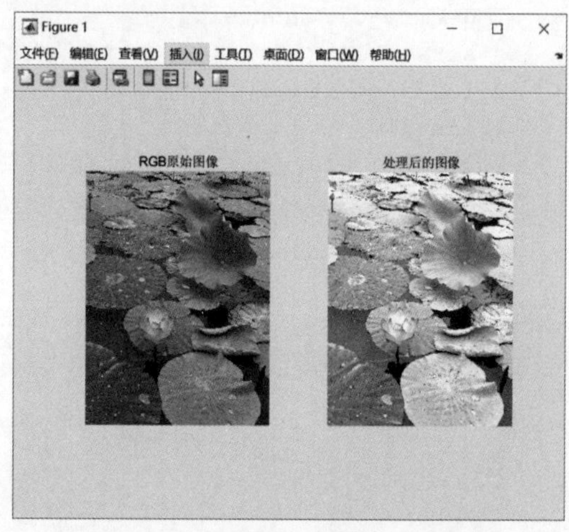

图 11-18　RGB 的 imadjust() 调整

11.4.2　图像直方图均衡

均衡化处理的目的是得到比原图具有更高对比度的扩展了动态范围的图像。在 MATLAB 中，可通过函数 histeq() 实现图像直方图均衡。

```
J=histeq(I)
J=histeq(I,n)
```

其中 *n* 指定直方图均衡后的灰度级数，默认值为 64。

视频讲解

▶【例 11-8】使用直方图均衡增强图像的对比度，并显示原始图像和处理后图像的直方图。

输入程序命令如下：

```
i = imread('荷花.jpg');
i = rgb2gray(i);
j = histeq(i);
figure(1);
subplot(1,2,1);imshow(i);title('原始图像');
subplot(1,2,2);imshow(j);title('直方图均衡增强后图像');
figure(2);
imhist(i,64);title('原始图像直方图');
figure(3);
```

```
imhist(j,64);title('处理后的图像的直方图');
```

运行程序，原始图像和直方图均衡增强后图像，如图 11-19 所示。原始图像直方图和处理后的图像的直方图，如图 11-20 所示。

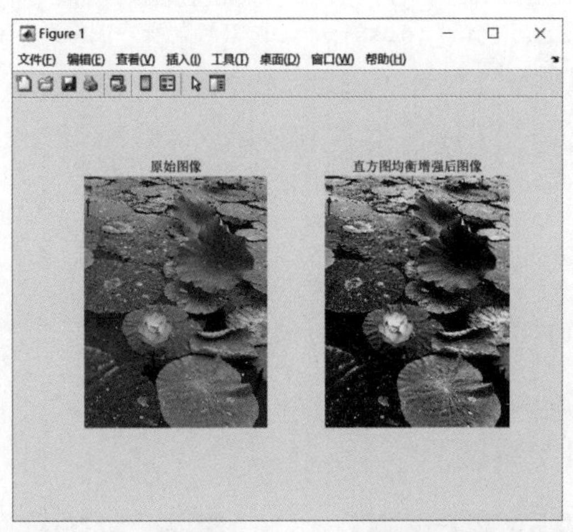

图 11-19　原始图像和直方图均衡增强后图像

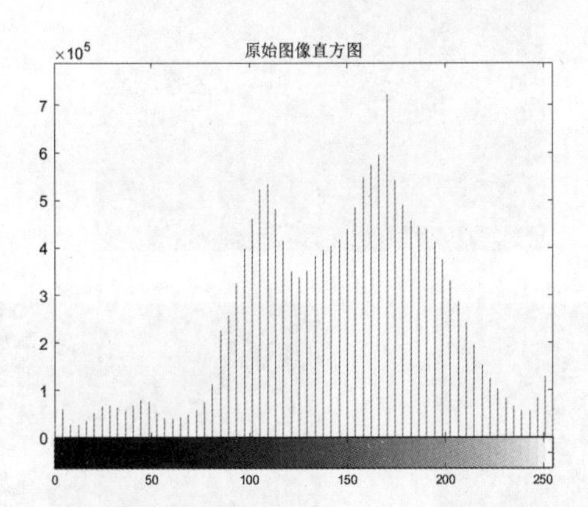

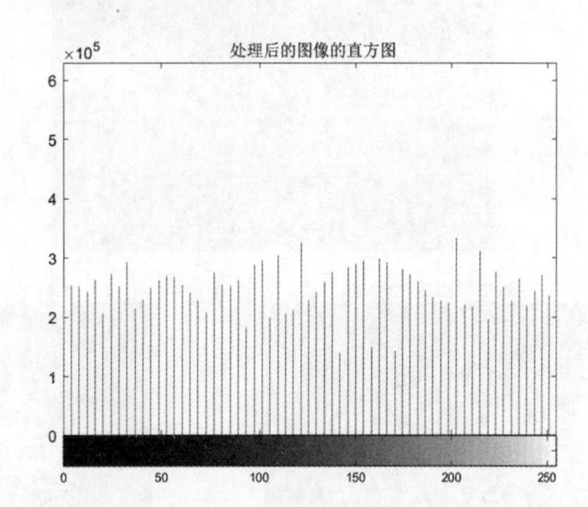

图 11-20　原始图像直方图和处理后图像的直方图

11.4.3　图像平滑

图像平滑的基本原理是将噪声所在像素点的像素值处理为其周围邻近像素点的值的近似值，从而达到模糊图像中的噪声或消除图像干扰的目的。图像平滑的处理方法有很多，比如邻域平均滤波、中值滤波、方框滤波和双边滤波等。

1. 邻域平均滤波

邻域平均滤波，通常情况下都是以当前像素点为中心，读取行数和列数相等的一块区域内的所有像素点求平均，将计算得到的结果作为该点的像素。根据读取像素点的行列数，确定核的大小。

▶【例 11-9】对原图像加入椒盐噪声，并分别采用 3×3、5×5、7×7 的模板进行邻域平均滤波。

输入如下程序命令：

```
img=imread('草原.jpg');
```

```
img_g=rgb2gray(img);
im_noise=imnoise(img_g,'salt & pepper',0.25);
figure(1);
subplot(1,2,1);imshow(img_g);title('原始灰度图像');
subplot(1,2,2);imshow(im_noise);title('椒盐噪声图像');
h=fspecial('average',[3 3]);
g=fspecial('average',[5 5]);
k=fspecial('average',[7 7]);
im_fit1 = imfilter(im_noise,h);
im_fit2 = imfilter(im_noise,g);
im_fit3 = imfilter(im_noise,k);
figure(2);
subplot(1,3,1);imshow(im_fit1);title('邻域平均滤波 (3*3 模板)');
subplot(1,3,2);imshow(im_fit2);title('邻域平均滤波 (5*5 模板)');
subplot(1,3,3);imshow(im_fit3);title('邻域平均滤波 (7*7 模板)');
```

运行结果如图 11-21 所示。

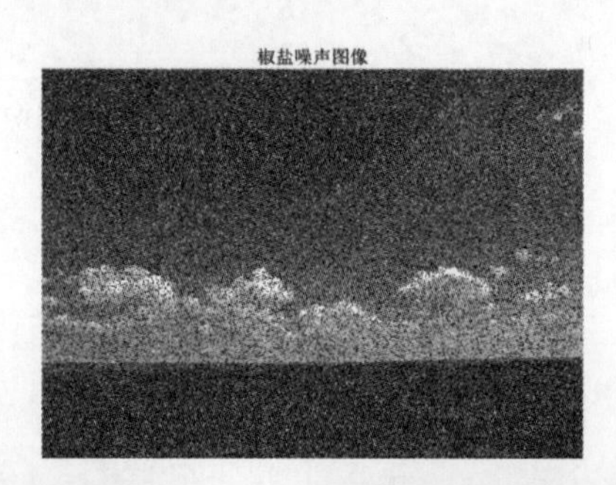

图 11-21　邻域平均滤波效果

2. 中值滤波

中值滤波是基于排序统计理论的一种能有效抑制噪声的非线性信号处理技术，中值滤波的基本原理是把数字图像或数字序列中一点的值，用该点的一个邻域中各点值的中值代替，让其周围的像素值接近的真实值，从而消除孤立的噪声点。

视频讲解

▶【例 11-10】对原图像加入椒盐噪声，并分别采用 3×3、5×5、7×7 的模板进行中值滤波。

输入如下程序命令：

```
img=imread('草原 .jpg');
img_g=rgb2gray(img);
im_noise=imnoise(img_g,'salt & pepper',0.5);
figure(1);
subplot(1,2,1);imshow(img_g);title('原始灰度图像');
subplot(1,2,2);imshow(im_noise);title('椒盐噪声图像');
```

```
im_fit1 =medfilt2(im_noise,[3 3]);
im_fit2 =medfilt2(im_noise,[5 5]);
im_fit3 =medfilt2(im_noise,[7 7]);
figure(2);
subplot(1,3,1);imshow(im_fit1);title('中值滤波 (3*3 模板)');
subplot(1,3,2);imshow(im_fit2);title('中值滤波 (5*5 模板)');
subplot(1,3,3);imshow(im_fit3);title('中值滤波 (7*7 模板)');
```

运行结果如图 11-22 所示。

图 11-22　中值滤波效果

11.4.4　图像锐化

图像锐化的目的是加强图像中景物的边缘和轮廓，突出图像中的细节或增强被模糊了的细节。经过平滑的图像变得模糊的根本原因是因为图像受到了平均或积分运算，因此对其进行逆运算就可以使图像变得清晰，本节主要介绍 Sobel 算子滤波和 Laplacian 算子滤波。

▶【例 11-11】对图像分别进行 Sobel 算子滤波和 Laplacian 算子滤波。

输入如下程序命令：

```
img=imread('girl.png');
img_hui=rgb2gray(img);
h=fspecial('sobel');
im_sobel=filter2(h,img_hui);                    % Sobel 算子对图像进行锐化
figure(1);
imshow(im_sobel);title('Sobel 算子图像锐化');
h1=fspecial('laplacian');
im_la=filter2(h1,img_hui);                      % Laplacian 算子对图像进行锐化
figure(2);
imshow(im_la);title('Laplacian 算子图像锐化');
```

运行结果如图 11-23 所示。

11.4.5　数字图像增强子界面

▶【例 11-12】实现数字图像增强界面设计，主要功能包括图像直接灰度变换、图像直方图均衡、图像平滑和图像锐化处理。图像平滑变换可选择添加的噪声类型，及窗口的大小。

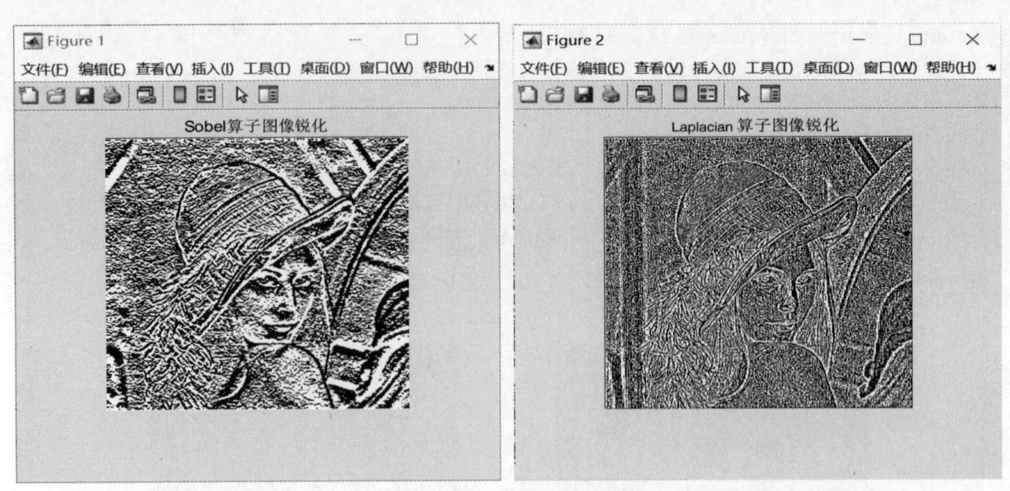

图 11-23　图像锐化效果

第一步：设置布局及属性。添加一个按钮、一个树、两个单选按钮组和 4 个坐标区组件，如图 11-24 所示。

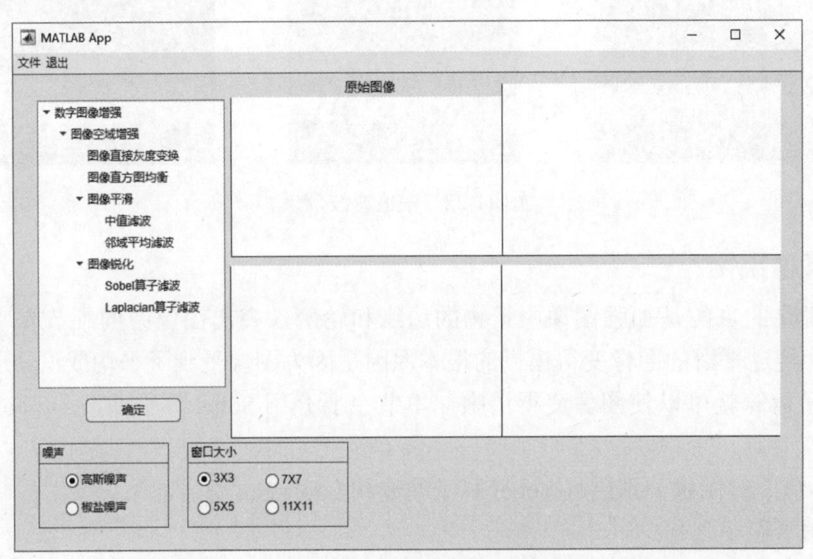

图 11-24　数字图像增强界面布局

第二步：右击按钮，在弹出的快捷菜单中选择【回调】，选择【转至 ButtonPushed 回调】，界面自动跳转到代码视图，在光标定位处，输入如下程序命令：

```
global img;
global ch;
global im_noise;
img_hui=rgb2gray(img);
selectedNodes = app.Tree.SelectedNodes;
switch selectedNodes.Text
    case '数字图像增强'
        msgbox('请选择具体的数字图像增强方法','提示');
    case '图像锐化'
        msgbox('请选择具体的图像锐化方法','提示');
    case '图像平滑'
```

```
            msgbox('请选择具体的图像平滑方法','提示');
        case '图像直接灰度变换'
            imshow(img,'Parent',app.UIAxes_1);
            title(app.UIAxes_1,'原图像','FontSize',13);
            imshow(img_hui,'parent',app.UIAxes_2);
            title(app.UIAxes_2,'rgb2gray() 函数变换','FontSize',13);
            im_zhi=imadjust(img_hui,[0.3 0.5],[0 0.8]);
            imshow(im_zhi,'parent',app.UIAxes_3);
            title(app.UIAxes_3,'图像直接灰度变换','FontSize',13);
        case '图像直方图均衡'
            imshow(img,'Parent',app.UIAxes_1);
            title(app.UIAxes_1,'原图像','FontSize',13);
            imshow(img_hui,'parent',app.UIAxes_2);
            title(app.UIAxes_2,'rgb2gray() 函数变换','FontSize',13);
            im_zf=histeq(img_hui); %直方图均衡化后的灰度图像
            imshow(im_zf,'parent',app.UIAxes_3);
            title(app.UIAxes_3,'直方图均衡化后的图像','FontSize',13);
        case '中值滤波'
            imshow(img_hui,'parent',app.UIAxes_1);
            title(app.UIAxes_1,'rgb2gray() 函数变换','FontSize',13);
            im_fit = medfilt2(im_noise,ch);                 %medfilt2 函数中值滤波
            imshow(im_fit,'parent',app.UIAxes_3);
            title(app.UIAxes_3,'中值滤波','FontSize',13);
        case '邻域平均滤波'
            imshow(img_hui,'parent',app.UIAxes_1);
            title(app.UIAxes_1,'rgb2gray() 函数变换','FontSize',13);
            h = fspecial('average',ch);
            im_fit = imfilter(im_noise,h);                  %imfilter 函数邻域平均滤波
            imshow(im_fit,'parent',app.UIAxes_3);
            title(app.UIAxes_3,'邻域平均滤波','FontSize',13);
        case 'Sobel 算子滤波'
            imshow(img,'Parent',app.UIAxes_1);
            title(app.UIAxes_1,'原图像','FontSize',13);
            imshow(img_hui,'parent',app.UIAxes_2);
            title(app.UIAxes_2,'rgb2gray() 函数变换','FontSize',13);
            h=fspecial('sobel');
            im_sobel=filter2(h,img_hui);                    %Sobel 算子对图像进行锐化
            imshow(im_sobel,'parent',app.UIAxes_3);
            title(app.UIAxes_3,'Sobel 算子对图像锐化结果','FontSize',13);
        case 'Laplacian 算子滤波'
            imshow(img,'Parent',app.UIAxes_1);
            title(app.UIAxes_1,'原图像','FontSize',13);
            imshow(img_hui,'parent',app.UIAxes_2);
            title(app.UIAxes_2,'rgb2gray() 函数变换','FontSize',13);
            h=fspecial('laplacian');
            im_la=filter2(h,img_hui);
            imshow(im_la,'parent',app.UIAxes_3);
            title(app.UIAxes_3,'Laplacian 算子对图像锐化结果','FontSize',13);
    end
```

右击窗口大小单选按钮组，在弹出的快捷菜单中选择【回调】，选择【转至ButtonGroup_2SelectionChanged 回调】，界面自动跳转到代码视图，在光标定位处，输入如下程序命令：

```
global im_noise;
global img;
selectedButton = app.ButtonGroup.SelectedObject;
img_g=rgb2gray(img);                                   % rgb2gray 函数生成灰度图
imshow(img_g,'parent',app.UIAxes_3);
title(app.UIAxes_3,'灰度图','FontSize',13);
if selectedButton.Text=='椒盐噪声'                     % 用户选择噪声类型
    noise='salt & pepper';
    A_text='加入椒盐噪声';
else
    noise='gaussian';
    A_text='加入高斯噪声';
end
im_noise=imnoise(img_g,noise,0.25);                    %imnoise 函数加入所选噪声
imshow(im_noise,'parent',app.UIAxes_2);
title(app.UIAxes_2,A_text,'FontSize',13);
```

右击噪声单选按钮组，在弹出的快捷菜单中选择【回调】，选择【转至ButtonGroup SelectionChanged 回调】，界面自动跳转到代码视图，在光标定位处，输入如下程序命令：

```
selectedButton_2 = app.ButtonGroup_2.SelectedObject;
global ch;
switch selectedButton_2.Text                           % 滤波器窗口尺寸选择
      case '3X3'
         ch=[3 3];
      case '5X5'
         ch=[5 5];
      case '7X7'
         ch=[7 7];
      case '11X11'
         ch=[11 11];
end
```

右击树组件，在弹出的快捷菜单中选择【回调】，选择【转至TreeSelectionChanged 回调】，界面自动跳转到代码视图，在光标定位处，输入如下程序命令：

```
selectedNodes = app.Tree_2.SelectedNodes;
switch selectedNodes.Text
    case '图像直接灰度变换'
      app.ButtonGroup.Enable='off';app.ButtonGroup_2.Enable='off';
    case '图像直方图均衡'
      app.ButtonGroup.Enable='off';app.ButtonGroup_2.Enable='off';
    case '中值滤波'
      app.ButtonGroup.Enable='on';app.ButtonGroup_2.Enable='on';
    case '邻域平均滤波'
      app.ButtonGroup.Enable='on';app.ButtonGroup_2.Enable='on';
    otherwise
```

```
        app.ButtonGroup.Enable='off';app.ButtonGroup_2.Enable='off';
    end
```

运行程序，单击【文件】，选择【获取图像】，选择【图像直接灰度变换】，单击【确定】按钮，运行结果如图 11-25 所示。选择【图像直方图均衡】，单击【确定】按钮，运行结果如图 11-26 所示。

图 11-25　图像直接灰度变换运行结果

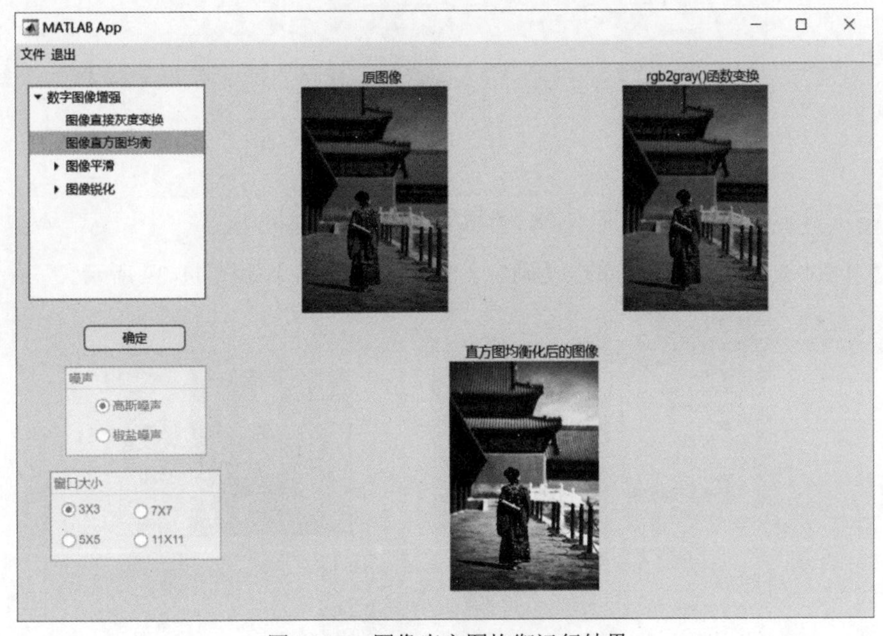

图 11-26　图像直方图均衡运行结果

选择【中值滤波】，选择椒盐噪声类型，选择 5×5 窗口大小，单击【确定】按钮，运行结果如图 11-27 所示。

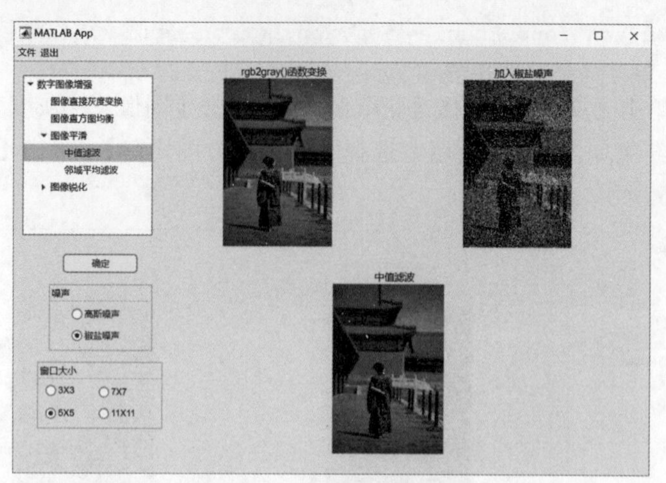

图 11-27　中值滤波运行结果

选择【邻域平均滤波】，选择高斯噪声类型，选择 7×7 窗口大小，单击【确定】按钮，运行结果如图 11-28 所示。

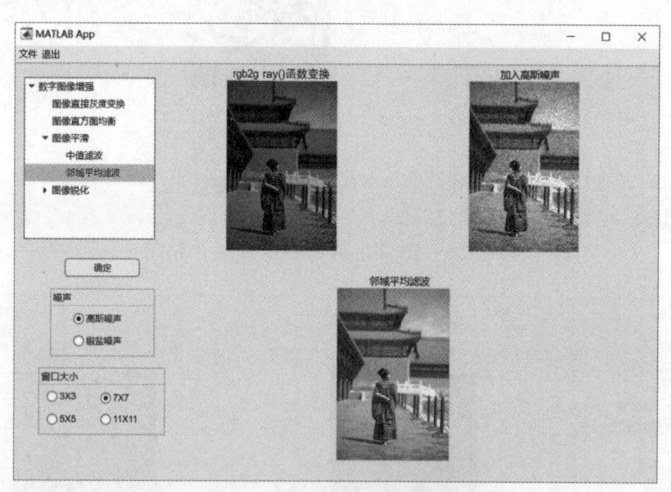

图 11-28　邻域平均滤波运行结果

选择【Sobel 算子滤波】，单击【确定】按钮，运行结果如图 11-29 所示。

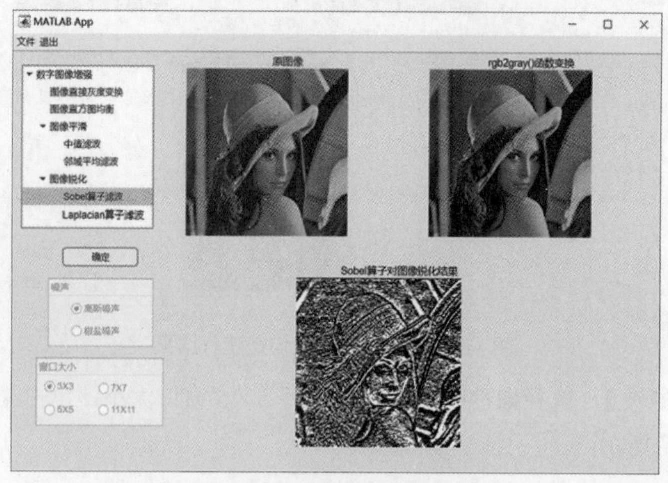

图 11-29　Sobel 算子滤波运行结果

选择【Laplacian 算子滤波】，单击【确定】按钮，运行结果如图 11-30 所示。

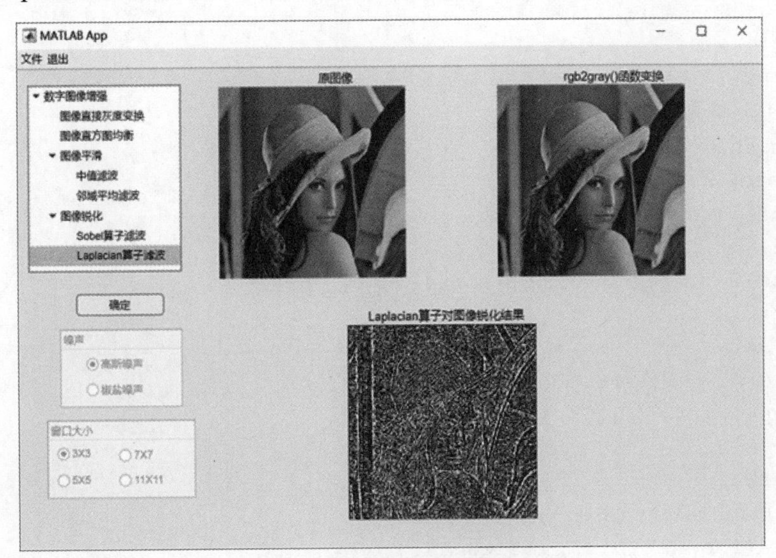

图 11-30　Laplacian 算子滤波运行结果

11.5 图像边缘检测

图像的边缘是图像的基本特征，边缘检测是数字图像处理领域的常用技术之一，被广泛应用于图像特征提取、目标识别、计算机视觉等领域。边缘点是灰度阶跃变化的像素点，即灰度值的导数较大或极大的地方，而边缘检测就是要找到这样的地方。常用的边缘检测算子包括 Sobel、Prewitt、Canny 和 Log 等。

11.5.1 图像边缘检测函数

在 MATLAB 中，函数 edge() 用于图像边缘检测，该函数调用格式如下：

```
BW=edge(I)
BW=edge(I,method)
BW=edge(I,method,threshold)
BW=edge(I,method,threshold,direction)
```

其中，method 取值包括 Sobel、Prewitt、Canny 和 Log 等。direction 指定要检测的边缘的方向，Sobel 和 Prewitt 算法可以检测垂直方向和水平方向的边缘，Roberts 算法可以检测与水平方向呈 45 度角或 135 度角的边缘，即当 method 取值为 Sobel、Prewitt 或 Roberts 时，此语法才有效。

▶【例 11-13】利用 Sobel 边缘检测方法，实现不同阈值不同检测方向的边缘检测。

视频讲解

输入程序命令如下：

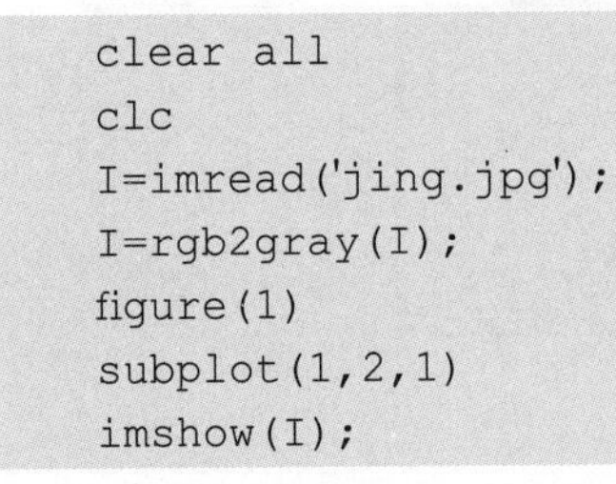

```
clear all
clc
I=imread('jing.jpg');
I=rgb2gray(I);
figure(1)
subplot(1,2,1)
imshow(I);
```

```
title('原始图像');
BW=edge(I,'sobel');
subplot(1,2,2)
imshow(BW);
title('边缘检测')
[BW,thresh]=edge(I,'sobel');
disp('Sobel 算法自动选择的阈值为 :')
disp(thresh);
figure(2)
BW1=edge(I,'sobel',0.03,'horizontal');
subplot(2,2,1)
imshow(BW1);
title('水平方向阈值为 0.03')
BW2=edge(I,'sobel',0.03,'vertical');
subplot(2,2,2)
imshow(BW2)
title('垂直方向阈值为 0.03')
BW3=edge(I,'sobel',0.05,'horizontal');
subplot(2,2,3)
imshow(BW3)
title('水平方向阈值为 0.05')
BW4=edge(I,'sobel',0.05,'vertical');
subplot(2,2,4)
imshow(BW4)
title('垂直方向阈值为 0.05')
```

运行程序，命令行窗口输出结果：

```
Sobel 算法自动选择的阈值为 :
    0.0432
```

程序运行效果如图 11-31 和图 11-32 所示。

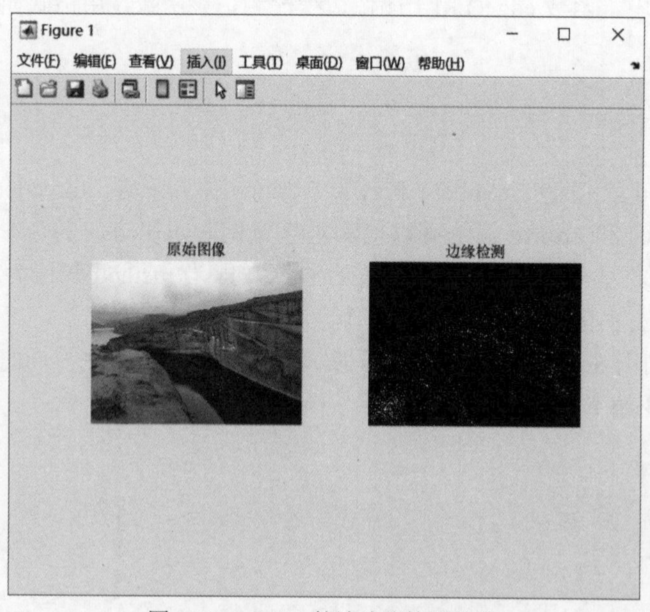

图 11-31　Sobel 算法边缘检测效果

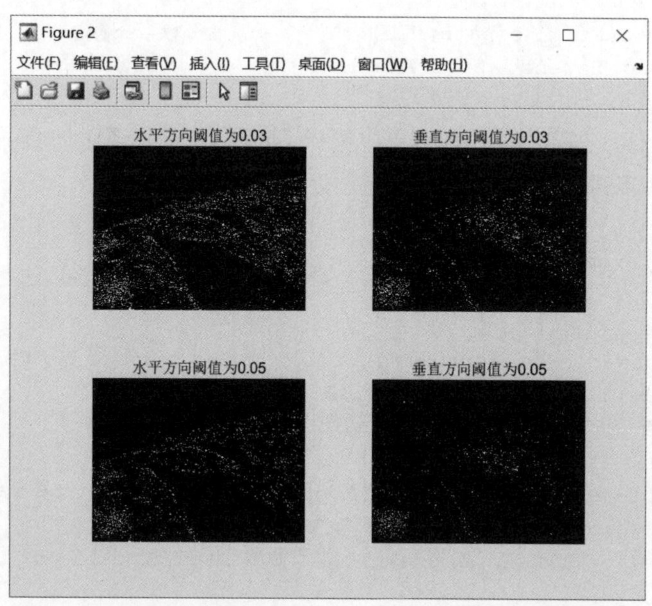

图 11-32　Sobel 算法水平和垂直方向不同阈值边缘检测效果

11.5.2　图像边缘检测界面

▶【例 11-14】图像边缘检测界面，包括 Sobel 检测、Prewitt 检测、Canny 检测和 Log 检测。

视频讲解

第一步：设置布局及属性。添加两个按钮、一个下拉框和两个坐标区组件，如图 11-33 所示。

图 11-33　图像边缘检测界面布局

第二步：右击【选择图像】按钮，在弹出的快捷菜单中选择【回调】，选择【转至 ButtonPushed 回调】，界面自动跳转到代码视图，在光标定位处，输入如下程序命令：

```
global img
[file,path]=uigetfile('*.jpg')
if isequal(file,0)
   disp('User selected Cancel');
else
   disp(['User selected ', fullfile(path,file)]);
```

```
    img=imread(fullfile(path,file));              % 读取图像
    imshow(img,'Parent',app.UIAxes)               % 将图像显示在指定坐标轴
end
```

右击下拉框组件，在弹出的快捷菜单中选择【回调】，选择【添加 DropDownValueChanged 回调】，界面自动跳转到代码视图，在光标定位处，输入如下程序命令：

```
global img
value = app.DropDown.Value;
switch value
    case 'Sobel检测'
        im_sob=edge(rgb2gray(img),'sobel');     % Sobel算子边缘检测
        imshow(im_sob,'parent',app.UIAxes_2);
        title(app.UIAxes_2,'Sobel边缘检测','FontSize',13);
    case 'Prewitt检测'
         im_pre=edge(rgb2gray(img),'prewitt'); % prewitt算子边缘检测
        imshow(im_pre,'parent',app.UIAxes_2)
        title(app.UIAxes_2,'prewitt边缘检测','FontSize',13);
    case 'Canny检测'
        im_can=edge(rgb2gray(img),'canny');     % canny算子边缘检测
        imshow(im_can,'parent',app.UIAxes_2)
        title(app.UIAxes_2,'canny边缘检测','FontSize',13);
    case 'Log检测'
        im_log=edge(rgb2gray(img),'log');       % log算子边缘检测
        imshow(im_log,'parent',app.UIAxes_2)
        title(app.UIAxes_2,'log边缘检测','FontSize',13);
end
```

右击【退出】按钮，在弹出的快捷菜单中选择【回调】，选择【转至 Button_2Pushed 回调】，界面自动跳转到代码视图，在光标定位处，输入如下程序命令：

```
close(app.UIFigure);
run zhujiemian.mlapp;
```

运行程序，单击【选择图像】按钮，运行结果如图 11-34 所示。

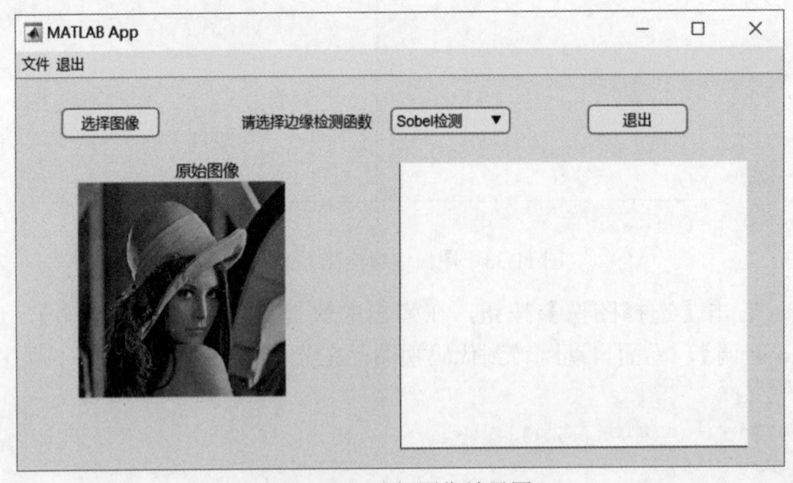

图 11-34　选择图像效果图

单击【请选择边缘检测函数】下拉框，选择 Sobel 检测，运行结果如图 11-35 所示。

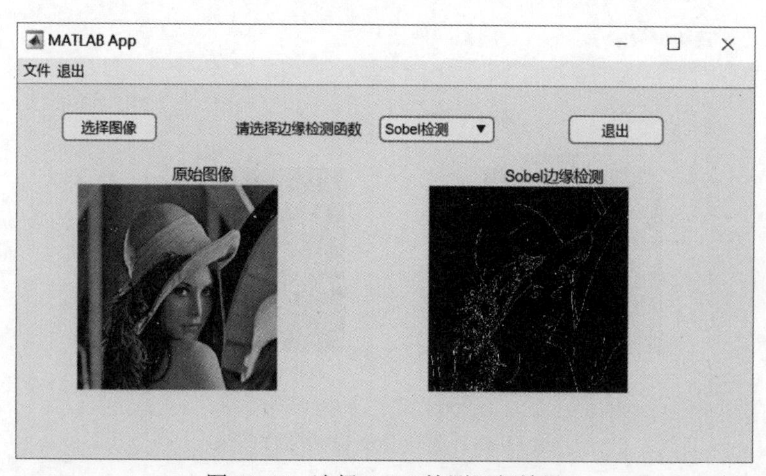

图 11-35 选择 Sobel 检测运行效果

单击【请选择边缘检测函数】下拉框，选择 Prewitt 检测，运行结果如图 11-36 所示。

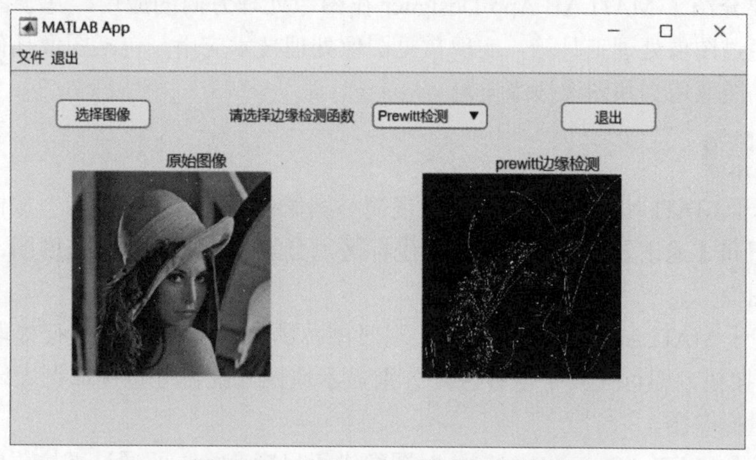

图 11-36 选择 Prewitt 检测运行效果

单击【请选择边缘检测函数】下拉框，选择 Canny 检测，运行结果如图 11-37 所示。

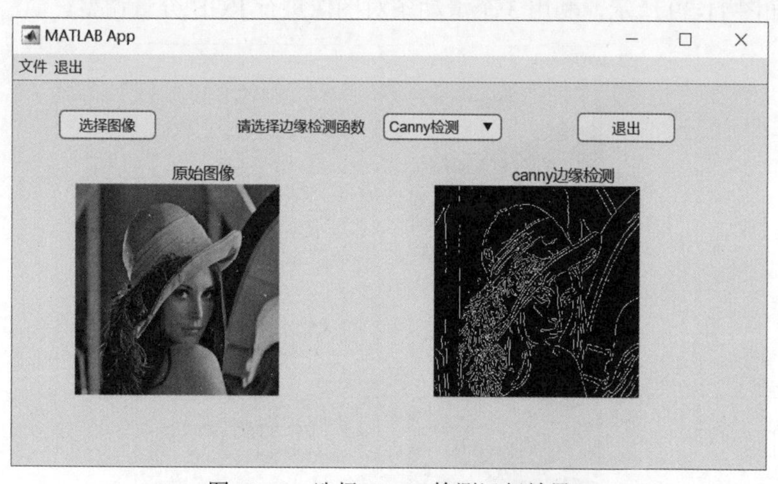

图 11-37 选择 Canny 检测运行效果

单击【请选择边缘检测函数】下拉框，选择 Log 检测，运行结果如图 11-38 所示。

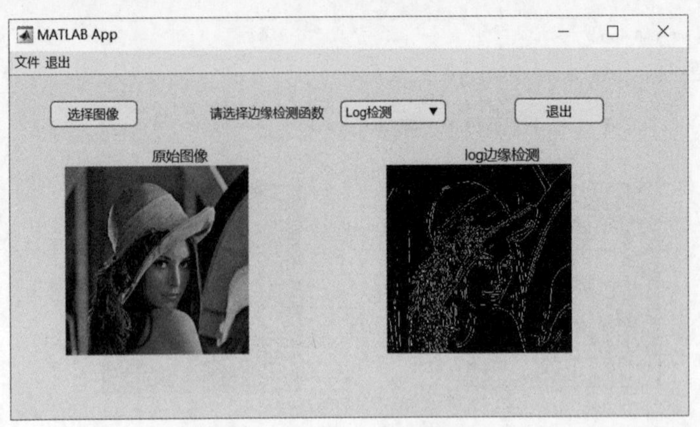

图 11-38 选择 Log 检测运行效果

本章小结

本章主要介绍了 MATLAB App Designer 在图像处理方向的应用，基于图像处理相关理论知识，通过图像处理工具箱，实现常见图像处理技术应用，包括图像几何运算、图像形态学运算、图像增强和图像边缘检测。

习 题

11-1 基于 MATLAB App Designer 实现简易图像处理界面。添加两个按钮分别为【选择图像】按钮和【退出】按钮，添加 4 个坐标区，分别显示原图像、灰度图、二值化图像和边缘检测图像。

11-2 基于 MATLAB App Designer 实现对图片的 RGB 3 种颜色进行提取。通过单击【选择图像】按钮，即可在 4 个坐标区，分别显示原图、红色分量提取图、绿色分量提取图和蓝色分量提取图。

11-3 基于 MATLAB App Designer 对图像进行尺度变换，即通过下拉菜单分别实现图像的平移、水平镜像、垂直镜像、转置和中心旋转。

11-4 如图 11-39 所示，利用 3 个滑动条对图像进行 RGB 分量调整。

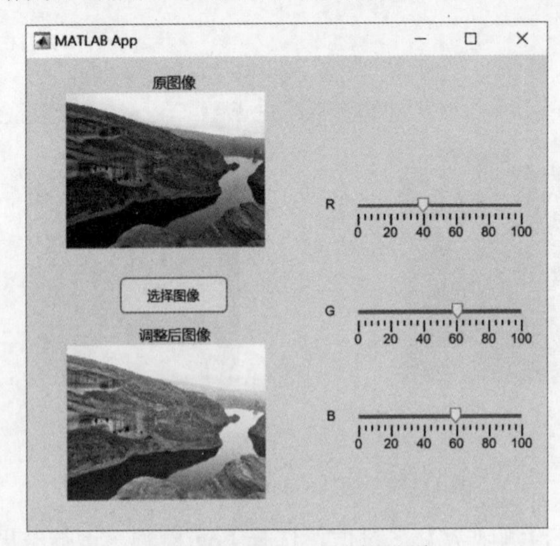

图 11-39 题 11-4 运行界面

第12章

基于 MATLAB App Designer 的通信原理系统

Simulink 是 MATLAB 软件的扩展模块，提供了强大的可视化建模环境，用于仿真、建立和分析动态系统模型，具有图形化建模界面、丰富的模型库、仿真和调试等特性。本章通过 MATLAB App Designer 与 Simulink 交互，两者优势互补，实现基于 MATLAB App Designer 的通信原理系统设计。

本章要点

（1）MATLAB App Designer 与 Simulink 的交互。

（2）通信原理系统总界面设计。

（3）模拟调制解调。

（4）模拟角度调制。

（5）数字基带信号。

（6）二进制数字调制。

学习目标

（1）了解基本模拟调制解调方法。

（2）了解数字基带信号。

（3）了解基本数字调制方法。

（4）掌握 MATLAB App Designer 与 Simulink 的交互方法。

（5）掌握在更多的通信原理实验中应用 MATLAB App Designer 的界面设计方法。

12.1 MATLAB App Designer 与 Simulink 的交互

MATLAB App Designer 与 Simulink 进行交互有以下两种方式：

第一种方式，MATLAB App Designer 通过 load_system 加载 Simulink 模块，并在其控件的回调函数中，通过 set_param 和 get_param 函数设置和获取 Simulink 模块中的相关参数。Simulink 模块回调函数 StartFcn 可以注册监听事件，事件在每个周期都会更新一次，进而实现两者之间的交互通信，如图 12-1 所示。

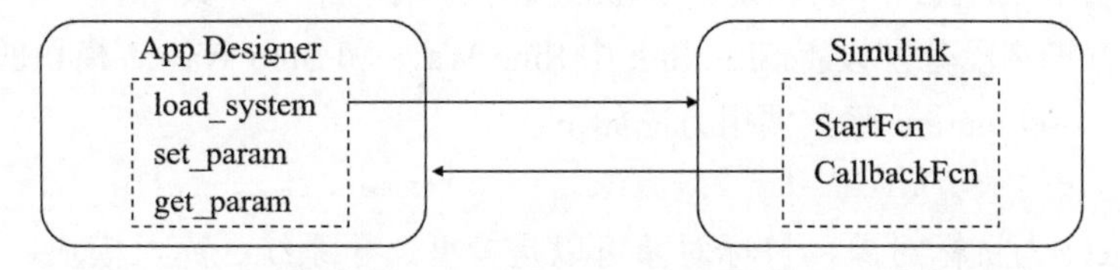

图 12-1　MATLAB App Designer 与 Simulink 交互方式一示意图

第二种方式，与上述方式不同的是，Simulink 将数据存放于工作空间，然后 MATLAB App Designer 从工作空间读取数据。Simulink 可通过添加 To workspace 模块和使用 Scope

示波器模块等方法，将数据导出到工作空间，如图 12-2 所示。

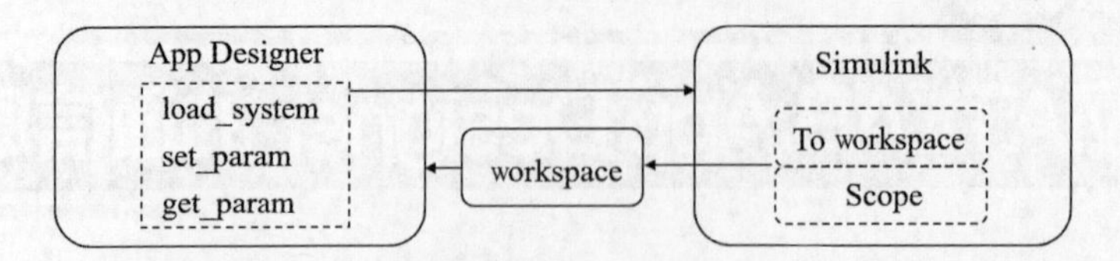

图 12-2　MATLAB App Designer 与 Simulink 交互方式二示意图

本节以第二种方式为例，分别演示如何通过 To workspace 模块和使用 Scope 示波器模块，实现 MATLAB App Designer 与 Simulink 的交互。

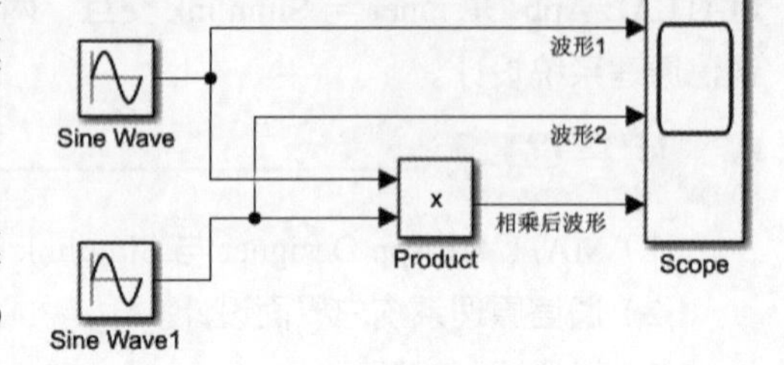

图 12-3　仿真模型

▶【例 12-1】搭建如图 12-3 所示仿真模型，实现将示波器波形显示于 MATLAB App Designer 的坐标区控件上。

第一步：根据需求设计 MATLAB App Designer 界面布局。

添加两个面板、4 个编辑字段（数值）、一个按钮和 3 个坐标区组件，如图 12-4 所示。

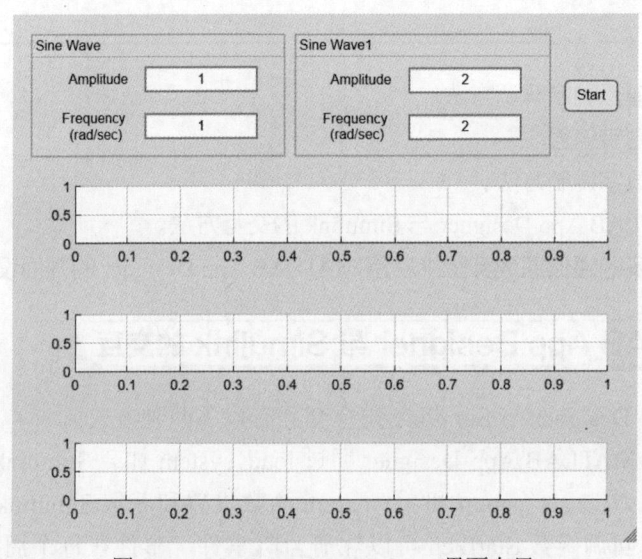

图 12-4　MATLAB App Designer 界面布局

第二步：利用 set_param 函数设置 Simulink 中模块的相关参数

利用 4 个编辑字段分别设置 Simulink 中 Sine Wave 和 Sine Wave1 模块的 Amplitude 和 Frequency 参数，set_param 函数调用方法如下：

```
set_param(object,parameter1,value1,…,parameterN,valueN)
```

其中，object 为目标对象，目标对象可以是模型、子系统、库、模块、信号线、端口或总线元素端口元素。即将目标对象 object 的参数 parameter 设置为指定值 value。

例如，设置文件名为 testsim_model.slx 仿真模型的 Sine Wave 模块中的 Amplitude 参数，将其参数值设置为 MATLAB App Designer 中编辑字段 EditField_A1 的 Value 值，程序

命令如下：

```
A1=app.EditField_A1.Value;
set_param('testsim_model/Sine Wave','Amplitude',num2str(A1));
```

第三步：将 simulink 数据传递给工作空间。

在 simulink 中，双击 scope 模块，打开菜单 view 中的 Configuration Properties 窗口。勾选 logging 中 Log data to workspace 选项，即先把波形信息存入 MATLAB 工作区中，可通过 Variable name 修改数据变量名，默认变量名为 Dataset，例如修改为 aa。若要存成矩阵形式可将 Save format 改为 Array，对于一个在示波器中用多个坐标系显示波形的情况，可将存储形式改为 Structure With Time。

运行 simulink 仿真文件，可在工作空间得到 simulink 仿真模型传递的变量名为 aa 的数据，如图 12-5 所示。

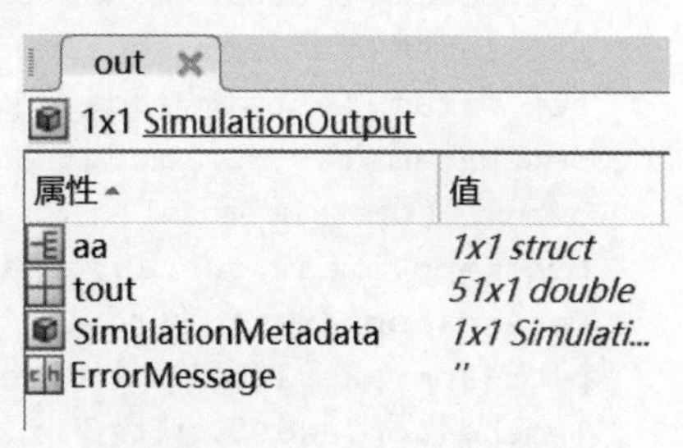

图 12-5 MATLAB 工作空间

在命令行窗口输入如下命令：

```
out.aa
ans =
  包含以下字段的 struct:
         time: [51×1 double]
         signals: [1×3 struct]
         blockName: 'testsim_model/Scope'
out.aa.signals
ans =
  包含以下字段的 1×3 struct 数组：
    values
    dimensions
    label
    title
    plotStyle
out.aa.signals(1)
ans =
  包含以下字段的 struct:
        values: [51×1 double]
        dimensions: 1
         label: '波形 1'
         title: ''
         plotStyle: 0
out.aa.signals(1).values
ans =
         0
    0.1987
    0.3894
......
   -0.5440
```

第四步：MATLAB App Designer 通过工作空间数据绘制波形。

右击【Start】按钮，在弹出的快捷菜单中选择【回调】，选择【添加 StartButtonPushed 回调】，界面自动跳转到代码视图，在光标定位处，输入如下程序命令：

```
load_system('testsim_model');
A1=app.EditField_A1.Value;
A2=app.EditField_A2.Value;
f1=app.EditField_f1.Value;
f2=app.EditField_f2.Value;
set_param('testsim_model/Sine Wave','Amplitude',num2str(A1));
set_param('testsim_model/Sine Wave','Frequency',num2str(f1));
set_param('testsim_model/Sine Wave1','Amplitude',num2str(A2));
set_param('testsim_model/Sine Wave1','Frequency',num2str(f2));
out=sim('testsim_model');                    %simulink 仿真模型名称为 testsim_model.slx
plot(app.axes1,out.aa.time,out.aa.signals(1).values);
legend(app.axes1,'波形 1');
plot(app.axes2,out.aa.time,out.aa.signals(2).values);
legend(app.axes2,'波形 2');
plot(app.axes3,out.aa.time,out.aa.signals(3).values);
legend(app.axes3,'相乘后波形');
```

运行程序，单击【Start】按钮，运行结果如图 12-6 所示，与 Simulink 仿真模型的 Scope 运行结果相同，如图 12-7 所示。

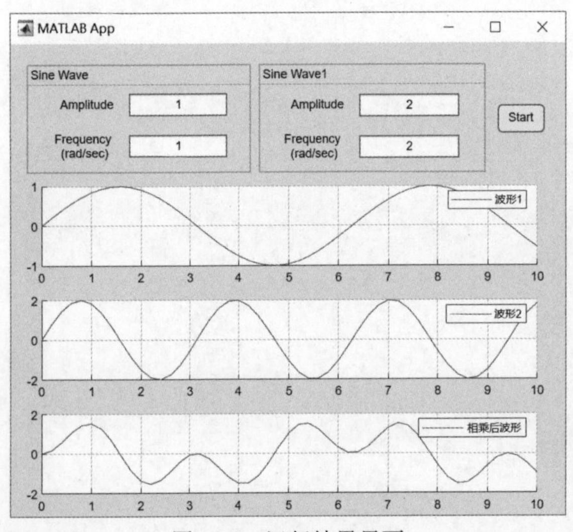

图 12-6　运行结果界面

图 12-7　Scope 显示波形

视频讲解

▶【例 12-2】修改例 12-1，搭建如图 12-8 所示仿真模型，实现将示波器波形显示于 MATLAB App Designer 的坐标区控件上。

与例 12-1 类似，本例借助 To Workspace 模块将数据传递至工作空间。双击 To Workspace 模块，打开如图 12-9 所示窗口，修改 Variable name，例如修改为 s1，即可将波形 1 数据存放于工作空间的 s1 变量中，运行 Simulink 仿真文件后，工作空间出现 s1、s2 和 s3 变量，如图 12-10 所示。

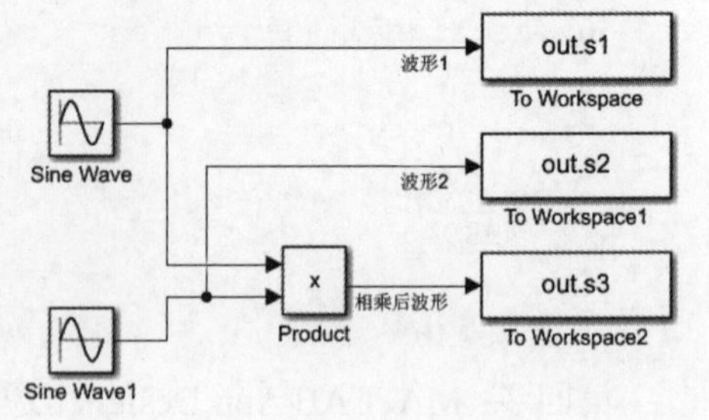

图 12-8　仿真模型

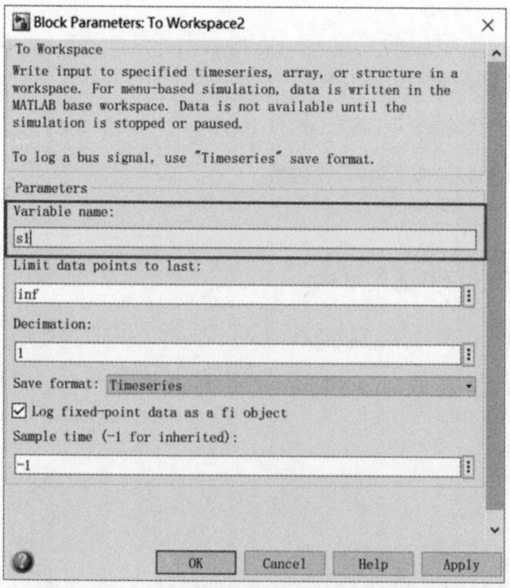

图 12-9　To Workspace 模块参数设置窗口

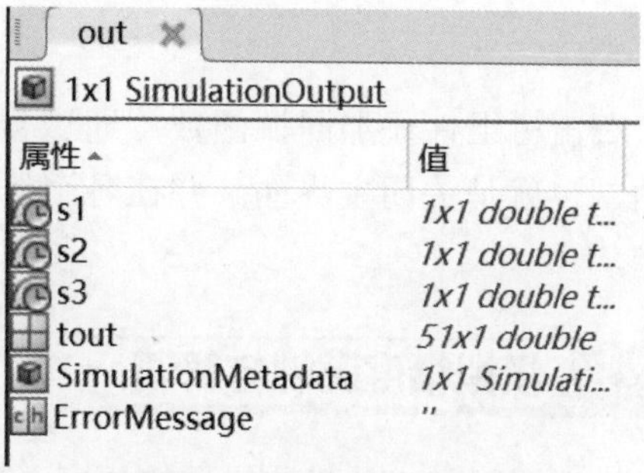

图 12-10　MATLAB 工作空间

回调函数中只需要将例 12-1 中的变量名称修改即可，部分程序命令如下：

```
plot(app.axes1,out.s1.time,out.s1.Data);
legend(app.axes1,'波形 1');
plot(app.axes2,out.s2.Time,out.s2.Data);
legend(app.axes2,'波形 2');
plot(app.axes3,out.s3.Time,out.s3.Data);
legend(app.axes3,'相乘后波形');
```

12.2 基于 MATLAB App Designer 的通信原理系统总界面设计

通信原理系统共分为 4 个模块，包括模拟调制解调、模拟角度调制、数字基带信号和二进制数字调制，采用树组件实现各个模块的子级设置，可通过单击某模块的某选项进入相应的界面，界面布局设计如图 12-11 所示。也可通过菜单栏进入各个子界面，菜单栏设置如图 12-12 所示。

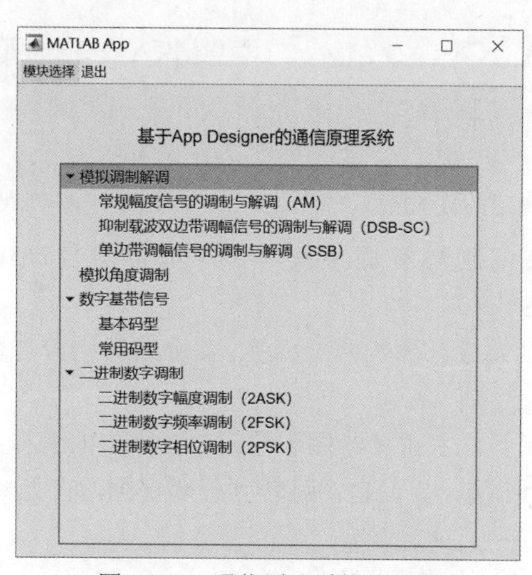

图 12-11　通信原理系统总界面

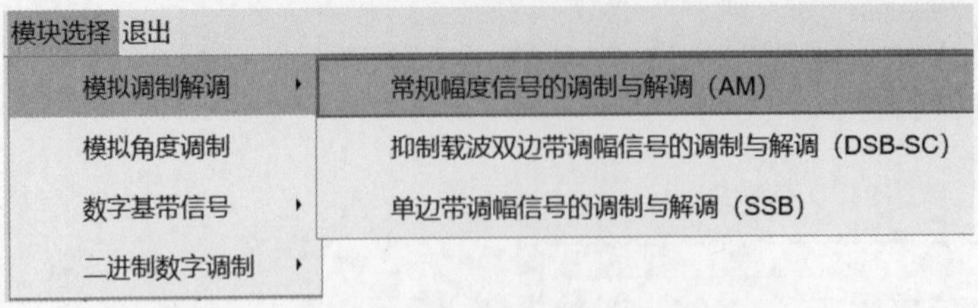

模块选择 退出
模拟调制解调 ▸ 常规幅度信号的调制与解调（AM）
模拟角度调制 抑制载波双边带调幅信号的调制与解调（DSB-SC）
数字基带信号 ▸ 单边带调幅信号的调制与解调（SSB）
二进制数字调制 ▸

图 12-12　通信原理系统总界面菜单栏

右击树组件添加回调函数，通过 switch 语句实现跳转到各个子界面，同时关闭当前界面，也就是关闭主界面。并在各个子界面设置菜单项，实现从子界面跳转到主界面的功能。

12.3 模拟幅度调制与解调

模拟调制方式是载波信号的幅度、频率或相位随着欲传输的调制信号（基带信号）的变化而相应发生变化的调制方式。幅度调制是载波的幅度随调制信号作线性变化的过程。幅度调制包括常规幅度调制（AM）、双边带调制（DSB）和单边带调制（SSB），所得的已调信号分别称为调幅信号、双边带信号和单边带信号。

12.3.1 调幅信号及其解调

在线性调制中，最先应用的一种幅度调制是常规双边带幅度调制，简称调幅（AM）。调幅信号的幅度与调制信号成线性，其时域表示式为：

$$s_{AM}(t)=[A_0+m(t)]\cos\omega_c t=A_0\cos\omega_c t+m(t)\cos\omega_c t \tag{12-1}$$

式（12-1）中，A_0 为外加直流分量，$m(t)$ 是调制信号，ω_c 是载波角频率。AM 信号的数学模型如图 12-13 所示。

AM 信号的解调可采用相干解调法或包络检波法实现。AM 信号的相关解调模型如图 12-14 所示。在包络检波法中，为了不失真地恢复出基带信号 $m(t)$，要求 $|m(t)|_{max} \leqslant A_0$，否则就会产生"过调幅"现象。

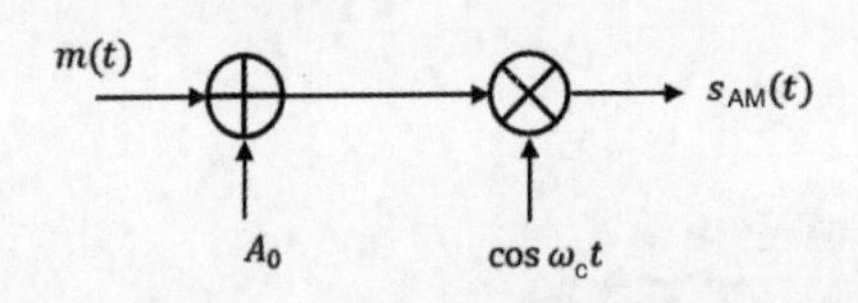

图 12-13　AM 信号的数学模型

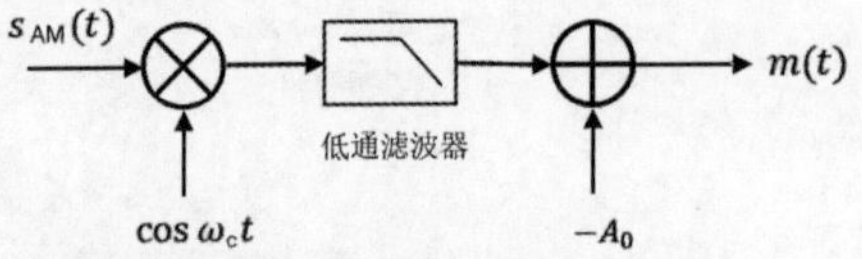

$s_{AM}(t)$　低通滤波器　$m(t)$　$\cos\omega_c t$　$-A_0$

图 12-14　AM 信号的解调模型

视频讲解

▶【例 12-3】实现 AM 调制与解调系统，其中基带信号 $m(t)_2=\cos2000\pi t$，载波频率 f_c=10kHz，直流偏移 A_0=3V。

第一步：设置布局及属性。添加两个标签、4 个编辑字段（数值）、两个按钮和 3 个坐标区。

第二步：添加回调函数。右击【绘图】按钮，在弹出的快捷菜单中选择【回调】，选择【添加 ButtonPushed 回调】，界面自动跳转到代码视图，在光标定位处，输入如下程序命令：

```
Am=app.A_mEditField.Value;
```

```
fm=app.wmEditField.Value;
fc=app.wcEditField.Value;
A0=app.A_0EditField.Value;
Fs=10*fc;
h=1/Fs;                                  % 采样频率，仿真步长
T=10/fm;                                 % 仿真运行时间
t=0:h:T;
m = Am*cos(2*pi*fm*t);                   % 基带信号
c = cos(2*pi*fc*t);                      % 载波
s=(A0+m).*c;                             % AM 信号（点乘）
plot(app.UIAxes,t,m,'--r',t,c,'k');
legend(app.UIAxes,'基带信号','载波');
plot(app.UIAxes_2,t,s,"Color",'r');
legend(app.UIAxes_2,'AM 信号');
%% 解调
x=s.*c;                                  % 相乘
[b,a]=butter(2,[2*pi*200,2*pi*fm]/Fs/pi);
y=filter(b,a,x);                         % 滤波
plot(app.UIAxes_3,t,y,'m');
xlabel(app.UIAxes_3,'时间/s');legend(app.UIAxes_3,'相干解调输出');
```

右击【重置】按钮，在弹出的快捷菜单中选择【回调】，选择【添加 Button_2Pushed 回调】，界面自动跳转到代码视图，在光标定位处，输入如下程序命令：

```
app.A_0EditField.Value=0;
app.wcEditField.Value=0;
app.wmEditField.Value=0;
app.A_mEditField.Value=0;
delete(allchild(app.UIAxes_3));
delete(allchild(app.UIAxes_2));
delete(allchild(app.UIAxes));
```

运行程序，单击【绘图】按钮，运行结果如图 12-15 所示。

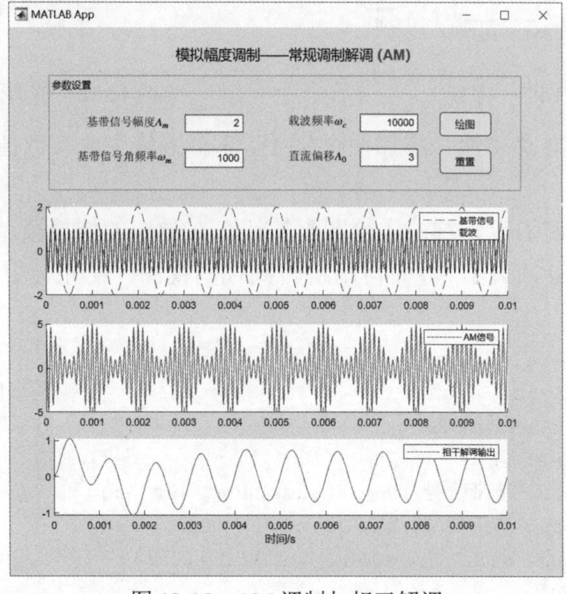

图 12-15　AM 调制与相干解调

12.3.2 双边带抑制载波信号的调制与解调

为了节约发射功率，多数应用中采用双边带抑制载波（DSB-SC）调制信号，简称双边带（DSB）信号。其时域表示式为

$$s_{\mathrm{DSB}}(t)=m(t)\cos 2\pi f_{\mathrm{c}}t \tag{12-2}$$

假设调制信号 $m(t)$ 是确知信号，DSB 信号的频域表示为

$$s_{\mathrm{DSB}}(f)=\frac{1}{2}[M(f+f_{\mathrm{c}})+M(f-f_{\mathrm{c}})] \tag{12-3}$$

其中，$M(f)$ 是 $m(t)$ 的频谱，接收端采用相干解调，解调信号可以表示为

$$r(t)=s_{\mathrm{DSB}}(t)\cos 2\pi f_{\mathrm{c}}t=\frac{1}{2}m(t)+\frac{1}{2}m(t)\cos 2\pi f_{\mathrm{c}}t \tag{12-4}$$

用低通滤波器滤除高频分量，即可恢复出原始信号。

▶【例 12-4】利用 Simulink 搭建如图 12-16 所示仿真模型，对 DSB 信号调制解调过程进行仿真，并将结果显示于 MATLAB App Designer 的坐标区控件上。

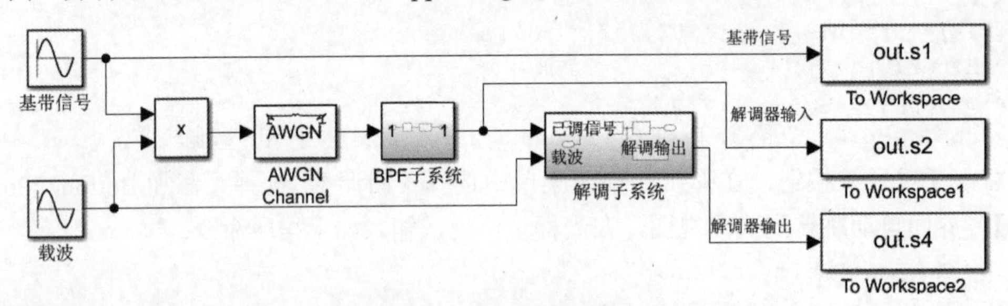

图 12-16　DSB 调制解调系统

其中 BPF 子系统如图 12-17 所示，解调子系统如图 12-18 所示。

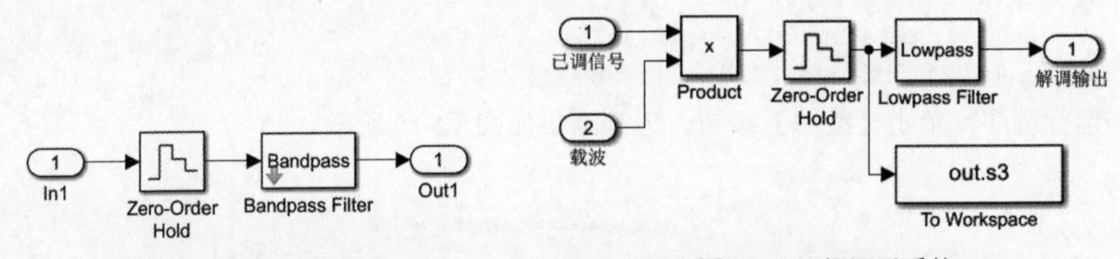

图 12-17　BPF 子系统　　　　图 12-18　解调子系统

第一步：设置布局及属性。添加两个标签、3 个编辑字段（数值）、一个按钮和 4 个坐标区。

第二步：添加回调函数。右击【绘图】按钮，在弹出的快捷菜单中选择【回调】，选择【添加 ButtonPushed 回调】，界面自动跳转到代码视图，在光标定位处，输入如下程序命令：

```
Am=app.A_mEditField.Value;
fm=app.wmEditField.Value;                              %基带信号频率
fc=app.wcEditField.Value;                              %载波频率
load_system('DSBsim');
set_param('DSBsim/基带信号','Amplitude',num2str(Am));
set_param('DSBsim/基带信号','Frequency',num2str(fm));
set_param('DSBsim/载波','Frequency',num2str(fc));
out=sim('DSBsim');
```

```
t=out.tout;
s1_d=out.s1.Data;
s2_d=out.s2.Data;
s3_d=out.s3.Data;
s4_d=out.s4.Data;
plot(app.UIAxes,t,s1_d);
plot(app.UIAxes_2,t,s2_d);
plot(app.UIAxes_3,t,s3_d);
i_max= size(s4_d, 3);
result = [];                         % 创建空的一维数组
for i = 1:i_max
    s = s4_d(:,:,i);
    result = [result s(:)'];         % 矩阵 s 展开成行向量，并添加到 result 末尾
end
plot(app.UIAxes_4,t,result);
```

运行程序，单击【绘图】按钮，运行结果如图 12-19 所示。

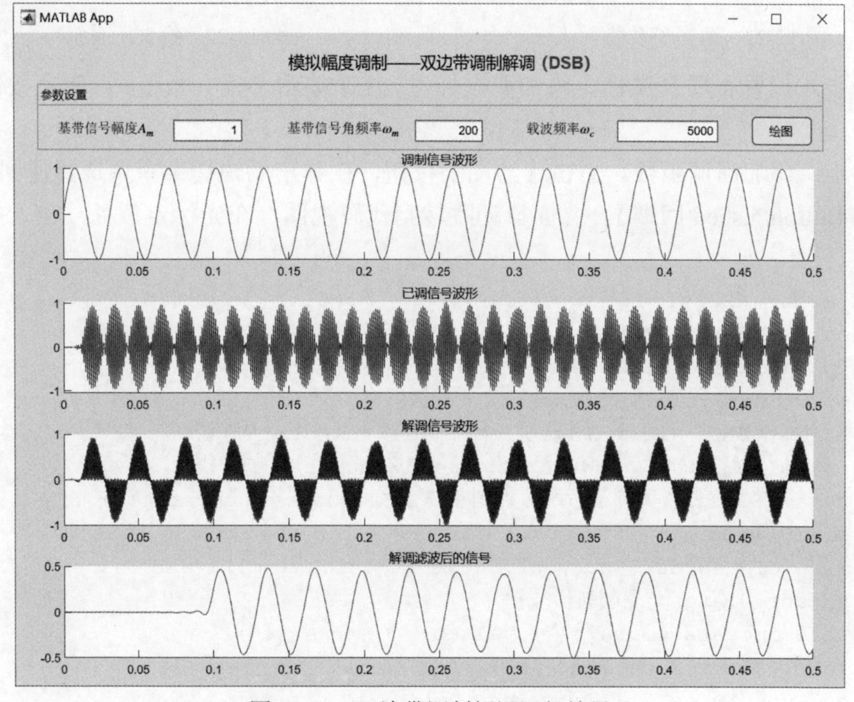

图 12-19　双边带调制解调运行结果

12.3.3　单边带信号的调制与解调

在 AM 信号和 DSB 信号中，都含有上下两个边带，这两个边带分别是由基带信号中的正负频率部分搬移到载频位置而得到的，而在实际系统中，其频谱的正负频率部分完全对称，因此，考虑在调制传输时，可以只传输其中的一个边带，也就是单边带（SSB）调制。

利用滤波器将 DSB 信号中的一个边带滤除，而保留另一个边带，即可得到单边带信号。如果采用低通滤波器，得到的 SSB 信号只包含下边带，称为下边带（LSB）调制。如果采用高通滤波器，得到的 SSB 信号只包含上边带，称为上边带（USB）调制。

视频讲解

▶【例 12-5】利用 Simulink 搭建如图 12-20 所示仿真模型，对 SSB 信号调制解调过程进行仿真，并将结果显示于 MATLAB App Designer 的坐标区控件上。

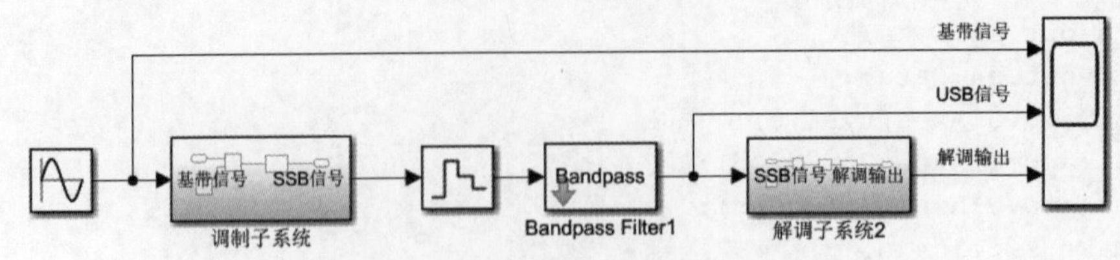

图 12-20　SSB 调制解调系统

其中调制子系统如图 12-21 所示，解调子系统如图 12-22 所示。

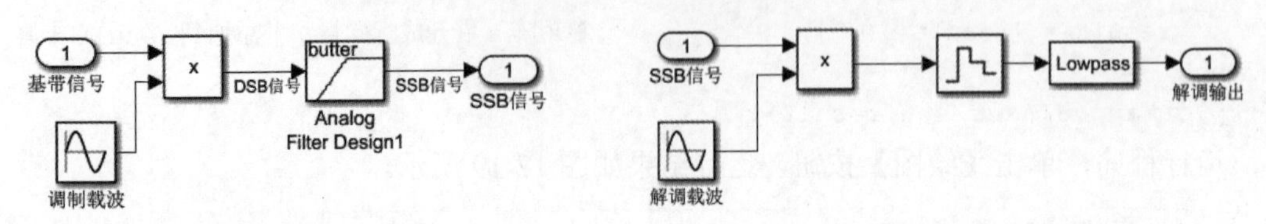

图 12-21　调制子系统　　　　图 12-22　解调子系统

第一步：设置布局及属性。添加两个标签、3 个编辑字段（数值）、两个按钮和 4个坐标区。

第二步：添加回调函数。右击【绘图】按钮，在弹出的快捷菜单中选择【回调】，选择【添加 ButtonPushed 回调】，界面自动跳转到代码视图，在光标定位处，输入如下程序命令：

```
load_system('SSBsim');
Am=app.A_mEditField.Value;
fm=app.wmEditField.Value;          % 基带信号频率
fc=app.wcEditField.Value;          % 载波频率
set_param('SSBsim/Sine Wave','Amplitude',num2str(Am));
set_param('SSBsim/Sine Wave','Frequency',num2str(fm));
set_param('SSBsim/ 调制子系统 / 调制载波 ','Frequency',num2str(fc));
out=sim('SSBsim');
plot(app.UIAxes,out.tout,out.ScopeData.signals(1).values);
legend(app.UIAxes,' 调制波形 ');
s1=out.ScopeData.signals(2).values;
plot(app.UIAxes_2,out.tout,s1);
legend(app.UIAxes_2,'USB 信号 ');
s2=reshape(out.ScopeData.signals(3).values,[],1);
plot(app.UIAxes_3,out.ScopeData.time,s2);
legend(app.UIAxes_3,' 解调波形 ');
%%fft 运算
N1=length(s1);N2=length(s2);
X1=fft(s1);X2=fft(s2);
f1=(-N1/2:N1/2-1)*(1/N2);f2=(-N2/2:N2/2-1)*(1/N2);
Xshifted1 = fftshift(X1);Xshifted2 = fftshift(X2);
plot(app.UIAxes_4,f1,abs(Xshifted1),'r',f2,abs(Xshifted2),'k');
legend(app.UIAxes_4,'USB 信号频谱 ',' 解调波形频谱 ');
```

运行程序，单击【绘图】，运行结果如图 12-23 所示。

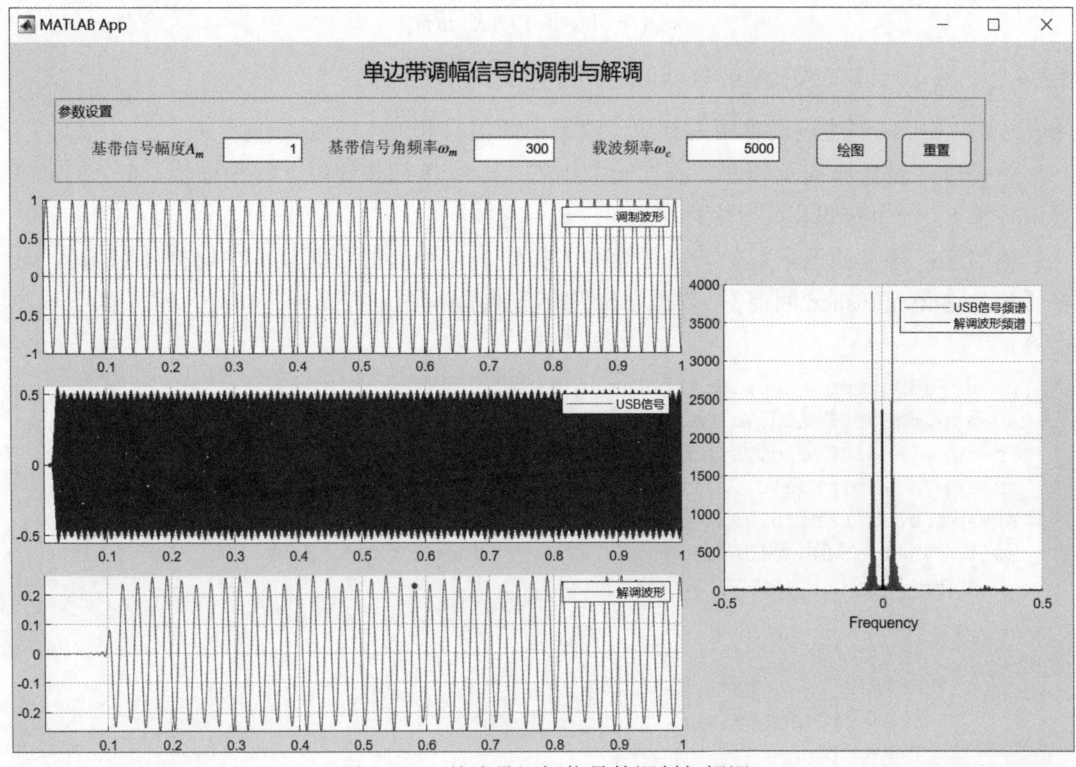

图 12-23　单边带调幅信号的调制与解调

12.4 模拟角度调制

角度调制是频率调制（FM）和相位调制（PM）的统称。

12.4.1　调频信号

当正弦载波的频率变化与输入基带信号幅度的变化呈线性关系时，就构成了频率调制（FM），简称调频，FM 信号可以写为

$$s_{FM}(t)=A\cos[2\pi f_c t+2\pi K_i \int_{-\infty}^{t} m(\tau)\mathrm{d}\tau] \tag{12-5}$$

该信号的瞬时相位为

$$\varphi(t)=2\pi f_c t+2\pi K_i \int_{-\infty}^{t} m(\tau)\mathrm{d}\tau \tag{12-6}$$

瞬时频率为

$$\frac{1}{2\pi}\frac{\mathrm{d}\varphi}{\mathrm{d}t}=f_c t+K_i m(t) \tag{12-7}$$

因此，调频信号的瞬时频率与输入信号呈线性关系，K_i 称为调频灵敏度。

12.4.2　调相信号

当瞬时相位偏移随调制信号 $m(t)$ 作线性变化时，这种调制方式称为相位调制（PM），简称调相，此时瞬时相位偏移表达式为

$$\varphi(t)=K_p m(t) \tag{12-8}$$

式（12-8）中，K_p 称为相移指数，含义是单位调制信号幅度引起调相信号的相位偏移量，单位是 rad/V，调相信号为：

$$s_{\mathrm{FM}}(t)=A\cos[\omega_{\mathrm{c}}t+K_{\mathrm{p}}m(t)] \tag{12-9}$$

12.4.3 基于 MATLAB App Designer 的模拟角度调制

视频讲解

▶【例 12-6】实现通过调整相关参数，绘制 FM 信号和 PM 信号。

第一步：设置布局及属性。添加一个标签、一个单选按钮组、一个面板、4 个编辑字段（数值）、一个按钮和两个坐标区。

第二步：添加回调函数。右击【绘图】按钮，在弹出的快捷菜单中选择【回调】，选择【添加 ButtonPushed 回调】，界面自动跳转到代码视图，在光标定位处，输入如下程序命令：

```
selectedButton = app.ButtonGroup.SelectedObject;
fc=app.fcEditField.Value;
fm=app.fmEditField.Value;
Am=app.A_mEditField.Value;
Kf=app.kfEditField.Value;
switch selectedButton.Text
    case '调频信号 (FM)'
        T=5;
        dt=0.001;
        t=0:dt:T;
        mt=cos(2*pi*fm*t);
        A=sqrt(2);
        mti=1/2/pi/fm*sin(2*pi*fm*t);           %mt 的积分
        st=A*cos(2*pi*fc*t+2*pi*Kf*mti);        %FM
        plot(app.UIAxes,t,mt,'-k');
        legend(app.UIAxes,'调制信号');
        plot(app.UIAxes_2,t,st,'-m');
        legend(app.UIAxes_2,'调频信号');
    case '调相信号 (PM)'
        t0=1;
        ts=0.001;
        t=[-t0/2:ts:t0/2];
        m=Am*cos(2*pi*fm*t);                    %调制信号
        int_m(1)=0;
        for i=1:length(t)-1
            int_m(i+1)=int_m(i)+m(i)*ts;
        end
        u=cos(2*pi*fc*t+2*pi*Kf*int_m);         %PM
        plot(app.UIAxes,t,m,'-k');
        legend(app.UIAxes,'调制信号');
        plot(app.UIAxes_2,t,u);
        legend(app.UIAxes_2,'调相信号');
end
```

运行程序命令，选择单选按钮【调频信号】，单击【绘图】按钮，运行结果如图 12-24 所示。选择单选按钮【调相信号】，单击【绘图】按钮，运行结果如图 12-25 所示。

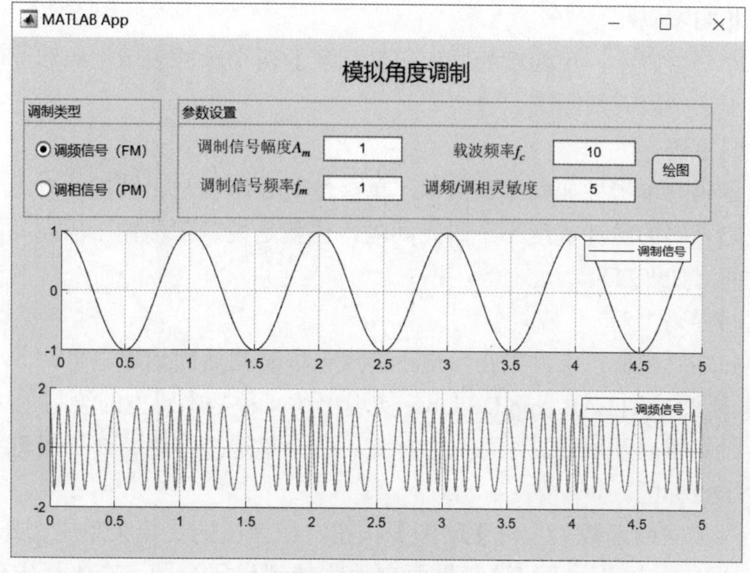

图 12-24　调频信号

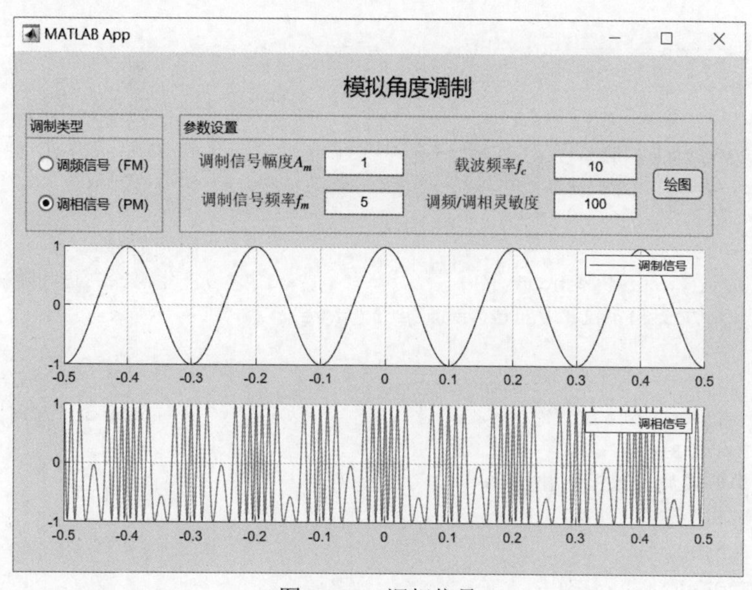

图 12-25　调相信号

12.5 数字基带信号

12.5.1 基本码型

在数字电路系统中，数字代码 1 和 0 的基本表示方法是用标准矩形脉冲的高、低电平或正、负电平表示，根据具体波形特点和表示形式可以分为单极性、双极性、归零（return-to-zero，RZ）码和非归零（non-return-to zero，NRZ）码等。

1. 单极性非归零码

单极性非归零码，用高电平脉冲表示数字代码中的 1 码用“0”电平脉冲表示数字代码中的 0 码，并且每个脉冲都持续一个码元间隔 T_s。

2. **双极性非归零码**

在双极性非归零码中，用幅度相同但极性相反的两个脉冲表示 1 码和 0 码，并且各脉冲的宽度都等于一个码元间隔 T_s。

3. **单极性归零码**

单极性归零码与单极性非归零码类似，单极性归零码也是用脉冲的有无表示信息，不同的是单极性归零码的脉冲宽度小于码元间隔，也就是说，在传输 1 码期间，高电平脉冲只持续一段时间（如 $T_s/2$）。

4. **双极性归零码**

与单极性归零码类似，脉冲的正负电平持续一段时间后回到零电平。

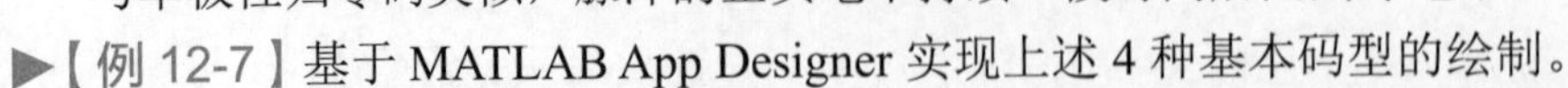
▶【例 12-7】基于 MATLAB App Designer 实现上述 4 种基本码型的绘制。

第一步：设置布局及属性。添加一个标签、一个单选按钮组、一个编辑字段（数值）、两个按钮和 4 个坐标区。

第二步：添加回调函数。右击【绘图】按钮，在弹出的快捷菜单中选择【回调】，选择【添加 Button_huituPushed 回调】，界面自动跳转到代码视图，在光标定位处，输入如下程序命令：

```
selectedButton = app.ButtonGroup.SelectedObject;
switch selectedButton.Text
   case '自行键入'
        wave=str2num(app.EditField.Value);          %获取输入的原始代码
        M=length(wave);                             %获取码元数
   case '随机生成'
        M=10;                                       %码元数 M
        wave=round(rand(1,M));                      %产生 M 个二进制随机码
        app.EditField.Value=num2str(wave);
end
Ts=1;
L=100;dt=Ts/L;TotalT=M*Ts;                          %采样间隔 dt，总时间 TotalT
t=0:dt:TotalT-dt;
%%单极性非归零波（单极性 NRZ 码）
fz=ones(1,L);
x1=wave(fz,:);
dnrz=reshape(x1,1,L*M);
plot(app.UIAxes_D_NRZ,t, dnrz);legend(app.UIAxes_D_NRZ,'单极性 NRZ 码');
%%单极性归零波（单极性 RZ 码）
N=M*L;                                              %总点数
zkb=0.5;                                            %占空比
drz=zeros(1,N);
for i=1:zkb*L
   drz(i+[0:M-1]*L)=wave;
end
plot(app.UIAxes_D_RZ,t, drz);legend(app.UIAxes_D_RZ,'单极性 RZ 码');
%%双极性非归零波（双极性 NRZ 码）
snrz=dnrz*2-1;                                  %单极性 NRZ 码转换双极性 NRZ 码
plot(app.UIAxes_S_NRZ,t,snrz);legend(app.UIAxes_S_NRZ,'双极性 NRZ 码');
%%双极性归零波（双极性 RZ 码）
```

```
srz=zeros(1,N);
for i=1:zkb*L
    srz(i+[0:M-1]*L)=snrz(i+[0:M-1]*L);        %双极性NRZ码转换双极性RZ码
end
plot(app.UIAxes_S_RZ,t,srz);legend(app.UIAxes_S_RZ,'双极性RZ码');
```

右击单选按钮组组件，在弹出的快捷菜单中选择【回调】，选择【转至 ButtonGroupSelectionChanged 回调】，界面自动跳转到代码视图，在光标定位处，输入如下程序命令：

```
selectedButton = app.ButtonGroup.SelectedObject;
switch selectedButton.Text
   case '自行键入'
        app.EditField.Value='';
        app.EditField.Enable='on';
   case '随机生成'
        app.EditField.Value='';
        app.EditField.Enable='off';
end
```

运行程序命令，选择【自行键入】单选按钮，输入序列“1 1 0 0 1 1 1 0 0 1 1 0”，单击【绘图】按钮，运行结果如图 12-26 所示。

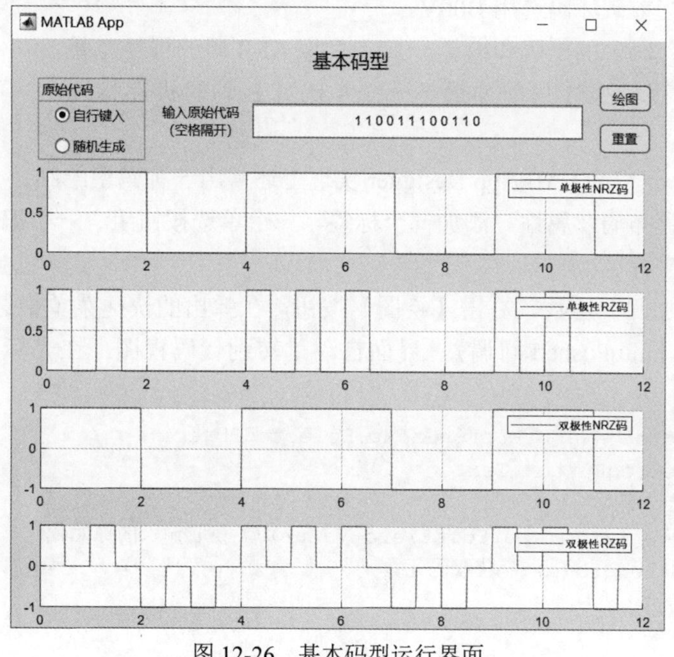

图 12-26　基本码型运行界面

12.5.2　常用码型

在基带信号传输时，不同传输媒介具有不同的传输特性，需要使用不同的接口线路码型（传输码），下面介绍常用的几种传输码。

1. 数字双相码

数字双相码又称为曼彻斯特码，这种码型中，用宽度等于码元间隔 T_s、相位完全相反的两个方波分别表示数字信息中的 1 码和 0 码，两个方波都是双极性脉冲。

2. 密勒码

在密勒码中，1 码用码元间隔中间的正跳变或负跳变表示，码元的起始边界上无跳变，0 码用宽度等于一个码元间隔的正负电平表示，连续 0 码，则在后续 0 码的每个起始边界上跳变一次。

3. 传号反转码

在传号反转（Coded Mark Inversion，CMI）码中，1 码交替地用宽度等于码元间隔 T_s 的正、负电平表示，称为传号，而 0 码固定用码元间隔中间的正跳变表示，称为空号。

4. 传号交替反转码（AMI）

传号交替反转码也称为 AMI 码，其 0 码用零电平表示，1 码用正、负脉冲交替表示。

5. HDB_n 码

HDB_n 码是 n 阶高密度双极性码的简称，当信息代码中连 0 码个数小于 n 时，1 码用正负脉冲交替表示，当连 0 码个数大于 n 时，将每 n+1 个连 0 码串的最后一个 0 码编码为前一非零码同极性的正脉冲或负脉冲，该脉冲称为破坏码或 V 码。其中 HDB_3 码是 AMI 码的改进码，其编码规则如下。

（1）原始代码中每 4 个连续 0 码用取代节 B00V 或 000V 代替，其中 V 码为破坏码。

（2）当前一个破坏码后有奇数个 1 码时，当前破坏码选用 000V，当前一个破坏码后偶数个 1 码时，当前破坏码选用 B00V。

（3）将原始代码中的 1 码和 B 码一起作类似 AMI 码的极性交替。

（4）所有 V 码的极性与前面最近一个 1 码或 B 码的极性相同，从而破坏极性交替规律。

视频讲解

▶【例 12-8】基于 MATLAB App Designer 实现上述常用 5 种码型绘制。

第一步：设置布局及属性。添加一个标签、一个单选按钮组、一个编辑字段（数值）、两个按钮和 5 个坐标区。

第二步：添加回调函数。右击【绘图】按钮，在弹出的快捷菜单中选择【回调】，选择【添加 Button_huituPushed 回调】，界面自动跳转到代码视图，在光标定位处，输入如下程序命令：

```
selectedButton = app.ButtonGroup.SelectedObject;
switch selectedButton.Text
    case '自行键入'
        m=str2num(app.EditField.Value);% 获取输入的原始代码
        M=length(m);% 获取码元数
    case '随机生成'
        M=10;                    % 码元数 M
        m=round(rand(1,M));   % 产生 M 个二进制随机码
        app.EditField.Value=num2str(m);
end
Ts=1;    % 码元数 M
L=100;
dt=Ts/L;
TotalT=M*Ts; % 采样间隔 dt，总时间 TotalT
t=0:dt:TotalT-dt;
down_pulse = zeros(L,1)-1;
```

```
down_pulse(1:L/2) = ones(L/2, 1);
up_pulse = flipud(down_pulse);
% 数字双相码（曼彻斯特码）
m_tmp = [m,~m]';
m1= m_tmp(:);
s1= filter(ones(L/2,1),1,upsample(m1*2-1,L/2));
plot(app.UIAxes_D_NRZ_man,t,s1);
legend(app.UIAxes_D_NRZ_man,'曼彻斯特码');
% 密勒码
bph = [m,~m]';
bph = bph(:);
m2 = zeros(M*2,1);
tmp = 0;
for i = 1:M*2
    if isequal([tmp,bph(i)], [1,0])
        m2(i) = ~m2(i-1);
    else
        if i==1
            m2(i) = tmp;
        else
            m2(i) = m2(i-1);
        end
    end
    tmp = bph(i);
end
s2=filter(ones(L/2,1),1,upsample(m2*2-1,L/2));
plot(app.UIAxes_D_NRZ_mile,t,s2);
legend(app.UIAxes_D_NRZ_mile,'密勒码');
% 信号反转码 (CMI)
s3 = zeros(TotalT,1);
flag = 1;
for i = 1:M
    if m(i)==1
        if flag == 1
            s3((1:L)+(i-1)*L) = 1;
        else
            s3((1:L)+(i-1)*L) = -1;
        end
        flag = ~flag;
    else
        s3((1:L)+(i-1)*L) = up_pulse;
    end
end
plot(app.UIAxes_D_NRZ_CMI,t,s3);
legend(app.UIAxes_D_NRZ_CMI,'传号反转码 (CMI)');
% AMI 码
s4 = zeros(TotalT,1);
flag = 1;
for i = 1:M
    if m(i)==1
```

```
        if flag == 1
            s4((1:L)+(i-1)*L) = 1;
        else
            s4((1:L)+(i-1)*L) = -1;
        end
        flag = ~flag;
    else
        s4((1:L)+(i-1)*L) = 0;
    end
end
plot(app.UIAxes_D_NRZ_AMI,t,s4);
legend(app.UIAxes_D_NRZ_AMI,'传号交替反转码(AMI)');
% HDB3码
m10 = zeros(M,1);
flagb = 0;
flagv = 1;
for i = 1:M
    if m(i)==1
        flagb = ~flagb;
        if flagb == 1
            m10(i) = 1;
        else
            m10(i) = -1;
        end
    else
        m10(i) = 0;
        if i>3 && isequal(m10(i-3:i),zeros(4,1))
            if flagv == flagb
                if flagv == 1
                    m10(i) = 1;
                else
                    m10(i) = -1;
                end
            else
                if flagv == 1
                    m10(i-3:i) = [1;0;0;1];
                else
                    m10(i-3:i) = [-1;0;0;-1];
                end
                flagb = ~flagb;
            end
            flagv = ~flagv;
        end
    end
end
s5 = filter(ones(L,1),1,upsample(m10,L));
plot(app.UIAxes_D_NRZ_HDB3,t,s5);
legend(app.UIAxes_D_NRZ_HDB3,'HDB3码');
```

单选按钮组组件的回调函数，与基本码型界面同理。

运行程序命令，选择【随机生成】单选按钮，单击【绘图】，运行结果如图 12-27 所示。

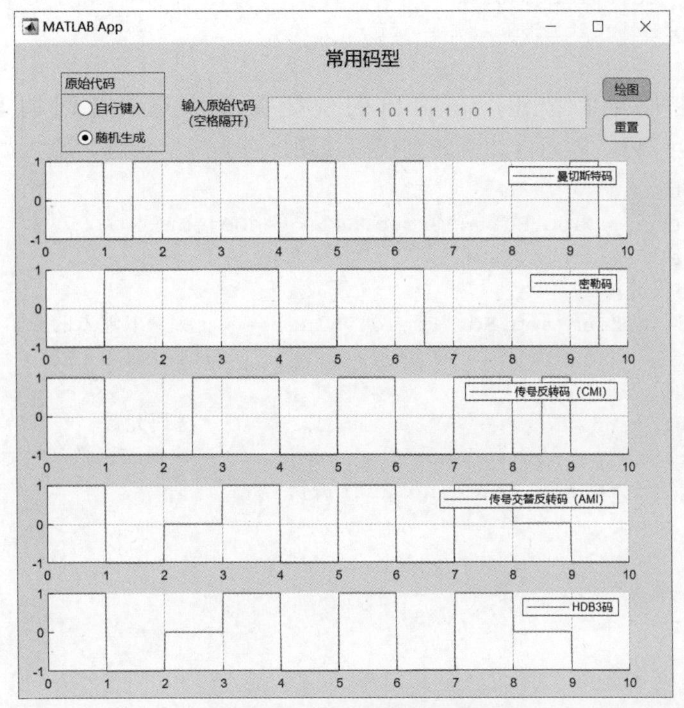

图 12-27　常用码型运行界面

12.6 二进制数字调制

数字调制有调幅、调频和调相这 3 种基本类型。在二进制时代，实际系统中广泛采用简单的电子开关电路实现数字调制，因此称为键控，相应地称为二进制幅移键控（2ASK）、二进制频移键控（2FSK）和二进制相移键控（2PSK）。

12.6.1　二进制幅移键控（2ASK）

对于二进制幅移键控，当发送数字代码 1 和 0 时，已调信号中载波的振幅分别为 A 和 0，而载波的频率和相位都保持不变。

▶【例 12-9】实现二进制数字幅度调制与解调（2ASK），显示基带信号、载波信号、已调信号和解调信号的波形。

第一步：设置布局及属性。添加一个标签、一个单选按钮组、一个面板、两个编辑字段、4 个按钮和 4 个坐标区。

第二步：添加回调函数。右击单选按钮组件，在弹出的快捷菜单中选择【回调】，选择【转至 ButtonGroupSelectionChanged 回调】，界面自动跳转到代码视图，在光标定位处，输入如下程序命令：

```
selectedButton = app.ButtonGroup.SelectedObject;
switch selectedButton.Text
    case '自行键入'
        app.EditField.Value='';
```

```
        app.EditField.Enable='on';
    case '随机生成'
        app.EditField.Value='';
        app.EditField.Enable='off';
end
```

右击【基带信号】按钮，在弹出的快捷菜单中选择【回调】，选择【添加 Button_3Pushed 回调】，界面自动跳转到代码视图，在光标定位处，输入如下程序命令：

```
global t st i
selectedButton = app.ButtonGroup.SelectedObject;
switch selectedButton.Text
    case '自行键入'
        x=str2num(app.EditField.Value);          % 获取输入的原始代码
        i=length(x);                             % 获取码元数
    case '随机生成'
        i=5;                                     % 码元数
        x=round(rand(1,i));                      %rand 函数产生随机数
        app.EditField.Value=num2str(x);
end
j=i*1000;
t=linspace(0,i,j);
a=round(x);
st=t;
for n=1:i
    if a(n)<1
        for m=j/i*(n-1)+1:j/i*n
            st(m)=0;
        end
    else
        for m=j/i*(n-1)+1:j/i*n
            st(m)=1;
        end
    end
end
plot(app.UIAxes_11,t,st)
legend(app.UIAxes_11,'基带信号');
```

右击【载波信号】按钮，在弹出的快捷菜单中选择【回调】，选择【添加 Button_5 Pushed 回调】，界面自动跳转到代码视图，在光标定位处，输入如下程序命令：

```
global t s1 fc
fc=app.EditField_f.Value;% 载波频率
s1=cos(2*pi*fc*t);
plot(app.UIAxes_12,t,s1);
legend(app.UIAxes_12,'载波信号');
```

右击【已调信号】按钮，在弹出的快捷菜单中选择【回调】，选择【添加 Button Pushed 回调】，界面自动跳转到代码视图，在光标定位处，输入如下程序命令：

```
global t st s1 e_2ask
e_2ask=st.*s1;
plot(app.UIAxes_21,t,e_2ask);
```

```
legend(app.UIAxes_21,'已调信号');
```

右击【相干解调后信号】按钮，在弹出的快捷菜单中选择【回调】，选择【添加 Button-2Pushed 回调】，界面自动跳转到代码视图，在光标定位处，输入如下程序命令：

```
global t fc e_2ask i
fm=i/4;                          % 码元速率
at=e_2ask.*cos(2*pi*fc*t);
at=at-mean(at);
[f,af]= T2F(t,at);               % 低通滤波器
[t,at]= lpf(f,af,2*fm);
% 抽样判决
for m=0:i-1
   if at(1,m*1000+500)+0.5<0.5
      for j=m*1000+1:(m+1)*1000
         at(1,j)=0;
      end
   else
      for j=m*1000+1:(m+1)*1000
         at(1,j)=1;
      end
   end
end
plot(app.UIAxes_22,t,at);
legend(app.UIAxes_22,'相干解调后波形');
```

运行程序命令，选择【随机生成】单选按钮，分别单击【基带信号】、【载波信号】、【已调信号】和【相干解调后信号】按钮，运行结果如图 12-28 所示。

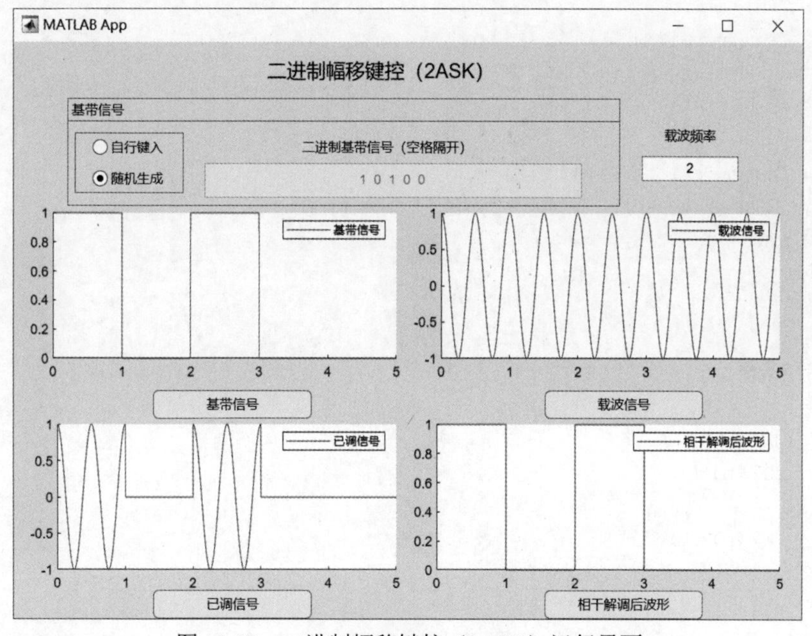

图 12-28　二进制幅移键控（2ASK）运行界面

12.6.2　二进制频移键控（2FSK）

对于二进制频移键控，已调信号的幅度保持不变，在发送数字代码 1 和 0 时，载波的

频率分别为f_1和f_2。

视频讲解

▶【例 12-10】实现二进制频移键控，显示基带信号、载波信号 1、载波信号 2、已调信号和解调信号的波形。

第一步：设置布局及属性。添加一个标签、一个单选按钮组、一个面板、3 个编辑字段、5 个按钮和 5 个坐标区。

第二步：添加回调函数。右击【基带信号】按钮，在弹出的快捷菜单中选择【回调】，选择【添加 Button1Pushed 回调】，界面自动跳转到代码视图，在光标定位处，输入如下程序命令：

```
global t st1 st2 i
selectedButton = app.ButtonGroup.SelectedObject;
switch selectedButton.Text
   case '自行键入'
         a=str2num(app.EditField.Value);            %获取输入的原始代码
         i=length(a);                               %获取码元数
   case '随机生成'
        i=10;                                       %码元数
        a=round(rand(1,i));                         %rand 函数产生随机数
        app.EditField.Value=num2str(a);
end
j=5000;
t=linspace(0,5,j);
%%产生基带信号
st1=t;
for n=1:i
   if a(n)<1
      for m=j/i*(n-1)+1:j/i*n
         st1(m)=0;
      end
   else
      for m=j/i*(n-1)+1:j/i*n
         st1(m)=1;
      end
   end
end
st2=t;
%%基带信号求反
for n=1:j
   if st1(n)>=1
      st2(n)=0;
   else
      st2(n)=1;
   end
end
plot(app.UIAxes_1,t,st1);
legend(app.UIAxes_1,'基带信号');
```

右击【载波信号 1】按钮，在弹出的快捷菜单中选择【回调】，选择【添加 Button21 Pushed 回调】，界面自动跳转到代码视图，在光标定位处，输入如下程序命令：

```
global t s1
f1=app.EditField_f1.Value;          % 载波 1 频率
s1=cos(2*pi*f1*t);
plot(app.UIAxes_21,t,s1);
legend(app.UIAxes_21,'载波信号 1');
```

右击【载波信号 2】按钮，在弹出的快捷菜单中选择【回调】，选择【添加 Button22Pushed 回调】，界面自动跳转到代码视图，在光标定位处，输入如下程序命令：

```
global t s2
f2=app.EditField_f2.Value;% 载波 2 频率
s2=cos(2*pi*f2*t);
plot(app.UIAxes_22,t,s2);
legend(app.UIAxes_22,'载波信号 2');
```

右击【2FSK 信号】按钮，在弹出的快捷菜单中选择【回调】，选择【添加 FSKButton_31Pushed 回调】，界面自动跳转到代码视图，在光标定位处，输入如下程序命令：

```
global t s1 s2 st1 st2 fsk
F1=st1.*s1;% 加入载波 1
F2=st2.*s2;% 加入载波 2
fsk=F1+F2;
plot(app.UIAxes_31,t,fsk);
legend(app.UIAxes_31,'2FSK 信号');
```

右击【抽样判决后波形】按钮，在弹出的快捷菜单中选择【回调】，选择【添加 Button_32Pushed 回调】，界面自动跳转到代码视图，在光标定位处，输入如下程序命令：

```
global t st1 st2 s1 s2 fsk i
fm=i/5;                          % 基带信号频率
st1=fsk.*s1;                     % 与载波 1 相乘
[f,sf1] = T2F(t,st1);            % 通过低通滤波器
[t,st1] = lpf(f,sf1,2*fm);
st2=fsk.*s2;                     % 与载波 2 相乘
[f,sf2] = T2F(t,st2);            % 通过低通滤波器
[t,st2] = lpf(f,sf2,2*fm);
%% 抽样判决
for m=0:i-1
   if st1(1,m*500+250)<st2(1,m*500+250)
      for j=m*500+1:(m+1)*500
         at(1,j)=0;
      end
   else
      for j=m*500+1:(m+1)*500
         at(1,j)=1;
      end
   end
end
plot(app.UIAxes_32,t,at);
legend(app.UIAxes_32,'抽样判决后波形');
```

运行程序命令，选择【自行键入】单选按钮，并输入载波频率，分别单击坐标区对应的按钮，运行结果如图 12-29 所示。

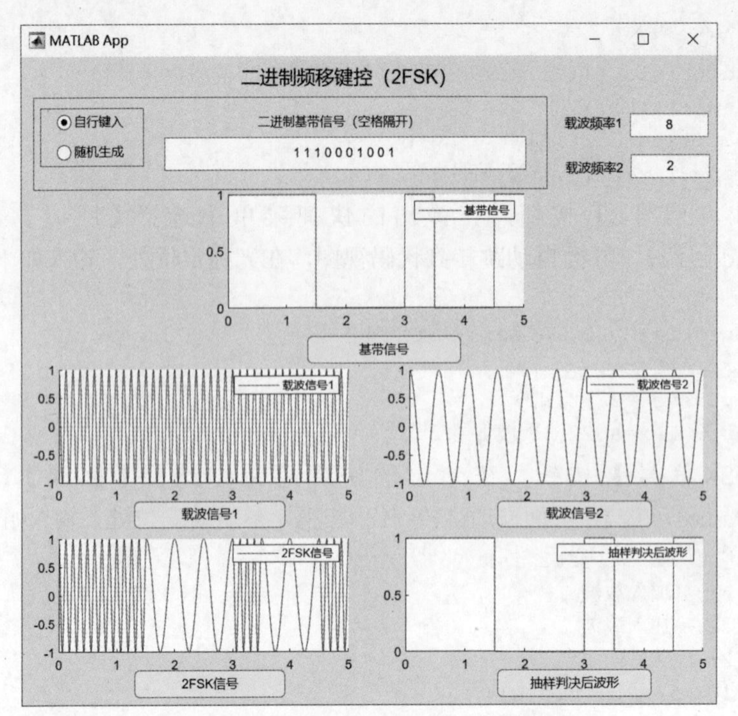

图 12-29　频移键控（2FSK）运行结果

12.6.3　二进制相移键控（2PSK）

对于二进制相移键控，已调信号的幅度和频率都恒定不变，在发送数字代码 1 和 0 时，载波相位分别为 0 和 π。

视频讲解

▶【例 12-11】实现二进制相移键控，显示基带信号、载波信号、2PSK 信号、低通滤波后信号和抽样判决后波形。

第一步：设置布局及属性。添加一个标签、一个单选按钮组、一个面板、两个编辑字段、5 个按钮和 5 个坐标区。

第二步：添加回调函数。右击【基带信号】按钮，在弹出的快捷菜单中选择【回调】，选择【添加 Button1Pushed 回调】，界面自动跳转到代码视图，在光标定位处，输入如下程序命令：

```
global t st1 j i
selectedButton = app.ButtonGroup.SelectedObject;
switch selectedButton.Text
    case '自行键入'
          a=str2num(app.EditField.Value);         % 获取输入的原始代码
          i=length(a);                            % 获取码元数
    case '随机生成'
         i=10;                                    % 码元数
         a=round(rand(1,i));                      %rand 函数产生随机数
         app.EditField.Value=num2str(a);
end
j=5*1000;
t=linspace(0,i,j);
%% 产生基带信号
```

```
st1=t;
for n=1:i
   if a(n)<1
      for m=j/i*(n-1)+1:j/i*n
         st1(m)=0;
      end
   else
      for m=j/i*(n-1)+1:j/i*n
         st1(m)=1;
      end
   end
end
plot(app.UIAxes_11,t,st1);
legend(app.UIAxes_11,'基带信号');
```

右击【载波信号】按钮，在弹出的快捷菜单中选择【回调】，选择【添加Button_2Pushed回调】，界面自动跳转到代码视图，在光标定位处，输入如下程序命令：

```
global t s1
fc=app.EditField_f.Value;             %载波频率
s1=sin(2*pi*fc*t);
plot(app.UIAxes_12,t,s1);
legend(app.UIAxes_12,'载波信号');
```

右击【2PSK信号】按钮，在弹出的快捷菜单中选择【回调】，选择【添加PSKButtonPushed回调】，界面自动跳转到代码视图，在光标定位处，输入如下程序命令：

```
global t st1 j s1 psk
%产生双极性基带信号
st2=t;
for k=1:j
   if st1(k)>=1
      st2(k)=0;
   else
      st2(k)=1;
   end
end
st3=st1-st2;                         %双极性基带信号
psk=st3.*s1;
plot(app.UIAxes_21,t,psk)
legend(app.UIAxes_21,'2PSK信号');
```

右击【低通滤波后信号】按钮，在弹出的快捷菜单中选择【回调】，选择【添加ButtonPushed回调】，界面自动跳转到代码视图，在光标定位处，输入如下程序命令：

```
global t s1 psk i
fm=i/5;
B=2*fm;
psk=psk.*s1;                        %与载波相乘
[f,af] = T2F(t,psk);                %通过低通滤波器
[t,psk] = lpf(f,af,B);
plot(app.UIAxes_22,t,psk);
legend(app.UIAxes_22,'低通滤波后波形');
```

右击【抽样判决后波形】按钮，在弹出的快捷菜单中选择【回调】，选择【添加Button_3Pushed回调】，界面自动跳转到代码视图，在光标定位处，输入如下程序命令：

```
global t i j psk
for m=0:i-1
    if psk(1,m*500+250)<0
       for j=m*500+1:(m+1)*500
           psk(1,j)=0;
       end
    else
       for j=m*500+1:(m+1)*500
          psk(1,j)=1;
       end
    end
end
plot(app.UIAxes_31,t,psk);
legend(app.UIAxes_31,'抽样判决后波形');
```

运行程序命令，选择【自行键入】单选按钮，并输入载波频率，分别单击坐标区对应的按钮，运行结果如图12-30所示。

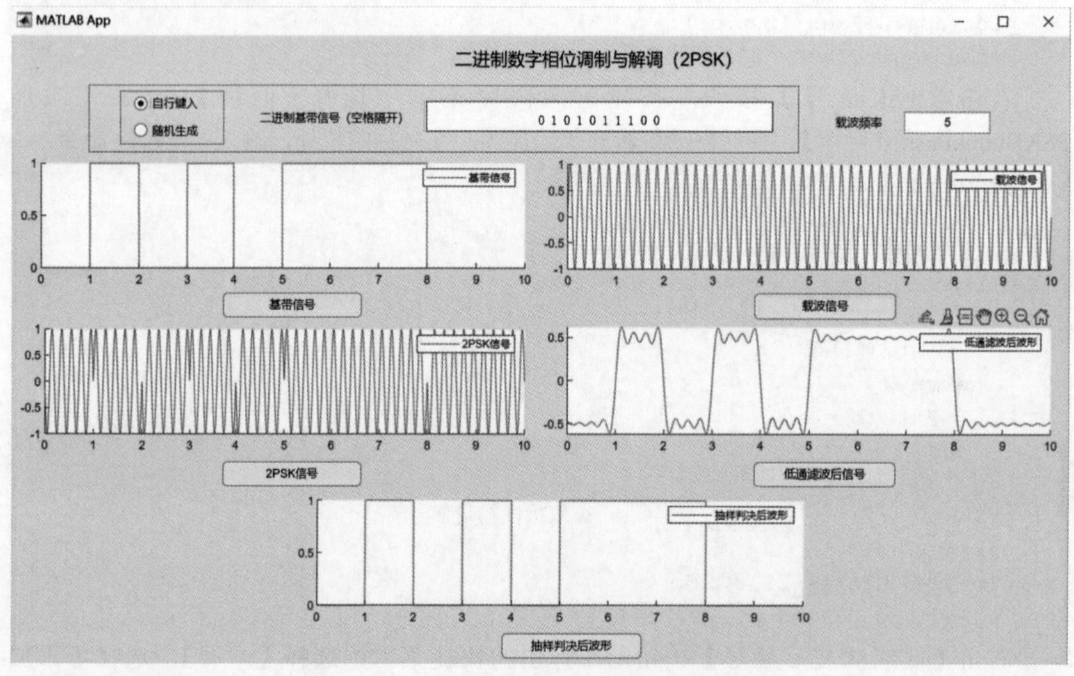

图12-30　二进制相移键控（2PSK）运行结果

本章小结

本章主要介绍了MATLAB App Designer在通信原理系统的应用，基于通信原理相关的理论知识，及Simulink建模方法，实现MATLAB App Designer与Simulink的交互。本章基于MATLAB App Designer的通信原理系统界面共分为4个模块，包括模拟幅度调制解调、模拟角度调制、数字基带信号和二进制数字调制。

习 题

12-1 产生一个周期的正弦波，对 $x(t)$ 按 A 律压缩，并以采样频率 32Hz 进行采样，再进行 8 级均匀量化，压扩参数 A=87.6。绘出压缩前后的信号波形图、样值图、量化后的样值图。

12-2 绘制输入为双极性不归零码的基带信号波形及眼图。参数要求 NRZ 码元为二进制、码元速率为 50B、采样频率 1000Hz、升余弦滚降滤波器参考码元周期为 10ms、滚降系数为 0.2。

参考文献

[1] 汤全武, 汤哲君, 刘馨阳. MATLAB 程序设计与实战（微课视频版）[M]. 北京: 清华大学出版社, 2022.

[2] 王广, 邢林芳. MATLAB GUI 程序设计 [M]. 北京: 清华大学出版社, 2018.

[3] 罗华飞. MATLAB GUI 设计学习手记 [M]. 北京: 北京航空航天大学出版社, 2020.

[4] 陈垚光, 毛涛涛, 王正林, 等. 精通 MATLAB GUI 设计 [M]. 2 版. 北京: 电子工业出版社, 2011.

[5] 于胜威, 吴婷, 罗建桥. MATLAB GUI 设计入门与实战 [M]. 北京: 清华大学出版社, 2016.

[6] 曹雪虹, 杨洁, 童莹. MATLAB/SystemView 通信原理实验与系统仿真 [M]. 北京: 清华大学出版社, 2015.

[7] 向军. 通信原理实用教程——使用 MATLAB 仿真与分析 [M]. 北京: 清华大学出版社, 2022.

[8] 苑伟民. MATLAB App Designer 从入门到实践 [M]. 北京: 人民邮电出版社, 2022.

[9] 汤全武, 李虹, 汤哲君, 等 . 信号与系统（MATLAB 版 · 微课视频版）[M]. 北京: 清华大学出版社, 2021.

[10] 程佩青. 数字信号处理教程 MATLAB 版 [M]. 5 版 . 北京: 清华大学出版社, 2017.